사이버보안취약점의 법적 규제

윤상필 지음

박영사

머리말

'4차산업혁명'이나 '디지털 전환' 같은 용어들이 예능 프로그램에 나온다. 참으로 기쁜 일이 아닐 수 없다. 본래 지식이나 정보는 특정 권력층의 전유물이자 권력을 유지하기 위한 수단으로 쓰였다. 이것이 확산하고 보편화되면서 다양한 비판과 의견이 나타나고 권력이 분산되며 사회가 발전하였다. 보안에 관한 문제도 그렇게 확산하길 바란다. 디지털 전환을 추진하는 만큼 보안도 강화해야 한다. 보안이 디지털 전환의 곁가지가 되어서는 안 된다. 디지털이 아주 일반화된 상태를 전제하고 조금 더 미래의 관점에서 보안 문제를 바라봐야 한다. 기술의 발전이 너무 빨라서 제도는 따라잡기 어렵다는 누구나 아는 문제를 들먹이지 말고 안전에 관한 문제는 조금 더 민감하게 다뤄 보자. 선진은 그런 수준의 예민함과 철저함을 통해서만 달성할 수 있다. 그러려면 보안은 내 문제로 인식되어야 한다. 내가 사용하는 기술에 무슨 문제가 있는지 아주 쉽고 빠르게 알 수 있어야 한다. 보안은 보안전문가만의 영역을 벗어날 때에야 비로소 달성될 수 있는 것일지도 모르겠다.

디지털도 사람이 다루는 기술이다. 사람이 설계하고 코딩하는 이상 결함은 존재할 수밖에 없다. 결함을 통해 보안을 침해할 수 있는 요건을 구현해 내면 비로소 보안취약점이 탄생한다. 이로부터 각종 보안위협이 파생하므로 보안취약점은 디지털 시대의 가장 근원적인 위험요소인 셈이다. 보안위협이 발생하려면 누군가 결함을 취약점으로 바꿔 내고 취약점을 통해 보안을 침해하는 기술적 조작을 해야 한다. 문제는 그러한 보안 침해가 악의냐 선의냐 하는 것이다. 즉, 취약점은 보안을 위협하기 위해 쓰이지만 강화하기 위해서도 쓰일 수 있는 역설적인 요소다. 이 때문에 취약점 문제는 악의적 활용을 줄이고 선의의 활용을 장려할 수 있는 형태로 다뤄야 한다.

무엇보다 근본적으로 보안취약점을 악용하려는 시도들이 많다는 점을 고려하여야 한다. 사이버 범죄자들이 그렇고 취약점을 불법하게 수집해 활용하는 정부도 그렇다. 취약점을 불법하게 거래하는 취약점 브로커들도 마찬가지다. 취약점을 은밀하게 활용하려는 의도들은 보안을 침해하는 핵심 요인이다. 이러한 입장과 접근들을 표면 위로 드러내야 한다. 함께 논의하고 문제를 식별해 정리해야 한다. 이로써 취약점을 규제할 수 있는 영역에 두고 불법의 영역은 줄이면서 합법의 영역을 늘려야 한다. 2021년 말 월패드 해킹 논란은 시작에 불과하다. 자율주행자동차나 드론으로 대형사고가 발생할 수 있고 스마트시티가 마비될 수 있다. 전 세계를 뒤흔들고 있는 Log4j 취약점 사태와 유사하거나 더 심각한 문제는 반드시 발생할 수밖에 없다. 이제 회사 내 보안팀만으로는 역부족이다. 회사 내 보안팀만으로는 역부족이다. 제품이나 차량 결함을 제보하듯 취약점도 제보해야 하고 또 제보를 적극적으로 요청해야 한다. 이러한 상황에서 취약점 연구가 과연 도덕적인지, 허용할 수 있는 것인지에 관한 논란은 종결되었다고 봐야 한다. 오히려 취약점 연구를 반대하는 것이 비도덕적이지 않은가? 각국의 정부와 기업들은 이미 취약점 공개정책을 운영하며 화이트해커들의 참여를 환영하고 있다.

미국과 일본, 중국은 국가적 차원에서 취약점을 다룬다. 취약점 데이터베이스를 운영하고 취약점을 안보나 수사목적으로 활용하고 있다. 미국과 영국은 이미 정부가 취약점을 수집하고 활용하기 위한 판단 절차를 두고 있다. 독일도 논의를 진행 중이다. 우리도 취약점을 전략 자산으로 이해해야 한다. 디지털 시대의 전략적 우위를 선점할 수 있게 권한을 부여하고 관리하면 된다. 취약점을 합법적으로 수집하고 활용할 수 있는 법적 근거와 절차 및 감독체계를 마련해야 한다. 취약점 거래시장은 아직 어떤 규제도 받지 않는다. 취약점을 민주주의 국가에만 판매하고 있다는 말을 정말 믿을 수 있는가? 그 국가는 정말 취약점을 민주적 통제 아래에 두고 있는가? 국제적 차원에서도 취약점 논의를 할 수 있지 않을까? 중국은 자국민이 취약점을 발견한 경우 중국 외 다른 국가들에게 공개하지 못하도록 규제하고 나섰다. 국제사회에서의 논의도 분명히 필요하다.

아직 어느 국가도 디지털 전환에 성공하지 못하였다. 모두가 경주하고 있을 뿐이다. 뛰어난 디지털 인프라를 갖춘 우리가 분명히 선도할 수 있는 영역이다. 디지털로 넘어가려면 반드시 취약점 문제를 관리해야 한다. 이미 OECD도 디지털 경제를 활성화하기 위해 보안취약점 문제를 정책으로 다뤄야 한다며 권고하는 상황이다. 사이버보안 취약점의 문제를 드러내야 한다. 공개하면 취약점은 최소한 제거될 수 있는 상태에 놓인다. 그렇지 않으면 영영 남아서 누가 악용하고 있는지조차 알 수 없는 상태에 놓인다. 그런 취약점은 피해가 발생하였음을 인지하고 난 뒤에야 제거할 수 있다. 공개하고 인식하지 않으면 보안은 계속 약해질 수밖에 없다. 취약점은 사이버 환경의 위생을 강화하기 위해 적극적으로 찾아 제거해야 하는 잠재적 오염물이자 국가의 전략 차원에서 활용할 수도 있어야 하는 디지털 시대의 중요한 전략자산이다. 이 연구는 그러한 생각에서 시작해 어떤 문제들을 고려하고 어떻게 해결해 나가야 하는지 짚고자 하였다.

이 책은 저자의 졸저인 고려대학교 박사학위논문『보안취약점의 사회적 인식과 법·기술적 대응전략』을 편집하여 저술하였다. 이제 겨우 공부할 수 있는 자격을 부여받은 마당에 큰 영광이 아닐 수 없다. 존경하는 나의 선생님이신 권헌영 교수님께서 도전할 기회와 용기를 주셨다. 부족한 제자의 앞길을 든든히 축복해 주시는 선생님이 계신 덕에 지난한 배움의 길도 즐기며 나아갈 수 있다. 헤아릴 수 없는 은혜를 베풀어 주시는 고려대학교 정보보호대학원의 임종인 교수님께서도 출간을 응원해 주시며 조언과 격려를 아끼지 않으셨다. 같은 대학원의 원장으로 재임하고 계신 이상진 교수님께서는 다양한 시각을 보여주시며 부족한 생각의 저변을 넓혀 주셨다. 한국정보보호학회 회장을 역임하신 충남대학교 컴퓨터융합학부 류재철 교수님께서는 대면이 어려운 상황에서도 귀한 시간과 혜안을 여러 차례 흔쾌히 나눠 주셨다. 나의 모교 광운대학교 법학부의 선지원 교수님께서는 일천한 연구를 세세히 살펴 다듬고 깎아야 할 부분들을 정확히 짚어 주셨다. 혼자의 힘으로는 절대 오늘에 이르지 못하였을 것이다. 학문적으로도 인격적으로도 존경하는 선배이신 고려대학교의 김법연 박사님, 한결같은 신실함으로 큰 귀감이 되는 선배이자 친우인 개인정보보호위원회의 주문호 박사님, 언제나 세심하게 챙겨주시고 지원해 주시는 김미리 선배님께 고개 숙여 감사드린다. 연구실의 동료들은 물심양면으로 큰 의지가 되었다.

고려대학교 정보보호대학원 사이버법정책연구실의 임지훈, 박혜성, 서정은, 현새롬, 이진명, 임유진, 박시우 연구원님께 감사의 마음을 전한다. 특히 모든 것에 있어서 필요조건인 현새롬 연구원님의 조언과 도움을 받는 행운을 누릴 수 있었다. 사랑하는 선생님과 선후배, 동료들의 은혜를 입지 않았다면 어떠한 결실도 얻지 못하였을 것이다. 새내기 박사의 부족한 원고를 살펴 주시고 출판을 허락해 주신 박영사의 안종만 회장님, 안상준 대표님과 이영조 팀장님, 바빠서 늦었다는 핑계를 매번 너른 마음으로 이해해 주신 윤혜경 편집자님께도 깊은 감사의 말씀을 드린다. 역동적인 삶을 살아갈 수 있는 이유는 든든하고 편안한 안식처가 있는 덕이다. 항상 믿음과 사랑으로 응원해 주시는 가족들에게 감사드린다. 모두가 내 열정의 근원이고 더 나아가야 할 이유다.

2022년 1월

윤상필

목 차

제 2 장

제3장

제 4 장

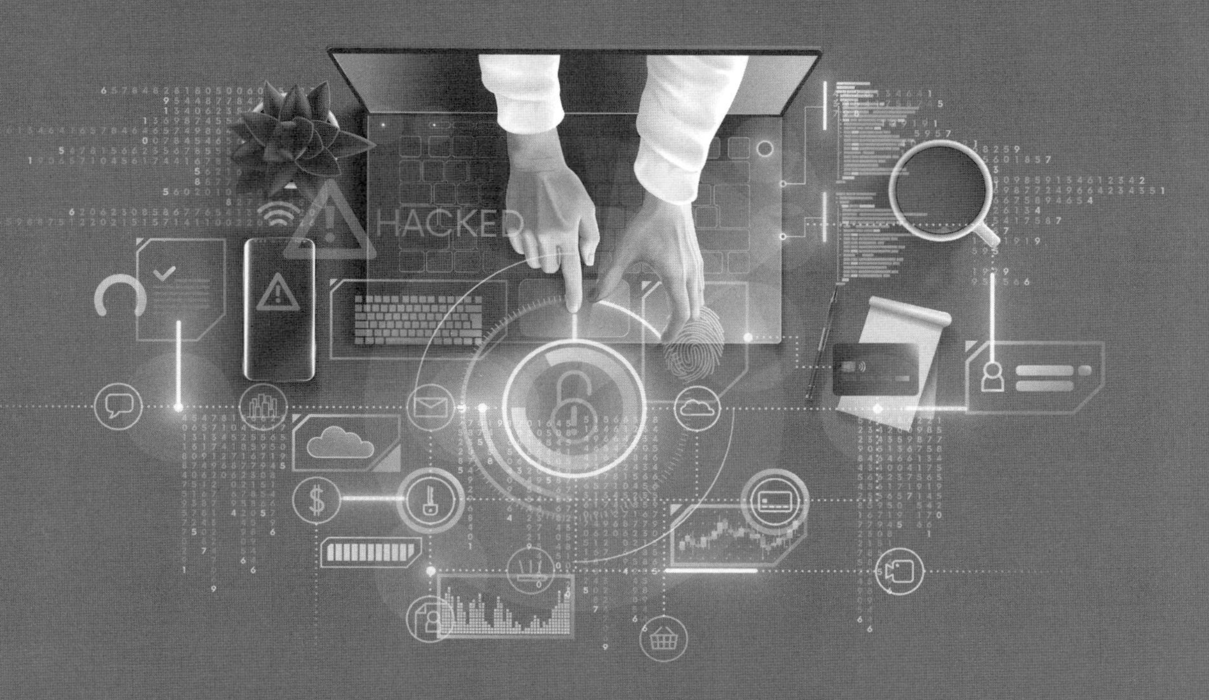

prologue

들어가며:
기술 통제와 신뢰,
그리고 디지털

신뢰할 수 있는 기술

디지털 기술과 보안취약점

들어가며: 기술 통제와 신뢰, 그리고 디지털

신뢰할 수 있는 기술

기술(technology)이라는 용어는 예술, 공예, 기법을 뜻하는 그리스어 '테크네(technê)'에서 파생되었다.[1] 솜씨에 가까운 의미였던 '테크네'는 논리적 설명을 뜻하는 '로고스(logos)'와 결합해 '테크놀로지아(technologia)'로 발전하였다. 따라서 이 테크놀로지아는 '잘 설명하는 기술'로서 수사학적 의미와 문법에 가까운 개념이었다.[2] 그러나 농업, 의술, 건축 등이 발달하면서 사물을 관찰하고 설명하는 것에서 나아가 실제로 쓸 수 있는 기술이 더 중요해졌다. 추상적인 사색이 아니라 자연을 분석하고 이해해서 활용하려는 노력이 늘어났다. 그렇게 기술은 사람이 더 확장된 기능을 수행하기 위해 고안하고 채택한 기법이나 능력을 뜻하게 되었다.

오늘날 우리가 이해하는 '테크놀로지(technology)'라는 용어는 기계가 주요한 생산 수단으로 자리하던 18세기 산업혁명 시기에 처음 사용되었다.[3] 그런데 기술이 발전하면서 마치 사람들이 기술을 통제하지 못하고 기술에 휘둘려 사는 듯한 행태를 비판하는 목소리가 커졌다. 목적이 수단에 종속되는 현상과 기술에 대한 집착, 인공적 기술의 지배, 기술의 영향을 고려하지 않고 조작된 필요에 따라 일단 기술을 개발하고 나면 방치하는 프랑켄슈타인식 기술 표류 같은 것들이다.[4] 기술이 사람에게 영향을 주는 것은 부정할 수 없다. 그러나 기술과 관련된 문제의 핵심은 기술을 개발하고 사용하는 인간에게 있다. 노동자들이 일자리를 지키기 위해 방직 기계를 부순 러다이트 운동(Luddite Movement), 공동체나 지역을 고려한 적정기술이나 대안 기술 운동 같은 시도들이 이어졌지만 변화를 일으키기엔 역부족이었다.[5] 결국 정치와 경제, 법과 제도가 나섰다. 생명윤리나 환경규제, 원자력 규제 같은 것들이 대표적이다. 디지털 기술이 발전하면서 형성된 정보보호 규제 또한 같은 맥락으로 이해할 수 있다. 그럼에도 불구하고 기술의 문제들은 다시 정치, 사회, 경제 시스템과 상호작용하면서 더욱 새롭고 확장된 문제를 낳고 있다.[6] 데이터와 인공지능 기술에 대한 우려를 생각해 보자. 개인정보 유출과 침해 문제는 빅 브라더(Big Brother) 감시사회에 대한 우려로 확장된다. 인공지능의 오류문제는 인류 말살이라는 막연한 두려움으로 이어진다. 위험은 매우 복잡하고 역동적인 속성을 내포하고 있는 것이다.

위와 같은 변화의 흐름에서 우리는 일관된 문제를 발견할 수 있다. 바로 통제의 상실이다. 내가 그려서 설명하면 되었던 때, 내가 만들고 쓰면 되었던 때, 남이 만들어도 쉽게 통제할 수 있던 때와는 상황이 달라졌다. 우리는 조리도구가 될 수도 있고 흉기가 될 수도 있는 칼을 사용하면서 칼을 신뢰할 수 있는지 고민하지 않는다. 여러 형태의 흉기로 인해 많은 사람들이 죽어왔음에도 말이다. 그러나 원자력발전소에 대한 인식은 다르다. 원자력이라는 단어는 으레 원자폭탄과 방사능 유출 사고들을 떠올리기 마련이다. 예측하고 통제하기 어려운 위험, 더 크고 돌이킬 수 없는 피해가 발생할 수 있다고 인지하기 때문이다. 그러한 위험은 매체를 통해 있는 그대로, 때로는 더 자극적인 모습으로 확산된다. 완전 자율주행자동차가 꺼려지는 이유나 인공지능에 대한 막연한 두려움이 존재하는 이유도 크게 다르지 않다.

그러한 점에서 모든 기술의 위험은 통제 여부에 달려 있다고 할 수 있다. 위험을 통제할 수 있으면 기술도 신뢰할 수 있다. 특히 내 의지로 사용하면서 온전히 통제할 수 있는 기술이면 그 기술을 사용하는 데 망설임이 없기 마련이다. 따라서 단순하고 다루기 쉬운 기술일수록 신뢰할 수 있고 사회에도 쉽게 수용될 수 있다. 그러나 다양한 요소기술들이 결합해 좀 더 복잡한 기술시스템을 형성하게 되면 이야기는 달라진다. 그때부터 '나'는 기술을 온전히 통제할 수 없다. 기술을 쓰는 기능과 관리하는 기능들이 모두 구분되기 때문이다. 적어도 '믿을 수 있는 제3자'가 위험을 통제해야 그나마 안심이다. 아울러 기술 중심 시대에서 믿을 수 있는 제3자란 전문적이거나 공적인 권위를 가진 개인 또는 집단일 수밖에 없다. 아울러 현대기술의 가장 큰 특징은 전문성에 기반한 분화라고 할 수 있다. 이제 기술 전문가는 누군가의 경험이나 노하우에 의해 양성되지 않는다. 과학을 이해하고 응용할 수 있는 체계적 전문성이 필요하게 된 것이다.[7]

전문성을 바라보는 문제는 과학사의 흐름과도 맥을 같이한다. 과학과 기술의 구분이 없던 전통과학의 시대에서 과학은 대중적이었다.[8] 자연을 관찰하고 서술하고 논증하는 방식이 단순하고 어렵지 않았다. 예를 들어 돌은 누구나 볼 수 있다. 돌을 던지거나 비벼 보는 행위도 어렵지 않다. 마침내 인류는 마찰에 의해 열이 발생한다는 원리를 발견하면서 부싯돌을 이용해 불을 피우기 시작하였다. 따뜻한 곳에 모여 공동생활을 할 수 있게 되었다. 맹수를 쫓아낼 수 있게 되었으며 음식을 익혀 먹음으로써 위생 문제를 해결할 수 있게 되었다. 에너지를 비축하고 다른 활동에 쓸 수 있게 되었으며 거주 가능한 지역이 늘어났고 금속을 다룰 수 있게 되었다. 먹고 사는 문제가 해결되었고 여유 시간이 생겼다. 점차 고차원적인 사고를 할 수 있게 되면서 인류는 다른 종과 달리 찬란한 문명을 이룩하였다. 그러나 측량, 바퀴, 건축 등 기술이 점차 발전하고 문명과 함께 학문의 방법이 확장하면서 전문성이 요구되기 시작하였다. 16~18세기 과학혁명기를 거치면서 과학은 아무나 접근하기 어려운 학문으로 자리하였다. 과학은 종교 및 철학과 분리되며 합리성에 가치를 두고 실험과 실행, 그리고 수학적 계산을 이용한 방법론을 채택하였다. 물리학, 화학, 생물학의 발전은 전기학, 유체역학, 열역학, 공업화학, 유전학과 분자생물학 등과 같은 학문으로 전문화되었다. 과학과 기술이 본격적으로 결합하기 시작하였으며 오늘날 과학기술은 뗄 수 없는 관계가 되었다.[9] 이제 꽤 익숙한 사례가 된 바이러스는 어디에나 있었지만 아무나 볼 수 없고 쉽게 분석할 수도 없다. 바이러스의 매개체를 이해하려면 동물학자도 필요하다. 자연에서 사회로 넘어와 전 세계로 확산하는 원리를 찾는 일에는 사회학자도 참여해야 한다. 이제 과학은 특정 분야에서도 아주 구체적인 세부 전공으로 나뉜다. 일반인은 물론이거니와 전문가들조차 다른 학문 또는 전공의 연구가 어떻게 돌아가는지 이해하기 어렵다. 직접 공부하고 연구하거나 어울려 소통하지 않으면 안 된다.

이러한 관점에서 보면 기술에 대한 신뢰는 상호보완적인 두 가지 방법으로 확보할 수 있다. 첫째, 이용자에게 온전한 이용과 통제의 권한을 부여하는 것이다. 이 방법은 가장 이상적이지만 고도의 전문성을 요하는 기술을 모든 이용자들이 직접 통제할 수 있다고 보긴 어렵다. 그럼에도 불구하고 장기적으로는 이를 최대한으로 보장할 수 있는 방법을 찾는 것이 바람직하다. 둘째, 이용자와 관리자(전문가)의 충분한 소통을 보장하는 것이다. 조금 극단적인 예시지만 위험이 높아도 신뢰가 높은 유일한 조건이 하나 있다. 바로 자발적인 선택일 경우이다. 첫 번째 방법과 두 번째 방법이 상호보완적인 이유다. 1969년 사회적 이익과 기술위험을 비교분석한 연구에 따르면 사람들은 자기 의지로 선택한 위험이라면 거의 불안을 느끼지 않고 수용하는 경향을 보인다.[10] 위험을 감수할 만하다고 스스로 결정한 셈이다. 그러한 관점에서 기술이 복잡해지고 활용과 통제 기능이 분리되는 현상은 이용자의 주체적 권리 문제와 이어진다. 선택의 여지가 있는지, 선택을 위해 충분한 정보를 알 수 있는지와 같은 문제가 중요해지는 것이다. 내가 직접 통제하진 못하더라도 내가 쓰는 기술에 어떤 문제가 있는지는 명확하고 신속하게 알 수 있어야 한다. 바로 여기에 전문가의 역할이 필요하다. 전문가는 위험을 효과적이고 실질적으로 통제하면서 어떤 문제가 있고 이를 어떻게 해결하였는지 사회와 소통할 수 있어야 한다. 그 소통의 결과는 새로운 보완기술이 될 수도 있고 정책이나 제도가 될 수도 있다. 기술의 폐지가 될 수도 있을 것이다.

기술의 채택은 결국 한 사회가 기술의 구체적인 문제를 인식하고 그 위험을 줄여가는 형태로 나아가게 된다. 그만큼 기술의 발전과정은 복잡한 사회적 상호작용의 결과이기도 하다.[11] 전문가와 사회의 구체적인 소통을 통해 기술의 통제도 아주 현실적인 방안으로 구현된다. 가장 대표적인 최근의 사례로 인공지능 기술을 들 수 있다. 2016년 알파고 쇼크에 힘입어 전 세계가 인공지능을 주목하였다. 초기에는 인공지능 만능 또는 인공지능 디스토피아와 같이 극단적인 입장들이 있었다. 그러나 특정 분야에 적용된 상세한 사례들이 증가하고 채팅봇이 차별과 혐오가 섞인 발언을 하거나 쇼핑몰의 경비로봇이 아이를 다치게 하는 일이 생기면서 문제점이 구체화되기 시작하였다. 이제 인공지능을 신뢰할 수 있는가의 논의는 인류가 기계에 지배당할지도 모른다는 모호한 우려에서 벗어났다. 인공지능을 구성하는 데이터와 알고리즘의 설명가능성과 책임성을 보장하기 위한 현실적 방법들이 논의되고 있다. 첨단기술의 집약체로 불리는 자동차도 중요한 사례다. 자동차의 등록, 자동차의 안전기준과 인증, 점검 및 정비, 자동차 검사, 관련 사업 관리, 자동차 손해배상 보장 및 책임보험 제도, 배기가스 규제와 같이 자동차의 위험을 관리하는 제도들이 촘촘히 설계되어 있다.

오늘날 복합적인 기술의 신뢰는 전문적이고 과학적인 전문가들의 책임의식에 바탕하는 위험소통으로부터 얻을 수 있다. 전문가들 또한 위험관리의 문제를 오롯이 전문 영역에 두려는 자세에서 탈피해야 한다. 이용자나 시민을 기술위험에 함께 대응하는 파트너로 인식해야 한다. 불확실한 기술일수록 실재하는 위협을 가늠하고 다양한 시민참여의 기제를 동원해 사회 전반에서 문제를 인식하고 대응할 수 있는 역량을 키울 수 있어야 한다.[12]

디지털 기술과 보안취약점

2021년 9월 13일 애플이 아이폰, 아이패드, 애플워치, 맥 PC의 제로데이 취약점(알려지지 않아 보안패치가 존재하지 않는 상태의 취약점)을 수정하는 패치를 공개하였다.[13] 해당 취약점은 캐나다 토론토대학교 산하 연구소인 시티즌랩(Citizen Lab)에서 바레인 활동가들의 감염된 기기를 분석하는 과정에서 발견되었다. 이용자의 특정한 행위 없이도 기기의 권한을 탈취할 수 있는 제로클릭 취약점이었다. 이 취약점은 이스라엘 스파이웨어 업체에서 만든 페가수스(Pegasus)라는 툴에 활용된 것으로 알려졌다. 페가수스는 테러단체나 범죄자들을 추적하기 위한 도구라고 하지만 권위주의 정부에서 언론인이나 활동가들을 감시하는 목적으로 쓰이기도 하였다.[14]

보안 및 IT 업계 사람들, 정치인이나 고위공직자 등은 빠르게 업데이트를 하였겠지만 일반 이용자들은 어떤가? 일반 이용자를 표적으로 삼아 페가수스를 사용하지는 않겠지만 데이터 시대에서는 모를 일이다. 과도한 우려라고 할 수 있다. 그러나 문제의 핵심은 '모를 일'을 '아는 일'로 바꿔도 사람들이 수용할 수 있는지에 있다. 앞서 살폈듯이 이는 내가 쓰는 기술의 중대한 문제를 빠르고 정확하게 알 수 있어야 하는 권리와 연계된다. 그러니 사람들에게 "아무것도 안 해도 당신의 아이폰이 해킹당하고 있고 이전에도 당하였는지는 알 길이 없어요"라고 말해도 문제가 없는지 반문해야 한다. 특히 국가 차원에서 디지털 대전환을 추진하고 있는 상황이다. 디지털이 일반화된다면 디지털 기술의 안전 문제인 보안도 일반화되어야 한다. 중요한 패치를 뉴스로만 접해야 하는가?

흥미로운 사실은 "아이폰 업데이트 알림"을 구글링하면 자동 업데이트를 끄는 방법, 업데이트 알림 메시지를 막는 방법들이 무수히 나온다는 점이다. 한 가지 예를 살펴보자. 애플이 2021년 4월 자사 서비스에 앱 추적 투명성(ATT: App Tracking Transparency) 기능을 추가하였다. 이용자들은 이전에도 추적을 차단할 수 있었지만 여러 단계를 거쳐 앱 하나하나를 일일이 설정해야 했다. 이제는 앱을 사용할 때마다 자동으로 물어본다. 이 앱이 광고 목적으로 사용자의 활동을 추적할 수 있게 허용하겠냐는 팝업창이 뜬다. 그리고 이용자들의 80% 이상은 맞춤형 광고를 거부하고 앱의 데이터 추적을 차단하였다.[15] 만약 제로클릭 취약점 수준의 위험이 있다는 사실을 잘 전달할 수 있다면 보안패치 문제도 달라지지 않을까? 언제까지 보안업체와 일부 언론사를 통해서만 알아야 하는가? 디지털을 강력하게 추진하는 정부는 국민의 생명, 신체, 자유, 명예, 재산 등을 보호할 의무를 진다. 고객의 데이터로 서비스를 제공하면서 이익을 얻는 기업도 고객에게 어떤 위험이 있는지 빠르게 알릴 수 있어야 이치에 맞다.

이제 보안취약점의 문제를 간략히 살펴보자. 기본적으로 모든 디지털 기술에는 결함이 있을 수밖에 없다. 사람의 손으로 만든 결과물이기 때문이다. 이 결함이 취약점으로 발현되려면 해당 결함을 조작해 보안을 뚫거나 우회할 수 있는 외부의 접근이 있어야 한다. 이러한 속성으로 인해 취약점은 누가 먼저 찾느냐의 문제가 된다. 즉, 블랙해커가 먼저 찾는다면 보안을 침해하는 데 쓰이겠지만 화이트해커가 먼저 찾는다면 보안을 강화하는 데 쓰일 수 있다. 이로부터 취약점을 둘러싼 복잡한 구조들이 형성된다. 일단 취약점을 찾아낸 사람은 이를 공개하거나 공개하지 않는 경우를 택할 수 있다. 취약점을 공개하게 되면 어떤 형태로든 취약점은 제거된다. 취약점을 공개하지 않으면 이는 취약점을 찾아낸 사람만이 활용할 수 있게 된다. 찾아낸 사람이 범죄자라면 타인의 시스템에 침입해 데이터를 조작하거나 탈취하거나 파괴할 것이다. 정부 기관이라면 안보를 위협하는 정보나 증거를 수집하기 위해 다른 나라나 기업 또는 범죄자나 테러단체의 데이터에 접근할 것이다. 이 같은 은밀한 행위는 다른 누군가가 그 취약점을 찾아 공개하지 않는 이상 영원히 계속될 수 있다. 따라서 취약점은 일단 공개해야 제거된다. 취약점을 공개하는 행위도 여럿이다. 취약점을 찾는 즉시 공개할 수도 있고, 해당 취약점이 발견된 제품의 제조업체에게만 알려줄 수도 있다. 업체가 취약점 신고를 확인하고 고마움을 표시하며 취약점을 패치하고 신고자에게 보상을 지급하면 다행이다. 그러나 현실은 꼭 그렇지만은 않다. 신고를 무시하는 경우도 있다. 오히려 허락 없이 자사 제품의 보안을 침해하였다고 소송을 걸기도 한다. 이 때문에 선의의 화이트해커들은 취약점을 찾더라도 이를 공개하기 어렵다. 전반적으로 보안이 개선되기 어려운 구조다. 반대로 사업자들이 자발적으로 자사의 취약점 연구를 요청하고 취약점을 공개하는 경우도 많다. 아예 CERT 등 제3자가 개입해 취약점을 대신 제보받고 이를 사업자에게 전달하여 패치를 요구하는 유형도 있다. 그러한 제3자의 역할을 사업모델로 삼고 중개료를 받아 이익을 챙기는 버그바운티 사업도 활발하다. 취약점이 가치를 갖고 거래되고 있는 것이다. 이 거래도 다시 유형이 나뉜다. 버그바운티와 같이 좋은 목적으로 보안을 강화하기 위해 거래되기도 하지만 다크웹을 통해 사이버범죄를 목적으로 세상에 공개되지 않은 제로데이 취약점이 거래되기도 한다. 무기 밀매가 그렇듯 지하시장에서 판매되는 취약점은 더 비싸다. 애매한 영역도 있다. 바로 각국 정부의 정보·수사기관들을 상대로 취약점을 판매하는 그레이마켓이다. 심지어 몇몇 권위주의 국가들은 국민의 세금으로 취약점을 구매해 놓고 국민을 감시하고 탄압하는 데 쓰기도 한다. 각국 정부는 취약점을 찾아 해킹툴을 만들고 서로를 감시한다. 국가안보와 디지털 생존의 관점에서 취약점은 국가의 오래된 전략 자산인 셈이다. 정부가 구매한 보안취약점과 고도의 기술력을 동원해 만든 익스플로잇 또는 해킹툴이 역으로 해킹당해 유출되기도 한다. NSA의 이터널 블루(Eternal Blue) 유출 사건들이 대표적인 사례다. 그 탓에 사이버범죄자들의 기술적 역량도 더욱 고도화되고 있다. 사이버범죄는 비즈니스 생태계처럼 이루어지고 있다. 단순히 보안취약점을 거래하기도 하지만 이를 이용해 해킹툴을 제작하기도 하고 봇넷을 만들어 주거나 빌려주기도 한다. 방탄호스팅과 같이 사이버범죄 행위를 은닉할 수 있는 서비스들도 제공된다. 테러단체나 범죄자들은 고도의 해킹툴을 구매할 수 있다. 보안취약점을 활용해 은밀하게 정보를 탈취하거나 감시하고 흔적을 지우는 식의 범죄가 이루어지면 사실상 피해 사실을 알아채기도 어렵다.

국외에서는 이미 2000년대 초반부터 보안취약점의 공개 문제, 그러한 공개행위의 효과성과 경제성, 보안에의 영향, 나아가 취약점 시장문제와 취약점 공개 및 거래행위의 윤리적 이슈까지 공학이나 사회과학, 경영학, 경제학, 윤리학 등을 종합한 다학제적 융합연구들이 수행되고 있다.[16] 반면, 우리나라에서 보안취약점 관리정책을 체계적으로 조사·분석한 연구는 부족한 상황이다. 대부분의 보안취약점 문제를 공학 분야에서 다루고 있으며, 주로 개별 대응을 위한 기술적 과제로 연구하고 있다. 다만 공학 분야의 연구 중에서도 정책 개선방안을 제시하거나 이와 관련된 연구를 수행한 사례를 일부 살펴볼 수 있다. 보안취약점 관리시스템을 구축하거나 보안취약점의 위험도를 평가하는 방안, 이를 응용하여 취약점을 분류하거나 취약점 평가체계를 개편하는 방안 등의 연구들이 그러하다.[17] 아울러 최근 일부 사회과학 분야에서도 한정된 범위에서 취약점 대응 정책의 필요성 및 방향을 언급하고 있다.[18] 사실상 보안취약점 대응 문제를 정책적으로 다룬 연구가 부족해 최근에서야 그 논의가 산발적으로 언급되고 있는 상황인 셈이다. 따라서 국내에서는 먼저 보안취약점을 둘러싼 전반의 문제들을 식별하고 관련 정책들을 종합적으로 연계하여 대응동향을 살피고 핵심과제를 분석하는 기초 시도가 필요한 상황이라고 할 수 있다.

이 글은 그러한 작업의 한 과정으로서 보안취약점 문제를 종합적으로 조명하였다. 보안취약점이 어떻게 활용되고 있는지 그 구조를 식별하고 이에 내재한 위험논의의 속성을 분석함으로써 이론적 접근을 시도하였다. 아울러 구체적인 사례들을 통해 식별한 활용구조의 주요 쟁점들을 법적으로 분석하고 핵심과제를 도출하였다. 나아가 그러한 과제들을 해결하기 위해 고려할 수 있는 원칙을 제안하고 구체적인 대응전략을 설계하고자 하였다. 디지털 기술은 이제 우리 일상의 핵심 요소로 자리잡았다. 복잡한 기술일수록 위험이 커진다면 우리가 정말 안전하게 디지털로 넘어가고 있는 것인지 반문해야 한다. 널려 있는 소스코드들을 붙여 넣고 엮어서 일단 기능을 완성해야 하는 산업구조, 복잡하게 누더기식으로 떼워진 디지털 시스템들... 이들이 이제 현실과 연결되고 있다. 해킹은 기본적으로 광범위한 정보수집을 통해 타깃을 정하고 구체적으로 공략하는 방식으로 이루어진다. 게다가 코로나-19 전염병 사태로 인해 재택근무가 늘어나면서 기업의 웹 트래픽이 하락하고 일반 브라우저의 보안 문제가 급등하고 있다. 이 때문에 일반 소비자용 사물인터넷 기기나 라우터의 취약점 또한 증가하고 있다는 점도 중요한 배경이다.[19] 버그바운티 업체인 해커원(HackerOne)에 따르면 웹사이트를 대상으로 하는 해커들이 96%, API 50%, 안드로이드 29%, iOS 18% 등으로 집계되었다. 특히 사물인터넷을 대상으로 하는 비율은 11%였는데 이는 기존에 비해 약 1000% 이상 증가한 수치다.[20] 웹과 모바일 소프트웨어, IoT의 중요성이 더욱 커지고 있음을 알 수 있다. 내 컴퓨터와 노트북, 스마트폰과 집에 있는 IPTV, 인공지능 스피커, IP 카메라 등 연결된 모든 것이 취약하다.

사실상 전 세계의 국가들이 보안취약점을 활용하고 있다.[21] 정보수집을 목적으로 활용하기도 하고 감시나 정찰, 나아가 공격 목적으로 쓰기도 한다. 특별히 합의된 규칙은 없다. 이런 상황에서 보안은 계속 취약해질 수밖에 없다. 디지털 기술은 계속 확장하고 현실과 엮이고 있다. 그 속도도 더욱 빨라지고 있다. 보안취약점 문제를 중심으로 보안을 강화할 수 있는 접근들이 필요하다. 보안을 강화하는 움직임을 늘리고 약화하는 움직임은 줄여야 한다. 그 출발은 디지털 위험에 관한 정보를 드러내고 공유해 사회적 차원에서 문제를 인식하는 것이다. 그러한 위험을 합리적으로 수용하기 위한 공론이 벌어져야 한다. 이를 통해 이해관계자의 참여를 보장하고 소통과 협업을 통해 필요한 의무와 책임을 부여하는 제도들이 함께 설계되어야 한다.[22] 전문가들의 인식도 변화해야 한다. 디지털 시대의 시민은 계몽의 대상이 아닌 협력자다. 필요하다면 누구든지 디지털 위험의 문제를 바로 알고 위험을 줄이기 위한 노력에 동참할 수 있는 사회적 인프라가 마련되어야 한다. 불법한 취약점 거래는 줄이고 합법의 영역에 포섭할 수 있는 방안을 모색해야 한다. 전략적 움직임도 필요하다. 디지털 안보를 강화하고 사이버범죄에 대응하기 위해 보안취약점을 합법적으로 관리, 공유하고 활용할 수 있어야 한다. 사이버보안을 강화하는 국제적 흐름에 올라타고 디지털 미래를 밝히는 데 적극적으로 앞장서야 한다. 보안취약점 대응 정책은 디지털 시대의 신뢰를 확보하기 위한 경쟁이자 국제 공동협력의 시발점이 될 수 있다.

다행히 취약점 정책의 필요성이 표면으로 드러나기 시작하였다. 이제 취약점 정책은 누가 선도할 것인지의 문제다. 그리고 자연스럽게 취약점 문제에 잘 대응하는 쪽은 더 안전한 디지털 전환에 먼저 성공할 것이다.

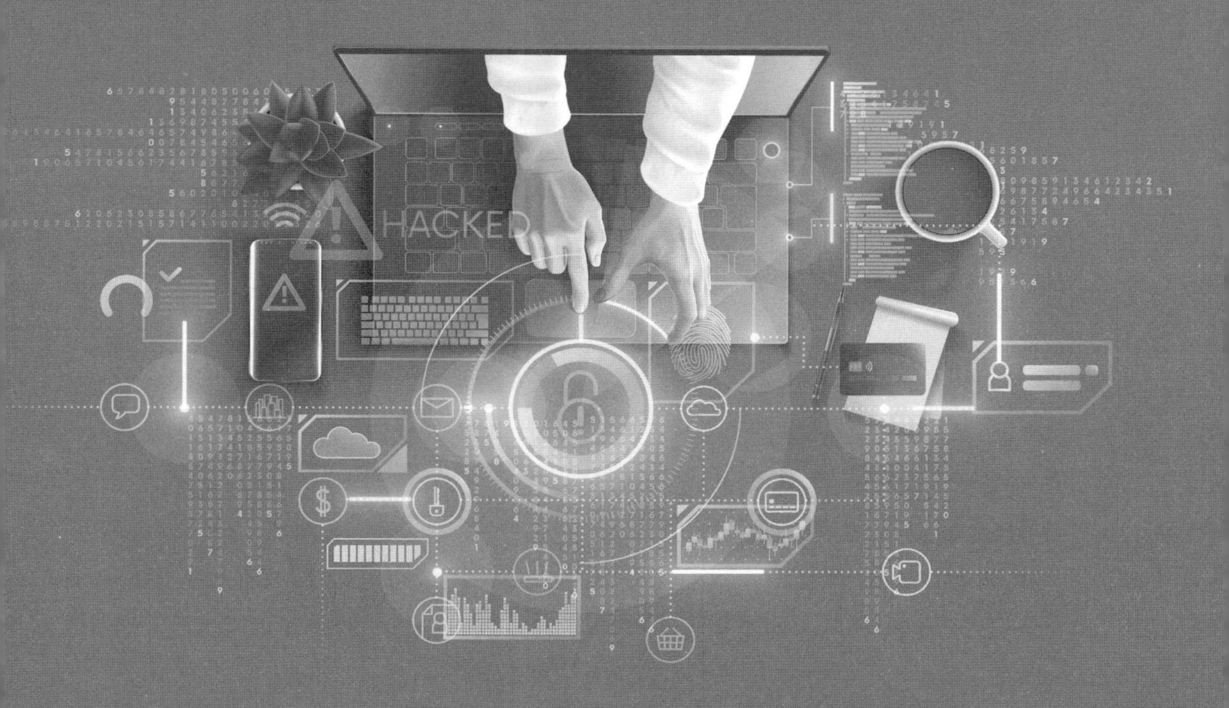

제 1 장

보안취약점과 디지털 위험

제 1 장

보안취약점과 디지털 위험

제1절 보안취약점 규제시대의 도래

보안취약점을 둘러싼 지형이 변화하고 있다. 국제사회에서 공식적으로 보안취약점 관리정책의 필요성을 언급하고 설계 방향을 제시하기 시작하였다. 2021년 2월 3일 경제협력개발기구(OECD: Organization for Economic Cooperation and Development) 디지털경제정책위원회(Committee on Digital Economy Policy) 산하 보안작업반(Working Party on Security in the Digital Economy)[1]이 취약점 공개정책(VDP: Vulnerability Disclosure Policies)의 상세한 요소와 절차를 담은 보고서를 발표한 것이다.[2] 보고서는 취약점 문제를 해결해야 성공적인 디지털 전환이 가능하다고 보면서 이에 대한 정책적 관심을 강조하고 있다.

그동안 보안취약점 관리정책에 관한 논의가 없었던 것은 아니다. 예를 들어 국제표준화기구(ISO: International Organization for Standardization)는 2014년 제품과 온라인 서비스의 잠재적 취약점 공개에 관한 표준을 발간한 바 있다.[3] 미국 국방부는 2016년부터 취약점 공개정책(VDP)을 시행하고 있다.[4] 국토안보부(DHS: Department of Homeland Security)의 사이버·인프라보안국(CISA: Cybersecurity and Infrastructure Security Agency)은 보안취약점 정보를 체계적으로 관리 및 공개하고,[5] 상무부(DOC: Department of Commerce) 산하 국가표준기술연구소(NIST: National Institute of Standards and Technology)는 국가취약점데이터베이스(NVD: National Vulnerability Database)를 운용하고 있다.[6] 유럽연합(EU: European Union)은 취약점 관리정책에 지속적인 관심을 가져오면서 법률을 통해 취약점 공개정책을 활성화하고 있다. 2019년 3월 EU 사이버보안법(EU Cybersecurity Act)[7]을 제정하면서 제품 및 서비스의 사이버보안 인증제도를 도입하고 유럽연합사이버보안청(ENISA: The European Union Agency for Cybersecurity)이 회원국의 취약점 공개정책 운용을 지원하도록 한 것이다. 제조업체나 서비스제공자들도 보안취약점을 신고받을 수 있는 창구를 마련하고 있다. 이미 구글(Google)[8]이나 페이스북(Facebook)[9]과 같은 초국적 기업들은 자발적으로 버그바운티나 취약점 공개정책을 시행하고 있다. 해커원(HackerOne)[10]과 같은 민간 버그바운티 플랫폼도 나타나고 크라우드펜스(Crowdfense)[11]와 같은 제로데이(zero-day) 취약점[12] 거래사업도 활발하다. 또 다른 제로데이 취약점 거래업체인 제로디움(Zerodium)의 공고에 따르면 사용자의 특정 행위 없이 전원만 켜져 있어도 기기를 해킹할 수 있는 안드로이드 기반 제로클릭(zero-click) 취약점이 최대 250만 달러에 거래되고 있다.[13] 우리나라도 2021년 2월 최초로 국가적 차원에서 보안취약점 관리체계를 구축하고 보안취약점 신고포상제의 법적 근거를 마련하는 등 보안취약점 관리정책 추진계획을 포함하는 'K-사이버방역 추진전략'을 수립하였다.

이번 OECD 발표의 의미는 개별 기업이나 국가 및 지역 단위로 논의되어 오던 보안취약점의 정책 이슈들이 전 세계 37개국이 참여하는 국제기구에서 '디지털 경제'의 관점 아래 공식 발표되었다는 점에 있다. 사물인터넷(IoT: Internet of Things) 기술이 디지털 융합을 가속하고 인공지능과 데이터 기술을 중심으로 본격적인 디지털 경제시대가 도래하면서 보안의 문제도 종합적으로 고려할 수밖에 없게 된 것이다. 종합적으로 고려한다는 뜻은 보안을 관리한다는 의미와 가깝다. 기술적으로 보안취약점을 찾아내고 이를 제거할 수 있는 패치를 개발해서 배포하는 것도 중요하지만 그러한 단편적이고 분절된 대응만으로는 오늘날 연결된 사회의 요소들을 보호할 수 없다. 관리와 경영의 관점에서 모든 절차에 걸쳐 기술적, 관리적, 제도적, 인적 요소들을 고려하고 기능과 분야를 넘어서는 협력과 공유가 요구되는 것이다.[14] 이제는 단순히 한 기관에서 자기 조직의 취약점만을 조사하거나 국가안보 관점에서 보안 전문기관이 이를 감독·지원하는 등의 제한된 접근에서 벗어나 민간과의 협업을 강화하고 외부의 전문성을 활용하는 등으로 그 흐름이 바뀌고 있다.

이는 디지털 기술의 발전과 코로나-19 사태로 인해 모든 일상과 산업영역에서 연결과 융합 현상이 나타나고 디지털 영향력이 강화되는 변화를 반영한 것으로 볼 수 있다. 기존의 분절적 접근과는 다른 새로운 보안 패러다임을 확보할 수 있어야 하기 때문이다.[15] 실제로 사물인터넷(IoT)과 사이버물리시스템(CPS: Cyber Physical

System) 환경에서 발생하는 보안사고는 기반시설의 파괴나 인명사고 등 재난 수준의 위험으로 이어질 수 있다.[16] 이미 2015년 발표된 연구를 통해 자율주행차량을 해킹해서 방향이나 속도를 바꾸고, 전압을 조절해 엔진에 손상이 가도록 하기도 하며, 대시보드(Dashboard)의 데이터를 조작해 운전자에게 잘못된 정보를 전달하는 등의 조작이 가능하다는 사실이 밝혀졌다.[17] 자율주행차량을 상용화하기 위해 기술적·제도적 지원을 붓고 있는 상황[18]에서 보안을 반드시 고려해야만 하는 이유다. 2016년 9월에는 미라이(Mirai) 악성코드가 IoT 봇넷(botnet)[19]을 형성하고 미국 북동부 뉴햄프셔(New Hampshire)의 인터넷 도메인 서비스 회사인 딘(Dyn)을 대상으로 분산서비스거부공격(DDoS: Distributed Denial of Service)[20]을 시행해 인터넷이 3시간가량 마비되는 사고가 발생하였다. 당시 공격으로 약 30만대의 IoT 기기가 감염되었으며 초당 최대 623GB의 공격이 이루어졌다.[21] 추적조사 결과 다후아(Dahua)의 IP 카메라 비밀번호는 '888888', '666666', 파나소닉(Panasonic)의 프린터 비밀번호는 '00000000', 삼성 IP 카메라의 비밀번호는 '1111111', 제록스(Xerox) 프린터의 비밀번호는 '1111', ZTE의 라우터 비밀번호는 'Zte521' 등으로 확인되었다. 주요 제조사들의 보안 관리가 부실하였던 것이다.[22] 공격자는 이처럼 황당한 취약점을 이용해 IoT 기기에 악성코드를 쉽게 설치하고 조종할 수 있었다. 2017년에는 미국의 신용평가업체인 에퀴팩스(Equifax)가 이미 널리 알려진 '아파치 스트러츠(Apache Struts) 오픈소스 프레임워크'의 보안취약점을 패치하지 않아 해킹 공격을 당하였다. 이 사건으로 1억 5,000만 명의 개인정보가 유출되었다.[23] 당시 아파치 스트러츠의 프레임워크에는 CVE－2017－5638을 통해 위험도 10점으로 분류된 최고 수준의 취약점이 존재하고 있었다. 공격자는 이 취약점을 통해 원격으로 임의의 명령을 수행할 수 있었다.[24] 연방거래위원회(FTC: Federal Trade Commission)의 조사에 따르면 이미 해당 취약점이 알려져 있었고 아파치 소프트웨어 재단이 패치를 발표하였음에도 에퀴팩스가 이를 적용하지 않았던 것으로 밝혀졌다. 이에 따라 에퀴팩스는 2019년 7월 연방거래위원회, 소비자금융보호국(CFPB: Consumer Financial Protection Bureau) 및 주 법무장관과 합의하여 5억 7,500만 달러 상당의 배상을 하기로 하였다.[25] 2018년에는 러시아 IP로 확인되는 사이트(http://www.i○○○c○○○.com)가 해킹한 IP 카메라 리스트를 국가별로 분류해 기기들이 기록하는 실시간 영상을 전송하고 구글맵 서비스와 연계하여 해당 IP 카메라가 설치된 구체적인 위치와 상세정보를 공개하고 있던 것이 발견되었다. 특히 해당 사이트의 해킹된 IP 카메라 목록에는 우리나라의 IP 카메라가 약 7,000대 정도 포함되어 있었다.[26]

이와 같은 세계적 문제들과 더불어 우리나라에서 보안취약점의 문제를 인식하고 제도적 대응 마련에 착수한 것도 위 사례와 같은 IoT 기기, 즉 IP 카메라 때문이었다. 2018년 10월 국회 과학기술정보방송통신위원회 국정감사에서 송희경 위원이 '쇼단(shodan)'[27]에 노출된 국내 IoT 기기의 보안취약점 문제를 지적한 것이다.[28] 산하기관인 한국인터넷진흥원 대상 질의에서는 개선방안에 관하여 더욱 구체적인 문제들이 제기되었다. 당시 한국인터넷진흥원에서 한국형 쇼단을 45억을 들여 제작하였음에도 제대로 기능하고 있지 않은 점, 공개된 라우터 등의 보안 문제, 화이트해커나 한국인터넷진흥원의 전문성 강화 문제 등이 논의되었다.[29]

보안취약점은 인간 프로그래머의 한계에 의해 생기는 기술적 결함이다. 근본적으로 기술의 결함을 고치지 않고 방치하거나 오히려 오남용하고 활용하는건 사실 이상한 행위다. 그러나 이 문제를 쉽게 정정하지 못하는 이유는 보안취약점의 속성에 있다. 디지털 기술의 결함은 다른 기술들처럼 결함이 밖으로 드러나 있지 않고 특정 업체의 보안 인력만으로는 취약점을 찾기 어렵기 때문이다. 결국 실제 서비스나 제품, 웹을 대상으로 다양한 공격과 모의침투를 수행하고 어딘가 있을지 모를 보안취약점을 찾아내야 한다. 보안취약점을 찾으려면 취약점을 활용해야만 하는 것이다.

이때 취약점을 누가 찾느냐에 따라 취약점은 단순한 결함으로 존재하기도 하고 국가와 사회, 기업과 개인에 대한 위협으로 다가오기도 한다. 보안연구자나 내부점검팀이 블랙해커 등 악의적인 행위자보다 취약점을 빨리 찾지 않으면 해당 취약점은 범죄에 악용될 가능성이 높다. 따라서 보안취약점은 아주 적극적으로 찾아 분석·연구하고 조치해야 하는 기술적 결함이면서 범죄나 사이버공격의 수단으로 활용될 수 있는 핵심 위협이기도 하다. 이중성을 가진 기술 요소인 셈이다.

게다가 범죄에 활용된 정황을 포착하였다면 국가는 수사를 진행해야 한다. 때로는 다가올 위협을 미리 탐지하기 위해 사이버공간에서의 정보활동도 필요하다. 이 때문에 정부의 개입이 반드시 일어나게 된다. 정부가 사이버보안을 보장하고 강화하려면 데이터에 접근해야 하고 필요한 경우 보안취약점을 활용한 은밀한 접근도 할 수 있어야 하기 때문이다.[30] 오늘날 정부는 실제로 보안취약점 거래시장의 가장 큰 고객이다. 취약점 시장은 이미 미국 국가안보국(NSA: National Security Agency)과 같은 정보기관이나 수사기관이 적극적으로 활용하고 있는 수단이다.[31] 이처럼 적극적인 정부의 개입 외에 사후적 개입의 필요성도 존재한다. 피해가 발생하고 있음에도 민간에서 보안이 제대로 이루어지지 않는다면 정부가 보완을 요구하거나 때로는 강제할 수도 있어야 하기 때문이다. 예를 들어, 다수의 사람들이 사용하는 소프트웨어 제조업체가 취약점을 제보받고도 이에 대한 조치를 취하지 않는 경우, 그리고 그러한 관계 시장 내에서의 작용만으로 자율적인 조치가 이루어지지 않는 경우 정부의 조정이 필요할 수 있다.

이처럼 보안취약점의 근본적 속성으로 인해 오늘날 취약점 문제에는 여러 의도와 행위, 이해관계가 얽히고 다양한 주체들이 이를 둘러싸게 된다. 기술은 기본적으로 기술을 사용하는 자의 목적과 의도에 종속된다.[32] 이미 우리는 그러한 사례를 인터넷과 웹 구조를 통해 경험하고 있다. 인터넷과 사이버공간을 구성하는 유사한 기술들은 대부분 정부와 시장을 중심으로 하는 권력 관계에 엮여 있기 때문이다.[33] 따라서 이미 인터넷은 정치시스템으로 편입되었다고 해도 과언이 아니다.[34] 특히 공정한 경쟁시장을 조성하고 역기능을 완화하며 새로운 위협에 대응해야 하는 등 정부의 역할이 요구되면서 보안은 디지털 기술과 산업에 관한 강력한 정치적 개입의 입구가 되었다. 이제 디지털 기술이 더욱 발전하면서 사이버공간과 인터넷의 규율에 관한 논의는 사이버보안의 문제를 포함하지 않을 수 없게 되었다.[35] 사회와 제도가 기술을 수용하고 이해하면서 구체적인 쟁점들이 드러나고 다시 더 구체적인 요소들이 새롭게 제도화되는 흐름이 나타나는 것이다. 보안의 문제에서도 그 근본 요소 중 하나인 보안취약점을 중심으로 유사한 수준의 정치관계가 형성되고 있다.

디지털이 더욱 일상화되고 있다. 이제는 가장 근본적인 보안의 문제로서 디지털 시스템과 구성요소 자체에 내재하고 있음에도 표면에 드러나지 않는 보안취약점의 활용 구조를 파악할 수 있어야 한다. 그리고 구조 내의 불균형을 찾아 이를 조율하고 공익에 부합하는 요소들은 합법의 영역으로 끌어올 수 있어야 한다. 보안취약점을 함께 찾기도 하고 공개하기도 하며 합리적으로 활용할 수도 있어야 한다. 보안취약점 자체가 민감하고 강력한 정보로 기능할 수 있기 때문에 첨예한 이해관계와 쟁점이 존재할 수 있다. 정부와 기업, 보안업체와 보안연구자, 화이트해커와 블랙해커, 취약점 시장과 다크웹(dark web) 등 보안취약점과 관련된 다양한 주체들이 있다.

우리나라는 최근 'K-사이버방역 추진전략'을 중심으로 종합적인 정비작업들을 추진하고 있다. 대전환이 이루어지고 있는 상황에서 보다 근본적인 문제들을 공론화하고 필요한 영역은 제도화하는 등의 작업들이 필요하다. 보안사고가 발생할 때마다 보안 관련 법제도를 떼우기 식으로 정비하는 형태의 오래된 접근은 이제 곤란하다.[36] 디지털의 근원적 문제를 인식하고 그 기술적 위험의 본질인 취약점에 초점을 둬야 한다. 기존에는 개별 부처나 기관 단위에서 보안취약점을 분석·점검하는 수준에 그쳤다. 우리나라는 2001년 「정보통신기반보호법」을 제정하면서 도입한 취약점 분석 및 평가에 관한 규정을 시초로 「전자금융거래법」 등에 유사한 규정을 마련하였다. 이와 함께 「전자정부법」, 「보안업무규정」 등에 따라 부처별 「정보보호관리지침」, 「정보통신보안규정」, 「전자금융감독규정」, 「모바일 전자정부 서비스 관리 지침」 등에 취약점 분석 및 평가에 관한 규정이 삽입되었다. 2020년에는 「소프트웨어산업 진흥법」을 「소프트웨어 진흥법」으로 전부개정하면서 소프트웨어를 개발하거나 변경할 때 보안취약점을 최소화할 수 있도록 '소프트웨어개발보안' 개념을 도입하였다.[37] 그러나 이 개념은 개발보안의 내용적 측면보다는 소프트웨어개발보안의 진흥을 위한 규정에만 활용되었다. 별도로 「소프트웨어안전 확보를 위한 지침」이 마련되었지만 장애나 안전관리 차원의 전반적인 절차들을 정하고 있을 뿐 취약점 자체를 관리하는 기능은 다루지 않고 있다.

취약점을 활용한 범죄나 적성국들의 정보활동이 매 순간 벌어지고 있음에도 수사기관과 정보기관은 동등한 무기를 활용할 법적 토대 없이 오히려 책임의 문제를 우려해야 한다. 화이트해커들이 제품이나 서비스의 취약점을 찾아 선의의 목적으로 해당 업체에게 알려주면 오히려 정보통신망 침입이나 영업비밀, 저작권 보호조치 침해 등을 이유로 법적 문제에 휘말리기도 한다. 내 제품이나 서비스의 취약점이 다크웹에서 버젓이 고가에 팔리기도 한다. 국가들이 나서서 보안취약점을 보유하고 공격에 활용하면서 사이버공간의 국제무대는 그야말로 아비규환이다. 앞으로 IoT 기기가 확산되고 본격적인 디지털 융합 사회가 도래하게 되면 문제가 더욱 복잡해진다. 이미 사회 곳곳에 IoT 기술이 적용되고 있다. 약 10년이 지나면 IoT 기술이 적용된 제품들의 판매종료일(EOL: End-of-Life)이나 서비스종료일(EOS: End-of- Service)이 도래하게 된다. 그렇게 되면 이른바 '잊혀진 사물인터넷(Internet of forgotten things)'의 보안 문제가 정책과제로 나타나게 되는 것이다.[38] 이 문제는 비단 사물인터넷뿐만 아니라 기존의 디지털 요소들에도 적용된다. 예를 들어 2001년 출시된 마이크로

소프트(Microsoft)의 운영체제인 Windows XP는 2014년 연장지원이 중단되면서 이제 모든 보안 업데이트와 기술지원을 받지 못한다. 이에 따라 당시 우리 정부 또한 보안 문제를 고려해 개인과 기업들에게 전용 백신을 무료로 배포하면서 Windows XP를 대상으로 하는 악성코드를 상시 모니터링하여 이를 보안업체와 공유하는 등 긴급 조치를 취하였던 바 있다.[39] IoT에도 이러한 방식을 적용하기에는 분명한 어려움이 있다. 개별 이용자의 협조 없이는 보안 패치를 적용하지 못할 수 있다. 제품이나 서비스의 설계자를 찾지 못할 수도 있다. 심지어 어느 업체에서 제작한 것인지 알 수 없을지도 모른다. 이용자와 소비자만 이 취약점 문제에서 계속 뒤처지고 있다. 디지털은 일상으로 확산하는데 그 위험은 정부나 기업만 알고 있는 상황이 벌어지는 것이다.

현대 사회에서 본래 '명백하게 위험한(overtly dangerous)' 기술은 금방 사라지기 마련이다.[40] 그럼에도 디지털이 계속 발전하는 이유는 우리가 위험요소들을 관리할 수 있다는 뜻이기도 하지만 디지털의 극단적 위험 사례가 아직 나타나지 않았다는 의미이기도 하다. 앞으로 기술이 계속 발전하고 연계되면 위험은 커질 수밖에 없다. 따라서 보안의 핵심은 위험이 극대화되지 않도록 위험요소들을 지속적으로 탐색하고 관리하고 제거하는 절차라고 할 수 있다. '보안은 프로세스(Security is a process)'라는 명제는 보안에 전체론적 접근이 필요함을 강조한다.[41] 보안을 특정 제품이나 기술로만 이해할 것이 아니라 보안이 적용되어야 하는 분야의 특성을 고려하여 설계부터 제작, 배포, 대응하는 일련의 절차에 종합적으로 보안 요소를 투입하고 검증해야 한다는 의미다. 게다가 그렇게 배포한다고 끝날 것이 아니라 예방, 탐지, 대응, 복구의 관점에서 지속적인 모니터링과 사후 관리를 요구한다. 문제는 인터넷이 그러하듯 보안 또한 하나의 기술이기에 정치와 군사,[42] 경제[43]와 같은 권력으로부터 자유롭지 못하다는 점이다. 기술이 사회구조의 핵심을 이루게 된 오늘날 기술을 창조하고 활용하고 통제할 수 있는 능력은 사실 강력한 권력의 가능성을 의미한다.[44]

보안취약점의 경우에도 그러하지 않은지 구체적인 사실과 관계를 드러내야 한다. 특히 오늘날 보안 패러다임은 분절된 대응이 아니라 유기적으로 연계된, 그리고 지속 가능한 대응을 요구하는 방향으로 변화하고 있다. 그렇다면 보안취약점의 문제 또한 기존과 같이 제한되고 통제된 형태에서 벗어나 기본적으로 공개와 개방, 협력과 소통을 요구하는 방향으로 연구와 정책형성 논의들이 이루어져야 한다. 아울러 오늘날의 디지털 시대에서는 정부와 시민이라는 전통적 관계에서 나아가 다양한 이해관계자들을 주체로 하여 논의를 확장할 수 있어야 한다.[45] 해커, 테러단체, 외로운 늑대(Lone Wolf) 및 초국적 기업, 취약점 브로커 등과 같이 사회에 지대한 영향을 미치는 새로운 제3의 세력들이 형성되고 있기 때문이다. 해킹 등 각종 사이버 위협도 자기만족감이나 호기심의 충족, 경제적 보상, 조직 또는 사회에 대한 반항심이나 불만,[46] 극단적 사상 등[47] 다양한 배경과 직·간접적 요인들이 얽혀 나타나고 있다. 복잡해진 디지털 사회의 행위규제는 법뿐만 아니라 사회규범이나 시장, 나아가 구조에 의해서도 규제된다.[48] 따라서 보안취약점을 둘러싼 구조들과 그러한 다양한 관계 내에서 식별되는 문제점들을 해소할 수 있는 종합적인 대응전략이 요구된다. 이로써 어떤 영역을 법의 테두리 안에서 허용해야 하며 어떤 영역을 제재해야 하는지, 또 아주 실질적인 차원에서 기술적 구현이 필요한 영역은 없는지 등을 살펴 구체적인 전략들을 제시할 수 있어야 한다. 아직 IoT 기술이 사회에 완전히 녹아들지 않았다.[49] 디지털 전환에 박차를 가하고 있는 지금이 적기다.

제2절 보안취약점의 이해

보안취약점(Security Vulnerability)은 보안위협의 근원으로서 그 구체적인 개념은 여러 표준이나 연구 또는 기관들을 통해 다양하게 정의되고 있다. 국제인터넷표준화기구(IETF: Internet Engineering Task Force)의 RFC 2828에 따르면 보안취약점이란 시스템의 설계, 구현, 운영 및 관리 등의 보안정책을 침해하기 위해 악용될 수 있는 결함(flaw) 또는 약점(weakness)을 말한다.[50] ISO 27000에 따르면 취약점은 하나 이상의 위협에 따라 악용될 수 있는 자산이나 통제의 약점을 의미한다.[51] 미국 상무부 국립표준기술연구소(NIST: National Institute of Standards and Technology)는 취약점을 위협요소에 의해 악용되거나 촉발될 수 있는 정보시스템, 시스템 보안절차, 내부통제 또는 구현의 약점이라고 정의하고 있다.[52] OWASP(Open Web Application Security Project)는 취약점을 설계 결함 또는 버그가 될 수 있는 응용프로그램의 허점 또는 약점으로 공격자에 의해 악용되어 애플리케이션의 이해관계자들에게 피해를 끼칠 수 있는 것으로 설명하고 있다.[53] 한국정보통신기술협회(TTA: Telecommunications Technology Association)는 보안취약점을 시스템 또는 프로그램에 내재한 버그 내지는 잘못된 부분을 의미한다고 정의하고 이를 악용해 해커가 시스템에 침입해 정보 유출이나 시스템 파괴 등을 유발한다고 설명하고 있다.[54] 또한 행정안전부의 「행정기관 및 공공기관 정보시스템 구축·운영 지침」은 소프트웨어 보안약점을 소프트웨어 결함, 오류 등으로 해킹 등 사이버공격을 유발할 가능성이 있는 잠재적인 보안 취약점이라고 규정하고 있다. 이 외에도 다양한 연구들이 취약점의 개념을 정의하고 있다.

표 1 취약점 관련 개념 정의

구분	저자	내용
1	Carl E. Landwehr et al. (1994)	서비스거부 및 데이터에 대한 비인가 접근, 공개, 파괴 및 수정 등을 야기할 수 있는 모든 조건이나 상황[55]
2	Ivan Victor Krsul (1998)	실행하면 보안정책을 침해할 수 있는 소프트웨어 명세, 개발 또는 구성상 오류의 예시[56]
3	Bruce Porter & Gary McGraw (2004)	공격자가 악용할 수 있는 오류[57]
4	Omar H. Alhazmi & Yashwant K. Malaiya (2005)	공격자가 보안조치를 우회할 수 있도록 하는 결함[58]
5	김유경, 도경구 (2011)	정보시스템의 설계 또는 구현상의 오류로서 시스템에 저장 또는 전송되는 정보의 기밀성, 무결성, 가용성을 위협할 수 있는 것[59]
6	Lillian Ablon, Martin C. Libicki & Andrea A. Golay (2014)	공격자가 악용할 수 있는 지점을 제공할 수 있는 소프트웨어, 하드웨어 및 인적, 관리적 약점[60]
7	Saender Aren Clark (2016)	정보보증에 대한 공격을 허용할 수 있는 보안 결함이나 약점[61]
8	Andi Wilson et al. (2016)	제3자에 의해 의도하지 않은 작동을 허용할 우려가 있는 속성 또는 결함[62]
9	Trey Herr, Bruce Schneier & Christopher Morris (2017)	해당 소프트웨어를 통해 제3자가 컴퓨터를 조작할 수 있도록 허용하는 코드의 흐름이나 속성(소프트웨어 취약점)[63]
10	김민철 외 (2018)	해킹 등의 공격으로 이어져 보안사고의 원인이 될 수 있는 시스템의 보안 허점[64]

이와 같은 정의들을 살펴보면 보안취약점을 설명하면서 오류(error), 결함(fault), 버그(bug), 장애(failure) 등의 개념들을 혼용하고 있다. 소프트웨어 공학 전반의 용어에 관한 IEEE 표준에 따르면 오류(error)란 본연의 의미로서 ① 계산값 또는 측정값과 참(true)값, 이론적으로 타당한 값 및 조건과의 차이, ② 결함(fault)으로서 부정확한 단계, 절차 또는 데이터 정의, ③ 장애(failure)로서 부정확한 결과, ④ 개발자의 실수(mistake)로서 부정확한 결과를 초래하는 인간의 행위라는 4가지 의미를 포함한다.[65] 아울러 소프트웨어의 비정상 상태에 관한 표준에 따르면 결함(fault)이란 소프트웨어에서 오류가 구현된 것(manifestation), 프로그램의 부정확한 단계, 절차 또는 데이터 정의, 하드웨어 기기나 구성요소의 결함을 의미한다.[66] 따라서 개발자의 오류로 인해 소프트웨어에 결함이 발생하게 된다고 이해할 수 있다. 예를 들면 코딩의 오류로 인해 프로그램에서 잘못된 절차가 수행되거나 의도하지 않은 값이 도출되는 등의 결함이 나타나는 것이다. 아울러 결함과 유사한 용어로서 버그(bug)라는 용어도 함께 사용되고 있다. ISO와 IEEE는 버그와 결함을 같은 의미로 설명하고 있다.[67] 유사한 의미로서 버그(bug)란 프로그램에 의도하지 않게 도입된 보안 결함(security flaw)을 칭한다고 설명되기도 한다.[68] 또한 장애(failure)란 요구한 기능을 수행하지 못하거나 사전에 설정한 제한 내에서 기능을 수행하지 못하는 상태를 말한다.[69] 즉, 시스템 또는 구성요소가 지정된 성능 요구사항에 따라 필요한 기능을 수행할 수 없는 상태를 의미한다. 따라서 개발자의 '실수'로 소프트웨어나 시스템에 '결함'이 발생하게 되며 그러한 '결함'으로 인해 '장애'가 발생할 수 있다.

이러한 정의들을 종합해 보면 보안취약점의 핵심개념은 공통적으로 '외부의 접근'에 의해 '악용될 가능성'을 포함하는 '내재적 결함'으로 이해된다. 결함의 악용 가능성이란 결국 보안상 취약성을 내포하는 지표로서 외부 행위자에 의해 인식, 조작되어야 비로소 취약점으로 드러나는 것이다. 따라서 보안취약점은 "외부의 접근에 의해 구체적인 보안 위협요소로 드러날 수 있는 특정 제품이나 서비스의 약점"이라고 정의할 수 있다. 공격에 활용할 수 있는 내재적 결함 자체를 인식하였을 때 비로소 하나의 정보로서 보안취약점이 정의되는 것이다. 다시 말해 보안취약점은 내재적 결함인 설계 오류를 악용하는 행위로 인해 나타나게 된다. 특히 디지털 환경에서는 새로운 서비스나 플랫폼의 유형이 나타나고 프로그래밍 언어가 바뀌기도 한다. 그렇다면 위협의 양상도 달라질 수밖에 없기 때문에 보안취약점의 구체적인 형태는 언제든 변화할 수 있는 유동적 요소라고 할 수 있다. 이는 보안취약점의 유형과 위협 순위들이 계속 변화한다는 점에서도 알 수 있다.

보안취약점은 분류 기준에 따라 다양하게 유형화될 수 있다. 취약점의 생성 원인을 기준으로 하면 의도적 취약점으로서 악의적 취약점과 비악의적 취약점, 비의도적 취약점으로서 각종 에러나 권한 설정의 오류 등으로 구분할 수 있다. 취약점의 생성 시점을 기준으로 하면 개발, 운영, 유지관리 단계에서의 취약점으로 분류할 수 있다. 또한 취약점의 발생 위치를 기준으로 하면 운영체제, 지원 및 관리 프로그램, 응용프로그램의 취약점으로 분류할 수 있다. 소프트웨어와 하드웨어를 기준으로도 할 수 있다.[70] 공통취약점평가체계(CVSS: Common Vulnerability Scoring System)와 같이 심각성을 기준으로 유형화하기도 한다.[71]

실제로 취약점을 관리하고 해결하는 활동은 조직 차원에서 중요한 비용 요인 중 하나다. 현실적으로 모든 취약점을 찾고 보완할 수 없기 때문이다. 따라서 보안취약점의 우선순위를 정하고 보안에 중대한 위협이 될 수 있는 취약점을 빠르게 패치하는 효율적인 작업이 필요하다.[72] 관련하여 많은 기관이나 조직에서 보안취약점의 중요도 내지는 위험 순위를 평가하여 발표하고 있다.

OWASP(Open Web Application Security Project)는 웹 애플리케이션의 보안취약점을 연구하는 그룹으로 3~4년마다 웹 취약점을 선정하여 위협 순위를 발표하고 있다. 이에 따라 2017년 발표된 보안취약점의 유형은 다음과 같다.[73]

표 2 OWASP 웹 보안위협 순위(2017)

순위	보안위협	내용
1	인젝션(Injection)	명령, 쿼리 등 입력값을 조작하여 서버의 데이터베이스를 조작, 공격하는 기법으로서 정당한 권한 없이 데이터베이스에 접근할 수 있음
2	취약한 인증 (Broken Authentication)	인증 및 세션 관리 기능을 잘못 구현하여 암호나 암호키, 세션의 토큰이 노출되는 등 공격자들이 결함을 악용할 수 있음
3	민감한 데이터 노출 (Sensitive Data Exposure)	중요한 데이터나 민감한 데이터를 저장하거나 전송할 때 암호화 등의 조치를 취하지 않아 공격자의 정보 접근이 용이할 수 있음

4	XML 외부 개체 (XXE: XML External Entities)	대부분의 오래된 XML 프로세서들은 외부 개체 참조를 평가하는데 공격자는 이 과정에서 처리하는 URI에 악성코드를 삽입하여 원격 코드를 실행하거나 데이터에 접근할 수 있음
5	취약한 접근통제 (Broken Access Control)	접근권한을 제한하는 등 통제 절차가 없거나 취약한 경우 공격자는 이러한 결함을 악용해 다른 사용자의 계정에 접근하거나 데이터를 수정하거나 권한을 변경하는 등의 공격을 수행할 수 있음
6	잘못된 보안구성 (Security Misconfiguration)	알려진 취약점을 포함하고 있거나 디폴트 비밀번호를 사용하고 있는 애플리케이션 등 미흡한 보안설정을 악용해 권한을 획득하고 민감한 데이터에 접근할 수 있음
7	크로스사이트스크립팅 (XSS: Cross-Site Scripting)	공격자는 XSS 취약점을 활용해 해당 웹사이트 방문자의 쿠키나 세션을 탈취하고 방문자를 악성코드가 포함된 사이트로 연결하는 등의 공격을 수행할 수 있음
8	안전하지 않은 역직렬화 (Insecure Deserialization)	직렬화 데이터의 무결성을 검증하지 않고 역직렬화할 경우 권한 상승이나 원격 코드 실행, 주입 공격 등이 이루어질 수 있음
9	알려진 취약점이 있는 컴포넌트 사용 (Using Components with Known Vulnerabilities)	효율적으로 웹사이트를 개발하기 위해 각종 라이브러리, 프레임워크, 소프트웨어 모듈 등의 컴포넌트를 사용하고 있으나 취약한 컴포넌트가 악용되는 경우 데이터 손실, 서버 장악 등의 피해를 입을 수 있음
10	불충분한 로깅 및 모니터링 (Insufficient Logging & Monitoring)	로그인 시도, 의심스러운 활동 등을 기록하지 않거나 경고 및 오류 알림 설정이 없는 등 불충분한 로깅과 모니터링으로 인해 계획적인 보안공격에 취약할 수밖에 없음

MITRE는 가장 위험한 소프트웨어 공통보안약점(CWE: Common Weakness Enumeration) 25개를 선정하여 공고하고 있다.[74] 2020년 발표된 약점 목록 중 상위 10개의 약점을 추리면 다음과 같다.

표 3 CWE Top 25

순위	CWE ID	약점명	내용
1	CWE-79	크로스사이트스크립팅 (XSS: Cross-Site Scripting)	입력을 검증하지 않아 게시판 등을 통해 악성코드를 주입할 수 있게 되며, 이를 이용하는 방문자들이 감염될 수 있음

2	CWE-787	설정범위를 벗어난 쓰기 오류 (Out-of-bounds Write)	설정범위를 벗어난 메모리 쓰기로 인해 데이터를 훼손하거나 임의의 명령을 실행할 수 있음
3	CWE-20	부적절한 입력 검증 (Improper Input Validation)	입력값을 검증하지 않아 크로스사이트스크립팅, SQL 인젝션, 버퍼 오버플로우 등을 야기할 수 있음
4	CWE-125	설정범위를 벗어난 읽기 오류 (Out-of-bounds Read)	설정범위를 벗어난 메모리 읽기로 인해 정보가 누출되거나 충돌을 야기할 수 있음
5	CWE-119	메모리 버퍼 오류	데이터 전송 시 일시적으로 데이터를 보관하는 메모리의 제한설정 오류로 데이터가 인접 메모리 공간까지 사용해 충돌을 야기할 수 있음
6	CWE-89	SQL 인젝션 (SQL Injection)	임의의 SQL 구문을 전송하여 데이터베이스를 조작할 수 있음
7	CWE-200	권한 없는 행위자에 대한 민감정보 노출	중요한 데이터나 민감한 데이터를 저장하거나 전송할 때 암호화 등의 조치를 취하지 않아 공격자의 정보 접근이 용이할 수 있음
8	CWE-416	해제된 자원 사용 (Use After Free)	자원 해제 후에도 해당 자원을 호출하도록 설계하여 예상치 못한 기능을 유발할 수 있는 코딩 오류
9	CWE-352	크로스사이트요청위조 (CSRF: Cross Site Request Forgery)	취약한 웹서버에 변조 코드를 삽입하고 해당 사이트 방문자가 알지 못하는 상태에서 특정 요청을 하도록 위조
10	CWE-78	운영체제 명령어 삽입 (OS Command Injection)	운영체제 실행 시 참조하는 코드에 명령어 삽입

아울러 행정안전부는 『행정기관 및 공공기관 정보시스템 구축·운영 지침』을 통해 보안약점을 진단하도록 요구하고 있다. 따라서 행정기관은 동 지침 제52조에 따라 소프트웨어 보안약점을 필수 진단항목으로 포함하고 보안약점을 진단·제거하여야 한다. 관련하여 행정안전부는 소프트웨어 보안약점 기준을 고시하여 총 49개의 보안약점 목록을 제공하고 있다.

표 4 행정안전부 소프트웨어 보안약점 목록

부적절한 입력값 검증 및 표현			
구분	보안약점	구분	보안약점
1	SQL 삽입(CWE-89)	2	코드 삽입
3	경로 조작 및 자원 삽입	4	크로스사이트스크립팅(CWE-79)
5	운영체제 명령어 삽입(CWE-78)	6	위험한 형식 파일 업로드
7	신뢰되지 않는 URL 주소로 자동접속 연결	8	부적절한 XML 외부개체 참조(XXE)
9	XML 삽입	10	LDAP 삽입
11	크로스사이트요청위조(CWE-352)	12	서버사이드요청위조
13	HTTP 응답분할	14	정수형 오버플로우
15	보안기능 결정에 사용되는 부적절한 입력값	16	메모리 버퍼 오버플로우
17	포맷 스트링 삽입		
부적절한 보안기능(인증, 접근제어, 암호화, 권한관리 등) 구현			
구분	보안약점	구분	보안약점
18	적절한 인증 없는 중요기능 허용	19	부적절한 인가
20	중요한 자원에 대한 잘못된 권한 설정	21	취약한 암호화 알고리즘 사용
22	암호화되지 않은 중요정보	23	하드코드된 중요정보
24	충분하지 않은 키 길이 사용	25	적절하지 않은 난수 값 사용
26	취약한 비밀번호 허용	27	부적절한 전자서명 확인
28	부적절한 인증서 유효성 검증	29	사용자 하드디스크에 저장되는 쿠키를 통한 정보 노출
30	주석문 안에 포함된 시스템 주요정보	31	솔트 없이 일방향 해쉬 함수 사용
32	무결성 검사 없는 코드 다운로드	33	반복된 인증시도 제한 기능 부재
부적절한 시간 및 상태의 관리			
구분	보안약점	구분	보안약점
34	경쟁조건: 검사 시점과 사용 시점(TOCTOU)	35	종료되지 않는 반복문 또는 재귀 함수

오류 처리의 부재 또는 미흡			
구분	보안약점	구분	보안약점
36	오류 메시지 정보노출	37	오류상황 대응 부재
38	부적절한 예외 처리		
개발자가 범하는 코드오류			
구분	보안약점	구분	보안약점
39	Null Pointer 역참조	40	부적절한 자원 해제
41	해제된 자원 사용	42	초기화되지 않은 변수 사용
43	신뢰할 수 없는 데이터의 역직렬화		
중요한 데이터 또는 기능의 불충분한 캡슐화			
구분	보안약점	구분	보안약점
44	잘못된 세션에 의한 데이터 정보 노출	45	제거되지 않고 남은 디버그 코드
46	Public 메소드부터 반환된 Private 배열	47	Private 배열에 Public 데이터 할당
API의 오용 또는 취약한 API의 사용			
구분	보안약점	구분	보안약점
48	DNS lookup에 의존한 보안결정	49	취약한 API 사용

또한 과학기술정보통신부와 한국인터넷진흥원은 「정보통신기반보호법」 제9조에 따라 취약점 분석 및 평가를 수행하기 위해 필요한 기술적 점검 기준 313개 항목과 점검 방법, 조치 방법을 정리한 가이드를 주기적으로 발간하고 있다. 이에 따라 동 가이드는 운영체제로서 UNIX와 Windows, 보안장비, 네트워크장비, 제어시스템, PC(Personal Computer), 데이터베이스관리시스템(DBMS: Database Management System) 및 웹(Web)의 취약점 항목과 관련 설명을 제공하고 있다.

보안취약점의 발생은 사실 필연적이라고 할 수 있다. 사람이 하는 일이기 때문에 모든 소프트웨어와 시스템들이 완전할 수 없고 근본적으로 안전성과는 거리가 멀다는 점에서 그러하다.[75] 취약점은 보안을 고려한 설계가 이루어지지 않았고, 그러한 설계의 결과물들이 본래 설계에서 고려하지 못한 다른 입력값을 접하거나 설계 목적과 다른 기능으로도 사용될 수 있기 때문에 위협요소로 드러나게 된다.

좀 더 구체적으로 살펴보자. 소프트웨어를 설계하는 과정에서는 여러 요인으로 인해 결함이 발생하게 된다. 프로그래머가 알고리즘을 기능적 관점에서 오차 없이 정확하게 설계하였다고 가정하더라도 입력되는 데이터로 인해 예상하지 못한 결과값이 도출될 수 있다.[76] 즉, 알고리즘 그 자체가 설령 완벽할지언정 설계자는 알고리즘에 입력되는 데이터의 유형이나 활용 가능성 등 모든 경우의 수를 고려할 수 없기 때문이다. 그러나 알고리즘 자체도 완벽할 수 없다. 이는 전자보다 근본적인 문제로서 설계자가 어떤 기능을 구현하기 위해 프로그램을 코딩하더라도 막상 프로그램을 구동해 보면 전혀 다른 값이나 예상하지 못한 값이 결과물로 나오는 경우도 있기 때문이다. 프로그래머의 접근이 잘못되었을 수도 있다. 접근은 옳았지만 코딩하는 과정에서 실수가 있었을 수도 있다.[77]

이러한 설계상의 근본적 속성 및 결함과 이어져서 프로그램이 더욱 거대해지고 있다는 점도 문제다. 디지털 기술을 중심으로 제조업과 서비스업이 융합하고 거대한 플랫폼이 출현하는 현상에서 각종 시스템과 소프트웨어들은 더욱 무거워지고 커질 수밖에 없다.[78] 일례로 가트너(Gartner)는 2020년 전략기술로 분산클라우드(Distributed Cloud), 자율이동체(Autonomous Things), AI 보안(AI Security), 초자동화(Hyperautomation), 인간 증강(Human Augmentation) 등을 선정한 바 있다. 이에 따라 사람과 기술이 연결되고 상호작용하는 형태의 기술들이 발전할 것으로 보고 있다.[79] 사물인터넷 기술로 가정 기기를 연결하는 스마트홈 시장은 2025년까지 연평균 18%의 성장률을 보이며 1,757억 달러의 규모를 형성할 것으로 보인다. 차량에도 소프트웨어가 연계되면서 테슬라와 아우디는 차량 플랫폼에 게임 기능을, 벤츠는 영상콘텐츠 감상 기능을 결합하는 등 인포테인먼트 산업도 확대되고 있다.[80]

문제는 프로그램이 확장할수록 버그의 잠재적 존재 가능성도 증가한다는 점이다. 즉, 코드가 늘어날수록 결함의 비율도 비례해서 많아지며 마찬가지로 보안 위험도 커진다.[81] 연구에 따르면 1,000줄의 코드 당 약 5개에서 20개의 버그가 존재할 수 있다.[82] 예를 들어 단일 시스템으로서의 운영체제를 기준으로 살펴보면 1992년 배포된 Windows 3.1은 약 300만 줄의 코드로 이루어져 있었는데 이는 최대 약 6만 개의 잠재적 결함을 포함하고 있을 것이라고 보고 있다. 1999년 배포된 Windows 2000은 약 35만 줄 이상의 코드로 구성되었으며 최대 약 70만 개의 버그를 포함하고 있었을 것으로 보고 있다. 2001년 배포된 RedHat 7.1은 이보다 훨씬 늘어난 약 3천만 개의 코드로 설계되었으며 최대 약 60만 개의 잠재적 버그를 포함하였을 것으로 추정되고 있다. Windows XP는 최소 4천만 줄의 코드로 설계되어 있다.[83] 오늘날 우리가 사용하고 있는 Windows 10은 약 5천만 줄의 코드로 구성되어 있다. 구글의 모든 인터넷 서비스를 구동하기 위해 작성된 소프트웨어 코드는 약 20억 줄에 달한다.[84] 따라서 각종 프로그램들이 결합하고 새로운 기능이 붙게 되면 프로그램은 더욱 무거워지면서 결함의 존재 가능성도 증가하고 취약점 자체도 상호작용하면서 복잡해지게 된다.[85]

소프트웨어 업계의 고질적인 문제점도 살펴봐야 한다. 소프트웨어 기술을 도입하는 형태를 보면 외부 전문업체를 통해 외주하는 방식이 가장 많다. 2019년 SW융합 실태조사에 따르면 외부 전문업체를 통해 외주하는 비율이 제조업과 서비스업을 통틀어 68.5%, B2B 프로그램을 구매하는 비율이 62.8%, 오픈소스 프리웨어를 도입하는 비율이 11.1%로 나타났다.[86] 또한 소프트웨어 기술을 도입할 때 외부 개발을 추진하는 이유에 관한 조사 결과를 살펴보면 외부 개발의 효율성이 높기 때문이라는 응답이 48.77%로, 주력 사업에 활용도가 낮다는 응답이 26.2%, 전문인력이 부족하기 때문이라는 응답이 11.1%로 나타났다.[87] 이만큼 IT 공급망에서 제3자의 참여 비율이 높다면 소프트웨어를 설계하고 납품하는 용역 사업자의 보안 관리를 강화하고 권한 설정을 명확히 할 수 있어야 한다. 예를 들면, 외주 입찰 및 계약, 개발 및 구축, 사업 완료, 유지보수 등의 전반적인 단계를 거쳐 보안요구사항을 설정하고 보안관리대책 및 통제정책을 수립할 수 있어야 한다.[88] 문제는 이처럼 보안 조치들을 엄격히 요구하고 관리, 통제해야 할 필요성이 있음에도 불구하고 납품과 관련된 일정이나 기능 및 요소 문제, 하도급 문제,[89] 인력 처우 문제들이 함께 얽혀 있다는 것이다. 특정 기간 내에 빠르고 정확하며 간단하고 이용하기 쉬운 소프트웨어를 요구한다면 보안을 고려한 설계보다는 일단 제대로 기능하는 소프트웨어를 만들기 위한 설계가 우선될 수밖에 없다. 심지어 지나친 보안검색 등 보안 준수 문제는 수주자의 관점에선 비인간적 대우 등 처우의 문제로 여겨지기도 한다.[90] 제3자 보안 교육과 인식제고, 상호 존중과 소통이 필수적인 이유이다.

물론 위와 같은 요인들로 인해 발생하는 잠재적 결함들이 모두 보안취약점으로 이어지지는 않는다. 약점이 취약점으로 이어지려면 외부로부터의 접근과 조작이 있어야 하기 때문이다. 그리고 앞서 정의한 바와 같이 공격자나 연구자가 보기에 보안취약점의 수준에 이를 정도로 본연의 기능을 조작하거나 왜곡할 수 있는 결함이어야 취약점으로 인식될 수 있다. 그렇더라도 거시적 관점에서 변하지 않는 사실은 소프트웨어의 적용 범위가 늘어나면서 보안위협도 증가하고 대부분의 보안 사고가 보안취약점을 악용해 발생하고 있다는 점이다.[91]

2020년 코로나-19 사태로 인해 디지털 의존도가 높아지면서 보안취약점도 늘어나고 있다. 버그크라우드(Bugcrowd)에 따르면 2020년 보고된 취약점의 수가 2019년에 비해 50% 증가하였으며 위험한 취약점의 수는 65%나 늘었다.[92] 특히 비대면이 일상화됨에 따라 프린터나 라우터 등 재택업무와 관련된 보안취약점의 가격도 치솟고 있다.[93] 또한 원격업무로 인해 VPN의 이용률이 증가하면서 관련된 랜섬웨어의 위험을 높일 수 있는 Pulse Secure VPN 제품의 취약점을 이용한 랜섬웨어 확산도 증가하였다.[94] 트렌드마이크로(Trend Micro) 또한 2021년 보안 예측 보고서를 통해 재택근무 환경과 원격의료 분야들이 보안위협의 주요 대상이 될 것으로 보고 있다. 공격자들이 알려진 취약점을 빠르게 무기화하면서 원격작업용 소프트웨어와 클라우드 애플리케이션들의 취약점 위협이 증가하고 있는 것이다. 특히 제로데이 취약점뿐만 아니라 이미 알려졌으나 패치되지 않은 취약점인 n-day 취약점들이 더 큰 위협이 될 것으로 보고 있다.[95]

실제로 대부분의 제품이나 서비스에 취약점이 존재한다는 점과 더불어 보안취약점의 또 다른 큰 문제 중 하나는 취약점이 발견되거나 알려지더라도 패치가 이루어지지 않는다는 점이다. 보안업체 Contrast Security의 연구[96]에 따르면 기업들이 활용하고 있는 애플리케이션의 96%가 최소한 한 개 이상의 보안취약점을 가지고 있었다. 이 중 26%는 심각한 취약점을 한 개 이상 포함하고 있었으며, 11%는 6개 이상의 심각한 취약점을 포함하고 있었다.[97] 또한 심각한 취약점의 15%는 크로스사이트 스크립팅(15%), 접근통제 우회(13%), SQL 주입(6%) 순으로 나타났으며, 98%의 공격은 보안취약점을 악용하기 위한 시도가 아니라 스캔 등 정찰을 위한 공격이었다. 아울러 보안취약점을 보완하기 위해 평균 67일의 기간이 소요되었으며, 심각한 취약점의 경우 36일이 걸렸다. 보안취약점을 발견한 후 30일 안에 특별한 대응을 하지 않은 조직은 90일이 지나도 아무런 조치를 취하지 않았다. 심각한 취약점의 경우에도 약 65%가 30일 안에 해결되지 않으면 90일 이후에도 남아 있는 것으로 확인되었다.[98] 다른 연구에서도 60%의 보안사고가 이미 알려진 취약점을 패치하지 않아 발생한 것으로 나타났다. 그 이유로는 조직의 다른 부서와 협의해야 하는 조정 문제로 인해 패치가 배포되더라도 적용하는 데 평균 12일 정도의 기간이 소요된다는 응답이 88%, 패치가 필요한 항목의 우선순위를 정하는 데 어려움이 있다는 응답이 72%로 확인되었다.[99]

이러한 상황에서 보안취약점에 의한 위협은 IoT 기술과 함께 엮이면서 더욱 현실로 다가오고 있다. 이미 미라이 봇넷에 이어 새로운 IoT 봇넷들이 확인되고 있다. 2019년 말 토렌트 등 P2P 플랫폼을 통해 네트워크를 구축하고 넷기어(Netgear), Vacron, D-Link, 화웨이 등의 라우터를 찾아 취약한 텔넷 암호를 악용해 악성코드를 감염시키는 봇넷인 'Mozi'가 발견되었다.[100] 2020년 초에도 새로운 IoT 봇넷인 'dark_nexus'가 발견되었다. 이를 통해 우리나라, 중국, 태국, 브라질, 러시아 등 전 세계로 확산된 악성코드는 라우터와 카메라 등 약 1,300대 이상의 기기를 감염시켰다. 특히 보고서에 따르면 우리나라의 IoT 기기들이 가장 많이 감염된 것으로 확인되었다.[101]

표 5 HackerOne 취약점 보고 순위

순위	유형	2020년 대비 증가율
1	크로스 사이트 스크립트	23%
2	정보 노출	65%
3	부적절한 접근통제	53%
4	부적절한 인증	44%
5	권한 상승	54%
6	안전하지 않은 객체 참조	49%
7	크로스 사이트 요청 위조	7%
8	서버 사이드 요청 위조	18%
9	SQL 인젝션	48%
10	코드 인젝션	19%

버그바운티 플랫폼인 해커원(HackerOne)은 2021년 통계 보고서를 통해 보고된 보안취약점 상위 10개를 선정하였다. 이에 따르면 크로스 사이트 스크립트가 가장

많았고, 정보 노출, 부적절한 접근통제, 부적절한 인증, 권한 상승 등의 순으로 많은 취약점이 보고되었다. 특히 정보 누출, 접근통제, 권한 상승, 안전하지 않은 객체 참조, SQL 주입 취약점의 보고 건수 증가율은 50% 전후로 2020년에 비해 크게 늘어난 것으로 확인되었다.[102]

또한 한국인터넷진흥원은 보안취약점 신고포상제를 통해 보고된 3년간의 취약점 유형을 포상건수 기준으로 정리한 통계를 발표하였다.[103] 이에 따르면 해커원의 보고서와 마찬가지로 크로스 사이트 스크립트가 458건으로 가장 많았고, 오버플로우가 332건, 명령어 삽입이 175건으로 그 뒤를 이었다.

표 6 보안취약점 유형별 포상건수 통계

순위	유형	건수
1	크로스 사이트 스크립트	458건
2	오버플로우	332건
3	명령어 삽입(Command Injection)	175건
4	부적절한 권한 검증	105건
5	파일 다운로드 및 실행	94건
6	SQL 인젝션	90건
7	파일 다운로드	76건
8	취약한 인증 및 세션 관리	72건
9	임의 파일 실행	38건
10	파일 업로드	33건

동 보고서에 따르면 2018년부터 2020년까지 서비스 취약점이 663건, 모바일 및 IoT 취약점이 480건, 애플리케이션 취약점이 384건으로 전체 포상 건수인 1,885건의 81%를 차지하였다.[104] 특히 취약점 포상제도를 운영하면서 대부분 이미 알려진 취약점 유형이 접수된 것으로 나타났다. 여전히 국내 소프트웨어 개발업체들이 설계 및 개발 단계에서 보안을 고려하지 않고 패치 적용 등 지속적으로 보안을 개선하기 위한 작업을 충분히 시행하지 않고 있다고 볼 수 있다.[105]

이처럼 국내외를 불문하고 보안취약점에 관한 일반적 문제는 대동소이하다. 첫째, 비대면 환경의 확산으로 인해 디지털 의존도가 증가하고 있는 점, 둘째, IoT 기술과 제품이 발전하면서 보안의 문제가 커지고 그 영향도 현실로 직접 이어지고 있다는 점, 셋째, 그럼에도 불구하고 취약점의 패치 개발이나 적용이 제대로 이루어지지 않는다는 점이다. 그 원인은 기술적인 어려움, 낮은 보안인식, 비용 문제, 기존 서비스나 업무의 연속성 유지 및 영향 최소화를 위한 다른 조직과의 조정 및 협의 필요성 등으로 다양하다.

제3절 보안취약점의 속성

보안취약점의 개념과 발생 원인 및 동향 등을 종합하여 살펴볼 때 취약점은 공통적으로 수동성, 이중성, 효과성이라는 3가지 속성을 갖는 것으로 보인다.

먼저, 보안취약점은 근본적으로 수동적이다. 다른 물리적 기술들의 결함과 달리 취약점은 그 자체로 피해를 발생시키지 않는다. 즉, 외부의 요인에 의해 비로소 취약점으로 발현되어 실재하는 위협으로 이어지게 된다. 이에 반해 다른 기술들의 결함은 그 자체만으로도 기능의 오류로 이어져 사고가 발생할 수 있다. 예를 들면, 자동차의 결함은 안정적인 운행이라는 기능에 직접적인 영향을 미친다.[106] 그러나 디지털 기술의 결함은 발견되지 않는 이상 보안취약점으로 이어지지 않는다. 보안취약점으로 이어지더라도 이를 공격에 악용하기 위한 별도의 명령이나 조작 등이 필요하다. 앞서 보안취약점의 기술적 속성들을 살피고 개념을 정의하면서 핵심개념으로 '외부'에 의해 '악용될 가능성'을 포함하는 '내재적 결함'을 언급하였다. 그리고 보안취약점은 '외부의 접근에 의해 구체적인 보안 위협요소로 드러날 수 있는 특정 제품이나 서비스의 기술적 약점' 정도로 설명될 수 있다. 그러한 약점이나 결함은 언제든 실수할 밖에 없는 사람이 프로그램을 설계한다는 사실 때문에 발생한다. 즉, 아무리 검토해도 배포된 프로그램에서는 끊임없이 취약점이 발견된다. 이러한 점에서 완벽한 프로그램을 만드는 것은 사실상 불가능하고 멀쩡히 돌아가는 프로그램이라 하더라도 취약점이 없는 것이 아니라 발견되지 않았을 뿐이라고 이해할 수 있다.[107] 따라서 원칙상 취약점이 발견되었다고 해서 설계자에게 모든 책임을 물을 수는 없다. 다만 설계자가 취약점의 존재에 대해 아무런 책임도 지지 않는 것은 아니다. 취약점을 줄이기 위해 사회통념상 합리적으로 기대 가능한 정도의 조치들을 취해야 함은 물론이다.[108] 그러한 조치의 범위와 합리성의 수준은 구체적인 기술적 판단을 통해 정해져야 하므로 이에 관한 인증이나 표준 제정 등의 활동이 필요할 수 있다. 아울러 취약점은 반드시 외부의 접근을 요구한다는 점에서 취약점을 활용하는 자의 목적과 의도 및 행위의 영향을 크게 받는다. 취약점은 근본적으로 수동적인 것이다. 이러한 속성 탓에 보안취약점은 공격을 위해 사용되든 방어를 위해 사용되든 반드시 누군가에 의한 사전 조작이 이루어져야 한다. 따라서 공격과 방어의 의사는 취약점을 찾고 난 후에야 명시적으로 드러난다. 취약점을 찾아내는 행위 자체만으로는 불법성이 있다고 단정할 수 없는 것이다. 오히려 어떤 의도로 취약점을 활용하였거나 활용하려고 하였는지 확인하는 것이 더 중요할 수 있다. 게다가 방어의 의사를 가진 접근을 늘리지 않으면 자연스럽게 공격행위가 더 많아질 수밖에 없다.

이와 관련하여 보안취약점의 수동성이라는 속성은 행위자의 의사나 활용 목적에 따라 취약점이 다르게 사용될 수 있다는 이중성을 낳는다. 취약점을 찾고 난 후에야 공격과 방어가 결정될 수 있기 때문에 보안의 문제는 본질적으로 양면성을 띠고 있으며 역설적인 셈이다. 좋은 의도로 취약점을 활용하면 보안이 강화되지만 악의로 접근하면 보안이 침해된다. 이러한 탓에 보안솔루션이나 소프트웨어는 이중용도품목으로 지정되어 있다.[109] 우리 「대외무역법」 제19조는 전략물자의 고시 및 수출허가 등에 관한 규정을 통해 산업통상자원부장관으로 하여금 국제평화 및 안전유지와 국가안보를 위해 수출허가 등 제한이 필요한 물품, 기술 등을 지정하여 고시하도록 하고 있다. 동법 제26조에 따라 「전략물자 수출입 고시」가 제정되어 있다. 이에 따라 이중용도품목과 군용물자품목을 지정하고 있으며 이를 전략물자라고 정의하고 있다. 이중 디지털 기술이나 소프트웨어를 포함하는 산업용(IL: Industrial List) 이중용도품목은 바세나르체제의 내용을 반영하고 있다. 2013년 취약점을 이용한 프로그램을 수출할 경우 정부의 허가를 받도록 한 내용을 국내법에 반영한 것이다. 시스템, 장비 및 구성품은 「전략물자 수출입 고시」 별표2 이중용도품목의 제4부에서 다룬다. 이를 살펴보면 침입 소프트웨어의 생성, 명령, 제어 또는 전송을 위해 전용 설계 또는 개조된 시스템, 장비와 구성품(4A005), 동일한 기능을 위해 전용 설계 또는 개조된 소프트웨어(4D004), 침입 소프트웨어의 개발을 위한 기술(4E001.c)은 이중용도품목으로 수출입이 제한되거나 금지된다. 다만 취약점 공개[110] 또는 사이버 사고 대응을 위한 목적으로 사용될 수 있는 기술은 통제하지 않는다. 아울러 이중용도품목 제5부 제2장은 "정보보안"에 관한 내용을 다루면서 암호기술, 정보보안의 무력화, 약화 및 우회를 위한 시스템 및 장비 등을 명시하고 있다. 이러한 형태로 국제사회 및 협약에 가입한 국가들은 보안취약점의 이중성을 고려해 공격을 목적으로 활용되지 않도록 수출입을 통제하고 있다. 전략물자를 수출입하려면 산업통상자원부장관의 승인을 받아야 한다. 전략물자 등의 국제적 확산을 꾀할 목적으로 수출허가를 받지 않고 전략물자를 수출한 경우 7년 이하의 징역 또는 수출 · 경유 · 환적 · 중개하는 물품 가격의 5배에 해당하는 금액 이하의 벌금에 처한다. 또한 승인을 받지 않고 대상 물품을 수출입한 자는 3년 이하의 징역 또는 3천만 원 이하의 벌금에 처하고 있다.

마지막으로 보안취약점은 효과적이다. 보안취약점을 악용해 얻는 결과의 기대가치는 높다. 사실상 모든 데이터를 담고 있는 특정 시스템에 침입하거나 누군가의 일상을 비추고 들려주는 기기를 해킹하는 것과 같기 때문이다. 보안조치를 통해 보호하고자 하는 데이터의 가치, 보안조치를 우회해 공격자에게 권한으로 주어지는 자율성의 정도 등이 기술의 유형이나 속성에 따라 다를 수 있지만 기본적으로 취약점을 활용해 정상적인 접근처럼 위장하거나, 방어 수단을 우회하는 등의 방식은 공격자에게 분명히 유리하고 매력적이다. 따라서 취약점은 기본적으로 정당하지 않은 방법으로 목표 및 자산에 접근하기 위한 수단으로서의 가치를 갖는다. 아울러 그러한 효과성은 은밀성에 의해 보강된다. 일단 보안취약점을 찾고 나면 공격이 있기 전까지 동일한 취약점을 먼저 찾지 않는 이상 그 존재 사실을 알 수 없을뿐더러 공격이 이루어져도 그 사실을 알기 어려운 경우도 많다. 그러한 이유로 보안취약점은 미국과 구소련을 중심으로 인터넷이 정착되던 시기부터 저장되기 시작하였다. 오늘날에는 NSA가 취약점을 찾고 구매하고 축적 · 활용하며, 블랙마켓에서 사이버범죄자들이 취약점을 고가에 사고 판매하는 상황에 이르게 되었다. 목적이 어떻든 취약점은 외부에서의 활용 또는 악용이 용이한 정보다. 공격을 목적으로 하는 적극적인 접근은 더 유리할 수밖에 없다. 반대로 법과 윤리를 준수하면서 보안을 강화하고자 하는 접근은 상대적으로 까다로운 절차를 거쳐야 한다. 또한 일반적인 기술이라면 결함이 곧바로 드러나 문제의 존재 여부를 확인할 수 있지만 취약점은 결함이 발현되고 문제가 발생하고 있다는 점을 인지하기 어렵다는 속성을 갖는다. 이와 같은 속성은 사용하는 제품이나 서비스의 문제를 알 권리가 있는 이용자와 소비자를 아주 불리한 지위로 만든다. 우연히 드러나지 않는 이상 보안취약점의 문제는 전적으로 기술적 전문성을 갖춘 주체들이 알 수밖에 없기 때문이다. 반면, 취약점을 찾는 것이 쉽지 않더라도 정보수집이나 은밀한 수사를 위해 필요한 경우 취약점은 가장 효과적인 수단의 하나라고 할 수 있다. 안보적 관점에서 취약점은 국가의 중요한 전략자원인 셈이다. 취약점은 악의적인 행위자들에게도 매력적이다. 이러한 점에서 취약점 문제는 소비자 보호의 법리적 속성도 갖는다고 볼 수 있다.

게다가 보안취약점을 활용하거나 악용한 결과는 광범위한 영향을 미칠 수 있다. 어떤 개별적 기계의 결함은 그 기계를 사용하는 사람 또는 그 기계가 적용되고 있는 장치나 시설에만 영향을 미친다. 그러나 취약점은 해당 취약점이 영향을 미치는 버전의 모든 소프트웨어들에 적용된다.[111] 취약점 정보와 함께 익스플로잇 기법 등이 인터넷을 통해 빠르게 확산될 수도 있다. 게다가 소프트웨어나 디지털 기반의 서비스들은 모두 동일하게 설계된다. 즉, 기존의 제품들은 국가마다 다른 안전기준 등에 맞춰 상이하게 설계되는 반면, 소프트웨어와 같은 디지털 제품들은 언제 어디서든 동일한 사양을 갖고 배포된다. 취약점을 패치하는 행위도 온라인에서 일괄적으로 이루어지며 수시로 구동되어야 하는 소프트웨어의 경우에는 언제나 위험에 노출되어 있다고 봐야 한다. 이용자나 소비자는 근본적으로 매우 불리할 수밖에 없다. 개별적으로 고치거나 패치할 수 있는 것이 아닌 상황에서 취약점이 발견되면 나도 모르는 사이에 다른 모든 소프트웨어들처럼 약점이 적나라하게 노출되기 때문이다. 반면, 취약점을 악용하거나 취약점을 활용해 감시를 수행하려는 입장에서는 편리한 속성이다.

제4절 보안취약점 대응의 연혁

보안취약점 문제에 대응하는 방식은 다양하다. 그러나 그 초기 대응 형태는 결국 기술적으로 단일 취약점을 찾거나 대응하는 문제였기 때문에 보안취약점 대응논의 또한 보안취약점의 개념적 진화 흐름과 궤를 같이한다. 취약점 대응논의는 보안의 중요성을 인식하고 프로그램의 에러나 결함을 줄여 신뢰성을 높이기 위한 연구들을 통해 확장되었다. 실제로 보안취약점 관련 연구들을 타고 올라가 보면 그 근원에는 컴퓨터와 컴퓨터를 연결하면서 나타나는 자원공유의 위험성을 강조하고 보안의 필요성을 요구하던 흐름과 프로그램을 올바르게 작동하게 하고 이를 측정·평가하기 위한 시도들이 있었다.

1960년대 초반까지만 해도 아날로그 형태의 기계식 계산기에서 벗어나 디지털 형태의 컴퓨터를 구현하고 도입하는 것이 핵심이었다. 전후 군비 경쟁이 격해지면서 군사용 프로젝트를 중심으로 집적회로와 트랜지스터 기술이 발전하였고 더욱 빠르고 효율적인 계산과 예측, 그리고 지휘통제가 필요하였기 때문이다.[112] 문제는 당시 컴퓨터의 계산능력과 함께 회로와 저장장치 기술, 그리고 '통신 기술'이 발전하고 있었다는 점이다. 기존에는 각종 서고와 문서보관소 등에 흩어져 있던 자료들을 컴퓨터에 한데 모아 효율적으로 찾아 열람하고 계산할 수 있게 되면서 방대한 자원을 실시간으로 공유할 수 있으면 과학연구에 큰 도움이 될 것이라는 인식이 형성되었다. 그러한 필요성은 1962년 쿠바 미사일 위기를 겪으면서 군의 작전지역 어디서든 안전하고 신속한 통신이 보장되어야 한다는 군사적 이슈로 커졌다.[113] 이에 따라 RAND 연구소는 1964년 보고서[114]를 발간하여 패킷(packet) 교환방식의 분산된 통신(Distributed Communications) 기술을 통해 특정 노드가 핵 공격에 의해 파괴되더라도 통신망에 연결된 다른 통로로 패킷을 전송할 수 있는 네트워크의 이론적 바탕을 설계하였다.[115] 당시 미국은 멀리 떨어진 연구소와 다른 대학 내 컴퓨터를 전화선으로 연결하는 초기 형태의 네트워크를 구현하고 있었다. 1969년 10월 UCLA(University of California Los Angeles)와 SRI(Stanford Research Institute)가 짧은 메시지를 주고받으면서 인터넷의 전신인 ARPANET이 등장하였다.[116]

이보다 2년 빠른 1967년 RAND 연구소의 윌리스 웨어(Willis H. Ware)가 ACM(Association for Computing Machinery)의 미국정보처리학회연합(AFIPS: American Federation of Information Processing Societies) 공동컴퓨터컨퍼런스(Joint Computer Conference)에서 컴퓨터 시스템의 자원공유(resource sharing)를 통해 정보유출 등 보안 및 프라이버시 문제가 발생할 수 있다는 논문을 발표하였다. 연구는 컴퓨터 시스템에 통신 기능이 붙고 떨어져 있던 시스템들이 네트워크에 연결되면서 컴퓨터 시스템과 내부의 데이터가 항상 위험한 상태에 놓인다는 점을 강조하고 있었다.[117] 그러나 이후에도 보안의 문제를 크게 고려하지 않던 미국은 국방부 차원에서 네트워크 활용을 늘리고 NSA의 기능 확장과 최초의 정보전으로 알려진 걸프전 등을 경험하면서 미국이 하고 있는 일들이 미국의 컴퓨터와 통신망을 대상으로도 수행될 수 있다는 점을 깨달았다. 이후 군 내부에서의 여러 사이버 훈련 등을 통해 보안의 취약성을 인지하고 대응책을 강화하기 시작하였다.118

한편에서는 보안에 관한 인식이 강화되는 흐름과 더불어 프로그램이 제대로 작동하는지 여부, 즉 프로그램이 도출한 산출물이 의도하였던 결과인지 분석하기 위한 연구들이 수행되고 있었다.119 이러한 연구는 소프트웨어의 신뢰성을 판단하기 위한 연구로 이어진다.120 보안취약점은 소프트웨어 결함의 한 종류이기 때문에121 그러한 결함을 찾는 방법론을 제시한 소프트웨어의 신뢰성 모델에 관한 연구는 보안취약점을 측정하고 예측하는 취약점 발견 모델(VDM: Vulnerability Discovery Model)의 개발로 이어졌다.122 또한 취약점을 발견한 후 이에 대한 패치를 개발하고 배포하는 최적의 시점을 찾기 위한 연구들이 이루어졌다.123 패치가 너무 빨리 배포되면 안정성이 떨어질 수 있고 너무 늦게 배포되면 취약점이 공격당해 해킹 피해로 이어질 수 있기 때문이다. 이렇게 취약점을 찾고 예측하는 방법, 패치 배포의 최적 시점을 찾고자 하는 시도들이 공학 분야에서 발전하면서 함께 취약점 문제를 다루기 시작한 영역은 다름 아닌 경제학 분야였다. 정보공유의 경제학적 이점을 분석하면서 이를 보안 분야에 적용해 컴퓨터 보안 및 위협정보 공유가 보안에 도움이 되며, 적절한 유인 기제가 작동해야 정보공유 체계를 효과적으로 운용할 수 있다는 연구가 발표된 것이다.124 이 두 가지 분야와 연계하여 2000년대부터 보안취약점의 공개나 관리에 관한 정책 분야 연구들이 이루어지기 시작하였다. 보안취약점 문제를 조직의 관리나 투자, 대응정책과 엮어서 조직이 취약점을 제거하고 패치를 배포하지 않거나 패치를 적용하지 않는 요인, 정보공유의 이점과 연계해서 찾아낸 보안취약점의 공개가 패치의 배포에 미치는 영향 등에 관한 연구들이 수행되었다.

이러한 흐름에 이어서 보안취약점을 공개하는 문제에 대한 공론이 활발해지기 시작하였고 그 관계와 효과를 실증하는 연구도 나타났다. 관련 연구에 따르면 취약점의 공개가 공격의 빈도를 높인다는 점이 확인되었다. 그러나 공격의 빈도는 시간이 지날수록 줄어들었다. 또한 오픈소스 사업자들이 취약점을 더 빨리 제거하였으며 큰 기업일수록 제품의 결함에 빠르게 대응하였다. 심각한 취약점일수록 패치도 빨랐다.125 업체들은 취약점이 공개되어 위협을 느끼거나 고객을 잃을 위험성을 인지하지 않으면 패치를 늦게 하거나 하지 않는 경향이 있다는 점이 확인되기도 하였다.126 보안취약점을 찾는 즉시 공개하게 되면 공격이 증가하고 비효율적일 수 있지만 적어도 취약점 공개정책이 효과가 있다는 점은 확실하다. 이처럼 보안취약점의 문제는 기술적인 영역에서부터 나아가 경제적 요소를 고려하면서 경영 및 조직관리의 차원에서 다뤄지기 시작하였다.

이와 같은 흐름은 크게 두 갈래로 발전하였다. 첫째는 특정 조직의 내부적 조치로서 취약점을 완화하고 보안을 고려한 설계를 하도록 요구하는 방식, 둘째는 취약점을 공개하고 공유하며 외부와의 협업을 요구하는 개방된 방식이다. 먼저, 전자에 관하여 살펴보자. 초창기부터 논의되었던 시스템이나 소프트웨어의 신뢰성 문제는 오늘날 단일 시스템의 문제에서 나아가 시스템이나 소프트웨어에 관한 종합적인 접근 문제로 발전하였다. 소프트웨어를 개발할 때 보안을 고려할 수 있도록 계획 및 분석, 설계, 구현, 시험 및 검증, 배포 및 운영, 평가 및 반영의 전반적인 공정 과정에서 고려해야 하는 개발보안방법론(SDL: Software Development Lifecycle)이 등장하였다.127 시스템의 정확성(correctness), 안전성(safety), 품질(quality of service)을 요구하는 움직임이 나타나고 가용성(availability)과 신뢰성(reliability), 성능(performance), 보안(security), 프라이버시(privacy)를 핵심 요소로 보안을 위해 종합적인 접근(holistic approach)을 요구하기 시작하였다.128 오늘날에는 이러한 논의들이 인증 요소에 포함되어 이를 제도화하려는 움직임이 나타나고 있다. 미국 캘리포니아주는 2018년 IoT 보안법을 제정하여 2020년부터 시행하고 있다. 동법은 제조사들에게 보안을 고려한 설계를 요구하고 있다.129 EU는 사이버보안법을 통해 EU 차원의 사이버보안 인증체계(European Cybersecurity Certification Schemes)를 확립하였다. 해당 인증체계는 알려진 취약점을 식별하고 ICT 제품, 서비스 및 전반적인 절차에 알려진 취약점을 포함하지 않도록 검증하며 적시에 보안 업데이트가 이루어질 수 있도록 하는 데 목적을 두고 있다.130

후자는 보안취약점을 공개하고 공유하는 정책으로 이어졌다. 많은 정부와 기업들이 유사한 정책을 운영하고 있다. 예를 들어 네덜란드는 EU 내에서 취약점 공개정책을 가장 선도적으로 운영하고 있는 국가로 평가된다.131 미국 국방부는 2016년 최초로 정부 차원에서 버그바운티 프로그램(Hack the Pentagon)을 시행하였다.132 싱가포르 국방부도 이를 벤치마킹하여 2018년 버그바운티 프로그램(MINDEF Bug Bounty Program)을 진행하였다.133 글로벌 기업들도 자율적으로 취약점 공개정책과 버그바운티 정책을 운영하고 있다. 구글은 2010년 11월부터 취약점 보상 프로그램

(VRP: Vulnerability Reward Program)을 운영 중이다. 이 정책은 구글의 모든 웹서비스를 대상으로 하며 크롬, 구글 앱스토어, 구글 드라이브, 안드로이드 및 일부 하드웨어 제품들을 모두 포함한다.[134] 우리나라에서는 취약점 공개정책이 아직 활성화되지 않았고 논의도 부족한 상황이지만 완전히 없었던 것은 아니다. 예를 들어 2015년 글로벌 시큐리티 서밋에서 류재철 교수는 해외와 달리 보안취약점 분석에 관한 연구가 적고 기업들도 취약점을 공개하는 것을 매우 민감하게 받아들인다고 지적하며 주요 글로벌 기업들은 보안취약점 공개정책이나 버그바운티 정책들을 자율적으로 시행하는 등 취약점 문제에 적극적으로 대응하고 있다고 설명한 바 있다.[135] 한국인터넷진흥원도 2012년부터 취약점 신고포상제도를 운영하고 있다. 그러나 위의 지적과 같이 일부 기업들은 취약점을 보고받으면 이를 조직에 대한 간섭이나 공격행위로 여기고 기업의 대외 이미지 문제, 예산 문제 등을 고려하여 제도 도입에 매우 소극적인 모습을 보이고 있다. 이를 활성화하기 위해 한국인터넷진흥원은 민간 기업과의 공동 운영방식을 채택하고 있다.[136] 국가정보원도 보안취약점 등 위협정보를 접수받고 있으며 최대 1,000만 원의 신고 장려금을 지급하고 있다.[137] 또한 중대한 취약점 등 사이버위협을 사전에 차단하기 위해 중요한 정보라고 판단되는 경우 포상금을 별도로 지급하고 있다. 한국인터넷진흥원의 포상제도가 소프트웨어에 한정되는 반면 국가정보원의 포상제도는 전산망이나 정보시스템의 서비스 방해, 데이터의 위·변조나 절차 등 해킹, 정보시스템과 하드웨어 및 소프트웨어의 보안취약점, 웹 취약점, 반국가단체가 제작한 악성코드나 이를 은닉한 IT 제품 등을 대상으로 하고 있다.

단일 시스템의 내부적 문제였던 결함 논의들은 네트워크를 통해 외부 위협과 연관되면서 확장되었다. 코딩 오류 등으로 인해 발생한 취약점들은 단순한 소프트웨어의 오류로만 남아 있을 수 있었다. 그러나 외부와의 연결을 통해 예상하지 못한 접근들이 오류를 취약점으로 발굴해 냈다. 이에 따라 조직 차원에서는 사업이나 서비스를 지속하면서도 취약점을 찾아 제거하고 보안조치를 취하는 등 신뢰성과 효율성을 고려할 수 있어야 했다. 효율성과 관련하여 경제학 분야에서는 보안 정보를 공유하는 것이 필요하다는 입장들이 나타났고, 경영학 분야에서는 보안 정보를 공유하지 않거나 공유받은 정보를 수용하지 않는 이유, 정보공유와 보안취약점의 공개 및 패치의 관계 등을 연구하기 시작하였다. 공학 분야에서는 오류의 관점에서 다루던 문제들을 보안위협으로 이어가기 시작하였고 신뢰성의 관점에서 보안을 논의하기 시작하였다. 이러한 대응과정들은 오늘날 공개와 공유, 협업과 관련된 취약점 공개, 신뢰성을 확보하기 위한 인증제도의 도입으로 이어져 나타나고 있으며 이를 법제화하기 위한 논의들도 이루어지고 있는 상황이다.

제5절 보안취약점 활용의 변천

보안취약점은 기술의 발전과 더불어 이를 인식하고 활용해 온 주체들에 따라 각기 다르게 쓰여 왔다. 따라서 아래에서는 시간적 순서가 아닌 유형을 기준으로 사례들을 분류하였다. 컴퓨터가 도입되던 초기의 해킹은 어떠하였고 보안취약점은 어떤 대상이었는지, 컴퓨터가 확산되고 네트워크를 통해 상호 연결되면서 나타난 변화는 무엇인지, 다른 관점에서 인터넷을 설계한 미국과 그 이면에 존재하는 의도에 따라 보안취약점은 어떻게 활용되었는지(혹은 되고 있는지), 은밀한 영역을 벗어나 표면에서 행해지고 있는 보안취약점 거래와 산업, 그리고 보안취약점 연구와 취약점 공개에 관한 논의들을 중심으로 살펴보고자 하였다.

1. 초기 해킹의 관념과 보안취약점의 의미

본래 해킹은 놀이나 장난을 의미하는 용어였다. MIT(Massachusetts Institute of Technology)에서 기발한 방식으로 저지르는 장난들을 '핵(hack)'이라고 묘사하면서 '해킹(hacking)'이라는 용어가 탄생하였다.[138] 해킹 행위는 컴퓨터와 정보를 개방하고 이에 대한 자유로운 접근을 보장하는 의미를 포함하고 있었다.[139] 또한 학위나 지위, 나이나 인종에 의해 판단되지 않고 오로지 해킹 실력만이 그 높고 낮음을 판단하는 기준이어야 했다.[140] 이에 따라 해커들은 다양한 해킹 기술들을 해커 공동체를 통해 공유하였다. 보안취약점을 찾아내면 공동체에 공유해 함께 토론하고 이를 해당 업체에 알려줬다. 회사로부터 일종의 뱃지(badge)나 크레딧(credit)을 받는 것은 해커의 명예이기도 했다.[141] 또한 해킹은 마음이나 영혼을 자유롭게 할 수 있는 완벽한 프로그램에서 미학적 요소를 찾고 컴퓨터로부터 아름다움을 찾아내는 행위이기도 했다.[142] 아울러 사회적 동기도 해커 공동체의 중요한 요소였다. 동료

해커들과 열정을 공유하고 경쟁하면서 학계에서 학술적 논의를 주고받는 것과 같은 강력한 사회적 동기들이 형성되었던 것이다.[143]

해킹은 권위주의와 통제를 견제한다. 해킹 문화는 기본적으로 자유주의 기반의 정치적 가치를 추구하기 때문이다.[144] 초창기 해커들의 요람이었던 MIT의 테크모델철도클럽(TMRC: Tech Model Railroad Club)은 해커윤리 강령을 통해 컴퓨터 접근의 자유, 정보의 자유, 권위의 불신과 분권의 추구, 해커의 평등, 디지털 기술의 활용, 이를 통한 일상의 개선을 강조하였다.[145] 이러한 윤리강령은 오늘날에도 유효하다. 다소 극심한 형태로 나타나는 핵티비즘(Hacktivism)[146]의 경우를 제외하고는 컴퓨터 보안을 뚫거나 정보의 자유를 침해하는 등 해킹 행위를 통해 정보를 파괴 · 대체 · 변경하여 해를 끼쳐서는 안 된다는 공통의 원칙[147]이 여전히 적용된다. 1981년 설립된 독일의 카오스컴퓨터클럽(CCC: Chaos Computer Club)도 정보의 자유를 추구하며 성별, 인종, 이념, 국적을 초월해 누구든지 참여할 수 있도록 운영되고 있다. 1984년 CCC의 Btx 해킹 사건은 대중의 큰 관심을 끌기도 했다. CCC는 독일 정부의 통신 시스템인 Bildschirmtext(Btx)에 심각한 취약점이 있다고 경고하였다. 독일 정부는 수차례의 경고를 무시하였다. 이에 CCC는 Btx를 해킹해 이용자들의 비밀번호를 공개하였다. 또한 하루 만에 독일 함부르크 저축은행(Hamburger Sparkasse)의 비밀번호를 찾아 135,000마르크를 CCC의 은행 계좌로 입금하고 이를 다음 날 다시 돌려주기도 했다.[148] 1985년 리처드 스톨만(Richard Stallman)은 마이크로소프트나 IBM을 중심으로 소프트웨어의 저작권 개념과 거래시장이 형성되는 흐름에 반대하며 공공 라이선스 선언문(General Public License)을 발표하고 자유소프트웨어재단(FSF: Free Software Foundation)을 설립하였다. 그가 구현한 GNU 운영체제를 기반으로 오늘날 오픈소스 운영체제인 리눅스(Linux)가 탄생하였다.[149] 이러한 점에서 해킹은 새로운 사회운동의 하나였다. 스스로의 손으로 민주주의를 쟁취하고 주인된 삶을 되찾는 방식의 또 다른 형태였다.[150] 나아가 사람들이 컴퓨터를 사용하는 일을 직접 기계를 통제하고 권력과 정치적 압력에 대항하는 힘으로 여기기도 하였다.[151]

보안취약점도 찾고 분석하고 파헤치는 놀이와 연구의 대상이었다. 어떤 시스템을 목적을 갖고 분석해 보안취약점을 찾는 것이 아니라 시스템을 주체적으로 연구하고 분석하기 위해 끈질긴 우회 과정을 거쳐 발견하는 열쇠에 가까웠다. 보안취약점을 주고받는 행위 또한 해커들 간의 공론과 평판, 경쟁을 목적으로 이루어졌던 작업에 불과하였다.[152] 그러나 이러한 관점은 크게 범죄화, 정부 개입, 비즈니스화라는 3가지 외부 요인에 따라 변화하기 시작하였다.

2. 디지털 확산과 범죄 수단으로의 진화

가. 해킹의 범죄화

1988년에 발생한 모리스웜(The Morris Worm) 사태로 인해 국가사회의 보안인식이 생겼고 세계를 연결한 네트워크가 연결된 모두를 위협할 수 있다는 사실이 드러났다. 모리스웜을 개발·배포한 로버트 모리스는 컴퓨터사기남용법(Computer Fraud and Abuse Act of 1986)에 의해 최초로 기소되어 1990년 3년간의 보호 관찰, 사회봉사활동 400시간 및 10,050달러의 벌금형을 받았다.[153] 판례에 따르면 코넬대학교의 박사과정생이었던 모리스는 찾아낸 보안취약점을 익스플로잇하여 당시 컴퓨터 네트워크에 적용되던 보안조치가 부적절하다는 점을 증명하고자 하였다. 이에 따라 그는 관심을 끌지 않고 널리 퍼뜨릴 수 있는 프로그램을 제작하고자 하였다. 각 컴퓨터에 이미 웜 복사본이 있는지 물어보도록 설계하고, 컴퓨터가 "아니오"를 답하면 복사를, "예"라고 답하면 복사하지 않도록 하였다. 그러나 모리스는 더 나아가 혹시 다른 프로그래머가 거짓으로 "예"를 답해 자신의 프로그램을 차단할 우려를 방지하기 위해 웜을 쉽게 탐지하지 못하게 하고 "예"라고 응답하더라도 7분의 1의 확률로 무조건 복제를 수행하도록 설계하였다. 이는 의도와 달리 한 컴퓨터에서 수많은 복제가 수행되는 결과를 낳았다. 이에 따라 모리스는 하버드 대학교에 다니던 친구에게 연락해 해결책을 논의하고 이를 막을 수 있는 방법을 설계해 업로드하였으나 이미 네트워크 경로가 막혀 전파되지 못하였다.[154] 이러한 모리스웜 사태 이후 방위고등연구계획국(DARPA: Defense Advanced Research Project Agency)은 처음으로 컴퓨터침해사고대응팀(CERT: Computer Emergency Response Team)을 창설하였다.[155] 컴퓨터범죄를 규율하고 처벌하기 위한 논의의 필요성도 강화되었다.[156]

1991년 팀 버너스 리(Tim Berners-Lee)가 월드와이드웹(WWW: World Wide Web)을 개발하고 1995년 이를 대중에 공개함에 따라 인터넷이 탄생하였다. 인터넷을 통해 전 세계의 해커 공동체들이 연결될 수 있었고 언어와 지식을 공유하였다. 1990

년대에 들어서 인터넷과 함께 PC가 확산되며 사이버범죄의 영역도 더욱 넓어졌다.[157] 국경을 넘어선 사이버범죄들도 나타났다. 보안 수준이 높지 않았기 때문에 고도의 기술이 필요하지 않았다. 1994년 11월 영국의 16살 소년이 해킹을 통해 한국원자력연구소에 침입하여 데이터를 빼 간 사실이 밝혀졌다.[158] 이에 따라 당시 과학기술처는 연구전산망 보안센터를 설치하고 미국의 침해사고대응팀(CERT: Computer Emergency Response Team)을 모델로 연구망긴급대응팀을 구성하며 관련 법령을 개정하는 등의 방침을 발표하였다.[159]

우리나라에서는 1996년 한국과학기술원(KAIST)의 보안연구 동아리 쿠스(KUS)와 포항공대 보안연구 동아리 플러스(PLUS)의 해킹 경쟁 사건을 통해 사이버범죄에 대한 인식이 일반화되었다. 이른바 '카포전'이라는 명칭으로 해킹을 통해 그간 서로의 학교를 공격해 왔던 두 동아리들의 경쟁 결과가 기존과는 다른 규모의 피해를 야기하였던 것이다. 쿠스는 플러스가 KAIST 시스템에 침입했다고 보고 포항공대 전자전기학과, 물리학과 등의 시스템에 침투해 비밀번호를 바꾸거나 연구자료와 과제물 등을 삭제하였다. 아울러 이화여대의 전산시스템에도 침투해 파일을 변경하였다. 이에 따라 쿠스의 회장 등이 전산시스템 파괴, 전산망 불법침입 등의 혐의로 구속되었다.[160] 또한 2003년 '와우해커(wowhacker)' 등 해킹그룹들이 국세청, 쇼핑몰, 게임회사, 대학교, 산부인과 등의 사이트를 해킹하고 데이터를 유출한 사건이 발생해 언론에 알려지기도 하였다.[161]

이 사건들이 언론을 통해 알려지면서 해커에 대한 인식도 나빠졌다. 그러나 해커(hacker)와 크래커(cracker)는 구분해야 한다. 해커는 앞서 본 바와 같이 그 초기 의미가 자유로운 분위기에서 연구하고 창조해 내는 역량으로부터 탄생하였다면, 크래커는 악의로 무단침입하고 데이터를 파괴하는 등 무책임한 속성을 전제로 한다. RFC 또한 크래커를 해커와 달리 악의적 목적으로 여러 수단을 활용해 허가 없이 컴퓨터시스템에 접근하려고 시도하는 자로 정의하고 있다.[162] 그러나 오늘날 해커는 일반적으로 사이버범죄자로 인식되고 있다.[163] 따라서 해커와 크래커라는 용어보다는 보안연구자 등 보안을 강화하기 위해 해킹 기술을 활용하는 화이트해커(white hacker), 전통적 의미의 크래커로서 악의적 목적으로 보안을 침해하기 위해 해킹 기술을 활용하는 블랙해커(black hacker)라는 용어로 구분하는 것이 타당하다고 생각된다.

나. 사이버범죄의 진화

해킹의 범죄화와 함께 이에 대한 인식도 컴퓨터가 아닌 '사이버'로 커졌다. 1990년대 중반을 지나면서 컴퓨터범죄[164]가 사이버범죄로 확장된 것이다. 이러한 개념적 변화는 인터넷이 일반화되면서 새로운 생활공간으로 자리한 사이버공간에서 행해지는 범죄,[165] 정보통신망으로 연결된 상황에서 네트워크 기반의 연결성을 이용한 범죄[166]를 다룰 수 있어야 한다는 시대적 요구를 반영한 것이었다. 디지털이 확산되면서 사이버범죄의 발생빈도도, 규모도 커지고 피해도 커졌다. 실제로 경찰청 통계에 따르면 사이버범죄는 2001년 33,289건 발생하였으나 2년 만인 2003년 68,445건으로 2배, 2008년 136,619건, 2019년 180,499건으로 계속 증가하고 있다.[167] 침해사고 신고접수 또한 2010년 53건이었으나 2014년 175건, 2020년 603건으로 급격히 증가하고 있다.[168]

우리나라는 현재 사이버범죄를 해킹이나 악성프로그램 유포, 정보통신망의 불법 침입 등 정보통신망 침해범죄, 인터넷사기나 사이버금융범죄 등 정보통신망 이용범죄, 사이버음란물이나 사이버도박 등 불법콘텐츠 범죄로 분류하고 있다.[169] 취약점을 활용하는 행위들은 결국 정보통신망을 침해하여 정상 기능을 조작하는 방식으로 이어지는데 오늘날 범죄는 악성코드를 심은 첨부파일을 내려받도록 해 금융범죄와 연계하는 등 융·복합적으로 나타나고 있다. 아래에서는 파급력이나 영향이 큰 보안취약점을 활용한 사이버범죄의 대표적인 사례들을 살펴본다.

버퍼 오버플로우 취약점을 활용한 사건들은 디지털화된 사회 전반의 기능이 마비될 수 있다는 점을 상기시키며 충격효과를 주었다. 2003년 1.25 인터넷 대란이 발생하였다. 해외에서 유입된 슬래머웜(Slammer Worm)에 의해 혜화전화국의 DNS(Domain Name System) 서버가 마비되어 인터넷이 중단된 것이다. 당시 우리나라는 8,848개, 미국은 32,091개, 중국 4,708개, 일본 1,288개의 시스템이 감염되었다.[170] 슬래머웜은 2002년 7월 공표된 마이크로소프트 SQL 서버 2000 및 MSDE 시스템 2000의 버퍼 오버플로우 보안취약점을 이용해 확산되었다. 이를 통해 당시 전 세계에서 약 12억 달러의 피해가 발생한 것으로 추산된다. 2009년 7.7 디도스(DDoS: Distributed Denial of Service) 사건도 빼놓을 수 없다. 7월 7일부터 10일까지 청와대, 국회, 국가정보원, 행정안전부, 국방부 등 정부기관과 금융사, 네이버, 옥션 등의 사이트가 마비되었다. 특히 7.7 디도스는 기존의 디도스 공격들과는 달리 단순히 웹 브라우저의 보안취약점을 악용한 것이 아니라 공격자가 정상적 프로그램에 숨겨둔 악성코드가 작동하였으며, 정해진 명령에 따라 특정 웹사이트만을 공격해 사회적 혼란을 유발하였다는 차이점을 보였다.[171] 이 사건으로 우리나라는 매년 7월을 정보보호의 달로 지정하였다.[172] 최근의 디도스 공격은 더욱 큰 규모로 이루어지고 있다. 아마존 웹서비스 쉴드(AWS Shield)는 2020년 2월 초당 2.3테라바이트 규모의 디도스 공격이 있었다고 밝혔다.[173] 특히 해당 공격은 CLDAP(Connection-less Lightweight Directory Access Protocol) 방식으로 수행되었다. CLDAP란 클라이언트들이 서버에 접속할 때 필요한 정보의 저장 위치를 알려주는 과정을 조금 더 효율적으로 하기 위해 사용되는 프로토콜로 UDP(User Datagram Protocol)를 사용하여 인증 기능을 제공하지 않는다.[174] UDP는 송신 IP 주소를 확인하지 않는 특징을 갖기 때문에 UDP를 활용하는 응용프로그램 단계의 프로토콜인 CLDAP를 악용한 것이다.

해킹이나 악성코드 등 외부 공격에 의해 개인정보가 대량 유출되기도 한다. 조사에 따르면 공공기관의 개인정보 유출사고 원인 1위는 내부직원의 실수로 인한 유출이 70.5%, 해킹이나 악성코드 등 외부 공격에 의한 유출이 65.1%에 달한다. 또한 민간기업의 경우에는 해킹이나 악성코드 등 외부 공격이 55.6%, 내부직원의 실수가 40.4%로 외부 공격이 가장 높은 원인으로 나타났다.[175] 2011년 약 3,500만 명의 개인정보가 유출된 대형사고였던 SK컴즈 개인정보 유출사건도 해킹에 의해 발생하였다. 외부 소프트웨어의 취약점을 활용해 이를 사용하는 SK컴즈의 데이터베이스에 침입한 것이다.[176] 2015년에는 휴대폰 커뮤니티 사이트인 뽐뿌가 아주 기초적인 해킹 기법인 SQL 인젝션 공격을 받아 개인정보 195만 건이 유출되기도 하였다.[177]

메신저나 채팅, SNS를 통해 음란행위를 유도하고 스마트폰에 악성코드를 심어 지인들의 연락처를 탈취해 녹화 영상을 유포하겠다고 협박하는 몸캠피싱도 보안취약점을 활용한다. 스마트폰에 악성코드를 심기 위해 운영체제의 취약점을 활용해야 하기 때문이다. 또한 그간 몸캠피싱 범죄는 안드로이드 OS 기반 스마트폰을 통해서만 가능하다고 알려져 있었다. 즉, 기본적으로 개방형 성격을 가진 안드로이드 운영체제의 특성을 활용해 애플리케이션 설치 파일을 설치하도록 하고 관리자 권한을 탈취해 연락처 등 데이터를 확보하거나 원격 작동을 수행하는 방식이다. 그러나 최근 애플이 앱스토어를 엄격히 규제하고 있음에도 불구하고 일부 기업 등 대규모 조직에서는 앱스토어가 아닌 조직 내부의 전용앱을 설치하도록 허용하는 경우가 있는데 이를 통해 iOS의 폐쇄성이 뚫린 사례가 발견되기도 하였다.[178]

암호화폐 거래소를 노리는 해킹들도 늘어나고 있다. 피싱 이메일을 보내 거래소 직원의 PC에 악성코드를 심고 권한을 얻어 지갑파일을 확보하는 방식이다. 또한 아예 암호화폐 거래소를 사칭하여 투자계약서나 지갑 프로그램에 악성코드를 심고 이를 유포해 이용자들의 암호화폐를 탈취하는 공격들도 있다. 실제로 국내 암호화폐 거래소의 이벤트 경품 안내를 사칭하고 첨부파일에 악성코드를 담아 유포한 피싱 공격이 발견되기도 하였다.[179] 2019년 사이버범죄자들이 암호화폐 거래소와 사용자들을 해킹해 얻은 수익은 약 42억 6천만 달러에 달한다.[180] 우리나라에서도 2017년 암호화폐 거래소인 빗썸이 해킹당해 개인정보 3.6만 건이 유출되었으며, 코인이즈, 유빗, 2018년 코인레일, 2019년 빗썸 등이 해킹되었다.[181] 특히 2018년 빗썸 해킹 사건에서는 암호화폐 커뮤니티 사이트가 액티브 X 취약점을 악용한 워터링홀 공격[182]에 당하기도 하였다. 이에 따라 악성코드가 유포되고 빗썸의 외부망 침투에 성공하면서 망 연계 시스템을 뚫고 내부 DRM 서버에 웹쉘을 심어 최종적으로 내부망에 침투하는 형태의 공격이 이루어진 것으로 나타났다.[183]

파일을 암호화하고 송금을 요구하는 랜섬웨어도 취약점을 활용해 일단 시스템을 감염시켜야 파일을 암호화할 수 있다. 감염경로는 편의를 위해 사용자 계정 컨트롤 설정을 낮게 두는 등 사용자 부주의, 운영체제나 소프트웨어의 취약점을 활용하는 경우 등으로 다양하다.[184] 특히 보안업체 SenseCy에 따르면 몇 가지 취약점이 널리 활용되는 것으로 밝혀졌다.[185] 예를 들어 CVE-2018-8453으로 공개된 취약점은 윈도우 win32k 컴포넌트의 취약점을 악용해 권한을 조정한다. 이를 통해 브라질의 에너지 기업 Light S.A가 랜섬웨어 공격을 받았다. CVE-2019-19781로 알려진 취약점은 시트릭스(Citrix)의 네트워크 소프트웨어 제품에서 인증을 우회해 원격으로 임의의 코드를 시행할 수 있다. 독일의 뒤셀도르프 대학병원이 이 공격을 활용한 도플페이머(DopplePaymer) 랜섬웨어에 감염되었으며, 이로 인해 응급 후송 환자가 사망하는 사고가 발생하기도 하였다.[186] 최근에는 악성코드를 활용해 직접 해킹하는 방식이 점점 어려워지고 있기 때문에 보통의 사이버범죄자들이 랜섬웨어를 활용하려는 추세가 강화되고 있다.[187]

아울러 토르 브라우저로 접속할 수 있는 다크웹(dark web)을 통해 해킹 프로그램, 개인정보 거래, 아동 성착취물 거래, 마약 거래 등이 이루어지고 있다. 2019년 6월 기준 다크웹의 전 세계 하루 평균 접속자는 약 360만 명 이상이며, 국내의 경우에도 약 2만 명에 육박하고 있다.[188] 다양한 사이버범죄들이 더 은밀한 형태로 이루어지고 있는 것이다. 일례로 다크웹에서는 일반적으로 백신 프로그램을 우회하기 위해 멀웨어를 암호화하는 서비스를 'Crypters', 정상적인 프로그램에 멀웨어를 포함시키는 도구를 'Binders'라고 칭하며 은어를 사용하고 있다.[189] 또한 다크웹 마켓 중 하나인 'Sky-Fraud Underground Forum'은 약 2만 6천 명의 이용자를 보유하고 있으며, 방탄호스팅 서비스, 개인정보 및 신용카드 정보, 봇넷, 악성코드, 취약점 익스플로잇 등을 판매하고 있다. 'Exploit.in'에서는 약 3만 5천 명의 이용자들이 활동하고 있으며, 악성코드, 방탄호스팅, 제로데이 취약점, 익스플로잇 키트 등을 판매하고 있다. 'LeakedForums' 또한 유출된 데이터, 개인정보, 계정정보, 각종 운영체제나 소프트웨어의 시리얼 넘버, 무료 멀웨어 등을 판매하고 있으며, 약 100만 명의 이용자들을 보유하고 있다. 사이버범죄를 서비스의 형태로 제공하는 비즈니스 모델도 형성되어 있다. 실제로 보안취약점을 찾아주는 서비스, 보안취약점 익스플로잇 패키지를 만들어 주는 서비스, 익명화 및 은닉 서비스, 보안상태 점검 서비스, 봇넷 대행 서비스, 경로 재설정 서비스, 방탄호스팅 서비스 등이 상호 생태계를 이루고 있는 것으로 확인된다.[190] 봇넷 형성을 위한 컨설팅 서비스는 350달러에서 400달러, 봇넷 렌탈 서비스는 하루 5시간 기준 535달러, 스팸메일 발송은 2만 건당 40달러 등의 식이다. 직접 웹사이트와 이용자를 공격할 수 있는 Black Hole, GPack, Mpack 등의 익스플로잇 킷은 1,000달러에서 2,000달러에 거래된다.[191] 실제로 북한 해킹그룹 라자루스는 암호화폐 거래소를 해킹할 때 위장 웹사이트, 가짜 이메일 주소, 위장된 SNS 계정과 관계 등 홈페이지 개설 및 운영의 익명성을 보장하는 스위스의 방탄호스팅 업체 Black Host를 활용한 것으로 확인된 바 있다.[192]

무엇보다 온전히 기술적 취약점만을 찾는 것에서 나아가 특정 공격대상을 선정하고 구체적인 행동 방식이나 업무의 성격과 절차 등을 상세히 파악해 공격하는 지능형지속공격(APT: Advanced Persistent Threat)이 매우 일반화되었다. 이러한 APT 공격은 공격을 당해도 실제로 당하였는지 알기 어렵다. 앞서 본 디도스 공격과 같이 높은 트래픽을 발생시키지도 않는다. 제로데이 취약점을 활용하기 때문에 침입방지시스템(IPS: Intrusion Prevention System)이나 침입탐지시스템(IDS: Intrusion Detection

System)이 탐지하기도 어렵다. 피싱과 같이 특정 대상의 사회관계를 분석해 사회공학적 해킹기법을 병용하기도 한다. 실제로 한 업체는 5년간 APT 공격을 당하였음에도 정보가 유출된 사실이 밝혀지기 전까지 그 사실을 몰랐다.[193] 취약점이 악용될 수 있는 경로가 점점 넓어지고 있는 것이다.

다. 융합환경의 사이버범죄

IoT의 발전과 함께 사이버범죄의 위험도 커지고 있다. 가트너(Gartner)는 IoT 시장이 크게 성장해 약 58억 개의 IoT 엔드포인트가 형성될 것으로 보고 있다.[194] 문제는 제작되고 있는 대부분의 IoT 기기들이 보안을 고려하지 않고 시중에 판매되고 있다는 점이다. 예를 들어 일반적인 가정용 라우터 소프트웨어들은 약 4~5년 가량 오래된 것으로서 패치가 불가능하거나 가능하더라도 일부에만 적용되는 등 근본적인 보안취약점들을 내포하고 있다.[195]

실제로 2012년 브라질에서 450만 대 이상의 가정용 DSL 라우터가 해킹되어 금융 관련 정보들이 탈취되기도 하였다.[196] 2013년에는 가정용 라우터와 셋톱 박스, 보안용 카메라 등의 IoT 기기들을 대상으로 하는 Linux 기반의 웜이 발견되었다.[197] 또한 오픈소스 기반의 Linux 운영체제는 IoT 기기에 가장 많이 사용되고 있어서 IoT 기기들의 취약점이 더욱 증가하고 있다. 2016년 연구결과에 따르면 현존하는 IoT 기기의 73.1%가 Linux 기반의 운영체제를 활용하고 있는 것으로 나타났다.[198] 기본적으로 Linux 운영체제는 모든 산업군에서 편리하게 이용할 수 있으며 비용도 저렴하다는 이유로 IoT 제조업체들이 널리 채택하고 있기 때문이다.[199] 특히 Rootkit이나 Bootkit 형태의 악성코드는 시스템의 루트 권한을 얻어 절차를 은닉하고 우회하기 때문에 탐지가 어렵고 접근권한 및 보안설정을 변경하여 개인정보를 유출할 수 있다. 또한 악성코드를 삭제해도 부팅 후 재생성되는 등의 문제로 인해 제조사나 전문가의 도움이 없이는 악성코드를 삭제하기 어렵다.[200] 2017년 1월 미국 식품의약국(FDA: Food and Drug Administration)은 대표적 의료 IoT 기기인 심장박동 조절 장치나 제세동기와 같은 특정 종류의 임플란트형 카디악 디바이스(Cardiac Device)가 보안취약점을 이용한 해킹의 대상이 될 수 있음을 경고하는 성명문을 발표하고 최악의 경우 해커가 가상의 심박조절기를 조종하여 심장에 충격을 주거나 심장박동을 제어하고 기기의 배터리를 고갈시킬 수 있음을 경고하였다.[201] 2017년

트럼프 대통령 취임 전 루마니아 해커들이 워싱턴 DC 내 옥외 CCTV의 2/3를 해킹해 부분적 통제권을 획득하였던 사실이 밝혀지기도 하였다.[202] IoT 기기들이 봇넷을 형성해 디도스 공격을 수행하는 주체들로 변모하기도 한다. 과학기술정보통신부는 IoT 봇넷의 영향으로 2019년 2분기 평균 디도스 공격 크기가 전년 대비 543% 증가하였다고 보고 대규모 사이버 공격의 가능성이 커지고 있음을 경고하고 있다.[203]

IoT의 보안취약점을 경고하는 목소리도 커지고 있다. 시만텍(Symantec)은 5G 기술의 발전에 따라 5G 네트워크에 연결되는 IoT 기기들이 직접적인 공격에 더욱 취약해질 것으로 전망하였다. 특히 IoT 기반 보안위협들이 DDoS 공격을 넘어 가정용 Wi－Fi 라우터나 보안이 허술한 민간 부문의 이용자 IoT 기기를 다양한 방식으로 악용하는 공격이 늘어날 것으로 보고 있다.[204] OWASP는 IoT의 보안취약점을 조사해 공개하고 있다. 2018년 발표된 10대 IoT 보안취약점으로는 쉬운 암호나 추측 가능한 암호, 고정된 암호, 원격 제어 등이 허용될 수 있는 네트워크, 인증이나 암호화의 부재, 보안 업데이트, 안전하지 않은 기본 설정 등의 문제들이 선정되었다.[205]

표 7 OWASP IoT 보안취약점

연번	취약점	내용
1	쉬운 암호, 추측 가능한 암호 및 고정된 암호	펌웨어 또는 클라이언트 소프트웨어의 백도어를 포함하여 배포된 시스템에 무단 액세스 권한을 부여하는 공개적인 인증 정보 혹은 변경할 수 없는 인증 정보를 사용하는 경우
2	안전하지 않은 네트워크 서비스	디바이스 자체에서 실행되는 불필요하고 안전하지 않은 네트워크 서비스. 특히 인터넷에 노출되어 기밀성, 무결성 · 신뢰성, 또는 정보 가용성을 훼손하거나 무단 원격 제어를 허용하는 서비스의 경우
3	안전하지 않은 생태계 인터페이스	디바이스 또는 관련 구성 요소를 손상시킬 수 있는 외부 에코시스템의 불안한 웹, 백엔드 API, 클라우드 또는 모바일 인터페이스. 일반적인 문제로는 인증/승인 부재, 암호화 부재 또는 취약한 암호화, 취약한 입력 및 출력 필터링 등
4	보안 업데이트 메커니즘 부재	디바이스를 안전하게 업데이트할 수 있는 기능이 없는 경우 디바이스에 대한 펌웨어 검증 부재, 안전한 전달 부재(전송 중 암호화되지 않음), 롤백 방지 메커니즘 부재, 업데이트로 인한 보안 변경 사항 알림 부재 등의 문제가 발생할 수 있음

5	안전하지 않거나 오래된 구성요소 사용	디바이스를 손상시킬 수 있는 불필요하고 안전하지 않은 소프트웨어 구성요소 · 라이브러리가 사용되는 경우와 운영체제 플랫폼의 안전하지 않은 사용자 정의와 손상된 공급망의 타사 소프트웨어 또는 하드웨어 구성요소 사용이 포함됨
6	불충분한 개인정보보호	디바이스 및 에코시스템에 저장된 사용자의 개인정보가 불안정하게, 부적절하게, 또는 허가 없이 사용되는 경우
7	안전하지 않은 데이터 전송 및 저장	보관, 전송 또는 처리 중을 포함한 에코시스템 내 어느 단계에서나 중요한 데이터에 대한 암호화 또는 액세스 제어가 이뤄지지 않는 경우
8	디바이스 관리 부재	자산 관리, 업데이트 관리, 안전한 폐기, 시스템 모니터링 및 대응 기능을 포함하여 운영 환경에 구축된 디바이스에 대한 보안 지원이 부족한 경우
9	안전하지 않은 기본 설정	안전하지 않은 기본 설정 상태로 출하되는 디바이스 또는 시스템은 운영자가 구성을 수정하지 못하도록 제한하여 시스템을 보다 안전하게 만들 수 있는 기능이 부재한 경우
10	물리적 하드닝 (hardening) 부족	물리적 하드닝이 부족하기 때문에 잠재적인 공격자가 향후 원격 공격에 활용할 민감한 정보를 얻거나 디바이스를 내부에서 제어할 수 있도록 하는 경우

3. 국가의 개입과 전략 수단으로의 부상

국가 행위자에 의한 보안취약점 활용은 매우 강력한 수준으로 이루어진다. 접근 권한을 탈취하고, 데이터를 조작·삭제하며, 기능이나 화면을 조작하고 주변 음성을 도청하며 키로그를 수집하는 등 여러 기능을 포함하는 해킹 프로그램을 제작하는 방식이다. 또한 시스템의 정상적인 작동을 방해하거나 시스템을 포함하는 특정 기반시설의 운영을 방해하는 등의 수준에도 이르고 있다. 나아가 국가지원해커나 보안업체와 연계하여 실체를 파악하기 어렵게 하고 사이버범죄에 관여하는 등 사이버공간의 신뢰를 저해하기도 한다.[206]

가. 핵심 배경

통신 기술과 컴퓨터의 발전으로 일상이 변화하였다. 미국 국방부의 ARPANET으로부터 시작된 분산형 통신은 오늘날 삶의 필수 요소인 인터넷으로 발전하였다.207 전신이나 위성을 통해 이루어지던 통신의 대부분이 해저 케이블로 이루어지기 시작하였다.208 모든 데이터가 패킷으로 쪼개져 디지털 형태로 송·수신되고 있는 것이다. 그러나 이렇게 쉽고 빠르게 주고받을 수 있고 입력·조작할 수 있는 데이터를 다른 무수한 시스템들과 연결하게 되면 근본적으로 위험할 수밖에 없다. 자원을 공유하는 것이므로 누가 언제 어떻게 자원을 가져가고 훼손할지 알 수 없기 때문이다. 게다가 오늘날 인터넷과 디지털 기술들은 대부분 안전과는 거리가 멀다. 인터넷 기술은 근본적으로 취약하며 소프트웨어와 하드웨어 기술들은 언제나 결함과 약점을 내포하고 있다.209 특히 데이터 저장용량이 여유롭지 못하였던 초창기에는 보안을 위해 데이터를 따로 저장한다는 식의 생각은 하기 어려웠다. 오히려 컴퓨터와 네트워크를 활용해 일을 좀 더 빠르고 효율적으로 수행하는 것이 중요하였다. 손쉽게 찾을 수 있는 취약점이 너무 많았다. 애초부터 취약점은 냉전이 한창이던 당시 소련과 미국의 좋은 전략 수단이 되었다.

조금 당연한 이야기이지만 이 문제를 공식적으로 다룬 첫 국가는 미국이었다. 1984년 로널드 레이건 대통령이 국가안보결정지침 제145호(NSDD-145: National Security Decision Directive-145)에 서명하였다. 이 지침은 '통신과 자동화된 정보시스템의 보안을 위한 국가정책'이라는 제목으로 작성되었다.210 문건의 목적에 따르면 당시 레이건 대통령은 국가기밀과 정부의 중요정보, 민간 분야의 기반시설 등 특정정보를 보호하기 위해 국가의 역할이 필요함을 강조하였다.211 이에 따라 각 연방정부 기관과 군 기관의 장으로 구성된 국가통신정보시스템보안위원회(The National Telecommunications and Information Systems Security Committee)를 설립하고 위원회의 업무를 지원하기 위해 당시 통신감청과 함께 하드웨어와 소프트웨어의 신뢰성 및 보안성을 담당하던 국가안보국(NSA: National Security Agency) 직원들로 구성된 상설기구를 두었다. 또한 범정부 차원의 통신 및 자동화된 정보시스템 보안 관리자(The National Manager for Telecommunications security and Automated Information Systems Security)를 NSA 국장이 담당하도록 하고 정부 시스템의 조사 및 취약점 평가, 암호화 및 보안업무의 총괄, 보안 관련 기술 및 장비의 연구개발 수행과 승인, 보안 관련 표준, 기술, 시스템 및 장비의 검토와 승인, 위협정보의 배포, 보안 표준과 방법 및 절차의 규정 등을 수행하도록 하였다.

1991년 걸프전은 최초의 정보전(IA: Information Warfare)으로 평가된다.212 광케이블 교환시설을 파괴해 정보수집 체계를 차단하고 첩보위성으로 정확한 정보를 수집해 방공 레이더를 무력화하는 등 지휘통제체계에서 우위를 점하였기 때문이다.[213] 이후 미국은 정보전의 중요성을 인식하고 컴퓨터와 네트워크의 정보를 수집해 교란하는 등의 공격 역량, 반대로 미국의 컴퓨터와 네트워크 및 정보를 보호할 수 있는 방어 역량을 구축하고자 하였다. 일례로 1996년 미국 합동참모본부(Joint Chiefs of Staff)는 보고서를 통해 정보전 기반의 공격을 억제하기 위해서는 공격적 역량과 방어적 역량이 모두 필요하다는 점을 강조하고,[214] 그러한 역량이 적에게도 있을 수 있음을 인지하고 정보전에 대비할 수 있어야 한다고 판단한 바 있다.[215] 그만한 수준의 기술력을 그나마 갖추고 있던 기관은 NSA였다. NSA는 국방부 산하에서 신호정보(SIGINT)를 담당하는 기관으로 1952년 트루먼 행정부에서 창설되었다.[216] 기밀이었던 NSA의 존재는 1957년 정부조직편람(U.S. Governmental Organization Manual)을 통해 드러났다.[217] 본래 유무선 통신감청을 수행해 온 NSA는 컴퓨터가 발전하고 광통신망 중심의 네트워크가 형성됨에 따라 새로운 역량을 준비하기 시작하였다. 표적 국가나 조직이 사용하는 시스템과 프로그램의 취약점을 찾고 비밀리에 이를 활용해 정보를 수집하기 시작한 것이다. 아울러 정보수집과 함께 정보보증의 임무도 수행하는 NSA는 미국의 기반시설도 정보수집 및 사이버공격의 대상이 될 수 있다는 사실을 인식하였다. 1997년 인터넷을 통해 에너지 및 통신 기반시설, 국방부의 컴퓨터에 침입하는 'Eligible Receiver' 훈련을 진행한 결과 미국의 기반시설과 정부기관들이 아무런 준비가 되어 있지 않다는 사실이 밝혀졌다.[218] 클린턴 행정부 내에서도 이 문제를 인식하고 핵심기반시설의 사이버위협 문제와 대응방안을 마련하도록 마시 위원회(위원장: Robert T. Marsh)를 구성하였다. 위원회의 보고서를 통해 미국의 기반시설과 정부기관이 보유한 컴퓨터와 네트워크 보안이 취약하다는 점이 지적되었다. 실제로 사이버공격을 통해 그러한 시설들의 운영이 중단되거나 미국의 중요한 데이터들이나 기술정보들을 외국 정보기관에서 탈취할 수 있는 점, 정보전이나 사이버테러의 위협들이 식별되었다.[219] 이에 대응하기 위해 마시 위원회는 정보공유, 기반시설 운영자와 정부의 보안 책임, 기관 간의 협업, 민간 및 지방정부와의 협력, 사이버위협 대응을 위한 법제도적 기반, 연구개발 등을 포함하는 전략을 제시하였다.[220] 또한 NSA가 취약점을 평가하고 상무부의 NIST와 함께 기반시설 정보보증을 위한 표준을 마련하도록 하는 등의 역할을 수행할 수 있어야 한다고 봤다.[221] 아울러 NSA를 포함한 국방부가 잠재적인 사이버공격의 위협이 미국에 미치지 않도록 사전에 이를 탐지하고 식별하며 대응조치도 취할 수 있도록 해야 한다고 권고하였다.[222]

이처럼 NSA는 취약점을 활용한 공격과 방어 활동을 수행하기 시작하였다. 실제로 1997년 국방부 장관은 NSA에게 컴퓨터 네트워크 공격 기술(CNA: Computer Network Attack)의 개발 권한을 위임하였다.[223] 이제 NSA 신호정보부의 주된 역할 중 하나는 소프트웨어의 취약점을 찾아 익스플로잇하는 것이었다.[224] 특히 NSA는 상업적 암호화 기술이 진화하고 각국의 보안 및 해킹 역량도 강해지는 환경을 우려하였다. 이른바 '암흑화(Going Dark)' 문제였다. 통신 환경은 디지털을 중심으로 변화하고 있었다. NSA가 기존과 같은 공격 및 방어 임무를 수행하기 위해 네트워크 안에 살아 있으려면 조직적 혁신이 필요하였다.[225] 이에 따라 글로벌 대응, 글로벌 네트워크 및 맞춤형 접근(tailored access)을 고려한 신호정보 활동을 수행할 수 있어야 했다. 해킹 조직인 TAO(Tailored Access Operations)를 창설하기에 이른 것이다. 특히 TAO는 2001년 9·11테러 이후 더욱 공격적인 활동을 수행할 수 있게 되었다.[226] 2013년 스노든(Edward Snowden)이나 2017년 쉐도우 브로커스(Shadow Brokers) 사태 등으로 뭇매를 맞았지만 NSA가 전 세계의 보안취약점을 적극적으로 찾고 활용하고 있다는 점은 분명한 사실이다.

이러한 NSA의 관행이 오늘날에는 은밀한 테러위협이나 사이버공격의 비대칭적 속성을 고려해 예방적 차원에서 상대 네트워크에 침입해 위협을 탐지하는 선제적 방어(Defend Forward) 개념으로 공식화되고 있다.[227] 미국은 2018년 국가사이버전략을 통해 악의적 사이버 행위를 예방, 대응하고 억지하기 위해 필요한 외교, 정보, 군사, 첩보, 재정적 수단과 법집행 역량을 발휘할 것이라고 밝힌 바 있다.[228] 물론 미국뿐만 아니라 대부분의 국가들이 대상 국가나 조직이 운영하는 네트워크와 시스템의 보안취약점을 적극적으로 활용하고 있다. 이처럼 모든 취약점은 공격과 방어에 동일하게 사용되어 왔다. 취약점은 보안을 강화하기 위한 방어 연구에 사용될 수도 있었지만, 정보기관과 군사활동에 의해 예방적 방어 또는 능동적 방어 등의 관점에서 상대 네트워크와 시스템에 침입해 위협을 미리 탐지하고 억제하는 용도로 사용되고 있다. NSA는 국가들의 사이버작전이 더욱 공격적으로 변모하고 있다고 경고한다. 또한 권위주의 국가들은 디지털 기술을 악용하여 시민을 감시하고 표현의 자유를 통제하며 정보를 감시하고 검열하고 있다. 언론이나 종교 관련자, 반체제 인사들을 해킹해 데이터를 탈취하거나 감청하는 등의 행위들이 벌어지고 있다. 지난 10년간 국가지원해커(state sponsored hacker)들은 공공이나 민간을 불문하고 소프트웨어와 IT 서비스의 공급망을 침해하며 간첩 활동을 수행하고 있다. 국가들은 네트워크와 시스템이 뚫리거나 상대국이 미리 방어하는 등의 경우에 대비해 사전에 유리한 지위를 선점하고자 노력하고 있다.**229** 특히 미국, 영국, 프랑스, 중국, 러시아, 이스라엘과 같은 선진국들은 시장에 의존하지 않고 직접 보안취약점을 찾아 활용하며 고도의 해킹툴을 제작하기도 하고 비싼 제로데이 취약점을 구매하기도 한다. 반면 에티오피아, 요르단, 카자흐스탄, 터키, 말레이시아와 같은 국가들은 제로데이 취약점을 직접 구매하기보다는 완성된 형태의 감시도구나 해킹툴을 구매해서 활용하는 경향을 보이고 있다.**230** 실제로 각국 정부들이 정보활동이나 수사를 위해 보안취약점을 활용한 사례들을 살펴보자.

나. 사이버 정보활동 및 수사

정보활동의 속성상 보안취약점은 다른 물리적 작전과 병행, 연계되는 등 다양한 형태로 활용된다. 각국의 정보기관들은 직접 취약점을 찾아 해킹툴을 제작하기도 하며, 제조업체 등과 협력해 제조 과정에서 취약점을 심어 두기도 한다. 전 세계의 취약점을 찾아 보관하고 은밀하게 활용하기도 한다.

워터링홀(Watering Hole)이나 허니팟(Honey Pot)은 대표적인 수단들이다. 워터링홀 공격은 2009년부터 보안업체인 시만텍(Symantec)에서 연구해 온 기법이다. 이 공격은 기본적으로 특정 사이트에 방문하는 특정 이용자를 대상으로 수행될 수 있기 때문에 정보활동에 주로 쓰인다. 2013년 미국 외교협회 홈페이지를 대상으로 마이크로소프트의 제로데이 취약점**231**을 활용한 워터링홀 공격이 발견되면서 우리나라에서도 핵심 이슈로 떠오르기 시작하였다.**232** 기본적으로 표적이 방문할 가능성이 높은 사이트를 파악하고 사이트의 취약점을 활용해 방문자를 악성코드가 삽입된 사이트로 리다이렉트(redirect)하는 방식으로 이루어진다. 해당 사이트로 접속하게 되면 숨겨진 악성 스크립트(javascript.js)가 실행되면서 이용자의 로컬에 악성코드가 다운로드되는 DBD(Drive by Download) 기법이 활용되며 이를 통해 공격자는 데이터를 탈취할 수 있게 된다.**233** 반체제 인사들을 감시하기 위한 목적으로 보안취약점이 활용되기도 한다. 2014년 어도비 플래시의 취약점[234]을 활용한 워터링홀(Watering Hole) 공격이 이루어졌다.[235] 시리아 법무부에서 2011년에 위법행위나 질서위반행위 등을 공개적으로 신고할 수 있는 온라인 포럼 홈페이지(http://jpic.gov.sy)를 개설하였는데 해당 홈페이지에 접속해 정부를 비판하는 반체제 인사들의 기기에 악성코드를 심을 수 있도록 정밀하게 설계된 공격이었다. 실제로 시리아에 위치한 7개의 컴퓨터가 감염되었다. 우리나라에서도 2013년 한국군사문제연구원 등 안보 관련 연구소를 대상으로 워터링홀 공격이 발견되기도 하였으며,[236] 2017년에도 북한이 동일한 기법으로 우리나라 외교, 항공우주 및 통일 관련 웹사이트를 공격한 것으로 밝혀진 바 있다.[237] 허니팟 기법은 위조된 시스템 자원들을 만들어 공격자들의 주의를 핵심 정보자원으로부터 돌리는 방식으로 수행된다.[238] 보통 민간 분야에서는 중요 자원에 접근하지 못하도록 지연하여 대응 시간을 확보하는 방식으로 활용된다. 분석을 통해 공격자의 공격 기법과 행위 등을 수집하고 파악할 수 있어 능동대응(active defense)의 형태로 이해되기도 한다.[239] 이미 2008년부터 미국 중앙정보부(CIA: Central Intelligence Agency)와 사우디아라비아 정부가 이슬람 극단주의자들을 추적하고 감시하기 위해 허니팟 웹사이트를 개설해 운영해 온 바 있다.[240]

유사한 형태로서 애플리케이션을 개발해 체제 안정을 목적으로 특정 인사들을 표적 공격하기도 한다. 2017년 이집트 정부는 시민 자유 옹호자, 각종 인권 관련 비정부기구(NGO) 및 관련 언론인들을 감시, 단속해 왔으며 NGO 억압 법안(Repressive NGO law)[241]을 통해 해외 자금 지원을 받는 NGO에 대한 수사를 추진하고 있다. 2019년 1월 이집트 정부가 인권 단체 및 미디어 활동가들의 OAuth 토큰을 탈취하여 계정을 감시해 온 사실이 밝혀지기도 했다.[242] 이를 위해 이집트 정부는 대상자들의 구글 이메일 계정에 보안위협이 탐지되었다는 피싱 메일을 발송하였다. 이용자들이 계정보안 업데이트 버튼을 클릭하면 사전에 설계된 다른 응용프로그램(Secure Mail)이 계정에 접근할 수 있도록 이를 허용하는 페이지로 리다이렉트(redirect)되었다. 이용자가 이를 허용하면 구글 계정에 로그인하도록 요구하거나 이미 로그인된 계정을 선택하도록 하였다. 이용자가 비밀번호를 입력해 로그인하거나 기존 계정을 클릭해 로그인된 상태로 진입하게 되면 설계한 응용프로그램인 Secure Mail의 구글 계정 접근을 요청하는 페이지가 표시된다. 요청을 허가하면 이용자는 계정의 보안 설정을 변경할 수 있는 정상 페이지로 연결된다. 이를 통해 이용자가 비밀번호를 변경하더라도 계정 접근권한을 받은 Secure Mail로 OAuth 토큰 시스템의 권한증서(Authorization code)가 발급되기 때문에 이를 통해 정부는 구글 서비스에 정당한 Access Token을 요청하고 계정에 접근할 수 있게 된다. 이집트 정부는 이러한 방식으로 구글뿐만 아니라 야후, Outlook 및 Hotmail 서비스 이용자들도 공격하였다.

기관이 직접 취약점을 찾거나 구매해 익스플로잇하고 멀웨어를 만들거나 해킹툴을 제작하기도 한다.[243] 2011년 독일이 'R2D2'라고 불리는 트로이목마를 개발해 수사에 활용하고 있었다는 사실이 밝혀졌다.[244] R2D2는 감염시킨 컴퓨터에서 접속한 웹 브라우저 화면을 캡쳐하고, 사용자의 키 입력을 기록할 수 있으며, Skype 대화를 녹음하는 기능을 포함하고 있었다. 또한 컴퓨터에서 캡쳐하거나 녹음한 파일을 전송할 때 암호화하지 않고 보내는 보안취약점을 활용하고 있었다. 연방내무부는 초기 해당 소프트웨어의 사용을 부인하였지만 2011년 10월 이를 바이에른주에서 개발하였고 수사에 활용하였음을 인정하였다.[245] 2014년엔 CIA가 영국 MI5(Secret Service)와 공동 개발한 것으로 추정되는 악성코드인 Weeping Angel을 해킹에 활용한 사례가 드러났다. 해당 악성코드를 통해 스마트 TV의 전원을 꺼 둬도 소리와 영상을 수집할 수 있었으며, 수집한 데이터를 CIA 서버로 전송하거나 TV에 저장된 Wifi 비밀번호를 복호화하여 무선통신을 감청하는 등의 감시활동을 수행해 왔다고 위키리크스가 폭로하였다.[246]

공급망 공격도 중요한 사례다. 제품을 설계하고 시험하거나 통합하거나 업데이트하는 등 전반적인 절차에서 취약점을 찾고 하드웨어, 소프트웨어, 펌웨어, 데이터 등을 통해 악성코드를 삽입·배포하는 방식이다.[247] 컴퓨터 칩에 백도어를 심는 공급망 공격작업은 쉬우면서도 탐지하기 어렵기 때문에 매우 효과적이다.[248] 유럽네트워크정보보안청(ENISA: European Union Agency for cybersecurity)에 따르면 사이버 간첩들의 접근 및 공격 패턴이 제3자나 제4자 등 공급망 연결 주체들을 대상으로 변화하고 있다.[249] 2020년 말 전 세계를 뒤흔든 솔라윈즈(SolarWinds) 해킹 사건이 대표적이다. 솔라윈즈에서 제작하는 IT 모니터링 솔루션인 '오리온'에 악성코드를 심어 해당 솔루션을 사용하는 업체들의 업데이트 루트를 통해 공격을 수행한 것이다. 특히 미국 국방부, 국토안보부, 에너지부, 핵안보국(NNSA: National Nuclear Security Administration) 등이 해킹당한 것으로 알려졌다. 조사 결과 솔라윈즈 해킹 사건의 배후에는 러시아 해외정보국(SVR: Foreign Intelligence Service)이 운영하는 해킹그룹

APT29, Cozy Bear, The Dukes가 있었던 것으로 밝혀졌다.[250] 작전을 통해 애초에 소프트웨어 등을 개발할 때부터 취약점을 설계하여 백도어를 만들기도 한다. 정보기관이 보안성 분석평가 등을 수행하는 보안업체와 협력해 소프트웨어를 제조하는 과정에서 취약점을 심어두는 것이다. 2020년 2월 CIA가 스위스 암호장비업체인 크립토AG의 실소유주였던 사실이 밝혀졌다. 크립토AG는 제2차 세계대전 중 미군에 암호기기를 공급한 회사로 최근까지 전 세계 120개 이상의 국가에 암호장비와 전자회로, 칩, 소프트웨어 등을 판매해 왔다. 그렇게 판매된 암호자재들은 CIA가 기밀정보를 수집하는 데 사용된 것이다.[251] 유사한 문제가 과거 우리나라에서 「정보통신기반보호법」을 제정하기 위한 논의 과정에서도 식별된 바 있다. 당시 정보통신부가 보안취약점의 분석 및 평가 업무를 수행하기 위해 민간업체를 지정하는 과정에서 그러한 업체들이 외국 정보기관이나 다국적 기업과 묵시적 계약을 맺고 있는 경우를 우려하는 의견들이 있었다.[252]

다. 국가개입에 의한 사이버범죄 고도화

고도의 기술력을 갖춘 국가 단위의 주체들이 보안취약점 탐색 및 활용에 적극적으로 개입하면서 보유하고 있던 취약점이나 해킹툴들이 유출돼 범죄자에 의해 악용되기도 한다. 혹은 국가가 직접 해커나 해킹그룹들을 지원하면서 그러한 기술 및 공격 노하우들이 새어 나가기도 한다.

2015년 이탈리아 스파이웨어 제조업체인 해킹팀(Hacking Team)이 해킹을 당해 약 420기가바이트에 달하는 자료가 토렌트를 통해 유출되었다.[253] 문제는 해킹팀 사건으로 유출된 자료의 취약점을 활용한 악성코드가 증가하였다는 점이다. 실제로 2015년 7월 해킹팀의 자료가 유출된 지 이틀 만에 어도비 플래시 플레이어, 윈도우 커널 등의 취약점 익스플로잇이 공개되었다. 그러한 취약점의 일부는 우리나라와 일본을 대상으로 한 공격에 사용되기도 하였다.[254] 또한 어도비 플래시 플레이어 취약점은 홍콩과 대만의 언론, 교육기관, 종교기관, 정당 사이트 공격에 활용되었다.[255] 이러한 문제는 5년이 지난 지금도 계속되고 있다. 2020년 10월 카스퍼스키 연구원들은 중국 해커들이 해킹팀 사건으로 유출된 소스코드를 기반으로 UEFI (Unified Extensible Firmware Interface) 펌웨어 악성코드를 제작해 북한의 동향을 조사하는 조직들을 공격한 것으로 보인다고 밝혔다.[256]

2016년 8월에는 쉐도우 브로커스(Shadow Brokers)가 NSA의 해킹툴을 공개하였다. NSA로부터 유출된 해킹툴과 익스플로잇은 사이버 범죄자들에 의해 악용되었다. 특히 NSA가 사용하던 해킹툴 이터널블루(Eternal Blue)는 워너크라이(WannaCry) 랜섬웨어나 낫페트야(NotPetya) 공격 등에 이용되면서 사이버범죄의 질적 향상에 기여하였다.[257] 미국 메릴랜드주가 이터널블루를 이용한 사이버공격을 받아 로빈후드(Robbinhood) 랜섬웨어에 감염돼 각종 공공서비스가 마비된 사례도 있었다.[258] 이외에도 뱅킹 멀웨어인 레테페(Retefe), 암호화폐 발굴 시스템을 공격할 수 있는 멀웨어인 워너마인(WannaMine), 피해자의 컴퓨터에 암호화폐 채굴 기능을 설치하는 Adylkuzz, 러시아의 해킹그룹 APT 28, Fancy Bear 등이 유럽 호텔의 Wifi 네트워크를 공격하기 위해 사용한 Gamefish, 오래된 기기를 감염시켜 대규모 봇넷을 형성해 암호화폐를 채굴하는 Smominru, Satan 랜섬웨어 변종 등이 모두 NSA의 이터널블루를 활용하였다.[259] 2017년 3월 위키리크스가 미국 CIA의 Vault 7 프로그램을 공개하기도 했다. 이글루 시큐리티는 2018년 보안위협을 전망하면서 고도의 기술력을 갖춘 소수만 알고 있던 보안취약점과 해킹툴이 일반 대중에게 공개되면서 이를 악용한 다양한 공격들이 늘어날 것이라고 경고하였다.[260]

2021년에는 국가가 지원하는 해킹그룹의 공격이 더 증가하고 있다.[261] 정부 차원에서의 지능형 지속위협(APT) 공격이 늘어나고 있는 것이다. 해킹은 기본적으로 외교, 안보, 통일, 국방 분야의 연구 종사자나 언론사 기자들 등을 대상으로 스피어피싱(spear phishing) 공격을 수행해 신뢰 기반을 위협하는 형태로 이루어진다. 이집트의 언론감시 사례와 같이 정상적인 메일이나 서비스처럼 위장하고 있지만 사실은 운영체제나 소프트웨어, 시스템의 보안취약점을 공격할 수 있는 악성코드를 담고 있는 경우가 대부분이다. 우리나라 정치, 외교, 안보, 통일, 국방 등의 전·현직 관계자와 활동가들 또한 꾸준히 공격받고 있다. 공공뿐만 아니라 민간 분야도 공격의 대상이다. 예를 들어, 공격자들은 제로로그온 취약점을 활용해 메일 본문 및 신청서 양식으로 위장한 문서형 악성코드를 첨부하고 목적 시스템에 침입할 수 있다. 2020년에 CVE-2020-1472로 등록되어 공개된 '제로로그온(Zerologon)' 취약점은 마이크로소프트의 윈도우 운영체제에 존재하는 권한상승 취약점이다.[262] 이는 암호화 기술인 AES를 비정상적으로 활용하는 것으로서 여러 필드값을 0으로 해 여러 개의 넷로그온 메시지들을 전송하면 인증절차 자체를 우회할 수 있게 된다. 다만 같은 로컬 네트워크에 속해 있어야 하므로 스피어피싱을 통해 일단 진입한 후 공격에 활용될 수 있는 것이다. 네트워크에 침입하려면 타겟에 대한 상세한 정보가 필요하다는 점에서 국가지원해커 그룹의 APT 공격으로 활용될 수도 있다.

또한 최근 펄스 시큐어(Pulse Secure)의 가상사설망(VPN: Virtual Private Network) 보안취약점을 누군가 익스플로잇하고 있는 정황이 포착되었다. 미국 사이버·인프라보안국(CISA: Cybersecurity & Infrastructure Security Agency)에 따르면 공격자들은 미국 정부기관, 기반시설 및 주요 민간 부문에 침입하기 위해 Pulse Connect Secure 제품의 취약점을 악용하였다. 접근권한을 얻기 위해 공격자는 다단계 인증우회 등 다양한 기능을 허용할 수 있는 CVE-2021-22983 등의 취약점을 적극적으로 활용하고 있는 것으로 나타났다. 관련하여 CISA는 러시아 해외정보국(SVR)이 펄스 시큐어와 더불어 포티넷(Fortinet)의 포티게이트(Fortigate) VPN, VMware Workspace ONE 액세스 등의 취약점을 악용하고 있다고 경고하였다.[263]

2020년 10월 NSA는 중국 정부가 지원하는 해커들이 활용하는 주요 보안취약점 리스트를 공개하였다.[264] 자료에 따르면 중국 해커들은 이미 잘 알려진 취약점들을 활용해 여전히 패치를 적용하지 않은 시스템이나 소프트웨어를 공격하고 있는 것으로 나타났다. 윈도우 운영체제의 원격 데스크톱 서비스를 통해 원격으로 코드를 실행할 수 있는 취약점(BlueKeep: CVE-2019-0708), 모바일아이언(MobileIron)의 모바일기기 관리 솔루션 소프트웨어를 통해 원격 코드를 실행해 서버를 장악할 수 있는 취약점(CVE-2020-15505), 드레이텍(Draytek)의 라우터 장비인 Vigor에 특수 요청을 전송해 인증 없이 루트 권한으로 원격 코드를 실행할 수 있는 취약점(CVE-2020-8515) 등 대부분 내부 네트워크에 직접 접속하거나 관문을 뚫을 수 있는 취약점들이다. 이처럼 이미 정보기관들은 정보수집 등을 위해 각국의 네트워크에 침입하고 시스템을 해킹하여 데이터를 탈취하는 작업들을 수행하고 있다.

정부가 해커를 지원하고 은행이나 암호화폐 거래소를 해킹하는 등 사이버범죄와의 구분을 모호하게 하는 경우도 있다. 국가의 지원을 받는 APT 해킹 조직들이 정보를 수집하거나 데이터를 탈취하는 것을 넘어서 아예 국가 재정을 확보하기 위해 절도 행위에 동원되고 있는 것이다.[265] 특히 APT 조직들의 사이버범죄 행위는 규모가 큰 업체들을 대상으로 수행되고 있다. 실제로 대부분의 랜섬웨어 공격이 산업, 제조업, 공업 분야의 기업들을 대상으로 이루어졌다.[266] 북한도 각종 은행과 기업에서 현금이나 암호화폐를 탈취하는 등 사이버범죄에 적극적으로 관여하고 있다. 미국 법무부는 2021년 2월 북한 정찰총국의 전창혁, 김일, 박진혁을 기소하였다.[267] 법무부는 2014년 소니픽쳐스에 대한 사이버공격, 2015년부터 2019년까지 베트남, 방글라데시, 대만, 멕시코, 몰타 및 아프리카 은행을 해킹한 사건, 2018년 BankIsami에서 610만 달러를 탈취한 사건, 2017년 워너크라이 2.0 랜섬웨어를 배포하고 2020년까지 피해기업에게 데이터값을 요구한 사례, 2018년부터 2020년까지 Celas Trade Pro, Worldbit－Bot, iCryptofx, Dorusio 등 여러 악성 암호화폐 애플리케이션을 개발한 사례, 2017년 슬로베니아 암호화폐 업체로부터 7,500만 달러, 2018년 인도네시아 암호화폐 업체로부터 2,490만 달러, 2020년 뉴욕 금융서비스 업체로부터 1,180만 달러 등을 갈취한 사례, 2016년부터 2020년까지 미국 연방기관 및 기반시설 업체들을 대상으로 스피어피싱 공격을 수행한 사례 등의 혐의를 언급하였다.[268]

라. 사이버전

안보나 수사 목적을 넘어서 아예 특정 국가나 조직을 공격하는 사이버전의 사례도 확인할 수 있다. 사이버전은 컴퓨터네트워크작전(CNO: Computer Network Operation)의 형태로 이루어지는 것으로서 디도스 공격이나 악성코드 유포 등을 통해 적의 네트워크와 시스템을 마비시키고 정보를 조작하는 등의 침투, 공격, 방어 유형을 모두 포함한다.[269]

이미 1998년 코소보 전쟁에서 알바니아 해커들이 미국 백악관의 웹서버를 공격해 백악관의 웹 서버가 마비된 바 있다. 미국 CIA는 이에 대한 대응으로 전 유고연방 밀로셰비치 대통령의 해외 계좌를 해킹하여 재산을 동결하는 등의 공격을 수행하였다.[270] 2003년 미국은 이라크 전쟁에서 이라크군의 지휘통제체계를 교란, 파괴하고 방공망을 무력화시켰다. 2007년 러시아와 에스토니아의 정치적 갈등이 심화되던 상황에서 러시아가 수행한 것으로 추정되는 디도스 공격으로 인해 에스토니아의 정부기관, 언론사와 금융사 시스템이 마비되기도 하였다. 특히 2008년 러시아와 조지아의 전쟁을 통해 본격적인 사이버전이 시작되었다.[271] 당시 러시아는 무력충돌 3주 전 사이버공격을 통해 조지아를 외부와 차단하고 지상전에 돌입한 바 있다. 2010년 이란 핵 프로그램의 핵심인 부셰르(Busshehr) 원자력발전소와 나탄즈(Natantz) 핵시설 가동을 중단시켰던 스턱스넷(Stuxnet) 공격은 사이버전의 대표적인 사례다. 부시 행정부에서부터 기획되어 오바마 행정부 때 시행된 이 공격의 배후에는 CIA와 이스라엘 모사드의 합동 공작이 있었던 것으로 알려져 있으며, 이를 통해 이란 핵시설의 원심분리기를 공격해 이란 핵개발을 지연시켰다.[272] 아울러 우리나라 또한 2009년부터 지속되고 있는 북한의 디도스 공격, 2013년 3.20 사이버테러, 2014년 한수원 원전 해킹, 2016년 국내 안보 분야 보직자 스마트폰 해킹, 2016년 군 무인정찰기를 생산하는 대한항공과 국방전산망 해킹 등의 사례들을 겪어 온 실전 국가다.[273]

특히 오늘날 사이버전이나 사이버작전의 영역에서는 공격의 존재 사실이나 공격의 주체를 파악하기 어렵고 공격이 먼저 이루어질 경우 아군의 시스템이나 통신체계, 기반시설 등이 마비·파괴될 수 있으므로 비대칭성과 은밀성을 고려해 미리 위협을 차단하는 예방전쟁(preventive war) 개념이 확대되고 있다.[274] 이 개념은 사이버전 영역에서는 능동적 방어(active defense)로 순화되어 단순히 자신의 네트워크를 방어하는 것을 넘어 사이버공격의 원점을 추적해 주체를 밝히고 그 주체의 시스템을 불능화하는 대응조치로 정의된다.[275] 사이버 작전을 탐지하게 되면 이와 동일한 방식 내지 수준으로 대응하여 원점을 타격하는 개념이다.[276] 따라서 사이버전은 각종 위협을 실시간으로 탐지, 식별, 분석하고 완화하기 위해 주도적이고 공격적인 조치를 취할 수 있는 역량과 자원을 동원·활용하는 행위라고 할 수 있다.[277] 이러한 능동적 방어의 기준은 첫째, 방어가 자신의 네트워크 안에서만 이루어지는지 혹은 중립적인 제3의 서버나 사이버작전 수행자의 시스템 등 자신의 네트워크 밖에서 이루어지는지, 둘째, 방어행위를 통해 상대방 시스템에 식별 가능한 수준의 효과가 발생하는지 혹은 시스템상 프로그램이나 데이터에 어떠한 실질적 변화도 일으키지 않고 단순히 감시만 수행하는지 등으로 구분할 수 있다.[278] 예를 들어, 국가들은 악의적인 활동을 중단하거나 그 효과를 억제하기 위해, 또는 귀속 문제를 해결하기 위한 기술적 증거를 수집하고자 역해킹을 수행할 수 있다.[279] 우리나라 또한 사이버전 역량 및 체계와 전술을 강화하며 수행 인력을 전문화하고 대응 조직을 증강함으로써 포괄적이고 능동적인 수단을 강구하겠다고 밝힌 바 있다.[280] 이처럼 실시간 기반의 능동적 방어를 수행하기 위해서는 항상 적의 취약점을 인지하고 있어야 한다. 적의 네트워크에 깊숙이 침투해 있어야 하는 이유도 여기에 있다.

4. 보안취약점 연구의 활성화와 산업화

해킹 지식과 기술이 확산되고 보안업계의 규모가 커지면서 보안취약점 연구도 활성화되고 있다. 해커들은 보안업체나 IT 벤처를 설립하는 등 디지털 환경의 발전에 기여하고 있다. 애플(Apple)의 설립자 스티브 잡스(Steve Jobs), 마이크로소프트(Microsoft)의 설립자 빌 게이츠(Bill Gates), 테슬라(Tesla)의 창립자 일론 머스크(Elon Musk), 국제해킹대회인 DEFCON이나 Black Hat을 창립한 제프 모스(Jeff Moss) 등이 대표적이다. FBI의 지명수배를 받았던 케빈 미트닉(Kevin Mitnick)도 현재 KnowBe4의 최고해킹책임자(CHO: Chief Hacking Officer)를 맡고 있다.281 우리나라에서도 대표적인 화이트해커들이 SEWORKS, 스틸리언(Stealien), 타이거팀(Tigerteam), 엠시큐어(M-Secure), 시큐센(SECUCEN) 등의 보안업체들을 설립해 운영하고 있다.

2000년대 초반부터는 해킹대회나 컨퍼런스들이 활발하게 개최되었다. 2004년 제1회 해킹방어대회(HDCON: Hacking Defense Contest), 2006년 PoC(Power of Community) 컨퍼런스, 2007년 코드엔진(CodeEngn Conference), 2008년 코드게이트(Codegate), 2011년 시큐인사이드(Secuinside) 등이 대표적이다. 국가적 차원에서 한국정보기술연구원(KITRI)은 차세대 보안리더 양성 프로그램 BoB(Best of Best)를 운영하면서 2012년부터 꾸준히 화이트해커를 양성해오고 있다. 오늘날에는 오히려 화이트해커를 영입하고자 하는 수요들도 늘어나고 있다. 금융 서비스를 제공하는 토스(Toss)는 화이트해커들을 영입해 자체 보안역량을 강화하고 있다.282 핀테크 기업인 아톤도 화이트해커를 영입하고 있으며 화이트해커들로 구성된 보안업체 스틸리언은 신한은행과 모바일 앱 보안솔루션 공급계약을 체결하는 등 업체 간의 협업도 증가하고 있다. 라인플러스도 화이트해커들로 구성된 보안 컨설팅업체 그레이해쉬를 인수해 자체 보안역량을 확보한 바 있다.283 네이버 클라우드 플랫폼(Naver Cloud Platform)은 홈캠 등 IoT 기기 해킹 피해 사례가 증가함에 따라 IoT 기기의 취약점 극복 방안을 모색하며 다양한 하드웨어를 대상으로 시나리오 기반 IoT 보안위협 대응 연구를 진행하고 있다.284 차량 제조업체인 GM도 자율주행자동차 보안을 강화하기 위해 화이트해커를 채용하여 보안성을 확보하고 있다.285 특히 GM의 화이트해커들은 경쟁사인 지프(Jeep)의 차량을 해킹해 주도권을 확보하고 온도, 스피커, 변속기 등을 마음대로 조종하는 테스트를 시연하고 공개한 바 있다.

이미 보안업체나 화이트해커들은 다양한 취약점 연구를 수행하여 발표하고 있다. 2016년 2월 카스퍼스키(Kaspersky)가 주최하는 보안행사인 Security Analyst Summit에서 병원 침투 테스트에 관한 연구가 발표되었다.[286] 연구에 따르면 Shodan으로 검색한 MRI 스캐너, 심전도 장비, 방사선 장비 등의 다수가 여전히 Windows XP 등 오래된 운영체제를 사용하고 있었고, 인터넷에 공개된 설명서상의 디폴트값을 비밀번호로 사용하고 있는 경우도 많았다. 연구진은 특정 병원의 와이파이 보안 설정 취약점을 통해 네트워크 키를 알아내 시스템에 침입하고 병원 내 의료장비 현황과 데이터를 파악해 기기들에 설치된 애플리케이션 취약점을 찾아냈다. 이를 통해 연구진은 환자정보가 저장된 데이터베이스에 접속하고 의료장비에 침입해 이를 조작하는 등의 위험이 가능함을 증명하였다. 2018년 USENIX 보안 심포지엄에서 프린스턴대학교 연구진은 사물인터넷 가전을 봇넷(Botnet)으로 활용해 대규모 및 소규모 지역의 정전을 유발할 수 있다는 연구를 발표하였다.[287] 연구진은 에어컨, 히터, 오븐, 온수기 등 고출력 IoT 가전 기기의 취약점을 악용해 봇넷을 형성하였다. 이를 통해 급격한 전원 공급을 발생시켜 시스템 임계치를 초과하도록 하고 스마트그리드를 마비시켜 대규모 정전을 유발할 수 있는 가능성을 보여줬다. 2018년 IBM의 엑스포스 레드(X-Force Red)와 쓰레트케어(Threatcare)는 스마트시티용 제품들을 대상으로 실험을 수행하였다. 그 결과 스마트 교통시스템, 산업용 장비, 재난관리 장비에서 8개의 치명적인 취약점을 포함해 총 17개의 취약점을 발견하였다.[288] 특히 연구진은 댐의 물 수위를 자동으로 측정해 경고를 발송해 주는 장치와 원자력 발전소에서 방사능 수치를 모니터링하는 장비, 고속도로에서 교통 상황을 살피는 장비 등의 취약점이 악용될 경우 대형 사고를 유발할 수 있다고 경고하였다. 또한 Shodan이나 Censys 등 일반적인 취약점 검색 엔진을 통해 취약한 장비를 수천 개 찾아내기도 하였다. 무엇보다 연구진이 가장 심각하다고 지적한 것은 특정 위험한 취약점 자체보다 디폴트 비밀번호, 하드코드된 관리자 계정, SQL 주입 오류, 인증 우회 오류, 비밀번호 평문 저장 등 기초적인 수준의 취약점들을 너무 쉽게 찾을 수 있었다는 점이었다. 2018년 2월 카스퍼스키는 주유소 내 IoT 기기에 탑재되는 SiteOmeat 소프트웨어의 보안취약점을 발표하였다.[289] 해당 연구는 실제 제품을 도입한 이스라엘의 주유소와 협업하여 진행되었다. 연구결과에 따르면 공격자가 해당 취약점을 이용하는 경우 하드코드된 로그인 정보를 통해 관리자 권한을 획득하고 버퍼 오버플로우, 원격 코드 실행, SQL 인젝션을 통한 로그인, 코드 인젝션을 통한 데이터 추출, 연료가격의 변경 등 데이터 조작, 결제정보의 도용 등이 가능하였다. Orpak사에서 제작하는 자동화 소프트웨어인 SiteOmat은 60개국 3만 5천 개 이상의 주유소에서 사용하고 있는 ForeSite 시스템과 약 7백만 대의 차량에 설치된 ForeHB Fleet Vehicle 제어시스템에 탑재되어 있었다. 이를 Shodan과 카스퍼스키 자체 데이터를 통해 검색한 결과 각국 1,000개 이상의 주유소가 위협에 노출되어 있는 것으로 파악되었다. 카스퍼스키는 연구결과에 따라 발견한 SiteOmat SW의 취약점을 CVE에 등록하고 이를 업체에 고지하였다.

이처럼 오늘날 보안취약점 연구는 그 자체로 보안을 강화하는 역할을 수행하면서 산업화를 통해 비즈니스 모델로 연결되고 있다. 해커들이 보안을 강화하면서 수익을 얻을 수 있는 기반이 형성되어야 한다. 보안업체들은 보안연구를 통해 파악하는 사이버범죄의 흐름과 동향을 공유하기도 하고 보안취약점을 찾아 업체에 알려주기도 한다. 예를 들어, BMW는 중국의 KeenLab이라는 보안업체에 의뢰해 계약을 맺고 14개의 취약점을 찾아 패치하였다.[290] 보안업체 CheckPoint는 보안연구를 위해 사전 계약없이 널리 사용되는 Adobe Reader 소프트웨어를 대상으로 자동으로 취약점을 찾는 퍼징 기법을 활용해 50개의 새로운 취약점을 찾고 이를 Adobe에 알리기도 하였다.[291] 2019년엔 보안연구자가 WinRAR 파일압축 소프트웨어에서 19년 동안 발견되지 않은 원격코드실행(RCE: Remote Code Execution) 취약점을 찾아 이를 업체에 알려 조치한 사례도 있다. 연구자는 2018년에 해당 취약점들을 찾았으며 이는 당시 취약점 거래업체인 제로디움(Zerodium)에서 10만 달러에 모집하고 있던 취약점이었다. 보안연구자가 이를 제로디움에 판매하지 않고 벤더사에 알려준 덕에 패치가 배포되었고 CVE 번호[292]도 부여되었다. 이후 그 사실과 구체적인 내용들이 2019년 2월 20일에 공개되었다.[293] 일주일 후인 2월 27일 해당 취약점을 이용한 악성코드가 발견되었다.[294] 패치가 배포되더라도 패치를 적용하지 않은 경우들이 많다는 점을 노린 것이다. 제로데이 취약점뿐만 아니라 이미 공개되었지만 패치가 이루어지지 않은 1-DAY 취약점의 위험성이 증가하고 있다. 상황이 이렇다 보니 이제는 오히려 기업들이 먼저 보안업체나 화이트해커들에게 모의해킹을 요청하는 등 긍정적 변화들도 일어나고 있다.[295]

뿐만 아니라 오늘날엔 정부기관이나 기업들이 취약점을 공개적으로 제보받는 취약점 공개정책(VDP: Vulnerability Disclosure Program)도 활성화되고 있다. 취약점 공개란 취약점의 위험을 줄이기 위해 사업자와 취약점 발견자가 협력하여 해결책을 찾아가는 절차를 말한다.[296] 취약점 공개정책은 취약점 제보에 대해 보상을 지급하는 취약점 공개 유형인 버그바운티 정책과 달리 별도의 보상을 지급하지 않는다. 즉, 다양한 화이트해커들이 금전적 보상이 아닌 개인의 명성이나 지위를 위해, 호기심 차원에서, 스스로의 평가 차원에서 취약점을 제보하는 경우들이 있는 것이다. 특히 정부기관이나 구글 등 대기업은 화이트해커들의 흥미로운 실험 대상이다. 미국 국방부는 취약점 공개정책을 통해 아무런 보상 없이 2,837개의 취약점을 제보받기도 하였다. 당시 국방부 또한 보상이 없었음에도 불구하고 보안전문가들이 국가안보를 위한 활동에 자발적으로 참여하였다는 점을 강조한 바 있다. 보안전문가들의 입장에서는 접근만으로도 처벌받을 수 있는 국방부의 네트워크와 시스템을 합법적으로 해킹할 수 있는 매력적인 기회였다.[297] 이처럼 취약점 공개정책을 시행하는 조직들은 다양한 화이트해커들의 제보를 받아 공짜로 취약점을 제거하기도 한다.

그러나 취약점 공개 문제는 취약점을 공개하는 것이 타당한지, 취약점을 공개하기 전에 업체들이 취약점을 고칠 기회를 가질 수 있어야 하는지, 그렇다면 얼마나 많은 시간을 부여받을 수 있는지 등 여러 논쟁 요소들을 포함하고 있다.[298] 관련하여 기업들은 취약점이 공개되면 기업의 이미지가 훼손될 수 있다는 관점에서 공개를 꺼리고 취약점 공개정책을 시행하지 않는 경우도 많다. 오히려 여전히 해커들을 범죄자로 취급하거나 개인의 영광 또는 욕심을 위해 기업의 네트워크를 파고드는 존재로 인식하기도 한다. 반대로 해커들은 그러한 기업들이 정보를 공개하지 않은 채 보안 결함을 숨기고 있다고 비판하면서 적대적인 관계를 형성하기도 한다.[299] 이러한 탓에 중간 조정자로서 침해사고대응팀(CERT)이 개입하기 시작하였다. 즉, 화이트해커들은 CERT에 취약점을 제보하고 CERT는 제보된 취약점을 검증해 해당 업체에게 패치를 권고하는 방식이다. 패치 개발까지 45일 정도의 기간을 사업자에게 부여하고 해당 기간이 지나면 취약점을 공개한다.[300]

이와 같은 취약점 공개정책의 유형은 다음과 같이 분류된다. 먼저, 취약점을 공개하지 않는 유형(Non-disclosure)이다. 조직 차원에서는 해커에게 취약점을 공개하지 않고 직접 취약점을 통제하고 있다고 주장할 수 있지만, 반대로 내부에서 발견하지 못한 취약점이 있을 수도 있다. 내부에서 확인하지도 못한 사이에 정보가 탈취될 수 있으며 그러한 취약점이 자의와 관계없이 공개되어 버리기도 한다.[301] 둘째, 취약점을 완전히 공개하는 유형(Full－disclosure)이다. 이는 취약점을 보유한 업체들이 빠르게 취약점 패치를 개발하고 적용할 수 있도록 강제하는 효과를 갖는다. 그렇지 않으면 언론과 대중의 질타를 받기 때문이다. 또한 충격효과를 통해 추후 제품을 개발할 때 보안을 고려할 수 있도록 동기를 부여하기도 한다. 그러나 취약점이 공개된 후에야 패치가 개발되고 배포되기 때문에 그전까지 취약점을 가진 버전의 제품이나 서비스들은 무방비 상태에 놓이게 된다.[302] 이는 취약점을 공개하느냐 마느냐의 이분법적 구분으로서 불안정한 초기 대응 유형이라고 할 수 있다. 다음의 두 가지 유형은 좀 더 개선된 유형이다. 셋째, 조정된 공개 유형(Coordinated Disclosure)이다. 이 유형은 취약점 발견자로부터 정보를 제보받는 절차를 지칭하되 대중을 포함한 다양한 이해관계자들에게 취약점의 존재와 대응방안을 공개하고 이해관계자들 간 정보공유가 이루어지도록 조정하는 절차를 포함한다.[303] 정부나 CERT 등 제3자가 개입하는 방식이다. 마지막으로 책임 공개 유형(Responsible Disclosure)은 일반적인 취약점 공개정책(VDP)의 정의와 동일하다고 볼 수 있다. 즉, 조직이 자발적으로 취약점 공개정책을 시행하고 화이트해커로부터 취약점을 제보받으면 알아서 이를 패치한 후 취약점을 공개하도록 절차를 진행하는 방식이다. 따라서 마지막 두 가지 유형은 취약점 정보를 공개한다는 점에서 같지만, 취약점 패치를 진행하고 이용자를 보호하기 위한 절차가 전자는 조정자의 개입에 의해, 후자는 자발적으로 이루어진다는 점에서 차이점을 보인다.[304]

또한 취약점 공개정책의 부작용에서 볼 수 있다시피 해커들의 보안연구 활동이 언제나 긍정적인 결과만을 낳는 것은 아니다. 예를 들어 일부 해커는 사업자가 별다른 조치를 취하지 않거나 응답하지 않는 경우 제로데이 취약점을 인터넷에 완전히 공개하기도 한다. 아무 이유 없이 공개하는 경우도 있으며 아래에서 볼 예정이지만 취약점을 판매하는 경우도 있다. 예를 들어, 2019년 'SandboxEscaper'라는 보안연구자는 윈도우 오류 보고(Windows Error Reporting) 시스템에 존재하는 취약점,[305] 인터넷 익스플로러 11에 DLL 인젝션 공격을 수행할 수 있는 취약점 등을 아무런 이유 없이 그저 자신을 자랑하는 차원[306]에서 Github에 공개해 버린 사례도 있다.[307] 이러한 부작용은 보안연구자들에 대한 부정적 인식을 확산하고 관계없는 이용자들과 사회 전반의 위험을 가중하는 행위로서 규제할 필요성이 있을 것이다.

5. 보안취약점의 거래와 시장의 형성

1980년대 해커들이 창업을 하면서부터 상업적 · 경제적 논리가 해커 공동체에 들어오기 시작하였다. 영리적 목적에 따른 가치들이 정보의 자유로운 흐름과 같은 해커윤리의 기존 가치들을 넘어서기 시작한 것이다.[308] 신생 컴퓨터 제조업체들은 컴퓨터 연구원이라면 누구든 채용하기 시작하였고 소프트웨어는 상품이 되어 갔다.[309] 초기에는 신용카드 데이터와 관련된 정보와 상품, 서비스들이 거래의 대상이었다. 이러한 '상품 목록'은 전자상거래 서비스나 소셜미디어 계정으로 확장되었다.

보안취약점 시장은 2000년대 중반부터 본격적으로 형성되기 시작하였다.[310] 최초의 제로데이 취약점 거래는 2005년으로 확인된다(그림 1 참조). 전자상거래 서비스인 Ebay에 누군가 마이크로소프트 엑셀(Excel)의 제로데이 취약점을 56달러에 판매한다고 게시한 것이다. 메모리를 침해하거나 위변조할 수 있는 취약점(memory corruption)이었다.[311]

이후 보안취약점 거래가 활성화되기 시작하였다. 취약점과 익스플로잇의 가격도 급격히 상승해 합법적인 보안 소프트웨어 비즈니스의 가치를 초과하는 시장이 형성된 것이다.[312] 2005년 12월에는 처음으로 암시장에서 윈도우 메타파일(WMF: Windows Metafile) 취약점이 4,000달러에 판매되었다.[313] 각종 조직에서도 해커들을 활용하기 시작하였다. 특정 조직의 목적을 달성하기 위해 해킹이 활용되면서 명예나 자유의 추구와 같은 해커 공동체의 신념은 무색해졌다. 현재에 이르러서는 발견된 취약점을 공개하지 않고 블랙마켓에 파는 Zero-day exploit market이 증가하고 있다.[314] 자연스럽게 SW 제조사들은 선의의 해커들로부터 취약점 정보를 받기 어려워졌다. 제로데이(zero-day) 취약점을 활용한 공격이 크게 증가하였다.

특히 보안취약점 시장이 급성장한 계기는 2015년 이탈리아 보안업체 해킹팀이 해킹당해 각국 정부들의 은밀한 거래행위와 해킹 프로그램 및 취약점의 거래가격들이 낱낱이 공개된 때라고 할 수 있다.[315] 이 사건으로 미국, 멕시코, 터키, 폴란드, 카자흐스탄 등 여러 국가의 정보기관들이 거래한 내역과 이메일들이 유출되었다. 우리 국가정보원 또한 원격조종시스템(RCS: Remote Control System) 기능을 제공하는

그림 1 제로데이 취약점 거래의 최초 공식 기록

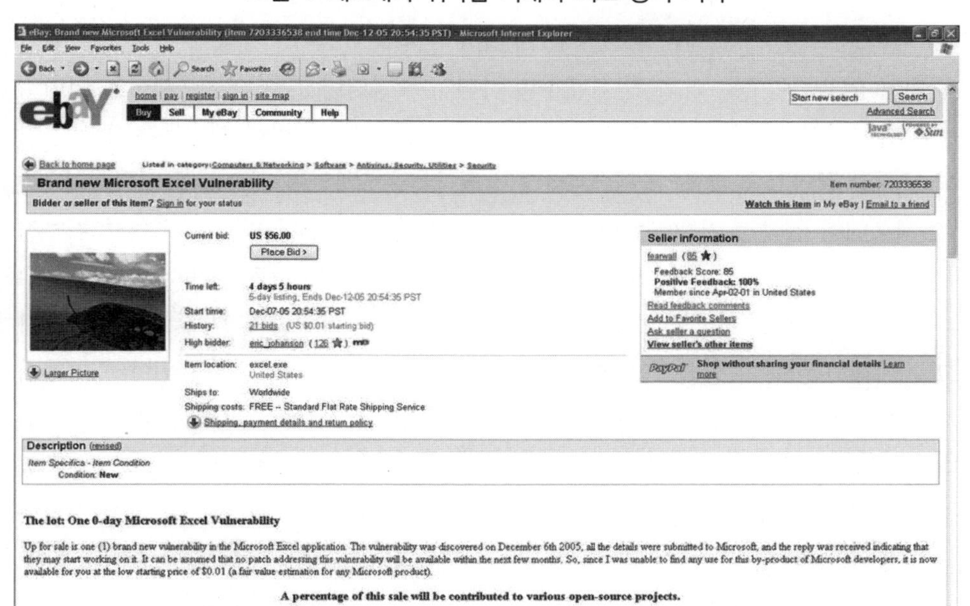

해킹툴을 구입한 사실이 밝혀져 내국인 감시 여부 등의 논란이 일었다. 이 사건으로 해킹팀의 구체적인 취약점 거래방법과 가격들이 공개되었다. 예를 들어, 해킹팀이 Vitaliy Toropov라는 러시아의 프리랜서 익스플로잇 개발자와 거래한 자료에 따르면 그는 해킹팀에게 Adobe Flash 관련 취약점을 35,000~45,000달러(2021.04. 환율 기준 3,892~5,000만 원) 정도의 가격으로 판매하였다. 판매 당시 제안에 대하여 해킹팀은 3일간의 평가 및 분석 기간을 거치고 선금 50% 지급 후 30일이 지나도 패치가 없을 경우 나머지 50%를 지급하겠다는 계약을 체결하였다.**316** 보안업체 Netraguard는 Adobe Reader의 샌드박스를 우회할 수 있는 취약점을 80,000달러(2021.04. 환율 기준 8,896만 원)에 판매하였다.**317** Vulnerability Brokerage International은 Windows 로컬 권한 상승을 위한 취약점 가격을 150,000달러에 제안하기도 하였다.**318** 이 외에도 해킹팀은 3주간의 현장지원(RCS-ASS) 서비스를 60,000유로(2021.04. 환율 기준 8,000만 원), 특정 익스플로잇을 활용해 악성코드를 심을 수 있는 안드로이드 앱을 구글 플레이스토어에 올려주는 서비스는 160,000유로(2021.04. 환율 기준 2억 1,400만

원)에 제공하고 있었다. 익스플로잇을 1년간 제공해 주는 구독형 서비스는 120,000 유로(2021.04. 환율 기준 1억 6,000만 원)에 제공하기도 하였다.[319] 아울러 다양한 취약점 발굴 업체들이 정부와 직접 거래하려 하면서 해킹팀이 취약점을 구매하기 어려웠음이 확인되기도 하였다. 이러한 상황 때문인지 해킹팀이 개발한 해킹툴은 대부분 이미 알려진 취약점을 활용하였고 제로데이 취약점은 5개였던 것으로 확인되었다.[320]

제로데이 취약점 거래업체인 크라우드펜스(Crowdfense)에 따르면 오늘날 취약점 시장 규모는 약 2,000억 달러로 추정된다. 대부분의 고객이 군 관련 기관보다는 수사기관이나 정보기관이며, 업체는 합법적 운영을 위해 확실한 법체계를 갖춘 국가하고만 거래하는 등의 방식으로 고객을 선별하고 있다고 한다. 이러한 취약점 거래업체들은 분야별 수십여 명의 연구원들을 두고 접수되는 취약점을 분석, 검증하고 있다. 취약점을 접수하면 구매할 가치가 있는 대상인지 분석해서 협의를 통해 최종 검증 후 가격을 정해 구매한다. 이렇게 가격이 결정된 취약점을 고객들이 다시 구입하는 방식이다.[321]

이러한 보안취약점 거래시장이 부정적인 측면에서만 이루어지는 것은 아니다. 제로디움(Zerodium)과 같이 공개적으로 제로데이 취약점을 구매하고 이를 수요자에게 판매하거나 익스플로잇을 만들어 제공하는 업체도 있다. 제로디움은 미국과 UN 등에 의해 국제사회에서 제재받고 있는 국가의 시민이나 거주자는 연구자로 채용하지 않는다. 또한 주로 유럽과 북아메리카의 정부기관들을 대상으로 거래하고 있으며 윤리적 문제를 중요하게 생각하고 고객을 선정할 때 불법적 활용의 소지가 없도록 상세히 검토한다고 공고하고 있다.[322] 아울러 해커원(HackerOne)이나 버그크라우드(Bugcrowd), 세이프햇(SafeHats), 인티그리티(Intigriti), 사이낵(Synack)과 같은 버그바운티 플랫폼들은 보안취약점 제보자들과 기업들을 연결해 주는 서비스를 제공하고 있다. 구글(Google), 인텔(Intel), 애플(Apple), 넷플릭스(Netflix), 스타벅스(Starbucks), 페이스북(Facebook), 삼성전자, 네이버 등의 기업들은 취약점을 제보해 주는 화이트해커들에게 자체적으로 포상금을 지급하고 있기도 하다.

따라서 오늘날 보안취약점 거래시장은 각국의 정보기관이나 수사기관들이 보안취약점을 구입하는 그레이마켓, 범죄자들이 보안취약점을 구입하는 블랙마켓으로 구분된다고 할 수 있다.[323] 아울러 선의의 보안연구자들이 취약점을 제보하고 이를 해당 업체와 연결해 주는 시장을 우선 화이트마켓으로 이해할 수 있을 것이다.

제6절 보안취약점의 위험구조

1. 보안취약점의 활용구조 이해

보안취약점의 발생 및 활용의 변화 흐름과 사례들을 주체와 행위 기준으로 살펴보면 오늘날의 보안취약점 활용구조는 다음과 같이 정리할 수 있다. 먼저, 보안취약점이 발생하였다고 가정하였을 때 해당 취약점은 내부에서 발견할 수도 있고 외부에서 발견될 수도 있으며 아예 발견되지 않을 수도 있다. 취약점을 정부나 기업 등이 내부에서 자체적으로 발견하면 해당 취약점을 제거할 수 있다. 따라서 이 유형이 실질적이고 효율적으로 실현될 수 있다면 가장 안전하고 좋다. 그러나 다양한 접근과 시각, 분석기법이 동원되지 않고서는 보안취약점을 충분히 찾기 어렵다. 어떤 약점을 찾아 취약점으로 엮어낼 것인지의 방법은 종종 생각지도 못한 공격 유형을 통해 발견되기 때문이다.

보안취약점을 외부에서 발견하게 되면 문제가 더욱 복잡해진다. 기본적으로 취약점을 찾았을 때 보안을 강화하려는 주체는 이를 업체나 해당 조직에게 알려줄 수 있다. 그러나 어떤 목적이든 간에 취약점을 활용하려는 주체는 이를 공개하거나 알리지 않고 보관하게 된다. 알려지지 않은 취약점은 결국 제로데이 취약점으로서 범죄에 활용되거나 정보수사활동 및 사이버작전 등에 쓰일 수 있다. 이러한 구조를 좀 더 자세히 살펴보자.

첫째, 일반적인 보안연구자, 즉 화이트해커가 취약점을 찾게 되면 취약점을 보관하지 않고 공개하게 된다. 공개의 유형에는 앞서 보안취약점 연구의 활성화 내용에서 제시한 바와 같이 전체 대중에게 공개하는 일반공개유형(Full disclosure), 해당 조직에게만 공개하는 책임공개유형(Responsible disclosure), 중간에 제3자가 조정자로 개입해 화이트해커와 조직을 연계해주는 조정공개유형(Coordinated disclosure)이 있다. 일반공개유형의 형식으로 취약점을 공개해 버리면 위험이 크다. 벤더나 기관 등이 해당 취약점에 대한 패치를 먼저 개발하고 배포한다면 그나마 다행이지만 이는 해당 조직의 입장에서도 큰 부담이다. 이마저도 이뤄지지 않고 악의적 주체들이 익스플로잇을 먼저 개발한다면 취약점이 악용될 수 있다. 책임공개유형에 따라 취약점이 공개되면 해당 조직에게만 취약점이 보고된다. 이에 따라 취약점을 보고받은 조직은 해당 취약점에 대한 패치를 개발하고 배포하여 취약점을 제거할 수 있다. 그러나 업체가 취약점을 보고받고도 패치를 하지 않는 경우가 있다. 실제로 업체들은 취약점 공개가 자사의 이미지를 훼손하고 영업에 차질이 생길 것을 우려해 취약점 보고를 무시하거나 법적 문제를 제기하기도 한다. 이 때문에 취약점 연구자들은 제조사에게 취약점을 알리거나 공개하는 일에 어려움을 느끼는 경우가 많다. 취약점을 알려줬는데도 사업자가 별다른 조치를 하지 않거나 너무 늑장 대응을 하면 어쩔 수 없이 전체 공개를 택하기도 한다.324 이러한 문제가 없도록 하려면 중간 조정자가 필요하다. 어쩔 수 없이 전체 공개로 흘러가 불확실성을 확대하는 요인을 줄여야 하기 때문이다. 따라서 조정자로서 CERT나 제3의 기관 또는 업체들이 역할을 수행하고 있다. 이와 같은 제3의 조정자에게 보안취약점을 보고할 수 있도록 하고, 조정자가 이를 업체에게 전하는 방식이 조정공개유형이다. 조정공개유형에 따라 정부기관이 조정자의 역할을 맡아 취약점을 전해 줘도 조치가 이루어지지 않으면 부득이 또 다른 사후개입이 필요할 수 있다. 취약점 패치를 강제해야 하는 상황이 발생하기 때문이다. 또 다른 조정공개유형으로서 제3의 기관이 시장주체인 경우가 있다. 취약점 거래의 형태로서 화이트마켓에 해당하는 버그바운티다. 이 시장에는 기업이 자발적으로 참여하기 때문에 버그바운티 업체는 기업 또는 기관과 화이트해커들 간의 계약을 대행한다고 볼 수 있다. 기업이 버그바운티 업체에 취약점 접수 및 검증 업무를 위탁하고 금액을 제시하면 버그바운티 업체는 이를 공고해 취약점을 제보받는다. 버그바운티 업체는 취약점 연구자와 기업을 중개함으로써 수수료를 얻어 수익을 취하고 취약점 연구자는 제보에 따른 보상액을 지급받는다. 보안취약점을 접수받고 검증할 수 있는 역량을 갖춘 대기업들은 직접 버그바운티를 운영한다. 취약점 거래시장의 직접 주체로 활동하는 것이다. 이렇게 패치가 개발되면 취약점은 보안을 강화하기 위해 활용될 수 있다. 여기서 한 걸음 더 나아가 패치가 개발·배포되더라도 실제 이용자나 고객 단위에서 패치를 적용하지 않는 문제도 고려할 수 있다. 조사에 따르면 보안패치를 적용하는 비율은 높은 편이다. 정보보호 시스템이 97.9%, 직원의 PC는 97.6%, 내부 서버는 96.8% 수준이다. 따라서 전체적으로 패치를 적용하는 비율은 98.4%, 적용하지 않는 비율은 1.6%에 해당한다. 패치를 적용하지 않는 이유로는 66.4%가 업데이트가 번거롭기 때문이라고 응답하였다. 이어서 42%는 업데이트 방법이나 절차를 모르고, 8.2%는 지속적으로 서비스를 제공해야 하기 때문이라고 응답하였다. 그 외에도 5%는 다른 프로그램과의 호환성 문제, 4.1%는 예산이 부족하기 때문, 0.2%는 정품을 사용하지 않기 때문이라고 응답하였다.[325] 문제는 무엇이든 네트워크에 연결되어 있다는 점에서 발생한다. 하나의 시스템이라도 패치를 적용하지 않아 외부의 침입을 허용하였다면 이는 사실 모든 시스템에 대한 침입을 허용한 것과 같기 때문이다. 이러한 점에서 패치를 강제할 수는 없더라도 적용하도록 지원하거나 수시 보안점검을 수행하고 권고하는 등의 정책이 필요할 수 있다.

둘째, 블랙해커가 취약점을 찾게 되면 취약점을 공개하지 않고 보관하게 된다. 취약점을 보관한다는 의미는 익스플로잇을 개발하고 공격기법을 모색한다는 뜻이다. 따라서 그러한 취약점은 곧바로 범죄를 수행하기 위한 목적으로 악용될 수 있다. 혹은 취약점 시장에 판매될 수도 있다. 블랙마켓에 보안취약점을 판매하게 되면, 해당 취약점들 역시 구매자에 의해 범죄 목적으로 활용될 가능성이 높다.

셋째, 정부가 취약점을 찾게 되는 경우다. 취약점을 찾아낸 정부기관은 이를 업체에게 알려 패치를 진행하도록 함으로써 보안에 기여할 수 있다. 반면, 이를 공개하지 않고 활용할 수도 있다. 안보나 수사를 목적으로 정보를 수집하기 위해 활용할 수도 있고, 자국의 체제안정이나 정권유지 등을 위한 감시에 활용할 수도 있다. 아울러 보관하고 있는 취약점들이 직접 또는 공급망, 협력기관 해킹 등으로 인해 외부에 유출·공개되어 버리는 경우가 있다. 이탈리아 해킹팀 사건이나 CIA의 Vault 7, 쉐도우 브로커스의 NSA 해킹과 같은 유형들이다. 이렇게 되면 이터널블루(Eternal Blue)가 워너크라이(WannaCry)에 활용된 사례처럼 고도의 기술력을 가진 정부기관이 만든 해킹툴과 중요한 제로데이 보안취약점 정보들이 아무런 제한없이 공개되어 범죄의 고도화로 이어지게 된다.

아울러 해커의 유형은 명확하게 화이트와 블랙으로 구분되지 않는다. 정부와 엮여 있는 국가지원해커들도 있기 때문이다. 누구든 의도에 따라 화이트해커가 될 수 있고 블랙해커가 될 수 있다. 마찬가지로 정부와 엮이게 되면 블랙해커도 국가지원해커가 될 수 있다. 이러한 점에서 이른바 보안취약점의 산업구조는 단순히 취약점 공개나 버그바운티에서 나아가 더욱 큰 정보활동, 군사활동과 IT 및 산업계, 그레이해커나 화이트해커, 때로는 블랙해커까지도 포함하는 사이버 용병들로 이루어진 강력한 백본망을 갖추고 있다.[326] 취약점 거래시장 또한 그러하다. 그레이마켓은 주로 민주주의 국가의 정부기관을 고객으로 한다고 하지만 판단이 애매한 영역에 해당한다.

이러한 보안취약점의 활용구조를 도식화하면 다음과 같다.

그림 2 보안취약점의 활용 관계

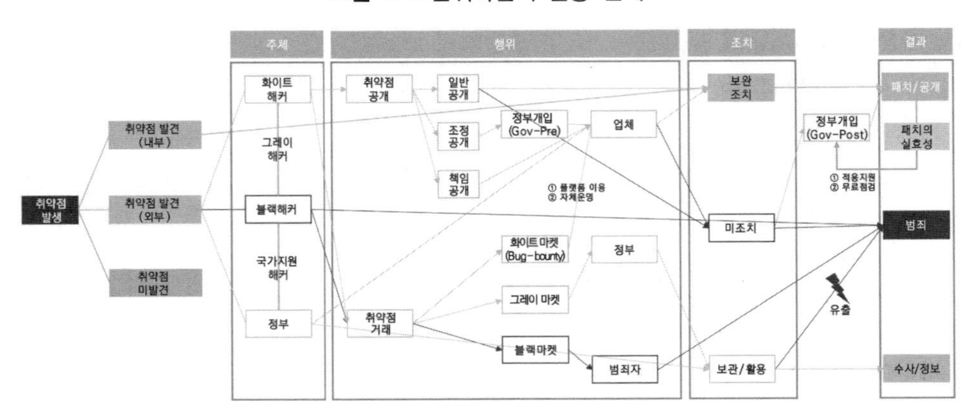

초기 디지털이 자리잡던 시기부터 오늘에 이르기까지 보안취약점의 활용 사례들을 종합적으로 살펴보면 정부와 해커, 보안연구자와 범죄자, 취약점 시장 주체 등 다양한 외부 이해관계들이 엮여 있음을 알 수 있다. 취약점 문제는 기술적 위험과 더불어 사회적 요소와의 융합으로 인한 위험을 복합적으로 내포하고 있는 것이다. 따라서 기술 문제와 사회 환경의 융합으로 인해 발생하는 위험이 보안취약점 문제의 본질이라고 이해해 볼 수 있다. 이하에서는 기술과 사회의 관계를 이해하고 이로부터 발생하는 위험의 속성을 보안취약점 문제에 접목해 취약점의 사회융합적 위험 속성과 수용방안을 이론적으로 논해 보고자 한다.

2. 기술중심사회 위험의 속성과 수용

가. 기술결정론과 사회구성론의 융합

기술과 사회의 관계를 다루는 논의는 전통적으로 기술결정론(technological determinism)과 사회구성론(social constructivism)을 거치며 발전하였다. 본래 과학과 기술은 합리성의 산물이었다. 과학기술은 사회와는 다른 자연의 영역으로서 사회에 영향을 미치는 독립된 요인으로 이해되었던 것이다.327 이러한 전통적인 인식을 기술결정론이라고 한다. 기술결정론이란 기술이 사회와 산업을 지배하고 규율하며 인간의 지적·문화적 활동도 이에 종속된다는 입장이다.328 따라서 기술결정론의 흐름에서는 기술이 독립변수로서 사회변화의 주요 원인이 된다. 아예 기술 자체가 속성을 갖는다고 보는 의견도 있다. 예를 들어, 루이스 멈포드(Lewis Mumford)는 기계화와 자동화, 사이버네틱(cybernetic)과 같은 흐름이 권위적 기술들을 완벽하게 한다고 설명한다. 즉, 그는 기술을 두 가지 유형으로 구분하였는데 일관성, 표준과 체계화를 강조하는 권위적 기술과 인간 중심적 사고, 자유와 다양성을 추구하는 민주적 기술이 그것이다. 따라서 새로운 기계화나 자동화가 강화되는 권위적 기술체제 아래에서는 기계에 저항하는 인간의 요소가 나타나지 않게 됨으로써 기술의 자율성이 더욱 커질 것이라고 경고한다.329 그러나 기술결정론은 특정 기술로부터의 영향은 설명할 수 있지만 그러한 영향이 온전히 그 기술로부터 나타났는가 하는 문제는 설명할 수 없다. 즉, 다른 요인이 기술보다 더 큰 영향을 미쳤을 수 있다는 비판에 대응할 수 없다.330 예를 들어, 중세 유럽의 봉건제가 등자를 도입함으로써 형성되었다는 의견이 있다. 기병 중심으로 군대가 개편되고 기사 계급이 중요해지면서 교회의 영토를 기사들에게 나눠 준 것으로부터 봉건제가 나타났다고 하는 대표적인 기술결정론자 화이트(Lynn White Jr.)의 주장331은 그 기술의 활용 내지 채택 과정에서 특정 공동체의 의사결정이 영향을 미칠 수 있었음을 설명하지 못한다.332

이러한 학문적 비판과 함께 세계대전과 베트남전, 원자력발전소 문제들과 생명공학 위기 등 과학기술이 통제할 수 없는 위험을 낳기 시작하면서 과학기술과 사회를 엮어 이해하는 구성주의 시각이 형성되었다.333 사회구성주의 기술학의 관점은 특정 학자가 강하고 광범위한 지지망을 구축함으로써 그의 주장이 과학적 사실로 구성될 수 있다는 행위자-연결망 이론(actor-network theory),334 이와 조금 맥을 달리하는 것으로서 사회구성론(social construction of technology) 및 기술 시스템 이론(technological system theory) 등을 모두 포괄한다.335 사회구성론이란 기술의 변화 과정에 정치, 경제, 사회, 문화적 요인들이 반영된다는 입장을 말한다.336 이에 따르면 기술의 도입 과정에서 다양한 문제점과 해결책을 논의하게 되고 사회적 합의에 도달하면 적절한 합의의 결과로서 기술적 인공물이 형성된다고 한다. 그러나 사회구성론은 보다 더 실천적인 접근에 의해 비판을 받아왔다. 즉, 방법론이 특정 기술을 사회에서 어떻게 해석하고 관련 논쟁이 어떻게 정리되었는지 살펴보는 데 그치고 있다는 점, 기술의 출현에만 초점을 두고 기술이 도입된 이후 개인의 경험이나 사회에 미치는 영향은 고려하지 않는다는 점, 기술변화로 인한 거시적인 사회구조나 권력관계를 고려하지 않는다는 점, 기술변화가 어떤 것인지만 설명하고 그 방향성에 관한 논의는 다루지 않는다는 점이 그것이다.[337]

사회구성론의 대안으로 또 다른 사회구성주의 접근의 하나인 기술 시스템(technological system) 이론이 등장하였다.[338] 이러한 기술 시스템 이론은 거대한 기술 시스템을 세부 요소기술의 집합으로만 보지 않고 기업, 제도, 정치, 과학, 자연 등의 유무형 자연물과 인공물 모두를 포함하는 기술적·사회적 요소의 결합으로 이해하고 있다. 새로운 기술이 새로운 관계와 권력, 경험을 형성하고 사회는 기술을 개발, 설계, 수용하는 과정 전반에서 영향을 미친다. 기술이 마침내 사회에 녹아들고 확장되면 기술 시스템으로 진화하는 구조가 되는 것이다. 이에 따라 기술 시스템은 '사회기술 시스템(sociotechnical system)'으로 언급되기도 한다.[339] 이러한 변화는 다시 기술이 발전하고 사회가 대응하며 기술에 영향을 미치는 얽힘 구조를 보인다.[340] 이와 같은 종합적 접근은 기술결정론과 사회구성론의 절충적 관점으로서 오늘날 기술사회론으로 표현되고 있다. 기술사회론은 기술을 독립적이며 자율적인 요소로 인식하지 않고 다양한 사회활동에 의해 가치를 담게 되는 요소로 이해한다. 기술과 사회가 상호작용하면서 기술 구조가 형성되는 것으로 보고 그 구조와 과정을 분석하는 이론이라고 할 수 있다.[341] 제도적으로도 기술과 사회를 연계하여 전문가 집단을 중심으로 기술의 문제를 판단하던 과거에서 시민의 참여를 확대하고 기술 관련 의사결정을 민주화하여 기술의 불확실성이나 위험에 대처하는 방향으로 변화하는 모습을 보이고 있다.[342] 이러한 이론적 논의의 변화 흐름은 다음과 같이 정리할 수 있다.[343]

표 8 기술과 사회의 관계에 관한 논의 변화

구분	기술의 사회형성	사회의 기술 형성	종합적 접근
기간	1950-1960년대	1970-1980년대	1990년대-
기술을 바라보는 관점	사회변화의 원인	사회변화의 결과	사회변화의 원인과 결과

독립변수	기술	사회	사회적 집단
행위자와 기술의 관계	수혜자(또는 희생자)	이해관계자	복합적 연계
정책의 역할	기술의 보호 또는 거부	행위자의 강화 및 연결망 형성	민주화
권력구조	기술 역량 중심 체제	사회적 합의	사회적 프레임 및 담론

따라서 오늘날의 논의는 기술이 사회를 결정하는 것도, 사회가 기술을 형성하는 것도 아니며 기술과 사회가 끊임없이 영향을 미치면서 발전하는 형태라고 할 수 있다. 그러한 환경에서 기술은 중립적이지도 않고 결정적이지도 않은 것으로서 우리 사회는 기술의 속성을 면밀히 살펴 기술이 사회에 어떤 영향을 미칠 수 있는지 이해해야 한다. 또한 기술이 어떻게 활용되고 있는지 기술의 적용에 개입되어 있는 사회 세력들의 작용도 고려하여야 한다.[344]

나. 기술의 융합과 위험의 사회적 속성

오늘날 기술은 개별 요소 및 사회적 관계와 융합하면서 거대 시스템화되는 모습을 보이고 있다. 이처럼 복잡한 기술을 설계하고 사용하면서 재난을 피할 수는 없다.[345] 위험과 재난을 예방하기 위해 아무리 안전한 장치들을 도입해도 미처 발견하지 못한 기술시스템 내의 숨겨진 결함들은 안전장치를 무력하게 만든다. 게다가 우리는 기술을 통해 더 위험한 물질을 다루고 위험한 환경에서 활동하길 원하며 더 크고 빠른 기능을 요구하고 있다. 복잡한 기술 요소들이 서로 얽혀 기능할수록 복잡성도 커지고 잠재적 위험도 늘어난다. 이처럼 기존의 역량을 뛰어넘는 기술의 첨단을 추구하면서 나타나는 기술적 재난의 가장 큰 특징은 규모의 변화라고 할 수 있다.[346] 이와 더불어 과거에는 기술적 결함과 사고의 인과관계가 명확하였다. 어떤 문제가 발생하였다면 그 원인을 찾아 올라가 문제를 해결할 수 있었다. 하지만 이제는 마치 사고를 통해 기술을 개선하는 변화의 흐름이 한계에 도달한 듯 보인다.[347] 오늘날 현대적 위험의 원천 요소들은 복잡성과 규모성 때문에 범위와 속도, 관계나 행위 등의 상호의존성이 모두 크게 증가한다는 특징을 갖는다.[348] 이러한 환경에서 발생한 사고는 대부분 이해하거나 설명하기 어렵다.[349] 다양한 주체들이 엮여 관계가 더욱 복잡해지기 때문에 인과관계의 모호성이라는 문제가 함께 발생하게 되는 것이다. 게다가 새로운 기술이 나타나면 본래 아무 문제 없던 요소들도 새로운 위험을 낳는다.[350] 기술중심사회에서 기술이 더 빠르게 융합하고 고도화될수록 위험의 규모는 커지고 예측 가능성은 낮아질 수밖에 없다.

아울러 앞선 기술결정론과 사회구성론의 논의에서 확인하였듯 기술이 중립적 자원이라는 기술관은 줄어들고 있으며 이제는 기술이 사회적 욕구를 포함하고 있다는 관점이 우세하다. 다양한 주체들이 엮인 기술일수록 그러한 기술을 바라보거나 활용하는 구조도 다양해지고 각각의 이해관계에 따라 기술의 활용이나 변화 방향이 정해진다는 것이다. 이러한 관점은 관찰을 통해 객관적인 사실을 확보하고자 하는 일반적인 실험 상황과도 부합한다. 어떤 대상을 실험하려면 실험장치나 대상 본연의 기술적·자연적 속성뿐만 아니라 그러한 장치나 대상의 의도와 기능을 고려해야 하기 때문이다.[351] 예를 들어, 고장난 기계는 자연의 법칙을 위배한 것이 아니라 설계 목적과 의도에 따른 기능을 수행하지 못할 뿐이다. 따라서 기술 자체의 문제를 다루려면 그 기술의 배경과 설계 목적 및 의도, 기능, 행위자, 기능 구현의 영향 등을 종합적으로 고려해야만 한다고 설명할 수 있다. 객관적인 기술 자체의 사실이나 표준화된 상황뿐만 아니라 그 기술에 부여된 기능성과 규범성을 고려해야만 한다.[352] 기술에 의한 위험은 사회적 상황이나 관계와 엮여 더 큰 위험으로 진화하는 것이다.

그러한 점에서 오늘날의 기술적 위험은 어떤 예측할 수 없는 사고로 이어질 수 있는 개연성을 내포한다.[353·354] 그것은 외부에 의해 발생할 수도 있지만 내부의 결정에 의해 발생할 수도 있다. 혹은 복합적 요인에 의해 발생할 수도 있다. 그 상호간의 관계는 절대적이지 않고 상대적이다. 누군가의 결정으로 인해 누군가는 피해를 입을 수 있기 때문이다. 게다가 그러한 결정과 피해의 인과관계를 밝히기도 어렵다. 기술의 빠른 발전 속도로 인해 알 수 없는 새로운 위험들이 생성된다. 이러한 위험은 결국 법적으로는 명백하게 그 발생을 막기도 애매하고 그 원인을 발생시킨 주체에게 책임을 귀속시키도 어려운 결과를 낳는다. 중대한 위험이 될 가능성도 있지만 막상 대응하거나 대처하려면 그 가능성은 측정하기에 불확실한 수준에 있는 것이다.[355] 이러한 위험의 복잡성과 예측 불가능성 문제는 기술의 위험을 다루는 사회적 이해와 논의 과정에서 가장 명백하게 드러난다.[356] 복잡한 기술을 수용하면서 사회는 기술의 위험 및 위험관리에 관한 문제를 이해하고 구체적인 논의를 거쳐 기술을 사회에 수용하기 위한 요건을 설정할 수 있어야 한다.

다. 기술위험의 확장 요인

기술위험의 가장 큰 특징은 불확실성이다.[357] 기술의 위험에 관한 초기 연구는 원자력 기술의 산업적 이용과 관련된 위험을 예측하고 측정, 분류, 계산하기 위한 시도들로서 시작되었다. 당시 위험 연구의 핵심은 경제적 관점에서 위험으로 인한 손익을 다루는 위험-편익 분석이었다.[358] 그러나 대형사고들이 발생하면서 심리학이나 사회학, 정책과 제도 등 다양한 학문적 접근이 이루어지기 시작하였으며 위험을 분석하여 평가하고 관리하고 완화하는 여러 분야의 관점과 이론들이 형성되기 시작하였다. 시민들의 위험 담론 참여 필요성도 늘어나면서 위험에 관한 논의의 스펙트럼도 급격히 커졌다.[359] 기술의 유용성을 고려해 어떻게 위험하지 않게 지속가능한 형태로 사용할 수 있을지에 관한 논의들이 필요하였기 때문이다. 따라서 기술을 개발하고 사회에 수용하는 절차는 기술에 대한 기대와 우려 사이의 균형점을 찾아가는 과정으로 이해할 수 있다. 그 과정에서 기술은 위험성을 줄이는 형태로든 기술 소유자의 이익을 극대화하는 형태로든 변화하게 된다. 즉, 기술의 변화는 어떠한 형태이든 간에 그 변화를 목적하는 인간의 동기를 표현하며, 여기에는 다른 사람들을 지배하고자 하는 인간의 욕구들도 포함되기 마련이다.[360]

특히 기술의 위험을 관리하는 문제에는 정치와 경제 권력이 개입하게 된다. 위험을 관리하고 평가하기 위해 전문성이 필요하기 때문이다. 이는 대의민주주의의 문제와도 같은 맥락이다. 사회가 커지고 복잡해지면 모든 시민의 의견을 파악하고 수용하기 어렵다. 따라서 특정 대상과 집단에게 권한이 부여되는데, 이것이 오히려 특정 권력에 의한 전체 사회지배로 이어지고 마는 것이다. 몇몇 전문가 집단에 의해 전체의 영향이 좌우되는 현상은 기술위험을 관리하는 방식에서도 똑같이 나타난다. 기술의 문제가 복잡해질수록 이를 사회에 도입하는 문제도 전문가 집단 또는 일부 의사결정권을 가진 권력 계층에 의해 논의되는 경향이 있는 것이다. 역사적으로도 권력을 가진 자들은 언제나 위험을 평가해 왔다. 권력이 커지고 집중될수록 결정의 결과가 커졌고 평가행위는 더욱 큰 의미를 갖게 되었다. 기술이 더욱 전문화되면서 그 역할은 과학자나 공학자에게 넘어왔다.[361] 그러나 과학자나 공학자 등의 전문가들이 오로지 이론적이고 객관적이며 실증적인 자료에 의해서만 판단을 내리지는 않는다. 현실적 상황과 연계되어 정치적, 경제적, 사회적 압력을 받을 수 있기 때문이다. 전문가 본연의 역할과 양심에 따라 객관적인 연구결과나 의견을 도출하더라도 정치적으로 활용하는 구조에 편입되고 나면 결국 이를 사용하는 정치인의 의도가 반영될 수밖에 없다.[362]

이러한 문제는 전문가 윤리와도 깊게 연관된다. 정치사회적 관계가 기술에 영향을 미쳐 발생한 대형 재난사고들이 이를 방증한다. 대표적으로 우리나라의 가습기 살균제 사건 조사 결과를 살펴보면 산업부와 국가기술표준원, 환경부, 공정거래위원회 등 관계부처들의 안전관리 미흡, 안전성 검증 미흡, 해외 연구결과가 있음에도 이를 확인하지 않은 점,[363] 업체의 보고서 조작 및 은폐[364] 등이 요인으로 지적된 바 있다.[365] 그 외에도 1986년 미국의 우주선 챌린저호 폭발사고,[366] 2011년의 후쿠시마 원전 사고 모두 고위관리자나 관료조직의 비윤리적 의사결정이나 유착문화 등으로 인해 발생하였다.[367] 이처럼 위험에 관한 의사결정에서 대중을 배제하는 특정 계층이나 집단을 고려, 견제할 수 있어야 한다. 게다가 전문성을 갖춘 집단이 의무를 해태하거나 비윤리적 의사결정을 하게 될 경우 위험의 결과는 사회 전반으로 확산된다. 더 큰 문제는 전문성과 정치적 과정이 필연적으로 요구되는 위험관리의 속성상 위험에 관한 정보를 잘 알고 빠르게 접할 수 있는 집단은 위험을 회피하기 쉽다는 점이다. 기술이 고도화되고 전문가와 정치집단의 영역이 될수록 기술의 영향을 받는 대다수의 이용자들은 불균형 상태에 빠질 가능성이 높다.[368]

경제권력의 견제도 중요한 이슈다. 뛰어난 디지털 기술과 더 많은 데이터를 가진 초국적 기업들이 국가를 능가하는 힘을 가질 수 있게 되었기 때문이다. 따라서 자본이나 정보, 사람 등이 국경을 넘어 전례 없는 수준으로 교류하는 오늘날의 상황에서는 정치권력과 경제권력의 상호 견제도 중요한 요소가 된다. 국가들이 상호 공유하고 협력하지 않으면 자칫 민주적 의사결정을 통해 허가된 정치권력이 특정 집단의 자유에 의해 형성된 경제권력을 견제할 수 없게 되기 때문이다.[369] 이와 같은 문제는 결국 안전관리의 의무[370]를 지는 국가가 제 역할을 하지 못하는 결과로 해석될 수 있다. 이러한 국가의 의무와 책임은 단순히 사회계약의 관점에서 시민의 안녕을 보장해야 하는 것이 아니라 국가를 구성하는 개개인으로부터 위험을 대비하도록 권한을 위임받은 주체라는 점, 그리고 이에 부수하는 자원과 권력을 부여받은

주체라는 점으로부터 발생한다.[371]

권력 집단에 의한 위험 인식과 평가 문제는 제도화와도 연결된다. 즉, 기술의 위험을 다루는 문제는 입법작용으로 나타난다. 어떤 위험이 계속되고 있다는 사실을 사회가 인정하도록 하면 합리적인 권위와 의무를 요구하는 체계와 정치적 사회가 정당화되기 때문이다.[372] 따라서 위험을 줄이기 위한 입법을 구체화하는 작업에는 정부와 이익집단의 상호작용이 필수적이다. 이는 곧 정치가 기술의 문제와 더 깊게 연관된다는 점을 의미하기도 한다. 기술적인 현상은 이제 정치적 현상처럼 작용할 수 있게 되었다.[373]

논의를 정리해 보자. 위험을 관리하고 평가하는 과정 전반에 외부 권력의 영향이 강한 현대 사회에서 기술위험은 기술적인 장치나 시스템의 실패뿐만 아니라 기술을 채택하고 사용하는 것과 관련된 정치, 사회, 경제의 실패로도 발생할 수 있다고 봐야 한다.[374] 핵폭탄이나 원자력 발전소는 근본적으로 강력한 통제를 요구하는 기술이다. 기술이 복잡하게 설계되어 작동의 예측이 불가능하고 설계 초기의 목적과 다른 결과가 나타나는 경우 사회에 미치는 영향 내지 피해가 아주 거대하고 치명적이기 때문이다. 바이러스나 세균, 무기나 화학물질 등도 마찬가지다. 따라서 복잡하고 위험한 기술일수록 위계적이고 강력한 통제 아래에 놓일 수밖에 없다.[375] 그러한 통제에 정치적 이해관계가 얽혀 전문성이 없는 관리자가 의사를 결정하거나 사회적, 경제적 요인으로 인해 근로의 문제가 발생하거나 윤리적 문제 및 복합적 요인으로 비리가 엮이게 되면 사회적 재난으로 이어질 가능성이 높다. 아울러 위험을 줄이는 의무를 부여받은 집단은 결국 합리적인 권위를 확보하기 위해 반드시 입법작용을 요구할 수밖에 없으며 이를 통해 기술적인 현상은 정치와 더욱 깊게 관련된다. 합법적 권한을 부여받은 권력은 내부의 자정작용이나 또 다른 패러다임의 변화가 없으면 다시 정치적인 병폐와 연결되어 위험을 통제하고 관리하는 데 실패할 가능성을 내포하게 된다. 지속적인 검증과 환류체계가 필요한 이유다. 나아가 그러한 전문집단 내지는 의사결정집단의 위험에 관한 정책 결정은 또 다른 불확실성과 위험으로 연결된다. 그 과정에서 반드시 위험을 감수해야만 하는 집단이 있고 이로부터 이익을 얻는 집단이 있다. 어떻게든 발생하게 되는 불확실성을 관리하려면 지속적인 법제도 개편과 통제 시도가 다시 나타날 수밖에 없다.[376] 결국 불확실한 기술적 위험에 대응하는 과정에서는 결정집단과 수혜집단, 피해집단이 나타나고 그 결과는 다시 사회 전반의 위험부담을 키우면서 위험은 끊임없는 소통의 의제가 되고야 마는 것이다.

라. 기술위험 수용의 본질로서 신뢰

기술적 위험을 사회에서 수용하려면 최소한 그런 기술의 도입으로 인해 영향받는 관계자들에게 위험에 관한 정보를 제공하고 의견을 들어야 한다. 어떤 위험에 관한 정보를 관계자들과 교환하는 위험소통이 필요한 것이다.[377] 이러한 위험소통은 보상을 제공하거나 위험에 관한 정보를 알려주거나 구체적인 사례를 통해 위험을 인식하도록 하는 등의 방식을 통해 이루어질 수 있다.[378]

위험에 대한 대응방안은 1980년대 중반까지는 과학자 등 전문가들에 의한 평가를 중심으로 기술적 개선방법을 찾는 데 중점을 두고 있었다. 그러나 대중의 저항, 전문가들 간의 이견, 전문가의 잘못된 결정 등을 이유로 위험소통의 필요성이 높아지기 시작하였고 일방적인 전문가의 의견보다는 대중의 인식을 확보하고 신뢰를 얻기 위한 접근들이 이루어졌다. 1990년대 중반 이후부터는 전문가의 설득 작용 또한 여전히 근본적으로 대중의 관여를 끌어내지 못한다는 접근이라는 문제를 확인하고 전문가 및 의사결정 집단과 대중 집단의 상호작용을 통해 꾸준한 신뢰를 쌓아야 한다는 움직임이 일어나고 있다. 이에 따라 장기간에 걸쳐 정보를 공개하고 제공하고 함께 소통하여 결정하며 각자의 의무와 책임을 명확히 하기 위한 사회작용들이 자리잡고 있는 것이다.[379]

이러한 점에서 오늘날 기술이나 서비스를 사용하면서도 정확하게 어떤 위험이 존재하는지 모르고 이미 위험 상태에 있더라도 그 사실을 알 수 없는 현상은 디지털 기술을 이용하는 시민들의 직접적 또는 잠정적인 피해만을 계속 축적하는 것과 같다고 이해할 수 있다. 국가 차원에서 경쟁적으로 스마트시티를 구축하고 있고 디지털 전환에 박차를 가하면서 코딩 교육을 의무화하는 등 디지털 전환이 이루어지고 있다. 디지털이 완전히 자리잡게 되었을 때 논의하면 늦다. 처음부터 위험 문제를 다양한 관점에서 지속적으로 논의하고 디지털의 수용과 함께 나타나는 실제 사례들을 중심으로 논의를 구체화해 나가야 한다.

특히 오늘날과 같이 위험에 대응하기 위해 예방적 조치들을 다수 도입하고 있는 현상들은 반드시 소통과 신뢰를 필요로 한다. 기술의 융합과 복잡한 외부관계 등으로 위험이 늘어나면서 이로 인해 발생한 결과의 원인에 대한 입증이 어려워지고 위법성과 책임성을 따지기 모호하며 피해는 커지고 있다. 개인 차원의 배상능력도 한계를 보이고 집단적 규제들이 도입되고 있다. 자기책임의 원리에 따른 개인의 자율성은 집단과 공동체 관점에서의 위험수용 및 분배 등을 통해 묻히고 그 과정에서 개인의 희생이 요구되고 있다.380 그런 중에 점점 예측하기 어려워지는 위험을 예방하기 위해 사전배려원칙(precautionary principle)과 같은 법원리가 자리잡고 있다. 사전배려원칙은 본래 환경 문제에 대응하기 위해 형성된 원리로 "중대하거나 회복불가능한 피해가 예상되는 경우 과학적 입증이 없더라도 효과적인 조치를 취할 수 있어야 한다"는 내용을 핵심으로 한다. 즉, 사전예방의 원칙과 달리 입증이 어렵고 불확실성이 존재하더라도 사전에 위험을 예방하기 위한 보호조치를 취할 수 있어야 한다는 것이다.381 이와 같은 흐름에서 이해관계자의 소통과 신뢰 없이 형성되는 제도나 규제는 행정권의 폭넓은 재량을 허용하면서 규제 대상의 권익을 과도하게 침해할 우려가 있기 때문에 반드시 법치주의 원리에 따라 제한되어야 한다. 즉, 비례성을 판단해 위험예방조치를 통해 얻는 공익과 규제로 인해 침해되는 상대방의 이익을 형량할 수 있어야 한다.382 합의 없는 예방조치들이 늘어나면 무고한 피해가 늘어나고 규제가 과도해지며 법원의 부담이 커지는 등 전반적인 사회적 비용이 증가할 수밖에 없다. 따라서 복합적이고 예상하기 어려운 위험을 방지하기 위해 사전배려원칙을 적용해 미리 조치를 취하더라도 그 조치와 관련된 정보와 내용들을 이해관계자들과 함께 논의해 제도를 설계하는 단계에서부터 신뢰 기반의 합리성을 확보할 수 있어야 한다.

3. 보안취약점 위험논의의 속성과 방향

보안취약점의 문제는 대표적인 사회기술시스템의 사례로 이해할 수 있다. 디지털이 우리 일상의 필수 요소와 다름없게 되면서 물리와 사이버의 구분 없는 거대한 기술체제가 형성되고 있기 때문이다. 이러한 기술체제는 외부관계의 작용과 연관되어 복합적인 위험 가능성을 내포하게 된다. 그러나 기술이 가진 위험은 구체적으로 드러나지 않으면 식별할 수 없다. 기술이 미치는 영향이 커지고 사회에서 이를 인식하기 시작해야 한다. 그래야 비로소 구체적인 사실관계를 특정할 수 있고 마침내 규율할 수 있게 된다. 예를 들어, 사이버공간에 대한 사람들의 기술적 이해도가 높아지면서 외부적 규제의 가능성이 나타나기 시작한 것과 같다.[383] 보안취약점의 문제도 다르지 않다. 보안기술이 갖는 이중성이 정치, 사회와 일상의 현실에 미치는 영향이 더욱 커지고 있다. 그러한 기술의 활용이 늘어나고 기술에 대한 이해가 증가하면서 보안취약점이라는 문제도 식별되기 시작하는 것이다.

그러나 오늘날 보안취약점 문제를 둘러싸고는 그러한 논의가 제대로 이루어지지 않고 있다. 불확실성이 늘어나는 상황에서 구체적인 위험에 관한 논의가 사회적으로 충분히 이루어지지 못한 채로 기술이 발전하고 일상에 적용되어 위험이 실재하는 상황에까지 이르렀다. 그럼에도 여전히 논의의 발전이 없는 현상은 견제할 필요가 있다. 사물인터넷이나 사이버물리시스템을 중심으로 하는 디지털 융합시대에는 기술과 사회를 분리할 수 없는 통합된 시스템으로 전제하고 논의를 진행할 필요가 있다. 그러한 복잡한 기술시스템의 내부에 어떤 문제가 존재하는지도 공개되어야 한다.

아울러 보안 또한 여타 다른 기술들과 마찬가지로 기술의 위험을 관리하는 주체들이 권력을 보유하고 있다. 권력의 개입 관점에서 보안위험의 문제는 기술이나 위험보다는 오히려 권력에 있다고 할 수 있다.[384] 특히 이는 보안기술이 디지털 시대의 자유를 증진하고 수호하기도 하지만 이를 침해하고 위협하기도 한다는 점에서 그러하다. 그 안에서 위험을 줄이지 못하고 오히려 늘리고 있지는 않은지, 또 권력 주체들 간의 관계는 어떠한지 등을 살필 수 있어야 한다. 실제 취약점을 둘러싼 생태계의 문제는 어떠한지도 알 수 있어야 한다. 이를 통해서야 비로소 객관적인 문제들을 식별하고 공론화를 통해 사회 일반의 인식을 높여 위험을 알 수 있게 된다. 특정 집단에 의한 위험의 정치학이 사회 정의의 정치학을 대체하지 않도록 해야 한다.[385] 따라서 기술에 대한 경험적 연구로서 개별 기술의 문제와 영향에 대한 지속적인 고찰이 요구되며 그러한 기술을 둘러싼 배경과 관계 및 속성을 함께 고려해야 한다.[386]

보안취약점은 기존의 기술적 위험과는 다른 속성을 담고 있다. 그 자체만으로는 소속된 기술의 기능에 영향을 미치지 않는다. 외부의 접근이 있어야 비로소 드러난다. 외부의 접근이 악의일 경우 범죄에 악용될 수 있지만 선의일 경우 보안을 강화하는 데 쓰일 수 있다. 이러한 수동성과 이중성으로 인해 디지털 기술은 근본적으로 안전한 상태를 보장할 수 없는 기술이다. 그러한 위험의 속성은 외부의 여러 사회적 관계와 결합해 디지털 기술시스템의 구체적인 문제로 드러난다. 먼저 기술적 배경으로서 취약점 문제의 주된 첫 번째 요인은 웹의 확산이다. 아무리 복잡하게 설계된 컴퓨터이더라도 데이터에 접근하거나 시스템을 파괴하겠다는 외부의 의지가 없으면 취약점의 위험이 드러나지 않는다. 컴퓨터들이 서로 연결되면서 보안의 문제가 나타나기 시작하였기 때문이다.[387] 두 번째 요인은 그렇게 형성된 사이버공간이 물리적 공간과 융합하고 있다는 점이다. 물리적 공간에만 한정되어 있던 기계들이 컴퓨터와 연결되거나 컴퓨터로 대체되면서 사이버공간의 영역으로 합류하고 있다. 거대한 디지털 사회기술시스템이 형성되고 있는 것이다. 특히 새로운 디지털 기술이 발전하고 현실과의 융합이 강해질수록 보안위협도 증가한다.[388] 대표적인 사례가 사물인터넷의 확장이다.[389] 사물인터넷은 물리 공간에 실존하면서 네트워크에 연결되어 있기 때문에 접근이 쉽고 보안수준 또한 단말기의 기본 패스워드 정도에 의존하고 있어 특히 취약하다.[390] 클라우드 컴퓨팅 및 데이터 환경도 마찬가지다. 다양한 네트워크, 시스템, 채널, 기술, 애플리케이션을 통해 데이터가 전송되는 현상은 각종 보안 문제와 해커들의 공격 범위도 다양해지는 것을 의미한다.[391] 결국 모든 시스템과 네트워크에 보안취약점이 존재한다고 할 수 있다. 그 구체적인 숫자는 파악하기 어렵다. 버그의 몇 퍼센트가 보안에 취약하며 그런 취약한 버그 가운데 몇 퍼센트가 공격에 노출되기 쉬운지도 정확히 알기 어렵다.[392] 어떤 접근과 방법에 의해 취약점이 발생할지 모든 경우의 수를 예측할 수 없기 때문이다. 마지막 요인은 위와 같은 기술적 시스템들이 안전하게 설계되지 않았다는 점이다. 따라서 디지털은 근본적으로 복잡한 기술을 융합하고 다른 다양한 요소들과 엮기 시작하면서 취약한 상태로 자리잡은 사회기술시스템이라고 할 수 있다. 디지털 기술이 더욱 스며들고 영향이 강화되면 공격의 대상과 공격의 가능성도 함께 늘어난다. 이러한 불안정성은 방어보다 공격이 더 유리한 환경을 만든다. 우리 생활의 대부분을 차지하고 있는 컴퓨터와 네트워크 기술들은 불완전한 상태인 것이다.[393] 그러한 기술적 요인으로부터 발생하는 위험은 관련된 전문적인 기술 현상들을 다루는 외부의 다양한 관계 주체들에 의해 심화된다.

이처럼 취약점의 존재조차도 알기 어려운 가운데 취약점을 둘러싼 문제의 기반에는 이러한 문제를 더욱 심화하는 주체들이 엮여 있다. 그 중요한 주체들이 바로 정치가와 정부 등 위험관리에 관한 의사결정을 수행하는 주체, 전문성을 가진 기업과 범죄자들이다. 인터넷 설계의 구조와 기반시설의 취약점, NSA의 개입과 권한이 확대되어 온 흐름들, 백도어를 심거나 정보를 더 많이 수집하기 위한 장치들은 오늘날 각종 프로그램을 구성하는 기술적 코드의 내면에 특정 집단에 의한 기능의 선택과 배열이 존재하고 통제와 조작을 목적하는 의도가 담겨 있을 수 있다는 점을 시사한다.394 정부는 이미 국가안보의 관점에서 사이버를 우선순위로 설정한 지 오래다.395 모든 국가의 정부가 보안취약점을 공격 목적으로 활용하니 디지털의 보안수준은 전체적으로 낮아질 수밖에 없다. 정보기관의 해킹툴이 유출되면서 사이버범죄의 수준이 높아지는 사례들도 이를 방증한다. 사이버와 새로운 디지털 기술들을 활용한 혁신과 편의 효과는 분명하다. 위험이 존재한다고 하여 디지털 기술을 배제할 수는 없다. 그렇다면 디지털 기술의 위험을 관리하기 위한 합리적인 조치들이 동반되어야 한다. 문제는 합리적 조치를 위한 정부 개입의 범위가 어느 정도여야 하는가 하는 점이다. 산업사회와 달리 디지털 기술시스템이 녹아든 위험사회에서는 위험을 측정하거나 예측하기 어렵기 때문이다. 아울러 기술적 요소의 통제와 조작은 위험을 관리하기 위한 목적을 포함하기도 하지만 복합적이고 예측 가능성이 낮은 디지털 기술시스템 구조에서 위험에 관한 의사결정은 반드시 피해집단을 형성하게 된다. 의사결정 구조에 최대한 이해관계자를 참여할 수 있도록 해야 하는 이유다. 다행히도 이제 사람들은 현실과 융합하고 있는 인터넷과 사이버공간의 부작용과 기술적 요소들을 인식하기 시작하였다. 오늘날에는 컴퓨터와 컴퓨터를 연결하고 성공적 네트워크를 구성하던 초기 환경과 달리 막연한 기대만 있는 것이 아니다. 프라이버시 옹호자들이나 데이터 규제론자들은 데이터가 무한으로 수집, 축적, 처리, 융합되는 현상을 우려하고 있다.396 이러한 수준에 이른 현상에서는 반드시 제도적인 개선이 동반되어야 한다. 정부와 기업이 디지털 기술의 사용에 관여하면서 나타나는 침해적이고 불법한 사례들은 취약점 문제에 불균형이 존재하고 있으며 법이 무너지고 있다는 증표이기 때문이다.397

이러한 점에서 보안취약점 문제는 기본적으로 사회 표면에 드러내 위험 소통이 이루어지도록 하는 것이 타당하다. 그리고 그 역할은 정부가 이끌어야 한다. 보안을 침해하는 활동보다 보안을 강화하기 위한 활동을 늘려야 한다. 디지털 위험의 문제를 보안업체나 취약점의 경제적 요소 등에 맡겨둬서는 안 된다. 통제하기 어려운 위험으로 나아가기 전에 복합적인 디지털 위험을 예방할 수 있도록 신속하게 자원을 동원하고 공동대응을 추진할 수 있어야 하는데 주된 영역이 민간에 맡겨져 있는 경우 정부가 개입하기 어렵고 단기적 이익 중심의 지속적 갈등이 발생할 우려가 높기 때문이다.[398] 보안취약점 문제에 깊게 연관되어 있는 정부는 분명히 큰 손이다. 다만 정부가 유일한 위험 관리자인 것은 아니니 민간 업계와 전문가 집단, 시민사회와 소통하고 제도로 다뤄야 하는 영역, 민간에서 자율적으로 해결할 수 있는 영역 등을 식별할 수 있어야 한다. 위험을 무조건 제도로 관리하고자 하는 시도는 지속적인 위험을 추가로 낳게 된다.

웹의 발전과 사이버공간의 규제 문제는 이러한 특성을 잘 보여준다. 웹의 초기 이용자들은 사이버공간 내에서 어떠한 규칙의 존재도 인식하지 못하였다.[399] 웹의 확산 이후 인터넷이 다양한 주체들이 참여하는 공론장으로 기능하며 자유와 인권을 촉진하는데 기여한 것도 분명하다.[400] 디지털 형태로 전환된 정보와 이를 다루는 정보기술은 가장 중요한 힘의 원천이 되었다.[401] 이와 함께 디지털의 역기능도 나타나기 시작하였는데 사이버공간에서만 나타나던 피해들이 이제는 현실로도 이어지고 있는 것이다. 본래 어떤 기술이 위험하다면 그 기술을 사용하지 않으면 그만이다. 기술과 시스템이 가진 잠재적 위험과 재난을 피하려면 효율성을 포기하더라도 복잡성과 상호의존성을 줄이는 방향으로 시스템을 다시 설계하거나 시스템 자체를 폐쇄하는 방법을 택하면 되었다.[402] 그러나 인터넷은 다르다. 완전히 일상과 밀착됨에 따라 인터넷을 걷어내고 새로운 기술을 도입하겠다는 의지는 실현되기 어렵다. 상업적인 인터넷이 발전하던 초기에는 정부의 개입이나 규제 가능성이 불가능하고 웹의 열린 속성과 같은 가치들이 유효하였을지 모른다. 하지만 이제는 그렇지 않다.[403] 사이버공간에서도 정부는 현실과 같은 중앙규제의 역할을 하고 있다. 정부의 규제를 가능하게 하는 다양한 기술들은 이 흐름을 더욱 강화한다.[404] 정보기술이 계층구조를 무너뜨리고 권력을 분배할 것이라는 사회혁명가들의 믿음은 이미 신화가 된 지 오래다.[405] 오히려 인터넷은 강력한 통제의 수단으로 활용되고 있기도 하다.[406]

보안과 취약점의 문제에서도 디지털 기술이 발전하고 융합할수록 공고한 규제가 형성될 것이다. 그리고 그러한 규제는 융합된 기술로부터 나타나는 복합적인 위험을 포괄적으로 예방하고 관리하기 위해 자칫 과도하게 형성될 가능성이 높다. 이와 같은 위험규제를 형성하고 위험을 사회적으로 수용하기 위해서는 반드시 신뢰와 소통이 전제되어야 한다. 취약점 문제 또한 그러한 큰 틀을 유지할 수 있어야 할 것이다.

4. 보안취약점의 정책적 관리 가능성

보안취약점을 일단 찾고 나면 이는 하나의 데이터가 된다. 데이터로 표현된다는 것은 관리할 수 있다는 것을 의미한다. 원래 의미의 데이터는 그 자체만으로는 의미를 갖는 개념이 아니었다. 즉, 내용의 유용성 여부와 관계없이 데이터가 모여 의미를 갖게 되는 정보(information)를 구성하는 원초적 형태의 자료였다.[407] 그러나 오늘날의 데이터는 그 자체로 의미와 사상, 지식을 포함하는 근본적인 요소가 되었다.[408] 뿐만 아니라 나아가서는 재산권의 대상으로 인식되기 시작하였다.[409] 이러한 관점에서 취약점 정보에 접근하고 이를 관리하기 위한 여러 시도들이 이루어지고 있다. 우리가 앞서 확인하였듯 보안취약점 정보를 평가하고 분류하기 위한 초기의 연구들에서부터 CVE, CWE 등 보안취약점을 관리하고자 하는 시도들, 블랙마켓이든 그레이마켓이든 버그바운티든 보안취약점에 가치를 부여하고 거래하고 있는 현상들이 그러하다. 안보적 관점에서 보안취약점은 자국 기업과 국민을 보호하기 위한 정보이기도 하면서 정보활동을 수행하기 위해 활용해야 하는 전략적 정보이기도 하다.

이처럼 관리 가능한 정보가 되었다는 의미는 다음의 2가지 시사점을 낳는다. 먼저, 보안취약점 관련 공통 정보와 관련 필수 정보들을 모아 취약점별로 구성할 수 있다. 즉, 모든 취약점 정보들을 동일한 유형의 내용으로 구성할 수 있게 된다. 예를 들면, 해당 취약점의 기술적 세부사항, 위험도 또는 심각성, 적용되는 제품과 버전, 해당 제품과 관련된 연락처 등의 정보를 공통적으로 제공할 수 있다. 이미 미국과 일본, 중국 등 해외에서는 보안취약점 위험도를 평가하고 이를 모아 제공하는 데이터베이스들을 운영하고 있다. 우리나라는 한국인터넷진흥원의 KrCERT 홈페이지에서 취약점 정보를 모아 제공하고 있지만 2018년부터 CVE를 차용해 정보를 옮겨 놓고 있는 수준에 불과하다. 우리 자체의 관리체계 운용 역량도 갖출 필요가 있는 것이다. 둘째, 보안취약점이 가치를 갖게 되었다는 점이다. 결함이 가치를 갖는다는 관념은 어불성설이지만 보안취약점의 양면적 속성과 이를 둘러싼 구조들을 고려하면 그러한 결함을 보완하기 위해 필요한 자원과 수단을 동원할 수 있어야 한다. 특히 취약점은 주체나 상황 등에 따라 재산적 가치를 갖기도 하지만 디지털이 국가 경쟁과 생존의 수단이 된 오늘날 기본적으로는 안전 내지는 안보적 가치에 가깝다고 할 수 있다. 기술결함으로서 이용자들이 기술을 안전하게 이용할 수 있도록 하기 위해 적극적으로 찾아 보완해야 하는 정보이면서도 특정 상황에서의 정보수사활동을 위해 공개하지 않고 축적하거나 활용해야 하는 정보이기 때문이다. 이러한 점에서 취약점을 관리하는 문제는 현실을 고려할 수 있어야 한다. 각국이 취약점을 활용해 정보수사활동을 벌이고 있는 상황에서 국익을 위해 사용될 수 있는 잠재적 가능성을 가진 취약점을 모두 공개할 수는 없다.**410**

우리나라는 일부 취약점 문제를 정책적으로 인식하는 등의 개선 의지를 보이고 있다. 국가사이버안보기본계획에 따르면 우리나라는 사이버공격 대응역량을 고도화하겠다는 관점 아래 사이버공격의 억지력을 확보하기 위한 전략의 하나로서 취약점 문제를 언급하고 있다. 이에 따라 소프트웨어 취약점 신고포상제를 활성화하여 민간이 자율적인 취약점 발굴을 유도하고 글로벌 표준 취약점 식별체계를 도입하겠다는 전략, 소프트웨어 취약점을 최소화하기 위해 소프트웨어 개발 보안 적용을 활성화하겠다는 전략, 정보시스템의 중요도 등에 따라 등급을 분류하고 차별화된 보안 관리방안을 적용하여 취약점 관리의 효율성을 증대하겠다는 전략, 군의 사이버 의존도가 심화됨에 따라 군 전산망을 대상으로 지속적인 취약점 점검을 시행하고 모의침투팀 운영 등을 통해 취약점을 상시 식별하겠다는 전략들이 수립되었다.**411** 또한 2021년 2월 18일 발표된 K-사이버방역 추진전략에 따르면 사이버위협을 탐지하고 차단하기 위해 보안취약점을 체계적으로 관리하기 위한 국가 보안취약점 관리체계를 2021년에 구축할 예정이다. 이를 통해 수집한 보안취약점은 주요 기업과 기관, 국민에게 실시간으로 공유하고 보안업체와 연계하여 보안패치를 신속히 개발하고 보급하도록 지원하겠다고 한다. 특히 일반인이나 전문가, 기업 등 누구든 보안취약점을 신고하고 등록할 수 있도록 하고 보안업체들이 백신과 패치를 개발할 수 있도록 등록된 취약점 정보를 외부에 개방할 예정이다. 2021년 12월 기준, 아직까지 공식적으로 발표된 내용은 없다. 아울러 기업의 안전한 디지털 전환을 지원하기 위해 보안컨설팅을 시행하고, 중소기업을 대상으로 보안솔루션 도입 비용을 지원한다. 공공 분야의 소프트웨어 안전성을 점검하고 기업 규모별로 맞춤형 보안취약점 진단과 컨설팅 등의 지원정책을 수행할 예정이다. 일반 국민에 대해서도 정부는 컴퓨터와 IoT 기기들을 대상으로 원격 보안취약점 점검을 수행하고, 악성코드에 감염된 PC나 IoT 기기를 찾아 문자나 SNS 등 모바일로 이용자에게 통지해주는 사이버 알림 서비스를 2022년까지 도입하겠다고 한다. 나아가 국민이 많이 이용하는 비대면 솔루션과 무인 서비스를 대상으로 보안점검을 실시하고 모바일기기나 앱의 보안취약점을 점검, 개선을 지원하며 보안이 취약한 모바일 앱에 대해서는 해당 모바일앱 운영자와 이용자에게 신속히 안내하여 이를 개선하도록 할 예정이다. 아울러 민간 주도의 자발적인 보안 강화가 이루어질 수 있도록 보안취약점 신고포상제를 도입하고 인센티브를 제공하는 등의 법적 근거를 마련할 예정이다.[412]

보안취약점 문제가 표면으로 드러나고 있다. 이번 'K−사이버방역 전략'과 같이 취약점 문제들이 계속 언급되고 개방되고 컨설팅이나 지원이 이루어지면 사회 전반의 구성원들이 보안취약점의 기술적 속성과 이슈들을 이해하게 된다. 취약점 관리체계를 구축하고 보안취약점을 적극적으로 연구, 보고, 등록할 수 있도록 하며 인센티브를 제공하는 등의 전략들은 우리가 보안취약점 정보를 관리 가능한 형태로 인식하기 시작하였다는 점을 방증한다. 인식할 수 있고 관리 가능한 상태에 놓이게 되면 구체적인 쟁점들을 사회에서 다룰 수 있다. 이해관계자들의 공론을 거치면 필요한 부분은 제도로 규율할 수 있는 환경이 마련된다. 이를 통해 비로소 위험이 큰 영역은 제재하거나 함께 대응하거나 이를 분배하고, 이익이 커져야 하는 영역은 자율규제를 적용하거나 규제를 완화하거나 행정적, 재정적, 기술적 지원을 수행하는 등의 조치들이 이루어져야 한다. 따라서 보안취약점의 사회적 인식과 구조들을 중심으로 쟁점이 될 수 있는 분야들을 식별하고 합법적이며 합리적인 정책을 설계해 앞선 전략들을 실질적으로 추진하고 보완할 수 있어야 한다.

제 2 장

보안취약점 대응의 검토과제

보안취약점 대응의 검토과제

제1절 화이트해커의 취약점 연구

그림 3 보안취약점 연구행위

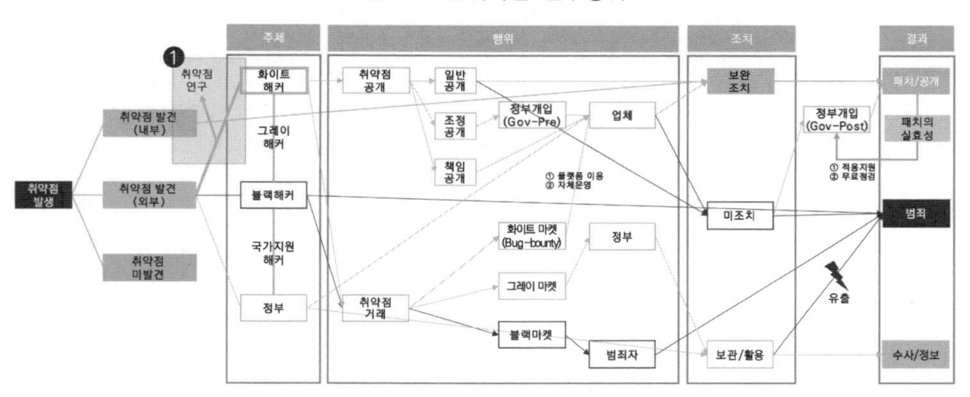

보안취약점 연구행위는 소프트웨어나 제품, 서비스를 분석해 취약점을 찾아내는 행위를 의미한다. 특히 보안취약점을 찾아 취약점을 업체에 제보하거나 책임공개유형에 따라 공개함으로써 보안위협을 제거하고 위험을 예방하기 위한 목적으로 연구하는 행위라고 할 수 있다.[1] 문제는 범죄자들이 애초에 법이나 제도를 무시하고 취약점을 탐색하는 것과 달리 연구자들은 법이나 제도를 준수하려고 하기 때문에 근본적으로 취약점을 탐색·연구하는 행위가 법적 분쟁으로 이어지는 것은 아닐지 우려한다는 점이다.[2] 따라서 화이트해커가 선의의 목적으로 소프트웨어 및 웹, 네트워크, 시스템, 사물인터넷 기기 등의 보안취약점을 연구하는 행위를 허용하기 위해 법적 속성을 분석할 필요가 있다. 분석의 대상은 적용 법률에 따라 첫째, 소프트웨어의 취약점, 둘째, 웹서비스의 취약점, 셋째, 사물인터넷 기기 등 ICT 융합제품의 취약점으로 분류할 수 있다.

1. 소프트웨어의 취약점 연구 문제

소프트웨어의 오류를 수정하거나 보안 문제를 해결하거나 바이러스를 분석하기 위한 목적 등을 위해 기술적 보호조치를 무력화하고 역공학을 수행할 수 있도록 해야 한다.[3] 현행법에 따라 이것이 허용되는지, 그리고 어떤 요건과 절차를 따지는지 분석이 필요하다. 소프트웨어 취약점 연구에는 크게 화이트박스 점검과 블랙박스 점검 방식이 활용된다.[4] 화이트박스 점검은 프로그램의 소스코드를 직접 하나씩 살피면서 코딩 오류나 잘못된 알고리즘 등을 찾아내는 방식이다. 그러나 외부로부터 다양한 방식에 의해 발생할 수 있는 위협들을 확인하기 어렵다. 블랙박스 점검은 소프트웨어를 대상으로 모든 입출력 값을 테스트하면서 동작상태에서 발생하는 취약점, 예외상황 등을 검출하는 방식이다. 블랙박스 점검 방식은 화이트박스 방식과 달리 어디까지 점검을 진행하였는지 확인하기 어렵고 모든 위협 요소를 검토하였는지 알 방법이 없다. 이러한 방식을 종합하여 수행하는 그레이박스 점검 방식도 활용된다. 따라서 소프트웨어 취약점 연구는 선의의 목적으로 소프트웨어의 상세한 소스코드를 확인하거나 기능을 조작, 변경하기 위해 기술적 보호조치를 훼손하거나 우회할 수 있는지의 문제를 내포한다고 할 수 있다.

현재 컴퓨터 프로그램 등 소프트웨어는 「저작권법」이 보호하고 있다. 우리나라는 1986년 「컴퓨터프로그램보호법」을 제정하여 운용하였으나 2008년 정부의 조직개편 이후 컴퓨터 프로그램의 보호 업무가 문화체육관광부로 이관되면서 「컴퓨터프로그램보호법」을 「저작권법」에 통합하여 저작권 보호정책의 일관성을 확보하였다.[5] 먼저, 화이트박스 방식으로 소프트웨어를 분석, 연구하기 위해 수행하는 여러 과정에서 코드를 복제하고 확인하고 수정하는 등의 과정이 필요할 수 있다. 이러한 절차에 관하여 현재 「저작권법」 제35조의2는 저작물을 이용하는 경우 원활하고 효율적인 정보처리를 위해 필요하다고 인정되는 범위 안에서 저작물을 컴퓨터에 일시적으로 복제할 수 있도록 허용하고 있다. 또한 제35조의5는 공정이용에 관한 규정으로서 이용의 목적 및 성격, 저작물의 종류 및 용도, 이용된 부분이 저작물 전체에서 차지하는 비중과 그 중요성, 저작물의 이용이 그 저작물의 현재 시장 또는 가치나 잠재적 시장 또는 가치에 미치는 영향 등을 고려해 저작물의 통상적인 이용방법과 충돌하지 않고 저작자의 정당한 이익을 부당하게 해치지 않는 경우 저작물을 이용할 수 있도록 하고 있다.

아울러 블랙박스 점검 등을 위해 소프트웨어의 기술적 보호조치를 해제하거나 우회하는 등의 조치가 필요한 경우도 있다. 기술적 보호조치의 정의에 관하여 종래 「컴퓨터프로그램보호법」은 이를 "프로그램에 관한 식별번호·고유번호 입력, 암호화 등 법에 따른 권리를 효과적으로 보호하는 핵심기술 또는 장치 등을 통하여 프로그램저작권을 보호하는 조치"라고 규정하고 있었다. 현재 「저작권법」에 따르면 기술적 보호조치란 "저작권, 그 밖에 이 법에 따라 보호되는 권리의 행사와 관련하여 이 법에 따라 보호되는 저작물 등에 대한 접근을 효과적으로 방지하거나 억제하기 위하여 그 권리자나 권리자의 동의를 받은 자가 적용하는 기술적 조치" 및 "보호되는 권리에 대한 침해행위를 효과적으로 방지하거나 억제하기 위하여 그 권리자나 권리자의 동의를 받은 자가 적용하는 기술적 조치"로 정의된다. 전자는 저작물이 수록된 매체에 대한 접근 또는 그 매체의 재생 및 작동 등을 통한 저작물의 내용에 대한 접근을 방지, 억제함으로써 저작권을 보호하는 조치이며, 후자는 저작권 등을 구성하는 개별 권리에 대한 침해행위 자체를 직접적으로 방지하거나 억제하는 보호조치를 의미한다.[6]

2011년 「저작권법」 개정을 통해 이러한 기술적 보호조치의 무력화 금지 및 그 예외에 관한 규정이 신설되었다. 동법 제104조의2를 통해 정당한 권한 없이 고의 또는 과실로 기술적 보호조치를 제거, 변경하거나 우회하는 등의 행위를 금지한 것이다. 다만, 다음의 경우들을 예외로 규정해 기술적 보호조치를 무력화할 수 있도록 하고 있다. <표 9>는 그러한 예외사유 중 본 연구의 내용과 관련된 것만을 선정하였다. 특히 마지막 사유와 관련하여 문체부는 「기술적 보호조치의 무력화 금지에 대한 예외 고시」를 제정하여 시행하고 있다. 이 내용을 살펴보면 합법적으로 취득한 기기에 사용되는 프로그램의 결함이나 취약성 등을 검사, 조사, 보정하기 위해 기술적 보호조치를 무력화하는 경우는 무력화 금지조항의 예외사유에 해당한다. 다만 검사 등을 통해 취득한 정보를 보안 강화에 이용하고 저작권을 침해하거나 다른 법률의 위반을 용이하게 하지 않도록 관리해야 한다. 검사를 통해 취득한 정보는 취약점 정보로서 무단유출, 공개될 경우 해당 소프트웨어의 보안을 침해할 수 있기 때문이다.[7] 또한 검사 등의 행위로 인해 개인이나 공중에게 위험이 발생하지 않도록 하여야 한다. 보안연구로 인해 서비스에 장애가 발생하고 다른 사람들의 이용에 불편이 발생하거나 실제 작동 중인 시스템을 대상으로 연구를 수행해 시스템이 멈추는 경우 등의 사례가 발생하지 않아야 한다.

표 9 저작권법상 기술적 보호조치 무력화 금지의 예외사유

- 암호 분야의 연구에 종사하는 자가 저작물 등의 복제물을 정당하게 취득하여 저작물 등에 적용된 암호기술의 결함이나 취약점을 연구하기 위하여 필요한 범위에서 행하는 경우(권리자로부터 연구에 필요한 이용을 허락받기 위해 상당한 노력을 하였으나 허락을 받지 못한 경우에 한함)
- 국가의 법집행, 합법적인 정보수집 또는 안전보장 등을 위하여 필요한 경우
- 정당한 권한을 가지고 프로그램을 사용하는 자가 다른 프로그램과의 호환을 위하여 필요한 범위에서 프로그램 코드 역분석을 하는 경우
- 정당한 권한을 가진 자가 오로지 컴퓨터 또는 정보통신망의 보안성을 검사·조사 또는 보정하기 위하여 필요한 경우
- 기술적 보호조치의 무력화 금지에 의하여 특정 종류의 저작물 등을 정당하게 이용하는 것이 불합리하게 영향을 받거나 받을 가능성이 있다고 인정되어 대통령령으로 정하는 절차에 따라 문화체육관광부장관이 정하여 고시하는 경우

미국 디지털밀레니엄저작권법(DMCA: Digital Millennium Copyright Act)도 취약점 연구를 허용하고 있다. 동법은 저작권 보호 시스템의 우회에 관한 내용을 다루고 있는데 여기에 역공학(Reverse Engineering),[8] 암호연구(Encryption Research),[9] 보안검사(Security Testing)[10]에 관한 규정들을 포함하고 있다. 먼저, 역공학에 관한 내용을 살펴보면 합법적으로 컴퓨터 프로그램의 복제본을 이용할 권리를 취득한 자가 독자적으로 창작된 컴퓨터 프로그램의 다른 프로그램과의 정보 교환 및 이용 등 호환성을 확보하고자 기술적 조치를 우회하는 확인 및 분석 행위를 허용하고 있다. 암호연구란 '암호기술과 암호제품을 발전시키기 위해 저작물에 적용된 암호기술의 취약점을 확인하고 분석하기 위해 필요한 행위'를 말한다.[11] 그러한 암호연구는 분석대상 저작물을 합법적으로 취득하고 암호연구를 위해 기술적 조치를 우회하는 행위가

필요하며, 그전에 허락을 받기 위한 선량한 노력을 하였고, 다른 관계 법률 조항을 위반하지 않는 경우에 한하여 허용된다.[12] 아울러 면책 여부를 판단하기 위한 요소로는 암호연구를 통해 얻은 정보가 합리적인 수준과 방법으로 배포되었는지, 프라이버시나 보안의 침해 등이 있지는 않았는지, 암호기술 분야에서 합법적으로 활동하고 있는 사람인지, 그러한 역량과 경험을 쌓아 왔는지, 저작권자에게 연구의 결과와 관련 정보를 통지하였는지 여부와 시기 등을 판단하도록 하고 있다.[13] 또한 이와 관련하여 선량한 연구활동을 수행하기 위해 기술조치를 우회하기 위한 수단을 개발하고 사용하며, 타인으로 하여금 그러한 연구활동을 검증하도록 하기 위해 우회수단을 제공하는 경우를 허용하고 있다.[14] 마지막으로, 보안검사에 관한 규정을 살펴보자. 동법에 따르면 보안검사란 '컴퓨터, 시스템 또는 네트워크 소유자나 운영자의 허락을 받아 선의의 목적으로 보안취약점을 검사, 조사, 수정하기 위해 해당 컴퓨터, 시스템 또는 네트워크에 접근하는 행위'를 의미한다.[15] 보안검사는 관계 법률 조항을 위반하지 않는 경우에 한하여 허용되며, 면책을 판단하기 위한 요소로는 보안검사를 통해 얻은 정보가 대상 시스템이나 네트워크의 소유자나 운영자의 보안을 증진하기 위해 활용되었는지 여부, 또는 그러한 주체들과 공유되었는지 여부, 프라이버시나 보안 침해 등을 조장하지 않는 방식으로 이용되거나 관리되었는지 여부를 명시하고 있다.[16]

독일도 마찬가지로 저작물 등의 기술적 보호조치에 관한 규정을 두고 있다. 그러나 독일은 저작권자로 하여금 정당하고 공정한 이용을 원하는 이용자에게 기술적 회피수단을 제공하도록 하고 이용자들이 그러한 수단을 저작권자에게 요구할 권리를 보장하고 있어 균형잡힌 제도를 운영하고 있다. 저작권법(Urheberrechtsgesetz – UrhG) 제95조a를 통해 저작물 보호를 위한 기술적 조치의 보호에 관한 규정을 두고 있으며, 제95조b를 통해 사법 및 공공의 안전, 장애인의 편의, 학교나 수업, 비상업적이고 학술적인 자체 연구를 위해 보호대상에 합법적으로 접근하는 경우 기술적 조치를 우회할 수 있는 수단을 제공하도록 하고 있다.

이러한 내용들을 정리해 보면 소프트웨어의 취약점 연구가 현행법상 기술적 보호조치의 예외에 해당하려면 3가지 요건을 충족해야 할 것으로 보인다. 먼저, 대상 프로그램을 합법적으로 취득해야 한다. 둘째, 연구를 통해 취득한 정보는 보안을 위한 목적으로만 사용되어야 한다. 셋째, 연구의 과정과 결과물이 정당한 제3자의 권리를 침해하지 않아야 한다. 따라서 현행법상 기본적으로 소프트웨어 연구는 적법하게 구매하거나 저작권자의 허락을 받는 방식으로 정당하게 취득하고 나아가 연구를 수행하기 위해 저작권자와 사전 협의를 하는 등의 절차를 거쳐야 법적 분쟁의 소지에서 벗어날 수 있을 것이다.

그러나 이와 같은 요건을 충족한다고 해서 「저작권법」을 통해 소프트웨어의 취약점 연구가 온전히 허용된다고 볼 수는 없다. 기술적 보호조치를 현행과 같이 법적으로 보장하는 것은 자칫 저작권자의 권리만을 과도하게 보호하는 효과를 낳을 수 있기 때문이다.[17] 예를 들어, 저작권자는 보안연구 허가 요청을 사실 거절하면 그만이다. 이러한 상황에서 현재 기술적 보호조치 무력화 금지의 예외사항을 정해 두고 있더라도 구체적인 절차가 부재하고, 선의의 경우라고 하더라도 면책의 여부를 명확히 규정하고 있지 않은 이상 보안연구자의 입장에서는 소프트웨어를 함부로 분석하기 어려운 것이 사실이다. 미국이 저작권법상 보안연구를 예외적으로 허용하고 있는 경우에 대해서도 동일한 비판이 존재한다. 동법에 따르면 보안검사는 컴퓨터, 시스템 또는 네트워크의 소유자나 운영자의 허가를 받은 경우로만 제한된다. 이러한 제한은 소프트웨어 업체들이 자신들의 제품에서 결함이 드러나는 것을 원하지 않는다면 어떠한 공익적 목적의 연구도 수행할 수 없도록 만들기 때문에 저작권자에게 사실상 온전한 권한을 부여하는 것과 마찬가지라는 것이다.[18]

모든 것이 연결된 환경에서는 독립적인 보안연구자들의 전문성이 필요함에도 이러한 제한 때문에 벤더사의 허가를 받거나 벤더사와 계약을 맺지 않으면 연구를 추진하기 어려운 상황이 벌어지게 된다. 모든 소프트웨어에는 항상 취약점이 존재한다는 전제를 고려하면 이는 법리상 타당하지 않다. 따라서 보안연구와 같은 공익적 목적의 경우를 예외적으로 허용하고 있더라도 원칙적으로 기술적 보호조치 우회 도구의 사용을 금지하고 예외에 관한 명확한 절차와 면책 여부들을 다루고 있지 않은 현 상황에서는 보안연구를 위한 해당 예외조항이나 공정이용 조항 등이 실질적으로 기능하기 어렵다.[19] 저작권법이 원칙상 저작물을 침해로부터 보호하고 있음에도 기술적 보호조치를 추가적으로 보호하는 것은 과도한 보호인 셈이다. 이에 따르면 저작권 보호기간이 도과한 저작물, 창작성이 없는 저작물의 기술적 보호조치도 보호되는 상황이 발생하게 된다. 이는 문화 및 관련 산업의 향상발전에 기여한다는 「저작권법」의 목적 달성을 저해하는 것으로 이해할 여지도 있다.[20] 그럼에도 필요성이 인정된다면 공정한 이용자의 권리도 균형 있게 보호하고, 기술적 보호조치의 예외사항에 해당하는 경우 저작권자가 이를 명시적으로 보장해 정당한 권리를 보호할 수 있는 방안들이 요구된다.[21]

2. 웹서비스의 취약점 연구

웹을 통해 제공되는 서비스는 정보통신서비스에 해당하므로 「정보통신망 이용촉진 및 정보보호 등에 관한 법률(이하 「정보통신망법」)」을 통해 규율된다. 현재 「정보통신망법」 제48조 제1항은 정당한 접근권한 없이 또는 허용된 접근권한을 넘어 정보통신망에 침입하는 행위를 금지하고 있다. 제2항은 정당한 사유 없이 정보통신 시스템, 데이터 또는 프로그램 등을 훼손·멸실·변경·위조하거나 운용을 방해할 수 있는 악성프로그램을 전달하거나 유포하는 행위를 금지하고 있다. 마지막 제3항은 정보통신망의 안정적 운영을 방해할 목적으로 대량의 신호 또는 데이터를 보내거나 부정한 명령을 처리하도록 하는 등의 방법으로 정보통신망에 장애가 발생하게 하는 행위를 금지하고 있다.

그림 4 시스템 침투를 위한 일반적인 과정

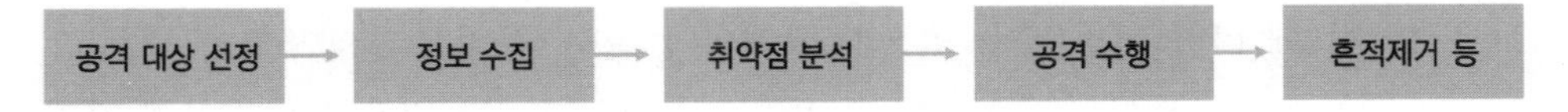

웹에 침투하는 일반적인 해킹과정은 다음과 같다. 먼저, 방문자 수가 가장 많거나 외부 접근이 용이하거나 가장 취약한 공격 대상 웹사이트를 선정한다. 이후 해당 웹사이트의 로그인 부분, 게시판이나 자료실 등 파일을 업로드할 수 있는 부분을 확인하거나 Burp Suite 등 자동화 툴을 통해 디렉토리 구조, 소스코드 구조 등을 확인할 수 있다. 특정 도메인의 링크를 가지고 있거나 특정 문자열(admin 등) 또는 특정 파일형식(txt, hwp 등)을 포함한 웹페이지를 검색할 수도 있다. Wikto와 같은 스캐닝 툴을 활용해 대상 시스템의 취약한 부분을 파악할 수도 있다.[22]

특히 취약점 연구를 위해 접근하는 방식에 따라 다르겠지만 스캔 과정에서는 주로 네트워크 대역을 확인하고 포트(port)를 스캔하며 원격코드실행(RCE) 취약점을 찾는 등의 절차들이 이루어진다. 문제가 되는 부분은 스캔 과정이다. 포트스캔은 대상 네트워크의 대역 정보를 확인하고 서버에서 어떤 서비스들이 실행되고 있는지 확인하는 과정이라고 할 수 있다.[23] 즉, 외부에서 접근할 수 있는 포트를 열고 있는지, 또 어떤 포트들을 열고 있는지 확인하는 과정이다. 일반적으로 포트번호는 0번부터 1023번까지 잘 알려진 포트(well-known port), 1024번부터 49151번까지 등록된 포트(registered port), 49152번부터 65535번까지의 동적 포트(dynamic port)로 구분된다. 이러한 여러 포트 중 예컨대 Apache, Nginx, IIS 등의 서비스를 지원하는 80번 포트(HTTP), 다른 운영체제 간 파일을 공유할 수 있도록 하는 445번 포트(SMB: Server Message Block)[24]와 같이 공격에 유용한 핵심기능을 수행하는 포트들을 찾는 것이다. 이러한 포트스캔 방식의 공통점은 클라이언트에서 서버로 패킷을 보내 서버의 반응을 확인한다는 점이다.[25] 따라서 포트는 네트워크로 진입하기 위한 출입구와 같다. 특정 사적 공간에 들어가기 위한 입구로 이해할 수 있는 것이다. 아울러 「정보통신망법」이 이용자의 신뢰나 이익을 보호하기 위한 것이 아니라 정보통신망 자체의 안정성과 정보의 신뢰성을 보호하기 위한 법률인 점[26]을 고려해 보면 특정 네트워크 자체도 운영자 또는 소유자의 보호 의지가 투영되는 영역이며 이에 따라 각종 보안조치들이 적용된다고 볼 수 있다. 그러므로 포트스캔 행위는 그러한 사적 공간에 진입하기 위한 사전 행위라고 이해할 수 있다.

이처럼 웹상에서 취약한 부분을 탐색하는 초기 단계의 스캔 행위들이 현행 「정보통신망법」에 따라 처벌될 수 있는지 살펴봐야 한다. 동법은 벌칙조항을 통해 제48조 제1항을 위반하여 정보통신망에 침입한 자 및 그 미수범을 5년 이하의 징역 또는 5천만원 이하의 벌금에 처하고 있기 때문이다. 사전에 정보를 수집하는 스캔 행위, 나아가 그 미수범까지 처벌하고 있는 것이다. 이러한 탓에 우리나라에서는 목적 및 의도와는 관계없이 포트스캔 행위는 일반적으로 불법이라고 알려져 있다.[27] 정보통신망 침입죄 규정으로 인해 선의의 보안 연구자나 화이트해커가 원활한 연구 및 테스트 활동을 수행할 수 없다는 비판의 목소리가 나오고 있는 것이다.[28]

관련하여 「정보통신망법」의 망침입 금지 규정을 분석해 보자. 먼저, 주체는 '누구든지'라고 하여 특별히 제한을 두고 있지 않다. 객체는 '정보통신망'이다. '정보통신망'이란 전기통신설비[29]를 이용하거나 전기통신설비와 컴퓨터 및 컴퓨터의 이용기술을 활용해 정보를 수집, 가공, 저장, 검색, 송신 또는 수신하는 정보통신체제를 의미한다. 전신인 「전산망보급확장과 이용촉진에 관한 법률」에 따르면 '전산망'을

'전기통신설비와 전자계산조직 및 전자계산조직의 이용기술을 활용하여 정보를 처리·보관하거나 전송하는 정보통신체제'라고 정의하고 있다. 1999년 2월 전부개정을 통해 현재와 같은 정보통신망의 개념이 도입되었다. 이러한 정의 규정을 살펴보면 사실상 모든 네트워크 유형으로 해석될 수 있으므로 범위가 매우 넓다고 할 수 있다.[30] 특정 기업의 내부 인트라넷을 의미할 수도 있고 특정 지역 단위의 광역망을 의미할 수도 있다. 개정 전 '전산망'의 개념과 개정 후 '정보통신망'의 개념이 큰 차이 없이 이어졌으며 이후 기술의 발달에 따라 그 범위가 사실상 무한히 확장된 상황이 되었다.[31] 정보를 송수신하고 저장하는 기능도 포함하고 있으므로 네트워크로서의 망과 라우터 등 구성요소와 함께 컴퓨터시스템 등 사실상 네트워크에 연결된 모든 기기들을 포함한다고 볼 수 있다.[32] 이렇게 되면 오늘날 IoT 환경을 고려할 때 정보통신망의 범위를 쉽게 판단하기 어렵다. 따라서 이제 정보시스템의 개념도 별도로 명확하게 규정해 주는 것이 필요하다. 이미 「정보통신망법」이 '침해사고'를 '정보통신망 또는 관련된 정보시스템을 공격하는 행위로 인하여 발생한 사태'라고 정의하여 정보통신망과 정보시스템을 구분하고 있는 점도 고려할 수 있다. 「전자정부법」이 '정보시스템'을 '정보의 수집, 가공, 저장, 검색, 송수신 및 그 활용과 관련된 기기와 소프트웨어의 조직화된 체계'라고 정의하고 있는 점도 참고할 수 있을 것이다. 아울러 2020년 6월 「정보통신망법」 제48조의5와 제48조의6을 통해 정보통신망 연결기기의 보호 및 인증에 관한 조항이 신설되었다. 당시 제안 이유를 살펴보면 '정보통신망에 연결되어 정보를 송수신할 수 있는 기기, 설비, 장비'를 '정보통신망 연결기기 등'이라고 하고 이와 관련된 침해사고가 국민의 생명, 신체, 재산에 피해를 야기할 우려가 커지고 있다는 점을 언급하고 있다.[33] '정보통신망 연결기기 등'은 동법 제45조 제1항 제2호를 통해 정의되고 있으며, 그 구체적인 범위는 동법 시행령 제36조의2를 통해 정하고 있다. 이에 따라 「정보통신망법」은 <표 10>과 같은 요소들을 정보통신망 연결기기라고 하여 별도로 보호하고 있다. 이를 통해 기본적으로 분야별 IoT 기기들을 보호할 수 있게 되었다. 그러나 추후 기술의 발전과 서비스의 변화 등을 고려하면 정보통신망에 연결되어 정보를 처리하는 모든 기기를 포함하도록 정의하는 것이 필요할 것으로 보인다.

표 10 정보통신망 연결기기의 범위

연번	분야	내용
1	가전	스마트 홈네트워크에 연결되는 멀티미디어 제품, 주방가전 제품 또는 생활가전 제품 등의 가전제품 또는 그 제품에 사용되는 기기 · 설비 · 장비
2	교통	다음 각 목의 제품 등에 사용되는 기기 · 설비 · 장비 가. 「국가통합교통체계효율화법」 제2조 제16호에 따른 지능형교통체계 나. 「드론 활용의 촉진 및 기반조성에 관한 법률」 제2조 제1호에 따른 드론 다. 「자동차관리법」 제2조 제1호에 따른 자동차 라. 「선박법」 제1조의2 제1항에 따른 선박
3	금융	「전자금융거래법」 제2조 제8호에 따른 전자적 장치
4	스마트 도시	「스마트도시 조성 및 산업진흥 등에 관한 법률」 제2조 제2호에 따른 스마트도시서비스에 사용되는 기기 · 설비 · 장비
5	의료	「의료기기법」 제2조 제1항에 따른 의료기기 중 통신기능을 보유한 기기 · 설비 · 장비
6	제조 · 생산	제품의 제조 · 생산 또는 용역을 관리하기 위하여 제어 · 점검 · 측정 · 탐지 등의 용도로 사용되는 기기 · 설비 · 장비
7	주택	「건축법」 제2조 제1항 제4호에 따른 건축설비 중 지능형 홈네트워크에 연결되는 기기 · 설비 · 장비
8	통신	「전파법」 제2조 제16호에 따른 방송통신기자재 중 무선 또는 유선으로 통신이 가능한 방송통신기자재

행위는 '정당한 접근권한' 없이 또는 '허용된 접근권한'을 넘어 '정보통신망에 침입'할 것을 요구한다. 우리 판례는 기본적으로 접근권한을 부여하거나 허용되는 범위를 설정하는 주체를 정보통신서비스 제공자라고 하여 접근권한의 기준을 정보통신서비스 제공자가 설정하도록 하고 있다.[34] '침입'이라는 의미는 해당 공간에 관한 정당한 권리자의 의사에 직간접적으로 반하여 출입함으로써 권리자의 지배 및 관리의 평온을 해치는 행위를 뜻한다.[35] 관련하여 유사한 법리로서 주거침입죄의 구성요소를 분석해 볼 수 있다. 「형법」 제319조에 따르면 사람의 주거, 관리하는 건조물, 선박이나 항공기 또는 점유하는 방실에 침입한 자는 3년 이하의 징역 또는 500만 원 이하의 벌금에 처한다. 여기서 객체는 사람의 주거, 관리하는 건조물, 선박, 항공기, 점유하는 방실을 말하며 소유의 여부를 가리지 않는다. 행위는 침입으로서

이 침입의 기수 시기에 관하여 우리 판례는 주거침입죄의 목적은 주거자의 사실상의 평온을 보호하기 위한 것이므로 얼굴 등 일부만 침입하더라도 주거침입이 성립한다고 해석한다.[36] 특히 일반에 공개된 장소라고 해도 범죄의 목적으로 주거나 건조물 등에 들어간 경우에는 주거침입죄가 성립한다. 대법원은 일반인의 출입이 허용된 음식점이라 하더라도 영업주의 명시적 또는 추정적 의사에 반하여 들어간 것이라면 주거침입죄가 성립한다고 판시한 바 있다.[37] 따라서 침입행위는 어떤 방식으로든 보호조치를 무력화하거나 우회하거나 의사에 반하여 정당한 관리자 또는 소유자의 공간에 들어가는 행위라고 이해할 수 있다. 이용자가 컴퓨터에 특정 실행 명령을 보내는 행위에 이르러야 해당된다고 볼 수 있는 것이다.[38]

그렇다면 열린 문이 있는지, 어떤 항구가 활성화되어 있는지 확인하는 단계인 포트스캔 행위는 「정보통신망법」 제48조 제1항에 따른 정보통신망 침입죄를 구성하지 않는다. 사전에 어떤 서비스를 제공하고 있는지, 어떤 포트가 열려 있는지 확인하기 위한 것일 뿐 보호대상인 시스템의 기밀성이나 무결성, 가용성[39]을 침해하지 않고, 데이터에 접근하거나 데이터에 어떠한 영향을 미치는 것도 아니기 때문이다. 다만 동법은 그 미수범도 처벌하고 있으므로 이에 대한 검토 또한 필요하다. 2004년 1월 개정을 통해 제48조 제1항의 규정을 위반해 정보통신망에 침입한 자에 관한 미수범 처벌조항이 추가되었다. 이는 PC와 인터넷, 데이터의 저장공간, 서버 등이 진화하면서 중요한 데이터들이 더욱 많이 축적되었고 이러한 데이터를 빼 가지 않더라도 몰래 들어와 살펴보는 행위, 나아가 PC를 통해 다양한 일상과 업무를 수행함에 따라 그러한 행위들을 감시할 수 있다는 우려에 기인한다. 즉, 침입행위 자체를 처벌해야 한다는 주장이 제기되기 시작하였고 보안과 안정성 자체를 보호할 수 있어야 하며 침입행위 자체뿐만 아니라 침입하려는 시도도 범죄의 의사를 표출한 것이므로 이를 처벌할 수 있어야 하였던 것이다.[40] 그러나 컴퓨터 및 보안에 대한 연구가 활성화된 오늘날 정보통신망에 접근하고자 하는 시도만으로는 모두 범죄의 의사가 있다고 보기 어렵다.

「형법」 제25조는 '범죄의 실행에 착수하여 행위를 종료하지 못하였거나 결과가 발생하지 아니한 때에는 미수범으로 처벌한다'고 하여 실행의 착수를 요구하고 있다. 기술적으로 보면 포트스캔은 단순히 정보수집을 하는 것에 불과하다. 적어도 정보수집 단계를 넘어서 어떤 취약점을 찾아 정보통신망에 접근하는 행위에는 이르러야 실행에 착수하였다고 볼 수 있을 것이다.[41] 하지만 '침입'이라는 결과에는 이르지 않아야 한다. 이는 해킹의 기법에 따라 달라질 것이나 대표적으로 침입을 위해 프로그램을 설치하는 때에 이르러야 실행에 착수하였다고 볼 수 있다.[42]

3. 취약점 연구 관련 국외 제도 사례

미국은 컴퓨터 사기 및 남용방지법(CFAA: Computer Fraud and Abuse Act)을 통해 컴퓨터[43]를 보호의 대상으로 하고 있다. 이에 따라 누구든지 고의로 권한 없이 컴퓨터에 접근하거나 허용된 권한을 넘어 금융기록 정보, 소비자 정보, 연방정부기관의 정보, 보호대상 컴퓨터의 정보를 취득한 자를 처벌하고 있다.[44] 또한 누구든지 고의로 권한 없이 연방정부기관이 배타적으로 사용하는 비공개 컴퓨터에 접근한 경우,[45] 누구든지 탈취의 고의로 권한 없이 보호대상 컴퓨터에 접근하거나 허용된 권한을 넘어 접근하고 의도적으로 재물 또는 재산상 이익을 취득한 경우[46] 등을 처벌하고 있다. 이에 따른 접근이란 컴퓨터와의 모든 성공적인 작용을 의미한다고 해석된다.[47]

독일은 보호대상을 아예 데이터로 한정하고 있다. 형법 제202a조는 데이터탐지에 관한 내용을 규율하면서 제1항을 통해 누구든지 접근권한 없이 보호조치를 우회하여 타인의 데이터 및 부정한 접근으로부터 보호되는 데이터에 접근하거나 타인으로 하여금 접근하게 한 자는 3년 이하의 징역 또는 벌금형에 처하고 있다. 제202b조는 데이터탈취에 관한 규정으로서 누구든지 접근권한 없이 공개되지 않은 전송과정이나 데이터처리기기의 전자적 전송과정에서 기술적 수단을 활용해 타인의 데이터를 탈취하거나 타인으로 하여금 탈취하게 한 자를 2년 이하의 징역 또는 벌금형에 처하고 있다. 또한 제202c조는 데이터에 접근할 수 있는 비밀번호나 기타 코드, 프로그램 등을 제작·입수하거나 타인으로 하여금 입수하게 하거나 판매, 양도, 유포, 공개하는 등 제202a조와 제202b조에 따른 범죄의 예비행위를 2년 이하의 징역 또는 벌금에 처하고 있다.

일본은 부정접근행위의 금지 등에 관한 법률(不正アクセス行為の禁止等に関する法律)[48]을 통해 관련 문제를 규율하고 있다. 동법 제2조 제4항은 부정접근행위를 3가지로 정의하고 있다. 첫째, 전기통신회선을 통해 접근통제기능을 갖는 컴퓨터에

접속하고 타인의 식별부호를 입력해 접근통제기능에 의해 제한된 기능을 이용 가능한 상태로 만드는 행위다. 단, 이 경우 해당 접근통제 기능을 부여한 관리자가 이를 수행하거나, 해당 관리자 또는 식별부호에 관한 정당한 권리자의 승낙을 얻어 수행하는 경우는 예외로 한다. 이는 타인의 ID나 패스워드 등을 도용하는 행위를 말한다. 둘째, 전기통신회선을 통해 접근통제기능을 갖는 컴퓨터에 접속하고 식별부호 이외의 다른 정보와 명령을 입력해 접근통제기능에 의해 제한된 기능을 이용 가능한 상태로 만드는 행위다. 취약점을 활용하는 경우라고 할 수 있다. 마찬가지로 관리자가 직접 수행하거나 관리자의 승낙을 얻어 수행하는 경우는 예외다. 셋째, 전기통신회선을 통해 접근통제기능을 갖는 다른 컴퓨터를 이용해 제한된 컴퓨터에 접속하고 식별부호 외의 정보와 명령을 입력해 접근통제기능에 의해 제한된 기능을 이용 가능한 상태로 만드는 행위다.

네덜란드는 권한 없이 악의로 시스템에 침입하는 경우 형법 제138ab조를 통해 규율하고 있다. 해당 조문에 따르면 악의적인 목적으로 컴퓨터 장치 또는 시스템 및 그 일부에 침입한 경우 컴퓨터 침해죄로 1년 이하의 징역 또는 4등급의 벌금형[49]에 처해질 수 있다. 관련하여 기술적 수단, 부정한 신호 등을 활용해 보안조치를 훼손하고 방해 및 침입을 행하거나 신분 위조 등을 통해 시스템에 접근하는 행위들을 명시하고 있다.

유럽사이버범죄방지협약(Convention on Cybercrime)은 데이터 및 시스템에의 접근, 침해 등에 관한 유형을 구체적으로 나열하여 규율하고 있다. 동 협약은 제2조를 통해 부정한 접근행위(Illegal Access)를 규정하면서 정당한 권한 없이 컴퓨터 데이터를 획득하는 등 부정한 의도로 보안조치를 침해해 다른 컴퓨터시스템 또는 그 구성요소에 침입하는 행위를 금지하고 있다. 제3조는 정당한 권한 없이 고의로 기술적 방법을 활용해 컴퓨터시스템이 송수신하는 비공개 데이터 또는 컴퓨터시스템 내의 데이터를 탈취하는 행위를 금지하고 있다. 제4조는 정당한 권한 없이 고의로 컴퓨터 데이터를 훼손, 삭제, 위조, 변조하는 등의 행위를 금지하고 있다. 아울러 제5조는 정당한 권한 없이 고의로 컴퓨터 데이터를 훼손, 삭제, 위조, 변조하고 데이터를 입력, 전송함으로써 컴퓨터시스템의 기능을 심각하게 방해하는 행위를 금지하고 있다.

이상의 내용들을 살펴보면 데이터를 객체로 두고 있는 독일을 제외하고는 모두 정당한 권한을 요구하고 있다. 따라서 핵심은 취약점 연구를 허용할 수 있도록 사업자들이 먼저 권한을 부여하는 취약점 공개정책을 설계하거나 계약을 맺어 권한을 얻는 것이 원칙이라고 볼 수 있다. 필요한 경우 명시적인 예외 규정을 두는 것도 방법이 될 수 있다.

4. ICT 융합환경의 고려

오늘날 IoT 기기와 같이 네트워크와 시스템 단위를 함께 연구해야 하는 제품들이 늘어나고 있다. 이는 소프트웨어를 점검하기 위한 「저작권법」의 규정이나 정보통신서비스를 점검하기 위한 「정보통신망법」의 규정이 한 제품에 중복적으로 적용될 수 있다는 것을 의미한다. 예를 들어, IoT 기기 등 ICT 융합제품은 네트워크를 통해 침입하기 위한 경로를 탐색해야 한다는 점에서 앞서 본 웹서비스의 포트스캔 문제와 동일한 쟁점을 내포하고 있다고 할 수 있다. 아울러 내부에는 해당 기기의 기능을 수행하는 소프트웨어가 있으므로 기기 제조업체와의 관계를 고려하지 않을 수 없다. 무엇보다 중요한 사실은 그러한 ICT 융합 기기들이 안전하게 설계되고 있지 않다는 점이다.

일단 네트워크에 연결되면 소프트웨어의 취약점 발생은 필연이라고 봐야 한다. 다른 기기들과 수시로 복잡하게 얽혀 통신하는 환경에서는 거대한 불규칙성으로 인해 위험도가 높아지기 때문이다. 이러한 상황에서 제조업체들의 저작권 기술보호조치 문제는 보안을 저해하는 요소가 될 수 있다. 즉, 저작물을 저작권을 통해 보호하고 있으면서 저작물을 보호하기 위한 기술 또한 다시 보호하고 있는 현상은 과도한 보호조치가 될 수 있고 공정이용이나 보안연구 등 공공의 가치가 더 크게 요구되는 상황에 적합하지 않다고 볼 수 있는 것이다. 아울러 보안을 위해 기술적 보호조치를 해제할 수 있도록 하고 있지만 합법적으로 취득할 것을 요구함으로써 사실상 저작권자의 승인을 받아야 하는 상황이라고 볼 여지도 있다. 따라서 이 경우에는 공익의 관점에서 기술적 보호조치를 해제하거나 우회해 보안연구를 수행할 수 있도록 하는 명시적인 규정과 절차를 마련해 저작권자와의 법적 분쟁 가능성을 배제할 수 있어야 한다.

정보통신망 침입의 문제도 조금 더 일반적으로 생각해 보자. 굳이 포트스캔이 아니더라도 정보통신망 침입은 여러 접근을 통해 이루어질 수 있다. 예를 들면, 열린 와이파이에 접속하거나 비밀번호가 없는 공개된 와이파이를 검색하는 행위는 어떨까? 비밀번호를 설정하지 않았더라도 타인이 나의 와이파이를 이용하는 것을 꺼릴 수 있다. 윗집이나 옆 사무실의 와이파이가 검색되는 경우는 어떨까? 경우에 따라서는 이 경우도 보안연구를 위해 활용될 수 있는 방법이다. 모두 정당한 관리자의 의사에 반하는 행위다. 현행법에 따르면 정보통신망 침입행위를 구성하게 된다.[50] 오늘날 와이파이의 검색 및 접속 가능 여부는 일반인도 쉽게 알 수 있다. 포트스캔 행위는 조금 더 전문적인 영역이지만 nmap과 같은 툴을 활용하면 얼마든지 쉽게 수행할 수 있다. 따라서 목적과 의도를 고려하지 않고 무조건 침입 자체를 범죄로 규정하고 있는 것은 기본적으로 과도한 조치라고 이해할 수 있다. 관련하여「정보통신망법」 제48조 제1항에 따른 정보통신망 침입죄 규정을 목적범에 한하여 적용하도록 개정하는 방안을 고려할 수 있다.[51] 그러나 실제로 침입행위가 선의였는지 악의였는지를 판단하기 쉽지 않다는 점도 고려해야 한다.[52] 게다가 어떤 공격자가 제로데이 취약점을 활용해 침입한 경우에는 그러한 사실 자체도 알 수 없다. 결국 권리가 침해되었다는 사실 외에는 어떠한 구제책도 없게 되는 것이다. 따라서 현행 규정의 진짜 문제점은 목적과 의도를 고려하지 않고 처벌하고 있는 해당 조문보다는 선의의 행위를 허용하고 면책할 수 있는 방법이 없다는 점이다.

이러한 점을 생각해 보건대 정보통신망 침입죄는 침입행위 자체만으로도 처벌할 수 있도록 현행 유지하는 것이 타당하다고 판단된다. 현행 규정은 기본적으로 보안에 관한 지식을 갖춘 전문가와 해커, 범죄자 등 모두에게 정보통신망에 침입할 경우 처벌될 수 있다는 최소한의 규범의식을 제공하고 있다. 아직 사회 전반의 보안의식과 현실이 빈약하다는 점을 고려하더라도 누구든 정보통신망에 침입하지 못하도록 하는 것이 타당하다. 오히려 취약점 연구 등 선의를 위한 접근을 별도로 허용할 수 있는 방안을 찾는 것이 더 합리적이다.

제2절 보안취약점 공개

보안취약점 연구를 통해 찾아낸 취약점을 어떻게 다뤄야 하는지에 관한 문제는 매우 중요하다. 찾은 취약점을 알려주거나 공개하지 않으면 누군가는 이를 악용할 수 있는 제로데이 취약점의 상태가 되기 때문이다. 앞서 취약점을 공개하는 유형 3가지를 확인하였다. 찾아낸 취약점을 대중에게 바로 공개하는 일반 공개 방식, 해당 기업이나 조직에게만 제공하고 조치가 이루어진 후에 공개하는 책임 공개 방식, 제3자의 개입을 통해 해당 기업이나 조직에게 제공하고 조치가 이루어진 후에 공개하는 조정 공개 방식이 그것이다. 아래에서는 이러한 취약점 공개행위의 속성을 분석해 본다.

그림 5 보안취약점 공개행위

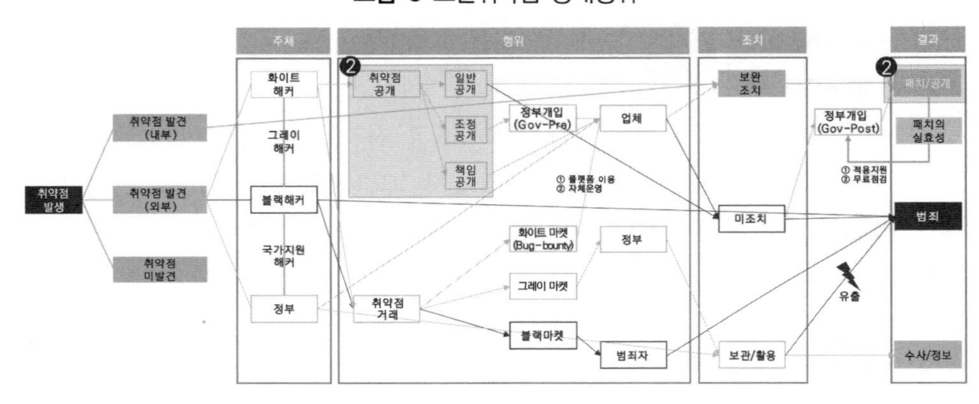

1. 취약점 공개행위의 법적 속성

보안을 우리 사회 전반의 문제로 이해한다면 보안취약점을 찾아 선의로 외부에 알리는 행위는 공익의 관점에서 바라볼 수 있다. 간단히 생각해 보면 여기에는 공익신고, 저작권, 영업비밀, 표현의 자유, 안전신고와 같은 법리들이 엮여 있다고 볼 수 있다. 다만, 취약점을 공개한다는 행위 자체를 중심으로 보면 저작권은 앞서 취약점 연구 부분에서 검토한 내용의 논의로 볼 수 있고, 공익신고나 영업비밀, 표현의 자유, 안전신고의 법리들을 검토할 수 있어야 한다.

먼저, 취약점 자체가 영업비밀에 해당하는지 살펴보자. 「부정경쟁방지 및 영업비밀보호에 관한 법률」에 따르면 '영업비밀'이란 '공공연히 알려져 있지 아니하고 독립된 경제적 가치를 가지는 것으로서, 비밀로 관리된 생산방법, 판매방법, 그 밖에 영업활동에 유용한 기술상 또는 경영상의 정보'를 의미한다. '영업비밀 침해행위'

는 부정한 수단이나 고의, 과실 등으로 영업비밀을 취득하고 이를 사용하거나 공개하는 행위를 의미하므로 취약점이 영업비밀에 해당한다면 이를 공개하는 행위는 영업비밀을 침해하는 행위에 해당한다고 볼 수 있다. 영업비밀에 해당하려면 몇 가지 요건이 충족되어야 한다. 먼저 영업비밀은 공공연히 알려지지 않은 것으로서 비공지성을 요구한다. 비공지성이란 일반적으로 알려져 있지 않아 보유자를 통하지 않고서는 이를 통상적으로 입수할 수 없는 경우를 의미한다.[53] 아울러 정보의 보유자가 그 정보의 사용을 통해 경쟁자에 대하여 경쟁상의 이익을 얻을 수 있거나 또는 그 정보의 취득이나 개발을 위해 상당한 비용이나 노력이 필요하다는 것을 의미하는 경제적 유용성을 충족해야 한다. 경제적 유용성은 반드시 그 자체만으로 어떤 이익이 창출되거나 할 것을 요구하는 것은 아니고 잠재적 가능성이 있는 경우 또는 단순한 아이디어나 구상단계라도 인정된다.[54] 마지막으로 영업비밀을 보유하고 있는 자가 비밀로 유지하려는 의사를 가지고 상당한 노력을 기울여 비밀로 유지하려는 행위를 의미하는 비밀유지성이 요구된다. 이는 객관적으로 그 정보가 비밀로 유지, 관리된다는 사실이 인식 가능한 상태를 말한다.[55] 특히 2019년 동법은 영업비밀의 비밀유지성에 관하여 합리적인 노력을 요구하지 않고 영업비밀이 비밀로 관리되기만 하면 요건을 충족하도록 개정되었다. 종래에는 비밀유지를 위한 합리적 노력을 판단하기 위해 해당 정보에 대한 물리적 · 기술적 관리, 인적 · 법적, 관리, 조직적 관리가 이루어졌는지 여부, 기업의 규모, 정보의 성질과 가치, 일상적 접근을 허용해야 하는 영업상 필요성의 여부, 기업과 침해자 사이의 신뢰관계 등을 종합적으로 고려하도록 하여 탄력적으로 해석하고 있었다.[56] 그러나 이제 비밀유지성을 판단하는 요건이 완화되었으므로 접근제한을 위한 여러 조치들과 객관적인 인식가능성 등의 수준은 요하지 않고 적어도 기업 내외에서 비밀이라고 인식할 수 있도록 표시하거나 접근을 제한하는 정도라면 영업비밀로 인정될 수 있게 되었다. 단, 일반정보와 비밀을 구체적으로 분류하지 않고 어떤 조치도 취하지 않는 경우 비밀유지성은 인정되지 않는다고 할 수 있다.[57]

그렇다면 보안취약점은 영업비밀에 해당하지 않는다고 봐야 한다. 영업비밀로서 관리되려면 일단 해당 취약점을 발견하고 인식해야 하며 이를 비밀로서 보호하겠다는 별도의 조치를 취해야 하기 때문이다. 비밀유지성의 핵심 취지는 그 정보가 다른 정보와는 달리 비밀로 보호된다는 사실을 인식시키는 데 있다.[58] 그러나 취약점은 굳이 비밀로 관리할 실익도 없으며 특별히 보호할 필요도 없다. 아울러 공개된 상태에서 제보되는 취약점 정보 또한 마찬가지로 영업비밀로 보기 어렵다.

그렇다면 취약점 공개행위는 어떤 법적 속성을 갖는지 살펴보자. 먼저, 잘못된 정보를 신고하고 공개한다는 점에서 공익신고제도를 검토해 볼 수 있다. 공익신고제도는 지속적이고 계획적인 형태의 부패나 유해물질 유통 및 투기 등 기업의 비윤리적 활동과 같이 정부 등 특정 주체의 역량만으로는 해결하기 어려운 문제들이 나타났다는 배경 아래 형성되었다.[59] 이에 따라 공익신고제도는 불법행위를 신속하게 적발하고 억제하기 위한 행정조사나 의무이행확보수단과 같은 행정청의 단독적인 법집행 행위에서 나아가 행정절차에 민간의 참여를 확대하고 신고자를 보호하며 필요한 경우 인센티브를 제공하는 등의 내용을 포함한다.[60] 이를 통해 조직 내부의 부패 현상을 개방해 부정부패를 통제하고 사전에 예방하며 조직의 투명성과 책임성을 확보하고 개인의 표현의 자유와 양심의 자유 및 알 권리를 보장하는 환경을 형성한다.[61] 우리나라는 2001년 「부패방지법」을 도입한 이후 국민권익위원회를 만들면서 2008년 동법을 「부패방지 및 국민권익위원회의 설치와 운영에 관한 법률」로 전부 개정하였다. 이에 따라 해당 법률은 공공 부문의 공익신고에 관한 내용을 규율한다. 2011년에는 공익신고의 범위를 민간 부문으로 확대하고자 「공익신고자 보호법」을 제정해 국민의 건강과 안전, 환경, 소비자의 이익, 공정한 경쟁 및 기타 공공의 이익을 침해하는 '공익침해행위'를 신고할 수 있도록 하고 있다. 법 제6조에 따르면 공익신고의 주체를 특별히 제한하고 있지 않다. 따라서 신고는 외부에서도 할 수 있고 내부에서도 할 수 있다. 공익신고를 할 수 있는 공익침해행위는 열거식으로 해당 법률들을 나열하고 각 법률의 벌칙에 해당하는 행위들에 한정된다. 이에 따르면 「소비자기본법」, 「제품안전기본법」, 「정보통신망법」 등이 포함되어 있으므로 보안의 문제도 포함될 여지가 있다. 다만 이러한 방식은 공익제보자들이 해당 법률들의 벌칙을 찾아 신고하려는 행위가 신고대상에 포함되는지 확인하여야 하기 때문에 불필요한 부담을 주는 행위라는 비판을 받는다.[62] 문제는 이 법이 규율하는 것이 '행위'라는 점이다. 따라서 보안취약점을 은폐하거나 취약점을 패치하지 않고 방치하려고 하거나 이를 악용하거나 불법거래하는 등의 행위들이 관계 법률에 따라 처벌받는 경우 공익신고의 범위에 해당할 수 있겠지만 보안취약점 자체는 이에 해당하지 않는다. 다만 동법에서 규율하고 있는 공익신고자에 관한 비밀이나 신분 보장, 신변의 보호와 책임감면, 명확한 신고범위와 대상 및 절차, 활성화를 위한 보호나 보상체계의 강화 등과 같은 정책적 조치[63]들은 취약점 공개정책에도 차용할 수 있다고 판단된다.

둘째, 취약점 공개행위는 학문의 자유 내지는 표현의 자유의 관점에서 살펴볼 수 있다. 취약점을 공개하지 못하도록 하는 관행이나 법률을 통해 취약점을 공개하도록 의무화하거나 공개하지 않도록 제재하는 방식들이 기본권 문제와 연관될 수 있기 때문이다.[64] 예를 들어 취약점 연구의 결과를 보안 콘퍼런스에서 발표하는 행위, 언론에 공표하는 행위를 법으로 금지하거나 이를 문제삼는 경우 기본권 침해에 해당할 수 있다. 「헌법」 제21조는 언론, 출판, 표현의 자유를 보장한다. 다만 제4항에 따르면 타인의 명예나 권리 또는 공중도덕이나 사회윤리를 침해해서는 안 된다고 정하고 있다. 이에 따라 국가의 기밀을 해하거나 사생활을 침해하거나 명예를 훼손하는 행위는 제한될 수 있다.[65] 우리 판례는 범죄사실을 보도할 때 피의자의 실명을 공개하는 것이 허용될 수 있는지에 관하여 공공의 정보 공개를 통해 얻어지는 알 권리 등의 이익과 피의자의 명예와 사생활의 비밀을 유지함으로써 얻는 이익을 형량하면서 사회적으로 고도의 해악성을 가진 중대한 범죄에 관한 것이거나 사안의 중대성이 그보다 떨어지더라도 정치, 사회, 경제, 문화적 측면에서 비범성을 갖고 있어 공공에게 중요성을 가지거나 공익과 연관성을 갖는 경우 또는 피의자가 갖는 공적 인물로서의 특성과 그 업무 내지 활동과의 연관성 때문에 일반 범죄로서의 평범한 수준을 넘어서 공공의 중요성을 갖게 되는 등 시사성이 인정되는 경우에는 개별 법률이 달리 정하고 있거나 기타 특별한 사정이 없는 한 공공의 정보에 관한 이익이 더 우월해 피의자의 실명을 공개해 보도하는 것도 허용될 수 있다고 판시하고 있다.[66] 아울러 「헌법」 제22조 제1항은 학문의 자유를 보장하고 있다. 대학이나 학회에서의 발표는 일반적인 표현의 자유보다 더 강한 보호를 받아야 한다.[67] 학문의 자유에는 당연히 연구의 결과를 자유롭게 발표하고 토론하고 비판할 자유, 학술 및 연구단체, 학술집회를 결성, 개최하고 참여할 수 있는 자유가 포함된다.[68] 따라서 취약점 정보를 공개하는 행위는 기본적으로 취약점이 다수의 권리를 침해할 수 있는 불법성을 갖고 있더라도 그 침해를 막으려면 오히려 취약점을 범죄자가 아닌 보안연구자들도 인식하고 연구할 수 있게 하는 것이 타당하다는 점을 고려해 표현의 자유 차원에서 이를 보장할 수 있어야 할 것으로 보인다. 게다가 취약점 조치 이후 취약점을 공개하는 행위는 불법의 영역에서 현저히 벗어난다. 마찬가지로 취약점 정보를 콘퍼런스에 발표한다고 해서 단순히 위험하다고 쉽게 판단할 수는 없다. 특히 공개적으로 드러내는 것이 개별적으로 대응하는 것보다 더 효율적이라는 점을 고려하면 더욱 그러하다. 보안연구자들이 모인 학회라면 사실상 사후에 해당 취약점을 활용한 피해가 발생하지 않는 이상 제한하기 어렵다. 다만 학문의 자유나 표현의 자유라고 해서 무조건적으로 보장되는 것은 아니고 공익을 해할 우려가 있는 경우에는 비례의 원칙에 따른 이익형량을 거쳐 판단할 수 있어야 한다.

셋째, 안전신고의 법리를 살펴보자. 이는 환경이나 위생, 제품안전, 소비자 보호 등의 관점에서 위험요소를 신고하는 행위에 빗대어 분석할 수 있다. 행위 자체는 공익신고행위와 유사하지만, 이 영역에서는 공익을 해하는 행위가 아닌 그러한 객체나 요소 자체를 대상으로 한다는 점에서 차이가 있다. 관련하여 「소비자기본법」과 「제품안전기본법」은 사업자의 결함정보 보고의무를 부여하고 결함정보를 관리, 공표하거나 시정을 요구할 수 있는 체계를 마련해 두고 있다. 대표적으로 「소비자기본법」은 사업자에게 결함정보를 보고할 의무를 부여하고 행정기관에게 수거, 파기 등의 권고나 명령, 공표를 할 수 있는 권한을 부여하고 있다. 특히 「소비자기본법」은 소비자의 안전과 관련된 조사 및 분석 결과, 위해정보 등을 수집, 공개함으로써 각종 결함과 위해정보를 공개해 소비자의 안전을 확보하도록 하고 있다.[69] 또한 동법 제28조 제1항은 소비자단체가 물품 등의 규격, 품질, 안전성, 환경성에 관한 시험, 검사 및 가격 등을 포함하는 거래조건이나 거래방법을 조사, 분석할 수 있도록 하고 제2항을 통해 그러한 분석의 결과를 공표할 수 있도록 하고 있다. 동법 제52조는 위해정보의 수집 및 처리에 관한 규정을 다루면서 소비자안전센터에서 소비자의 생명, 신체 또는 재산에 위해가 발생하였거나 발생할 우려가 있는 위해정보를 수집할 수 있도록 하고 있다. 관련하여 동법 시행령 제39조는 공정거래위원회가 위해정보 제출기관으로 경찰서나 소방서, 보건소 등 위해정보를 수집할 수 있는 행정관서, 소비자단체, 병원, 학교 등을 지정할 수 있도록 하고 해당 기관들로 하여금 위해정보를 취득한 후 이를 소비자안전센터에 제출하도록 하고 있다. 관련하여 한국소비자원은 소비자위해감시시스템(CISS)을 통해 위해정보를 접수받고 분야별 위해정보를 공개, 공유하고 있다. 유사한 형태로서 행정안전부는 안전신문고를 통해 재난 또는 그 밖의 사고나 위험으로부터 국민의 안전을 확보하기 위해 안전위험 상황을 행정기관 등에 신고할 수 있도록 창구를 마련해 두고 있다. 이에 따라 학교, 생활, 교통, 시설, 산업, 사회, 해양 등 전 분야의 안전에 관한 신고를 접수받고 있다. 도로나 시설물이 파손되었거나 고장난 경우, 건설현장의 안전시설이 파손된 경우, 폐기물이나 유독물이 불법 투기된 경우, 매연배출이나 공사장의 먼지와 악취, 환경오염 현장 등이 그 사례가 될 수 있다.

보안취약점의 경우에도 소비자안전 보장 및 보호의 관점에서 유사한 정책을 도입할 수 있을 것으로 보인다. 소비자단체가 직접 조사를 수행해 분석 결과를 공개할 수 있도록 하고 있는 점, 전문 인력과 설비를 필요로 하는 시험이나 검사인 경우에는 지정 기관의 검사를 거쳐 공표하도록 하고 있는 점을 고려해 보안취약점의 문제도 전문성을 갖춘 보안업체나 보안연구자가 조사하고 공개하도록 할 수 있을 것이다. 취약점을 공개하는 것이 보안에도 도움이 되므로 소비자의 안전도 확보할 수 있다고 봐야 한다. 특히 IoT 기기가 확산되고 있는 점을 고려할 때 IoT 기기 등 소비자 제품의 보안 문제를 어디로 가져가야 할지에 대한 고민도 필요할 것이다. 정보화와 데이터를 통해 기존 분야의 경계가 혼합되었듯 그 기반이 되는 보안의 문제도 드러나면 드러날수록 분야의 경계를 흐리게 될 것이기 때문이다. 이는 곧 IoT 소비자 제품 보안 관리의 주무기관이 어디인가 하는 거버넌스의 문제로 이어지며,[70] 사업자나 제조업자의 관점에서는 중복규제의 우려로 이어질 수 있다. 장기적으로는 각 분야별 주무부처 및 기관에서 이를 담당하는 것이 타당하다. 그러나 아직 개별 부처나 기관 단위에서 충분한 보안전문 역량과 인력을 갖추고 있지 못하고 있는 점을 고려하면 IoT 기기의 보안 문제, 보안취약점 정보와 대응 등의 업무를 전담하는 기관을 두고 해당 기관에서 정보공유, 제공 및 기술지원 등을 수행하는 것이 타당할 것으로 보인다. 가장 적합한 기관은 한국인터넷진흥원이겠지만 역량과 규모를 더 키우거나 보안 전문 부처를 신설하는 것이 적합할 수 있다.

2. 취약점 공개행위의 유형별 분석

아울러 취약점 공개행위의 유형에 따라 허용되는 범위가 조금씩 달라질 수 있다. 먼저, 일반 공개유형은 취약점을 무시하거나 패치하지 않는 기업에게 강제력을 부여하고 취약점을 공개하지 않는 것보다 보안을 강화하는 효과를 가져온다.[71] 그렇더라도 취약점을 무단 공개하는 행위는 규제할 필요성이 있다. 특정 제품이나 서비스의 취약점을 찾았음에도 이를 전체 공개할 경우 해당 취약점이 악용되어 무고한 제3자들이 피해를 입을 수 있기 때문이다. 또한 공개된 취약점이 악용되더라도 악용된 사실 자체를 확인하기 어려울 수 있다. 침해사실이 드러났을 때에는 이미 데이터의 탈취나 사생활 침해 등 이용자의 피해가 발생한 이후일 가능성이 높다. 따라서 취약점을 무단으로 공개하는 행위는 사전에 규제할 수 있어야 할 것으로 보인다. 취약점 공개행위는 일반적인 제품의 결함이나 길거리의 위험한 요소를 널리 알리는 것과는 다르다. 또한 특정 업체에게 취약점을 제보하였음에도 불구하고 특별한 조치가 취해지지 않거나 무시당하였다고 해서 그것이 타인의 권리를 널리 침해할 수 있음을 정당화하는 요인이 되지는 않는다. 이 경우 책임을 분배할 수는 있지만 책임이 면제될 수는 없다. 이러한 행위는 어떤 집의 비밀번호, 혹은 그 비밀번호를 뚫기 위한 방법 등과 같은 정보를 보완해 달라고 요청하였음에도 별다른 조치가 없다는 이유로 널리 알리는 것과 마찬가지이기 때문이다.

둘째, 책임 공개유형이다. 이는 찾아낸 취약점을 해당 기업이나 기관에게만 알려주고 조치가 이루어진 후에 공개하는 유형이다. 개념적으로 해당 기업이나 기관이 제보받은 취약점을 분석하고 신속하게 패치를 개발해 배포하며 취약점 연구자에게 고마움을 표하거나 합당한 보상을 제공하는 등의 관행이 이루어진다면 가장 좋다. 그러나 현실은 그렇지 못하다. 취약점을 알려줘도 무시하거나 취약점 보고에 대하여 보상을 지급하지 않고 오히려 범죄자 취급을 하고 고소 위협을 하거나 비공개하겠다는 서명을 요구하는 등의 경우들이 있기 때문이다.[72] 예를 들어, 2016년 미국 보안업체의 보안연구자들은 글로벌 컨설팅 업체인 PwC의 보안취약점을 제보하고 3일 후 PwC로부터 침해중지요구서를 받았다.[73] 또한 연구자들이 치과 소프트웨어에서 암호화되지 않은 22,000명의 데이터에 접근할 수 있는 취약점을 찾아 업체에 보고하였으나 승인없이 서버에 접근하였으므로 CFAA에 따라 처벌을 받아야 한다고 해킹 범죄혐의로 기소된 사례도 있다.[74] 2018년 모바일 투표 프로그램을 제공하는 Voatz사는 취약점을 보고한 미시간대학교 학생을 기소해 HackerOne의 버그바운티 정책에서 정한 범위를 넘어 시스템을 테스트하였다고 주장하였다. 그러나 조사 결과 해당 학생은 대학 수업과제로 취약점을 찾았고, 그 이후 Voatz사가 버그바운티 정책을 수정한 것으로 밝혀졌다.[75] 따라서 이 유형에서는 앞서 본 바와 같이 선의의 보안연구자가 저작권이나 컴퓨터 침입, 정보통신망 침입 등과 같은 법적 문제에 엮일 수 있고 실질적인 보안조치가 이루어지지 않는 경우에는 취약점을 전체 공개해 버리는 방법밖에 없게 되므로 사회 전반의 위험과 비용이 커진다고 할 수 있다.

셋째, 조정형 공개유형이다. 이는 책임 공개유형의 위와 같은 문제점을 고려해 객관적인 제3자가 개입하는 방식이다. 즉, 보안연구자는 특정 조직의 취약점을 찾아 제3자에게 보고하고 제3자가 이를 분석하여 해당 조직에게 알려주는 방식이다. 따라서 이 경우 제3자는 정부기관이거나 사업자들의 협회인 경우 등 공적 성격을 가지는 때에만 제대로 된 역할을 수행할 수 있다. 협회 등을 통해 자율적으로 취약점 공개정책을 운영하는 경우 큰 문제는 없다. 다만 정부가 개입하는 경우에는 정부가 그러한 역할을 수행할 수 있는 법적 근거가 필요하다.

따라서 특정 관계가 없는 일반적인 상황에서 일반적인 취약점 공개가 이루어지는 경우에는 불법행위가 성립될 수 있고, 공적 상황에서는 정당행위로 그러한 취약점 발견 및 공개행위의 위법성을 조각할 수 있을 것이다. 특정 관계가 형성된 경우에는 사적인 영역으로서 공적 개입을 배제하거나 최소화할 수 있어야 한다. 공적 개입이 요구되는 경우는 책임 공개유형이 제대로 구동되지 않아 오히려 사회적 혼란과 비용이 가중되는 사례 등에 한정되며 이 경우 공적 개입은 법률에 근거를 두고 이루어져야 한다.

3. 취약점 공개정책의 국외 동향

가. 미국

1) 국방부 버그바운티 및 취약점 공개정책

2016년 4월 미국 국방부(DOD)는 전 세계 국방부 중 최초로 버그바운티 프로그램인 'Hack the Pentagon' 정책을 시행하였다.[76] 해당 프로그램은 국방부가 운영중인 5개의 웹사이트(defense.gov, dodlive.mil, dvidshub.net, myafn.net, dimoc.mil)를 대상으로 버그바운티 플랫폼인 HackerOne의 지원을 받아 시행되었다. 이에 따라 1,140명이 참여하고 1,189건의 취약점이 보고되었다. 프로그램 시작 후 약 13분 만에 첫 번째 취약점 보고가 접수되었으며 국방부는 전체 상금으로 약 15만 달러를 지불하였다. 2016년 11월에는 다시 'Hack the Army' 프로그램을 시행하였다. 당시 국방디지털서비스국(DDS: Defense Digital Service)은 제한된 국방부 내부의 기술과 정적인 역량으로 충분한 보안성을 확보하기 어려우며, 창의적인 외부의 전문가들이 참여하는 크라우드소싱(crowdsourcing) 방식으로 보안문제를 근본적으로 개선할 수 있었다고 발표하였다.77 프로그램은 3주간 진행되었으며 총 416개의 취약점이 보고되었고 이 중 118개의 새로운 취약점이 발견되었다. 총 371명이 참가하였으며 약 1억 원 이상의 상금이 지불되었다.78

아울러 버그바운티 정책의 효과를 확인한 국방부는 2016년 11월 취약점 공개정책을 최초로 시행하였다. 국방부는 버그바운티 플랫폼인 HackerOne을 통해 취약점 공개정책을 시행하고 있으며,79 보고서의 제출 방법, 고려사항 등 가이드라인, 법적 문제 등의 보장, 소통방법과 절차 등을 명시하고 있다. 2021년 5월 4일 국방부는 이러한 취약점 공개정책의 적용 범위를 공개적으로 접근 가능한 모든 정보시스템으로 확대하였다. 국방부에 따르면 취약점 공개정책 시행 이후 해커들이 약 29,000개 이상의 취약점을 보고하였으며 이 중 70% 이상이 유효한 것으로 확인되었다. 이번 확대 정책에 따라 해커들은 공개적으로 접근할 수 있는 국방부의 모든 네트워크, 통신, 사물인터넷, 산업제어시스템, 기타 정보시스템 등을 테스트할 수 있게 되었다.80

2) 법무부 취약점 공개정책 프레임워크

미국 법무부(DOJ)는 2017년 온라인 시스템의 취약점 공개정책을 위한 프레임워크(A Framework for a Vulnerability Disclosure Program for Online Systems)81를 통해 취약점 공개정책을 수립하기 위해 참고할 수 있는 단계별 권고안을 제시하였다. 법무부는 이러한 프레임워크를 통해 보안에 도움을 줄 수 있는 취약점 공개행위가 컴퓨터 사기 및 남용 방지법(CFAA: Computer Fraud and Abuse Act)에 따른 민·형사상의 책임으로 이어지지 않도록 할 수 있다고 밝혔다. 해당 프레임워크에 따라 취약점 공개정책은 조직이 자체적으로 운영하는 것을 원칙으로 한다. 취약점 공개정책을 시행하려는 경우 취약점을 제보받고 이를 처리하는 절차와 실행 가능한 역량을 갖춰야 하며, 해당 정책에 따라 취약점을 연구하고 테스트할 수 있는 구체적인 범위를 사전에 정해 줘야 한다. 또한 취약점 공개정책을 통해 찾은 취약점 정보가 다른 기관, 조직의 서비스나 시스템에 영향을 미칠 수 있는 경우 CERT 등 조정기관에 연락할 수 있음을 포함하도록 하였다. 아울러 그러한 조정센터로 하여금 필요한 경우 해당 취약점의 영향을 받는 기관 등에게 알릴 수 있도록 하였다.

3) 국토안보부 취약점 공개정책 지침

미국 국토안보부(DOH) 장관은 관리예산처(OMB)의 장과 협의하여 일부 국가안보와 관련된 시스템을 제외한 연방기관 정보시스템의 정보보안 정책과 관행을 실행하고 감독할 수 있다. 이에 따라 국토안보부는 구속력 있는 운영지침(BOD: Binding Operational Directives)을 발표해 각 기관들로 하여금 보안 강화 및 위험 완화를 위한 각종 정책, 원칙, 표준, 가이드라인 등을 마련하고 시행하도록 요구할 수 있다.[82] 또한 국토안보부장관은 산업계 및 기타 이해관계자들과 협의하여 조정된 취약점 공개정책(CVD)과 절차를 개발하고 운영할 수 있다.[83]

이에 따라 국토안보부의 사이버 · 인프라보안국(CISA)은 2019년 12월 취약점 공개정책 지침의 초안을 마련하였다. 지침 초안은 github에 공개해 44명의 다양한 전문가로부터 약 200개가 넘는 권고를 받았다.[84] 2020년 9월 CISA는 다양한 제안들을 검토, 반영하여 모든 연방기관이 2021년 3월까지 취약점 공개정책을 수립, 실행하도록 하는 지침[85]을 발표하였다. 동 지침에 따르면 취약점 공개정책은 공익을 수호하는데 도움이 될 수 있는 취약점 보고자들을 보호하고 취약점이 공개적으로 알려지기 전에 취약점을 보완할 시간을 확보할 수 있도록 하여 기관과 기반시설 및 대중에 대한 위험을 줄이는 것을 목적으로 한다. 이에 따라 모든 연방기관으로 하여금 2020년 10월까지 연방기관의 홈페이지에 보안 담당자의 연락처를 추가하고 180일 후인 2021년 3월까지 기관 공식 홈페이지에 취약점 공개정책을 게시하도록 하였다. 또한 90일마다 취약점 공개정책의 대상으로 인터넷에 연결된 시스템이나 서비스를 최소한 1개 이상씩 늘려야 한다. 아울러 2년 후, 즉 2022년 9월까지 연방기관은 인터넷과 연결된 모든 시스템이나 서비스를 취약점 공개정책의 대상에 포함하여야 한다.

국토안보부는 취약점 공개정책을 운영하는 절차와 접수되는 취약점 보고를 처리하는 절차를 고려하도록 하였다. 그러한 정책을 시행하는 과정에서는 기관의 분야나 현장의 속성을 반영해 정책을 유연하게 시행하도록 하였다. 아울러 클라우드 서비스 등 제3자의 제품이나 서비스를 기관이 사용하고 있는 경우에는 관련 데이터가 사업자의 서버에 저장되고 기관과 관계없는 데이터들이 서버에 함께 저장되고 있을 수 있으므로 법무부의 취약점 공개정책 프레임워크[86]에 따라 사업자와 별도의 계약을 체결할 필요성을 검토하고 취약점 공개정책에 포함시킬 수 있는 구성요소들을 고려하도록 하였다. 취약점을 보고하는 절차는 취약점 문제를 트위터에 올리는 것보다 쉬워야 하므로 웹 양식이나 전용 웹 애플리케이션을 통해 취약점 보고를 접수받을 수 있도록 요구하고 있다.

4) 취약점 공개정책의 법제화(IoT Cybersecurity Improvement Act of 2020)

2016년 미라이 봇넷 문제로 IoT 보안의 심각성을 인지한 미국은 IoT의 보안을 개선하기 위한 법률 제정과정에 착수하였다. 2017년 8월 미국 의회 상원은 IoT 사이버보안 개선법안(Internet of Things Cybersecurity Improvement Act of 2017)을 발의하였다. 동 법안 제2조(a)는 연방기관이 사물인터넷 기기를 도입하려는 경우 국가취약점데이터베이스(NVD: National Vulnerability Database) 및 취약점과 결함을 확인할 수 있는 모든 신뢰할 수 있는 데이터베이스에 알려진 취약점을 포함하지 않도록 요구하는 사항, 업체가 신뢰할 수 있는 업데이트를 제공하도록 요구하는 사항, 통신이나 암호화 등에 관한 최신 표준 및 기술을 적용하도록 요구하는 사항, 하드코딩된 원격관리 기능, 업데이트 전송 및 통신 기능을 포함하지 않도록 요구하는 사항을 계약에 포함하도록 하였다. 또한 제3조(b)는 조정된 취약점 공개에 관한 지침을 규정하였다. 해당 내용을 살펴보면 당시 국가보안프로그램국(NPPD: National Protection and Programs Directorate, 현 CISA)이 사이버보안 연구자 및 민간 산업 전문가들과 협의하여 미국 정부가 사용하는 인터넷 연결기기에 관한 조정된 취약점 공개정책을 시행하기 위해 업체가 제공해야 하는 사항들을 정해 가이드라인을 발표하도록 하였다. 그러한 가이드라인에는 취약점을 제보할 수 있는 절차와 지침 등을 포함하도록 하였다. 아울러 제3조(c)는 그러한 취약점 연구를 수행함에 있어서 선의의 사이버보안 연구자 및 위 가이드라인을 준수해 연구를 수행한 자의 행위가 컴퓨터 사기 및 남용 방지법(CFAA)에 따라 처벌되지 않게끔 이를 개정하는 내용을 다루고 있다. 이에 따라 기본적으로 연방기관 IoT 장치의 사이버보안을 연구하는 사람들에게 추가적인 의무나 처벌이 주어지지 않도록 하였다.

그러나 이 법안은 의회를 통과하지 못하고 2018년 하원에서 연방 IoT 사이버보안 개선법안(IoT Federal Cybersecurity Improvement Act of 2018)으로 다시 발의되었으나 여전히 의회의 문턱을 넘지 못하였다. 동 법안은 연방기관에 IoT 기기를 납품하는 제조업체들이 보안 관련 요구사항을 반영하고 전 과정에 보안을 고려하도록 하였다. 관련하여 법안 제3조는 상무부의 국립표준기술연구소(NIST)에게 IoT 장치의 보안에 관한 권장 지침을 발행하도록 하고 이를 계약에 포함해 업체들이 준수하게끔 하였다. 또한 제3조(f)를 통해 조정된 취약점 공개정책을 시행하도록 하였다.

2019년 3월 상원이 다시 2019년 IoT 사이버보안 개선법안(IoT Cybersecurity Improvement Act of 2019)을 발의하였다. 제5조를 통해 NIST가 취약점 공개정책 지침을 마련하도록 하고 제6조를 통해 관리예산처(OMB)가 기관의 취약점 공개정책에 관한 원칙과 정책을 개발하도록 하였다. 동시에 하원에서 2020년 IoT 사이버보안 개선법안(IoT Cybersecurity Improvement Act of 2020)을 발의하였다. 해당 법안은 2020년 12월 4일 법률로 제정되어 시행되고 있다. 제4조(a)에 따라 NIST는 연방정부의 IoT 기기 사용 및 관리에 관한 표준 및 지침을 개발하여야 한다. (b)에 따라 관리예산처(OMB)는 NIST의 표준 및 지침 개발 이후 이를 준수하기 위한 연방기관의 보안정책과 원칙을 검토하고 발표하여야 한다. 취약점 공개정책은 제5조에서 규정하고 있다. 제5조(a)에 따라 NIST는 사이버보안 연구자 및 민간 전문가, 국토안보부장관과 협의하여 기관의 정보시스템 관련 보안취약점 정보의 보고, 조정, 게시 등에 관한 지침과 IoT 기기를 제조하는 업체의 취약점 정보 수신에 관한 지침을 마련하여야 한다. 제6조(a)에 따라 관리예산처(OMB)는 국토안보부장관과 협의하여 IoT 기기 및 정보시스템의 보안취약점을 해결하기 위한 정책, 표준, 지침을 개발, 감독하여야 하며 필요한 기술지원을 제공하여야 한다.

나. EU

1) EU 사이버보안법

2019년 3월 12일 유럽연합의회는 EU 사이버보안법(Regulation on Information and Communication Technology cybersecurity certification)을 채택하였다. 전문 제30호

를 살펴보면 조정형 취약점 공개정책이 회원국들의 사이버보안을 강화하는 데 중요한 역할을 할 것이라고 언급하면서 조정형 취약점 공개정책은 정보시스템의 소유자에게 취약점을 보고할 수 있는 구조화된 절차를 구체적으로 제시함으로써 취약점이 제3자나 대중에 공개되기 전에 취약점을 진단하고 완화할 수 있는 기회를 조직에게 부여할 수 있다고 강조하고 있다. 또한 동법은 ENISA(European Union Agency for Cybersecurity)를 상설기관으로 두고 연합 내 회원국들의 보안정책을 지원하도록 하는 등 기능과 권한을 강화하였다. 제6조는 ENISA의 기능을 규정하면서 회원국과 연합 기관, 단체, 사무소의 자발적인 취약점 공개정책 수립을 지원하도록 하고 있다. 제54조는 유럽 사이버보안 인증체계의 요소에 관한 내용을 규정하면서 제1항 (m)호를 통해 ICT 제품, 서비스 등에 관한 알려지지 않은 보안취약점의 신고 및 관리에 관한 규칙을 인증체계에 포함하도록 요구하고 있다. 또한 제55조는 인증된 ICT 제품, 서비스, 공급망 업체가 보안에 관한 정보를 제공, 공개하도록 요구하고 있다. 이에 따르면 업체들은 제품을 안전하게 설치, 배포, 운영, 유지할 수 있도록 필요한 정보와 가이드, 권고사항, 보안 관련 업데이트 등 지원사항과 기간, 제조사의 연락처, 이용자 및 보안연구자로부터 취약점 정보를 제보받을 수 있는 창구, 공개된 보안취약점에 관한 리스트와 감독기관에 관한 정보를 제공하여야 한다.

2) FOSSA 버그바운티

2014년부터 EU는 오픈소스 소프트웨어의 보안취약점 점검을 위해 FOSSA(Free and Open Source Software Audit) 정책을 시행하였다. 동 정책은 오픈 SSL에서 하트블리드(Heartbleed) 취약점이 발견됨에 따라 오픈소스 툴들에 대한 보안 위협에 대응하고자 마련된 것으로서 오픈소스 소프트웨어의 감사, 해커톤, 버그바운티 등을 통해 취약점을 찾고 완화해 보안성을 높이기 위한 프로젝트다. 이 정책의 일환으로 EU는 2019년 버그바운티를 실시해 상당한 성과를 얻을 수 있었다. 결과보고서에 따르면 총 633개의 취약점이 보고되었으며 195개의 유효한 취약점이 발견되었다. 특히 위험도가 높은 중요한 취약점은 26개였다. 이를 통해 EU는 총 200,870유로를 상금으로 지불하였다.[87]

다. 네덜란드

네덜란드는 EU 차원에서 권고하는 조정형 취약점 공개정책(CVD: Coordinated Vulnerability Disclosure)을 가장 잘 운영하고 있는 국가로 평가된다.88 국가사이버안전센터(NCSC)는 정부기관의 보안취약점 신고를 공개적으로 요청하고 이를 접수할 수 있는 페이지와 절차 등을 마련해 두고 있다.89 해당 홈페이지에 따르면 NCSC는 정부가 운영하는 시스템이나 홈페이지 등에서 보안취약점을 발견한 경우 이를 센터에 보고하도록 요구하고 있으며 해당 취약점의 제거 조치가 이루어지기 전까지는 이를 대중이나 제3자에게 공개하지 않도록 하고 있다. 특히 2017년 NCSC는 조정형 취약점 공개정책 운영 가이드라인을 발간하여 기관 및 기업들이 이를 참고하여 정책을 시행할 수 있도록 하고 있다.90 이에 따르면 조직들은 보안을 강화하기 위해 조정형 취약점 공개정책(CVD)을 운영할 수 있어야 하며 이 경우 조직의 보안담당자 등 해당 정책을 운영하는 자는 보고된 취약점에 대한 책임 면제, 신고자의 보호 등의 사항을 명시하고 보장해야 한다. 또한 취약점을 보고하는 과정에서 악성코드를 업로드하거나 시스템 권한을 탈취하거나 데이터를 공개하는 등 악의적 행위들을 금지한다고 명시하여야 한다. 아울러 기본적으로 동 가이드라인을 따라 제보하는 자는 선의의 신고자로 간주하고 명시한 절차를 따르지 않았거나 분석 결과 별도의 악성코드 등이 확인되는 경우 수사를 진행할 수 있음을 인식하도록 해야 한다. 단, 그러한 경우가 아니라면 취약점을 찾아 신고하는 행위에 대하여 어떠한 민사적, 형사적 책임을 묻지 않을 것임을 명시하여 보안연구자들이 선의의 목적으로 연구를 수행할 수 있도록 하고 있다. 또한 신고자에 대한 정보를 비밀로 하고 신고된 취약점과 관련 후속 조치에 관하여 수시로 신고자와 소통할 수 있도록 요구하고 있다. 보고 이후 취약점에 대한 보완 조치 등이 완료되면 신고자로 하여금 해당 취약점을 비교적 자유롭게 공개할 수 있도록 하고 있다. 이 외에도 필요한 경우 취약점의 심각성과 보고서의 수준, 품질 등을 고려해 보상을 지급할 수 있도록 하고 있다.

라. 영국

1) 국가사이버안전센터 취약점 공개 툴킷

2020년 9월 영국 정부통신본부(GCHQ: Government Communications Headquarters) 산하 국가사이버안전센터(NCSC)는 민간기업들의 취약점 공개정책을 지원하기 위해 취약점 공개 툴킷(Vulnerability Disclosure Toolkit)을 발표하였다. 해당 가이드라인을 통해 NCSC는 안전한 제품과 서비스를 제공하기 위해 취약점을 접수받고 대응하며 취약점을 고칠 수 있어야 한다고 강조하였다.[91] 이에 따라 NCSC는 취약점 정보를 원활히 공개하고 전파함으로써 위험을 크게 낮출 수 있음에도 기업들이 기본적으로 자사 제품이나 서비스의 취약점이 공개되지 않도록 감추고 보안연구자들의 신고에 대응하지 않으며 법적 조치를 취하고 협박하는 등 보안을 해하고 있다고 평가하였다.

해당 툴킷은 크게 소통방법, 정책의 수립 및 운영 방법, 보안을 유지하는 방법으로 구성되어 있다. 이에 따라 원활한 소통과 취약점 접수 등을 위해 이메일 주소를 지정하거나 일정 형식을 제공하는 웹페이지를 개설하는 등 취약점 정보를 접수받을 수 있는 창구를 마련하도록 하고 있다. 특히 취약점을 제보받은 경우 이를 무시하지 않아야 하며 신고자와 소통하고 피드백을 보내야 한다고 명시하고 있다. 또한 신고자에게 비공개 동의서를 받는 등의 행위를 지양하고 구체적인 운영방식과 요구사항, 준수 사항들을 게시하도록 하고 있다. 아울러 피싱 등 가짜 제보메일을 유의하고 접수받은 내용과 취약점들을 내부적으로 어떻게 다루고 분류하며 대응할 것인지 정하도록 하고 있다.[92]

2) 국가사이버안전센터 조정형 취약점 공개정책

영국 NCSC는 2018년 12월부터 영국 정부의 홈페이지 및 정부 시스템에 관한 취약점을 찾아 신고할 수 있는 취약점 신고서비스(Vulnerability Reporting Service)를 운영하고 있다.[93] 이에 따라 NCSC는 취약점을 발견하면 해당 정부나 기관에게 직접 보고할 수 있도록 안내하고 있으며 해당 기관의 연락처를 찾지 못하거나 응답이 없는 경우에는 버그바운티 플랫폼인 HackeOne을 통해 접수할 수 있도록 창구를 마련해 뒀다. 이에 따른 취약점 보고서는 크게 취약점의 유형, 취약점의 심각도, 개념증명을 입력하도록 구성되어 있다. 이에 따라 취약점 유형 부분에서는 버퍼 오버플로우, 브루트 포스 등 여러 취약점 유형을 선택하도록 하고 있다. 심각도 항목에서는 영향없음(None), 낮음(Low), 보통(Medium), 높음(High), 치명적(Critical)의 5가지 수준을 선택하도록 하고 있으며 그러한 판단이 어려울 경우에는 CVSS(Common Vulnerability Scoring System)를 통해 공격벡터(Attack Vector), 공격 복잡성(Attack Complexity), 필요 권한(Privileges Required), 사용자 상호작용(User Interaction), 범위(Scope), 기밀성(Confidentiality), 무결성(Integrity), 가용성(Availability) 등의 항목을 입력하고 심각도를 계산할 수 있도록 제공하고 있다. 아울러 개념증명 항목에서는 취약점이 어떤 방식으로 악용될 수 있으며 어떤 영향을 미칠 수 있는지 기입하고 신고자에 관한 정보를 적도록 하고 있다.

마. 독일

2020년 10월부터 독일도 국방부 차원에서 취약점 공개정책(VDPBW: Vulnerability Disclosure Policy Der Bundeswehr)을 공식적으로 시행하고 있다.[94] 버그바운티와 같이 보상을 지급하지 않음에도 불구하고 시행 후 13주의 기간 동안 60개 이상의 유효한 취약점이 보고되었다. 독일 국방부는 홈페이지를 통해 취약점을 제보하기 위한 구체적인 절차와 양식을 명시하고 취약점 정보를 독일군의 승인 없이 제3자 또는 다른 기관에 전달하지 말 것, 시스템과 사람에 영향을 미칠 수 있는 공격을 수행하지 말 것 등의 주의사항을 공지하고 있다. 또한 취약점을 제보해 주는 경우 이에 대한 피드백, 분석 결과나 처리 기간 및 패치 여부 등에 관한 지속적인 소통, 보고자에 관한 정보의 비밀유지, 취약점 공개정책의 지침에 따라 행동하는 경우 기소하지 않는다는 점을 명확히 밝히고 있다. 아울러 별도로 명예의 전당을 운영하면서 유효한 취약점을 제보해 준 보안연구원의 성명과 보고일자, 관련 홈페이지 등을 동의하는 경우에 한하여 공표하고 있다.[95]

바. 프랑스

프랑스는 「디지털 공화국법」[96] 제47조를 통해 보안취약점을 연구하고 신고하는 보안연구자를 보호하고 있다. 「형사소송법」 제40조에 따르면 직무의 수행 과정에서 범죄 또는 범죄와 관련된 정보를 얻는 경우 이를 검사에게 알리고 관련 정보를 제공해야 한다. 이에 관하여 「디지털 공화국법」 제47조는 정보시스템의 보안을 위해 보안취약점에 관한 정보를 보안당국에 선의로 전달하는 자에게는 「형사소송법」 제40조에 따른 의무를 적용하지 않는다고 하여 취약점을 보고하는 선의의 연구자를 보호할 수 있는 법적 근거를 두고 있다. 또한 당국으로 하여금 정보를 전달한 사람의 신분이나 전달 방식, 절차 등을 공개하지 않도록 하고 있다. 관련하여 프랑스 사이버 보안국(ANSSI: The National Cybersecurity Agency of France)은 선의의 취약점 신고자로부터 정보를 제공받을 수 있는 창구를 마련해 두고 있다. 홈페이지상의 취약점 신고에 관한 메뉴를 통해 연구자는 취약점 정보에 관한 사항을 기재해 보고할 수 있다.[97]

사. 일본

일본은 2004년 경제산업성 고시 「소프트웨어 등 취약점 관련 정보 취급기준(ソフトウエア等脆弱性関連情報取扱基準)」을 마련하고 정보처리추진기구(IPA)를 통해 취약점 정보신고 제도를 운영하고 있다.[98] 이에 따라 신고자들은 소프트웨어나 웹사이트에서 발견한 취약점을 IPA에 신고하고 IPA는 이를 판단해 JPCERT/CC에게 전달한다. JPCERT/CC는 제조업자 등에게 해당 취약점을 통지하고 협의를 통해 취약점 대응을 수행하고 있다. 아울러 신고된 취약점 정보가 누설, 분실, 오용되지 않도록 내부적으로 관리하고 있다.

표 11 일본 취약점 정보 관리방침

정보 유형	취약점 공개 전	취약점 공개 후
신고자 정보	기밀	기밀 또는 공개
취약점 정보	기밀	공개
대응/조치 현황	기밀	공개
취약점 공격 방법	기밀	기밀

2004년부터 IPA에 접수된 취약점 정보는 총 15,050건에 달한다. 이 중 4,390건이 소프트웨어 취약점, 10,660건이 웹 취약점이었다. 소프트웨어 취약점 중 157건은 CVSS 7~19점에 해당하는 심각한 취약점으로 밝혀졌다. 아울러 45일 이내에 29%의 취약점이 보완되었고 465건은 46일에서 100일, 513건은 301일 이상이 소요

되었다.[99] 제보된 취약점 정보는 JPCERT/CC와 IPA가 공동으로 운영하는 취약점 데이터베이스 JVN(Japan Vulnerability Notes)에 축적, 공개되며 이를 통해 취약점 정보, 해당 제품과 버전, 취약점 분석 결과, 관련 대응책 및 정보 링크, 패치와 해결방안 등을 함께 제공하고 있다. IPA는 취약점 신고자가 원할 경우 취약점 관련 정보를 공개할 때 신고자 명을 함께 표기하도록 권장하여 명예를 부여하고 취약점 연구자들이 다수 참여하도록 유도하고 있다.[100]

아. 싱가포르

2018년 2월 싱가포르 국방부는 아시아 최초로 정부 주도의 버그바운티를 시행하였다. 해당 대회에는 미국, 캐나다, 러시아, 인도, 파키스탄, 루마니아 등 각지에서 264명의 윤리적 해커들이 참가하여 국방부 웹사이트 및 시스템으로부터 총 35개의 고유 취약점을 발굴하였다.[101] 현상금으로 총 14,750달러가 지급되었다. 싱가포르 국방부는 버그바운티를 통해 국방부의 사이버보안 수준을 크게 향상할 수 있었다고 평가하였다. 이후 싱가포르 사이버보안청(CSA: Cyber Security Agency) 및 정부기술청(GovTech: Government Technology Agency)은 2019년 7월 2차, 2019년 11월 3차 버그바운티를 시행하였다.

제3절 사업자의 의무와 책임

그림 6 사업자의 의무와 책임

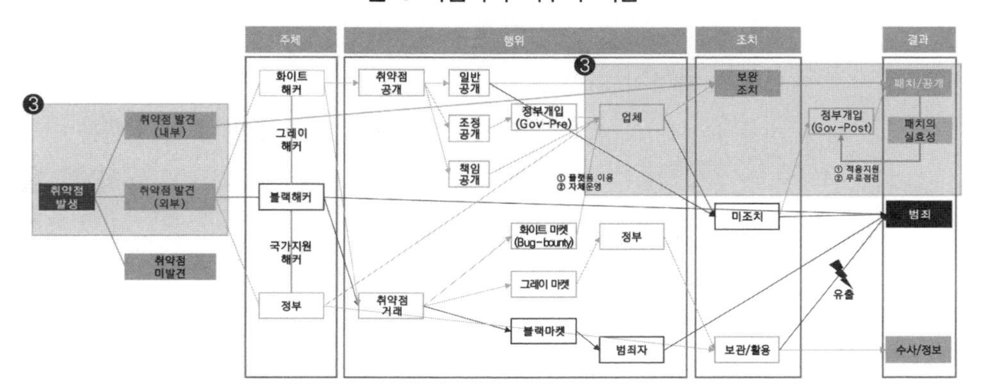

보안취약점 문제에 관한 제조자나 사업자의 의무와 책임 문제도 논의할 수 있어야 한다. 이는 크게 두 가지로 구분된다. 먼저, 업체는 제품이나 서비스를 설계하고 배포, 운영하는 단계에 걸쳐 취약점을 자체적으로 찾기 위한 조치를 취하여야 한다. 둘째, 사후적으로 취약점이 외부에서든 내부에서든 발견된다면 이에 맞는 패치를 개발, 배포하고 그 실효성을 확보하기 위한 노력을 다해야 한다. 이용자의 정보를 보호하고 이용자의 안전을 보증해야 할 의무를 지기 때문이다.

1. 정보보호 및 안전보증 의무와 책임

근본적으로 기술의 결함은 그 기술 본연의 기능을 보증하지 못한다. 따라서 결함 있는 기술을 활용한 일반적인 제품은 본질적으로 상품으로서의 가치가 없다. 제품을 판매한 후 심각한 결함이 발견되었다면 이는 분명한 매매계약상 보증의무의 위반으로서 불법행위 책임의 근거가 된다.[102] 관련하여 개발자나 사업자들은 품질을 보증해야 하는 의무를 진다. 제품이나 서비스를 이용자들이 안전하게 이용할 수 있도록 보안을 고려한 최고의 역량을 활용해야 하는 도덕적 책임을 지는 것이다.[103] 또한 오늘날에는 계약상 등가성을 보장하기 위한 하자담보책임에서 나아가 제품의 결함으로 인해 발생한 생명, 신체 및 제품 이외의 것에 생긴 손해를 보전하기 위해 제조물책임 개념이 확장되고 있다.[104] 취약점 문제도 제품안전과 소비자 보호 법리의 관점에서 접근할 수 있다.

IoT 제품이나 소프트웨어의 경우 취약점의 발생이 불가피하다고 할 수 있지만 그렇다고 사업자의 책임이 모두 면제되지는 않는다. 오히려 일반적인 공산품 등의 물품에 비해 안전을 보장하기 위한 조치들을 쉽게 취할 수 있다. 연결되어 있다는 특성상 문제가 탐지될 경우 그러한 상태를 사업자가 쉽게 파악할 수 있기 때문이다. 사업자는 원격으로 취약점을 제거하거나 기기를 회수하는 등 기존의 리콜제도를 활용할 수 있다. 제품군을 추적할 수도 있고 디지털의 특성상 모든 로그를 기록할 수도 있다.[105] 문제는 제조사가 만들어 내는 모든 IoT 기기들을 평생 관리하고 보증할 수 없다는 점이다. 즉, 업데이트 기간 등 보증기간이 종료되면 소비자는 해당 IoT 기기를 안전하게 사용할 수 없다.[106] 따라서 사업자는 기본적으로 취약점의 발생을 가능한 최소화하고 전반적인 설계 및 개발 단계에서부터 취약점을 줄일 수 있는 조치를 취해야 한다. 취약점을 적극적으로 찾고 제거하기 위한 노력을 수행해야 하며 그러한 관점에서 취약점 공개정책을 운영하고 보안연구자와 협력하는 등의 적극적 조치들을 활용할 수 있어야 한다. 아울러 취약점 패치를 개발, 배포한 후에도 이용자들이 패치를 적용할 수 있도록 적극 장려하고 그렇지 못할 경우 어떤 위험이 존재하는지 알기 쉽게 알려주는 등의 방안을 고려할 수 있어야 한다.

이와 같이 취약점을 제거하기 위해 적극적인 조치들을 취하여야 하는 주의의무가 있다면 그에 상응하는 책임도 존재한다. 이는 기본적으로 대규모의 전문성을 요하는 사업과 경영이 그 자체로 다양한 위험을 내포하고 있음에도 불구하고 이를 통해 이익을 독점하면서 기존의 과실책임 원칙에 따라 고의나 과실이 있는 때에만 책임을 지도록 하는 것은 형평성에 어긋난다는 무과실책임 및 위험책임 법리를 근거로 한다.**107** 우리나라는 위험책임을 「민법」 제758조에 따른 공작물소유자의 책임과 함께 「제조물책임법」, 「자동차손해배상보장법」, 「원자력손해배상보장법」, 「환경정책기본법」 등 개별 분야별 법률을 통해 수용하고 있다.**108** 대표적인 사례로 「제조물책임법」은 제조상, 설계상, 표시상의 결함으로 인해 생명, 신체 또는 재산에 손해를 입은 피해자에 대하여 제조업자 등에게 과실의 유무를 묻지 않고 배상의 책임을 부여하고 있다. 이 경우 동법 제4조에 따라 제조업자 등이 당시 과학 및 기술 수준으로 결함의 존재를 발견할 수 없었다는 사실, 해당 제조물을 공급한 당시 법령에서 정하는 기준을 준수하였음에도 문제가 발생하였다는 사실 등을 입증하면 책임을 면할 수 있다. 미국의 경우 소프트웨어로 인해 손해가 발생한 때에 엄격책임(strict liability), 과실책임(negligence), 담보책임(breach of warranty)의 적용 여부를 검토한다.**109** 엄격책임은 위험이 높은 경우에 적용해 제조사와 피해자 간의 직접적인 관계가 없더라도 손해를 배상하도록 한다. 즉, 직접적인 계약 등의 관계가 있다면 과실책임을 따지면 될 일이지만 오늘날 예측할 수 없는 위험으로 인해 상호 간의 관계가 없는 상태에서 발생한 피해도 고려할 수 있어야 하기 때문이다.**110** 과실책임은 제조자의 행동을 중심으로 제품을 설계하고 생산하는 데 필요한 주의를 기울였는지 여부를 판단하게 된다. 담보책임은 제조자가 제품의 성질이나 사양 등에 관하여 표시한 것을 근거로 판단한다.

이러한 제조물책임을 소프트웨어에 적용하려면 소프트웨어가 유통 또는 공급되는 시점에 결함이 존재해야 하며, 그러한 결함으로 인해 손해가 발생해야 한다. 특히 소프트웨어가 「제조물책임법」에 따른 제조물에 해당하는지에 관한 문제는 아직 정리되지 못하고 있다.[111] 다만 현행법상 소프트웨어 자체는 제조물로 인정되지 않고 있으나 소프트웨어가 저장된 하드웨어는 제조물로 판단하고 있다.[112] 장기적으로는 결국 소비자의 생명과 재산을 보호하기 위한 제조물책임 본연의 법리, IoT 및 CPS 환경 도래로 인한 소프트웨어의 영향력 확장, 관련 제조사의 이익 증대 등을 고려할 때 입법적 개선을 통해 소프트웨어도 제조물책임법리의 적용을 받아야 할 것이다.[113] 이를 전제하여 「제조물책임법」을 적용해 보면 IoT 기기나 소프트웨어의 취약점은 통상적인 결함으로 볼 수 있다. 이에 대하여서는 「제조물책임법」에서 정하는 제조상, 설계상, 표시상의 결함이 모두 적용된다고 해석 가능하다. 예를 들어, 제조 과정에서 보안을 고려해 설계를 진행해야 하는 등 주의의무가 있음에도 이를 다하지 못하는 경우 제조상의 결함, 마이크로소프트 등의 소프트웨어개발보안(SDL) 등을 활용해 합리적인 대체설계를 할 수 있었음에도 그렇지 못해 안전이 결여된 경우 설계상의 결함, 마지막으로 소프트웨어의 설명서 등에 이용자가 취해야 하는 보안조치와 가능한 보안위협 등을 표시하지 않아 피해가 발생한 경우 표시상의 결함에 해당할 수 있기 때문이다.[114] 나아가 그러한 설명이나 지침 등이 너무 전문적인 용어로 서술되었거나 일반인이 쉽게 이해하기 어려운 형태로 이루어진 경우에도 표시상의 결함이 있다고 볼 수 있다.[115]

아울러 취약점을 탐지하지 못하는 행위 등이 과실에 의한 방조행위에 해당하는지 살펴볼 수 있다. 여기서 과실의 내용은 불법행위에 도움을 주지 않아야 할 주의의무가 있음을 전제로 하여 이 의무에 위반하는 것을 말한다.[116] 우리 「민법」 제760조 제3항은 공동불법행위에 관한 책임을 규정하면서 교사자나 방조자도 공동행위자로 본다고 규정하고 있다. 유사한 법리들이 이미 제도로 구현되고 있다. 예를 들어 ISP는 자사 플랫폼에 게시되거나 서비스를 통해 공유되는 음란물, 불법복제물, 명예훼손 콘텐츠 등의 불법·유해정보의 유통을 차단해야 한다. 「정보통신망법」 제44조의7 제2항 및 제3항에 따르면 방송통신위원회는 불법정보가 유통되지 않도록 사업자 등에게 그 처리를 거부, 정지, 제한하도록 명할 수 있으며, 사업자가 이를 이행하지 않는 경우 제73조에 따라 2년 이하의 징역 또는 2천만 원 이하의 벌금에 처할 수 있다. 그러한 불법유해정보의 개념은 명확히 정립된 바가 없지만 보호법익을 기준으로 하면 국가안전보장, 미성년자 보호, 개인 존엄성의 보호, 경제적 안전, 데이터 안전, 프라이버시 보호, 명예와 신용 보호, 지식재산권 보호 등을 저해하는 정보들이 불법유해정보에 해당한다고 볼 수 있다.[117] 따라서 불법유해정보의 범위가 모호하더라도 보안취약점이나 익스플로잇, 나아가 해킹툴 등이 자유롭게 공유되지 않아야 한다는 점은 분명하다.

나아가 ISP들은 서비스를 통해 막대한 수입을 거두어들이고 경제적, 사회적 영향력을 미치고 있다. 또한 국가가 직접 제재를 하려 해도 기술적인 요소 등으로 인해 ISP의 지원과 협조가 필요한 경우도 있다. 민사책임만을 부여하는 것으로는 피해자의 피해를 구제하기 어렵고 사업자에게 그러한 피해를 예방하기 위한 동기를 부여하기 어렵게 된 것이다. 이러한 점들을 고려하면 ISP에게도 제한적으로 형사책임을 부여할 수 있다고 보는 것이 타당하다.[118] 포털 등 ISP는 뉴스, 댓글, 검색을 통해 명예훼손 표현물의 위치를 알려주는 등 명예훼손 확산을 방지할 책임이 있으며 불법게시물 게재 등에 대해서도 피해를 확산하고 방지할 주의의무를 진다. 즉, 불법성이 명백한 게시물이 있다는 사실을 ISP가 명백히 인식하고 있었다는 점을 전제로 기술적, 경제적 관리와 통제가 가능한 때에는 이를 삭제하고 추후 유사 게시물이 게시되지 않도록 차단할 의무를 지는 것이다.[119] 「저작권법」에 따른 온라인서비스제공자(OSP: Online Service Provider)의 책임도 마찬가지다. 동법 제104조는 특수한 유형의 온라인 서비스제공자의 의무 등에 관한 규정을 통해 다른 사람들 간에 컴퓨터를 이용해 저작물 등을 전송하도록 하는 온라인서비스제공자를 특수한 유형의 OSP라고 정의하고 권리자의 요청이 있는 때에는 저작물의 불법전송을 차단하는 기술적 조치 등을 취하도록 하고 있다. 이는 인터넷을 통해 저작권의 침해가 광범위하게 이루어지고 침해자를 특정하기도 어려워졌다는 점에서 기인한다. 즉, 침해행위를 예방하거나 중지시킬 권리를 갖는 저작권자들은 그러한 역량을 가지고 있는 OSP에게 책임을 요구해 왔던 것이다.[120] 법원은 음원파일의 거래를 매개하는 서비스를 제공하였던 소리바다에 관하여 소리바다가 그러한 침해행위를 용인하고 관여하였으며 이에 따라 침해행위가 이루어지고 침해행위를 통해 수익을 얻고 있는 점 등을 고려해 소리바다가 이용자들의 불법행위를 방조함으로써 공동불법행위책임을 진다고 판단하였다.[121] 대법원 또한 복제권 침해를 방조하는 행위란 침해를 용이하게 하는 모든 직·간접 행위로서 정범의 복제권 침해행위 중에 이를 방조하는 경우는 물론 복제권 침해행위에 착수하기 전에 장래의 복제권 침해행위를 예상하고 이를 용이하게 해 주는 경우도 포함하며, 정범에 의하여 실행되는 복제권 침해행위에 대한 미필적 고의가 있는 것으로 충분하고 정범의 복제권 침해행위가 실행되는 일시, 장소, 객체 등을 구체적으로 인식할 필요가 없으며, 나아가 정범이 누구인지 확정적으로 인식할 필요도 없다고 판시하였다. 이에 따라 음악파일을 공유하는 행위가 대부분 정당하지 않은 복제임을 예견하면서도 소리바다 프로그램을 개발, 무료로 제공하고 이를 통해 이용자들이 용이하게 참여할 수 있도록 하였으며 경고와 서비스 중단 요청을 받고도 지속하였으므로 침해행위를 방조하였다고 봤다.[122]

보안의 관점에서 「구 정보통신망법」이나 「개인정보보호법」이 개인정보를 보호하기 위해 사업자에게 필요한 기술적, 관리적, 물리적 안전조치 의무를 부여하고 있는 점도 유사한 주의의무를 부여하는 것이라고 할 수 있다. 다만, 그러한 의무와 책임이 과도한 규제로 작용하지 않도록 해야 한다. 특히 형사책임을 부여할 때에는 더욱 그러하다. 정책적이고 규범적으로 제정된 법령에 따른 안전조치나 보호조치의 의무는 이보다 우월한 기술에 의한 정보유출 등의 피해 가능성을 전제로 한다. 따라서 언제든 정보유출의 예견가능성이 인정되며 기술의 우월성 또한 상대적으로 판단해야 하는 것이므로 정보유출의 위험은 예방될 수 없는 것으로 봐야 한다.[123] 따라서 책임의 문제를 판단할 때에는 법령이 정하는 기술적 보호조치들은 사업자들이 준수해야 하는 최소한의 기준을 정한 것으로 봐야하고, 이를 다하는 것뿐만 아니라 일반적으로 쉽게 예상할 수 있고 사회통념상 합리적으로 기대할 수 있는 보호조치를 취해야 한다.[124]

보안취약점의 문제 또한 이와 다르지 않다. 취약점은 제거되지 않는 이상 어떤 방식이나 접근에 의해서든 있으리라고 추정될 수 있기 때문이다. 이러한 점에서 사업자는 취약점을 찾고 공유하고 제거하기 위한 최선의 조치들을 취해야 할 의무를 진다. 그러한 의무를 위반하였다면 법령이 정하는 객관적인 기준뿐만 아니라 당시의 기술 수준 등을 고려해 취약점을 제거하기 위한 실질적인 노력을 취하였는지도 판단할 수 있어야 한다. 이러한 점에서 취약점 연구나 취약점 공개정책, 버그바운티 정책들은 그러한 책임여부를 판단하기 위한 증표로 기능할 수 있을 것이다. 어디까지나 핵심은 설계자나 제조사와 소비자 사이에 존재하는 신뢰관계를 유지할 수 있어야 한다는 점이다. IoT 시대에 들어서면 소프트웨어 개발업체, 웹 서비스의 운영자, 네트워크에 연결되는 모든 사물인터넷 기기의 제조업체 등이 이해관계자로 엮이게 된다. 오늘날 디지털 제품과 서비스가 전통적인 제품과 다름없는 수준으로 활용되고 있고, 심지어 전통적인 기존의 제품들이 디지털로 붙고 있는 현상들을 고려할 수 있어야 한다.

2. 국외 정책 동향 및 사례

가. 미국

미국은 앞서 본 2020년 IoT 사이버보안 개선법안(IoT Cybersecurity Improvement Act of 2020)을 통해 상무부 산하 NIST로 하여금 IoT 기기의 사용 및 관리에 관한 표준과 지침을 개발하도록 하였다. 또한 NIST는 보안업계나 민간 전문가, 국토안보부와 협의해 IoT 기기 제조업체의 보안 요구사항 등에 관한 지침을 마련하여야 한다. 아울러 개별 주정부 차원에서도 IoT 보안법을 제정하고 있다. 캘리포니아 주의회는 2018년 IoT 보안법[125]을 제정하고 2020년 1월부터 이를 시행하고 있다. 동법은 인터넷 연결 기기의 보안 요구사항을 제시하여 위치정보나 웹 검색기록 등 소비자의 정보를 무단 접근이나 사용, 유출로부터 보호하고자 제정되었다. 특히 동법은 IoT 뿐만 아니라 인터넷에 직접 또는 간접적으로 연결할 수 있고 IP주소나 Bluetooth 주소 등이 할당된 모든 기기를 지칭하는 '연결된 기기(connected device)'를 정의[126]하고 있어 사실상 인터넷에 연결된 모든 기기들을 포함한다. 아울러 각 기기의 특성과 기능, 정보의 수집 및 전송에 적합하고, 무단 접근, 파괴, 사용, 수정 또는 공개로부터 기기와 장치에 포함된 모든 데이터를 보호할 수 있도록 설계, 제조해야 한다고 명시하고 있다. 또한 이러한 사항들을 포함해 최초 액세스 전 이용자가 새로운 외부 인증수단을 생성하도록 하고 사전 프로그래밍된 암호를 기기마다 다르게 설정하도록 하였다. 오레곤 주의회도 2019년 IoT 보안법을 제정하고 2020년 1월부터 시행 중이다.[127] 동법은 캘리포니아의 IoT 보안법과 유사하다. 연결된 기기를 규정하고, 그러한 기기의 제조업자들로 하여금 합리적인 보안 조치를 취하도록 하였다. 이에 따라 사업자는 초기 비밀번호를 기기마다 다르게 설정하고 최초 이용 시 새로운 인증수단을 제공해야 한다.

나. EU

EU는 2019년 제정한 EU 사이버보안법(Regulation on Information and Communication Technology cybersecurity certification)을 통해 EU 전역의 사이버보안 인증 체계를 수립하였다. ENISA는 제4조에 따라 EU 사이버보안 인증 프레임워크(EU Cybersecurity Certification Framework)를 수립, 유지하여 ICT 제품, 서비스 등의 사이버보안 투명성을 증진해야 한다. 제46조에 따르면 EU 사이버보안 인증 프레임워크는 ICT 제품, 서비스 등이 보안 요구사항을 준수하고 있는지 증명하는 체계로서 저장 또는 전송, 처리되는 데이터의 무결성, 가용성, 신뢰성, 기밀성을 보장하고 수명주기 동안 해당 제품과 서비스 등을 안전하게 이용할 수 있도록 요구하고 있다. 제51조는 그러한 프레임워크의 목표로 ICT 제품 및 서비스 등이 알려진 취약점을 포함하지 않도록 검증, 설계 단계에서부터 보안을 고려하고 기본적으로 보안 기능을 탑재하여 출시될 것, 알려진 취약점을 포함하지 않는 최신의 소프트웨어와 하드웨어를 사용하고 적시에 보안 업데이트를 받을 수 있는 체계를 갖출 것, 허가된 사람, 프로그램 또는 기기만이 데이터와 서비스 기능에 접근하도록 할 것 등을 명시하고 있다. 제54조는 그러한 인증체계에 포함되어야 하는 요소들을 나열하고 있다. 이에 따라 인증체계에는 사전에 알려지지 않은 사이버보안취약점을 보고하고 처리하는 방법에 관한 규칙, 하나 이상의 보증 수준, 제51조에 따른 목표를 달성하기 위한 방법을 입증할 수 있는 평가유형과 기준 및 방법, 인증체계를 준수하고 감독하기 위한 규칙, 제3국과의 인증제도 상호인정을 위한 요건, 사이버보안 정보들을 공급하고 업데이트하기 위해 제조사나 사업자들이 준수해야 하는 형식과 절차 등이 포함되어야 한다.

다. 영국

영국 디지털문화미디어스포츠부(DCMS: Department of Digital, Culture, Media and Sport)는 2018년 10월 소비자 IoT 보안을 위한 실무지침(Code of Practice for Consumer IoT Security)을 발간하였다. 동 지침은 제품을 처음부터 안전하게 설계하고 보안을 유지하도록 IoT의 개발, 설계, 제조, 판매 등에 참여하는 모든 당사자들이 고려해야 하는 사항들을 제시한다. 동 지침은 기기 제조업체, IoT 서비스 관련 네트워크, 스토리지, 데이터 전송 등의 서비스를 제공하는 IoT 서비스 업체, 기기 내 애플리케이션을 개발하고 제공하는 모바일 애플리케이션 개발업체, 연결된 제품과 서비스를 소비자에게 판매하는 판매업체를 이해관계자로 정하고 있다.[128] 또한 모든 IoT 기기의 비밀번호를 기본값으로 두지 않고 암호 및 인증방법[129]에 따라 소비자가 변경할 수 있도록 하며, 취약점 공개정책을 시행해서 보안연구자들이 취약점을 제보할 수 있도록 하고 적시에 취약점을 조치할 것을 요구하고 있다.[130] 소프트웨어의 버전은 최신으로 유지하고 민감정보나 개인정보, 자격증명들은 안전하게 저장하며 이를 하드코딩하지 않아야 한다. 이 외에도 안전한 통신 및 암호화, 최소 권한을 통해 사용하지 않는 포트를 닫고 서비스를 사용하지 않을 때에는 누구든 접근할 수 없도록 하여 공격에 대한 노출을 최소화하도록 하였다.[131] 소프트웨어의 무결성을 보장하고 이상이 탐지될 경우 이용자 및 관리자에게 자동으로 경고할 수 있도록 하며 개인정보보호를 보장해야 한다. 중단 가능성을 고려해 네트워크 연결이 불가능한 긴급상황에서도 전력손실 복구, 기존 시스템 기능의 일시 유지, 복원력 구축 등이 가능하도록 설계해야 한다. 아울러 로그 데이터 검증, 비정상적 상황의 조기 파악 등이 가능하도록 시스템을 원격에서 측정할 수 있도록 하고, 소비자가 개인정보를 쉽게 삭제할 수 있도록 지원해야 하며, IoT 기기의 설치 및 유지보수 또한 쉽게 이루어질 수 있도록 해야 한다. 사용자 인터페이스를 통해 입력되는 데이터, API를 통해 전송되는 데이터, 서비스나 기기 간 전송되는 데이터 등은 반드시 검증해야 한다. 이에 따른 각 유형별 사업자들의 소비자 보호를 위한 보안 준수의무는 다음과 같다.

표 12 영국 소비자 IoT 보안을 위한 실무지침상 사업자의 의무

의무 유형	기기 제조업체	IoT 서비스 업체	애플리케이션 개발업체	판매자
초기 비밀번호 변경	✓			
취약점 공개정책 시행	✓	✓	✓	
소프트웨어 최신 업데이트 보장	✓	✓	✓	
민감정보 및 자격증명의 안전한 저장	✓	✓	✓	
안전한 통신	✓	✓	✓	
위협 노출의 최소화	✓	✓		

소프트웨어의 무결성 보장	✓			
개인정보보호	✓	✓	✓	✓
운영 및 네트워크 중단시 시스템 복원	✓	✓		
원격 측정 및 데이터 모니터링		✓		
소비자 개인정보 삭제의 용이성	✓	✓	✓	
장비 설치 및 유지보수의 용이성	✓	✓	✓	
입력 데이터의 검증	✓	✓	✓	

아울러 영국 DCMS는 EU의 NIS 지침을 자국법으로 수용해 2018년 네트워크 및 정보시스템 규정(The Network and Information Systems Regulations)을 제정하였다. 동 규정에 따르면 필수서비스운영자(OES: Operators of Essential Services) 및 디지털서비스공급자(RDSP: Relevant Digital Service Provider)는 자사 네트워크 및 정보시스템에 대하여 적절한 기술적, 관리적 조치를 시행해야 한다. 보안사고가 발생하는 경우 관할 당국에 이를 즉시 보고해야 한다. 아울러 사업자로 하여금 취약점 공개정책을 마련하도록 하고 네트워크 및 시스템 보안을 위한 관할당국, 정부통신본부, 침해사고대응팀(CSIRT)에게 그러한 권한과 책임을 정의하도록 요구하고 있다. 사업자가 규정에 따른 의무를 위반해 생명을 위협하거나 경제에 심각한 영향을 미칠 수 있는 사고를 초래한 경우 최대 1,700만 파운드, 상당한 기간의 서비스가 중단될 수 있는 위반행위를 한 경우 최대 850만 파운드의 과징금을 부담해야 한다.

라. 독일

독일은 2009년 제정한 연방정보기술보안청법(BSI Act: Act on the Federal Office for Information Security)을 통해 연방내무부 산하 연방정보기술보안청(BSI)을 설립하고 이를 통해 정보기술 및 시스템, 서비스의 보안을 종합 시행, 감독하고 있다. 관련하여 제3조는 BSI의 권한을 규정하면서 보안위협 및 예방조치에 관한 정보를 수집 및 분석하고 다른 기관에게 정보를 제공할 것, 정보기술의 사용과 관련된 보안위험을 연구할 것, 정보기술시스템 및 구성요소의 보안성을 검증하고 평가하기 위한 기준, 절차, 도구를 개발하고 IT 보안표준을 준수하는지 평가할 것, 정보기술시스템 또는 구성요소의 보안인증서 발급, 정보기관 및 수사기관의 지원, 연방기관 등의 전문기술 지원, 연방정부, 주정부, 생산자, 유통업자 및 이용자에게 보안 유의사항의 불이행 또는 보안 위협과 부작용에 관한 사항을 경고할 것, 민간과의 협력 및 적시 위협대응을 위한 소통구조를 구축할 것 등을 요구하고 있다. 제7조에 따라 BSI는 정보기술 제품과 서비스의 보안위협, 데이터에 대한 이상 접근 등이 있는 경우 해당 조직에게 이를 경고할 수 있으며 특정한 보안조치를 취하거나 보안제품을 사용하도록 권고할 수 있다.

마. 일본

일본은 도쿄올림픽을 앞두고 2019년부터 정부 기관이 민간 IoT 기기의 취약한 비밀번호 설정 여부를 조사하고 그 결과를 이용자에게 알려 비밀번호를 변경하거나 보안조치를 취하도록 지원하고 있다.[132] 이를 위해 일본은 2018년 전기통신사업법 및 국립연구개발법인 정보통신연구기구법 일부를 개정하는 법률(NICT법: 電気通信事業法及び国立研究開発法人情報通信研究機構法の一部を改正する法律)을 제정해 총무성과 정보통신연구기구(NICT)가 비밀번호 설정이 부실한 IoT 기기를 점검할 수 있도록 하였다. 또한 그러한 행위를 부정액세스 행위에 해당하지 않는 "특정 액세스 행위"라고 규정하여 5년간 조사 및 점검을 수행할 수 있는 권한을 부여하였다. 이에 따라 NICT는 일본 내 약 2억 개의 IPv4 주소를 포트스캔해 접속이나 인증을 요구하는 기기에 과거 사이버공격에 사용된 100여 개의 ID 및 패스워드 조합을 입력하는 방식으로 취약한 IoT 기기를 식별하고 있다. 특히 총무성령 제61호 제1항은 그러한 비밀번호의 기준을 정하고 있다. 이에 따르면 기준에 미달하는 비밀번호는 password, admin1234, supervisor, smcademin, aaaaaaa, 1111111, abcdefgh, 12345678 등 공격에 자주 사용되거나 연속되어 추측이 용이한 경우 등을 말한다. 취약성이 확인된 경우 NICT는 관련 IP주소를 사업자에게 제공하고 사업자로 하여금 이용자에게 보안설정 변경 등을 권고하도록 하고 있다.

바. 중국

중국 정부는 직접 중국 내에서 운영되는 사업자의 시스템을 원격으로 점검할 수 있는 권한을 갖고 있다. 중국의 사이버보안기본법이라고 할 수 있는 네트워크안전법(中华人民共和国网络安全法)은 2016년 제정, 2017년 시행되어 제5조를 통해 국가에게 네트워크 안전 위험을 감시, 예방, 처리할 수 있는 권한을 부여하고 있다. 제8조에 따라 국가네트워크정보부가 네트워크 안전과 관련된 감독 및 관리 업무를 총괄 조율하면서 국무원의 정보통신관리 부서, 공안국과 기타 유관 기구들이 분야별 안전 관리 및 감독 업무를 수행하고 있다. 또한 제30조를 통해 시스템의 취약점, 바이러스, 사이버 공격이나 침입 등의 위협정보를 수집한 경우 해당 정보들은 네트워크 안전을 강화하기 위한 용도로만 사용하도록 하고 오남용하지 않게끔 규정하고 있다.

관련하여 중국은 2018년 11월 공안기관의 인터넷보안 감독 및 검사에 관한 규정(公安机关互联网安全监督检查规定)을 제정하였다.[133] 동 규정은 네트워크안전법을 구체화해 당국이 사이버범죄를 예방하기 위해 필요한 감독 및 검사를 수행할 수 있도록 하고 있다. 동 규정 제9조에 따르면 보안기관은 사이버 위협으로부터 네트워크를 보호하기 위해 사업자 등을 대상으로 감독 및 검사를 수행할 수 있다. 이를 통해 사전에 검사 시간과 범위를 고지하고 취약점 존재 여부를 원격으로 검사할 수 있다. 이러한 감독 및 검사 업무는 전국 현급 이상 지방정부 내 공안기관의 온라인 안전보위 부서가 시행하며 상급 공안기관이 이를 지도, 감독한다. 제3장은 감독 및 검사의 절차를 규정하고 있는데 이에 따르면 공안기관은 제15조에 근거하여 영업장소나 서버실, 근무처에 진입하여 설명 요구, 자료제출, 실사 및 검사 등을 수행할 수 있다. 제16조에 따르면 사전에 감독 및 검사 대상에게 날짜와 범위 및 검사사항을 알리고 원격 검측을 수행할 수 있다. 또한 검사 결과 보안위협이 있다고 판단되는 경우 사업자에게 해당 위험을 제거하도록 요구할 수 있으며 상황이 경미한 경우에는 기한을 정해 시정을 요구할 수 있도록 하고 있다. 그러나 실제 현장에서 공안은 보안 및 기밀유지 등을 이유로 구체적인 근거나 상황을 알리지 않고 협조를 요청하는 경우가 대부분이며 현지의 사업자나 조직들은 그러한 지시를 거부하기 어려운 상황이다.[134]

제4절 블랙해커의 취약점 악용

그림 7 사이버범죄 행위

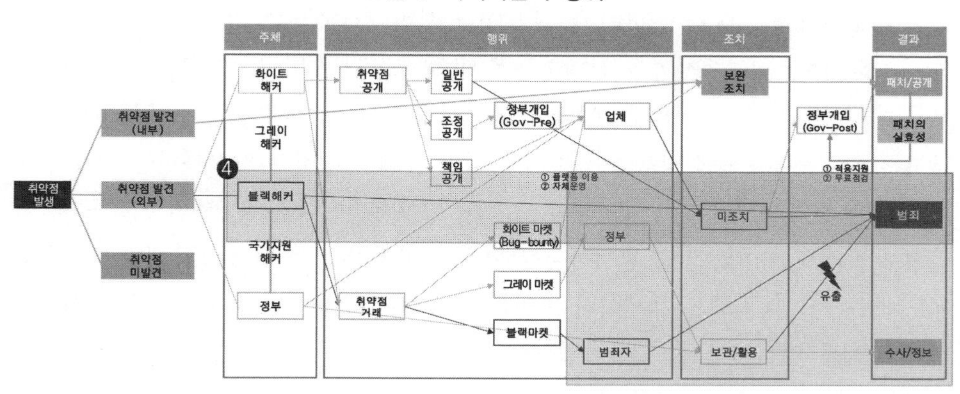

악의적인 목적으로 보안취약점을 찾아 공개하지 않고 이를 활용해 시스템에 침입하거나 데이터를 탈취하는 등의 사이버범죄 행위는 분명히 제재하고 처벌해야 하는 영역이다. 이 경우 전통적인 사이버범죄 수사 및 처벌 관련 법률이 적용될 수 있는데 특히 분석이 필요한 부분은 고도의 전문적 기술을 활용해 범죄를 행하는 경우로서 보안취약점을 활용한 은밀한 범죄나 다크웹에서의 사이버범죄 문제들이라고 할 수 있다.

1. 사이버범죄의 고도화

본래 해킹은 연결된 컴퓨터를 활용한 놀이 정도로 시작된 행위였다. 그러나 PC가 확산되고 인터넷이 발전하면서 점차 중요한 정보들이 디지털 형태로 저장되기 시작하자 상황이 변하였다. 해킹을 통해 정보를 조작하고 훔쳐보고 탈취하려는 시도들이 늘어난 것이다. 비국가행위자들도 사이버공간에 뛰어들었다. 핵무기에 비해 해킹이나 봇넷은 기반시설과 통신망을 파괴하기 위한 아주 쉽고 저렴한 수단이기 때문이다.[135] 이에 오늘날에는 정보뿐만 아니라 네트워크와 시스템 자체의 보안도 보호의 대상이 되었다. 2008년 독일 연방헌법재판소는 아예 IT 시스템의 기밀성 및 무결성 보장에 관한 기본권이 존재함을 확인하고 2015년 IT 안전법(IT-Sicherheit

Gesetz)을 제정하기에 이르렀다.[136]

사이버범죄는 일반적으로 정당한 접근권한 없이 또는 허용된 권한을 초과하여 컴퓨터나 정보통신망에 침입해 시스템, 데이터 등을 훼손, 멸실, 위·변조하고 정보통신망에 장애를 발생하게 하는 등 해킹이나 서비스거부공격, 악성프로그램의 전달과 유포와 같이 정보통신망을 침해하는 형태로 구성되는 범죄, 인터넷 사기, 개인정보 침해, 저작권 침해, 스팸메일이나 사이버 금융범죄 등 범죄의 핵심 구성요건에 해당하는 행위를 정보통신망을 이용하거나 이를 통해 실행하는 정보통신망 이용형 범죄, 정보통신망을 통해 음란물, 불법 도박물, 명예훼손이나 모욕, 불법 콘텐츠 등 불법정보를 배포, 거래, 임대, 전시하는 등의 불법 콘텐츠형 범죄로 분류된다.[137] 이 외에도 최근 사이버범죄는 재산이나 비밀을 침해하던 형태에서 나아가 생명과 신체에 직접 피해를 입히거나 이와 관련된 권리를 직접 침해하는 방식으로 이루어지고 있다. 사이버성범죄나 다크웹을 통해 추적하기 어려운 형태로 은밀하게 수행되는 범죄들이 그 대표적인 사례다.[138] 다크웹에서의 통신은 관련 서버와 이용자들이 전 세계 곳곳에 있으며 기술적 익명성을 강력하게 보장하고 접근도 제한적으로 허용하고 있기 때문에 일반적인 수사기법으로는 접근이 거의 불가능하다.[139] 이처럼 다크웹의 익명성과 보안성은 범죄를 기획하고 저지르기 위한 최적의 환경을 제공하기 때문에 테러단체들은 다크웹을 통해 범죄를 모의하기도 하며 암호화폐를 활용해 무기를 거래하기도 한다.[140] 이 외에도 사이버범죄를 해킹, 악성프로그램 유포, 사이버 자료훼손 및 비밀침해, 사이버 업무방해, 사이버사기로 분류하기도 한다.[141]

오늘날 사이버범죄는 실제로 현실의 자동차나 교통시설, 에너지 등의 기반시설, IoT 기기를 침해한 봇넷의 형성 등과 같이 개인을 넘어서 사회를 위협하는 형태로 진화하고 있다. 특히 네트워크에 대한 공격행위는 인터넷의 속성을 고려할 때 개인이 아닌 공동체를 공격하는 행위라고 이해하여야 한다. 평균적인 시민의 관점에서 인터넷을 활용하거나 그 외 다른 네트워크에 참여하는 행위는 기본적으로 해당 네트워크를 신뢰하고 이에 참여하는 다른 관계자들을 신뢰한다는 것을 전제하는데 네트워크를 마비시켜 버리는 등의 행위는 그러한 공동체의 신뢰를 해하는 행위이기 때문이다. 따라서 네트워크에 대한 공격은 사회의 결합을 해체하고 분열을 초래하며 사회의 기본 구동원리인 신뢰 관계를 해체하는 것과 마찬가지라고 할 수 있다.[142] 고도화된 범죄에 대응하고 사회의 안전과 신뢰를 보증하기 위한 국가의 역할이 요구되는 것이다.

2. 국가지원해커의 사이버범죄 행위

국가지원해커가 취약점을 활용해 사이버범죄를 저지르는 행위는 상식을 벗어난다. 국가가 해커를 지원하는 행위는 국가가 범죄를 용인하는 것을 넘어서 범죄에 적극적으로 가담하는 것과 같다. 정부가 암호화폐를 해킹해 재정적 이익을 가져온다는 것은 사실상 약탈과 다름없다. 특히 이러한 형태의 전략적이고 은밀한 해킹이 이루어지는 경우 피해자가 인식하지 못하는 상태에서 다양한 법익들이 침해되는 결과를 낳는다. 기본권과 법익들이 새로운 형태로 침해되고 그 범위 또한 넓어지면서 기존의 기본권 방어에 관한 이론들이 효과적으로 활용될 수 없는 상황이 발생하게 된다.[143]

문제는 현재 그러한 범죄행위를 명확하게 귀속시키고 특정 국가를 제재하기 어렵다는 점이다. 기본적으로 국가지원해커 단위에서 이루어지는 사이버공격은 직접 대상을 공격하는 것이 아니라 다른 시스템을 감염시켜 활용하거나 C&C 서버와 봇넷을 형성하고 IP주소를 우회하며 로그를 삭제하는 등 흔적을 감추거나 지우기 때문이다. 전략적 차원에서 정부는 공격행위를 부인할 수 있는 수준의 그럴듯한 조작을 요구하고, 전술적 차원에서 군사 및 정보조직은 은밀한 방식으로 작전을 수행해 법집행기관의 추적과 수사를 어렵게 하고 있는 것이다.[144] 관련하여 현재 국가들은 특정 공격기법의 유사성, 활용된 IP주소, 공격툴의 유사성 등을 분석해 특정 해커그룹을 식별하고 있다. 예를 들어, 미국은 2014년 소니(Sony Pictures Entertainment) 해킹사건을 조사하면서 공격에 사용된 악성코드의 기술적 속성이 이전 북한에 의해 수행된 것으로 확인된 악성코드와 비슷한 코드와 알고리즘 등을 포함하고 있었고, 해당 악성코드가 북한과 관련된 여러 IP들과 통신하며, 2013년 3.20 사이버테러의 방식과 공격기법이 유사하다고 발표하면서 북한의 행위라는 점을 확인하였다.[145] 보안업체인 카스퍼스키랩은 2016년 방글라데시 중앙은행 해킹사건을 조사하면서 북한이 지원하는 해킹그룹으로 알려진 라자루스(Lazarus)의 기법과 유사한 전술, 기술 및 절차들이 활용되었다고 밝혔다.[146] 이는 국제법상 아직 정해진 규칙이 없는 상황에서 공격자의 습성 등 해킹기법의 유사성과 같은 요소들이 원 행위자를 강력하게 추정하는 효과를 낳기 때문이기도 하다.

그러나 설령 어떤 해커조직이 범죄를 행하였다는 실질을 증명하더라도 그 해커조직의 행위를 특정 국가에게 귀속시키기는 어렵다. 현행 국가책임법의 법리상 그 행위를 국가에 귀속시키려면 비국가행위자의 행위를 해당 국가가 실효적으로 통제하고 있었는지 입증하여야 하는데 이는 사실상 불가능하기 때문이다.[147] 즉, 국가의 지원을 받는 것으로 보이는 해커조직이 어떤 사이버범죄를 행하였다는 사실은 인정되지만 그 해커조직이 해당 국가의 지원을 받는지 증명하는 문제는 다른 차원이다.

국제사회가 국제규범을 형성할 수 있을지는 의문이다. 협조의무를 통해 각국이 국경 밖에서 발생한 사이버공격을 조사할 수 있도록 지원하고 협조하지 않으면 실질적인 조치가 이루어지기 어렵다. 그러나 협조의무는 국제규범 형성 논의 중에서도 첨예한 쟁점을 내포하고 있는 개념이다. 협조의무를 부여하게 되면 다른 국가의 정당한 요구에 응해 자국의 데이터를 전송해 줘야 하고 데이터에 접근할 수 있도록 해야 하기 때문이다. 실제로 러시아는 유럽사이버범죄협약이 데이터 접근권 및 전송의무 등 협조의무를 규정하고 있다는 점 때문에 가입을 거부하고 있다. 국가의 주권을 침해하고 회원국의 안전, 그리고 시민들의 권리를 침해한다는 이유다.[148]

제5절 보안취약점 거래시장의 규제

그림 8 보안취약점 거래 행위

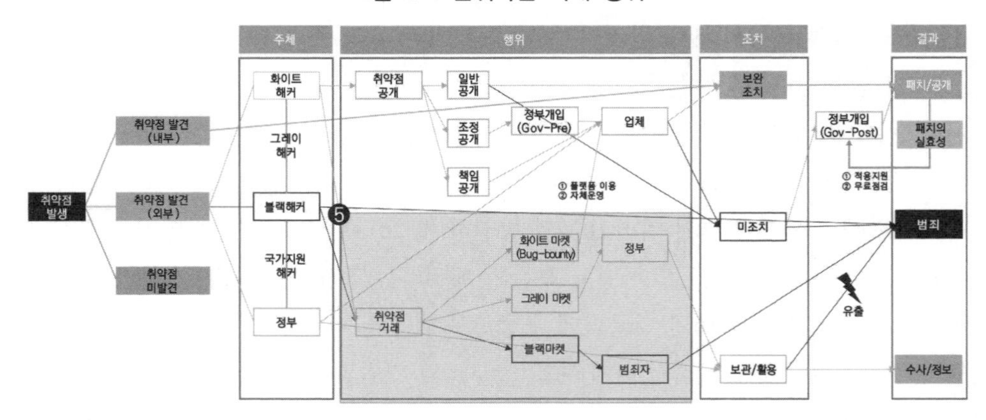

보안취약점 거래시장은 현재 버그바운티로 대표되는 화이트 마켓, 불법과 합법의 경계에 있는 그레이 마켓, 취약점을 악용하기 위한 목적에서 취약점과 익스플로

잇을 거래하는 블랙 마켓으로 구분된다. 이러한 보안취약점 거래행위를 분석하기 위해서는 먼저 보안취약점의 거래가 허용되는지, 그리고 거래가 허용된다면 거래유형의 규제는 어떻게 형성되어야 하는지에 관한 분석이 이루어져야 한다.

1. 보안취약점 거래의 허용 가능성

보안취약점 정보는 어떤 제품이나 서비스의 보안상 취약한 부분에 관한 내용을 담고 있다. 따라서 취약점의 이중성을 고려해 보면 취약점 시장이란 자칫 범죄로 활용될 수도 있는 기술의 결함이 버젓이 금전적 가치를 갖고 거래되는 장소라고 이해할 수 있다. 이러한 보안취약점에 금전적 가치를 매기는 이유는 범죄를 위한 목적이든, 공공의 안전을 위한 목적이든, 보안을 위한 목적이든 간에 공통적으로 보안에 취약한 부분을 알고 싶어 하는 의지들이 있기 때문이다. 따라서 그러한 의지가 기업 차원에서 발현된다면 기업이 자기 제품이나 서비스의 보안을 강화하기 위한 시도로 이어질 수 있다. 정부 차원에서 발현된다면 정부가 해당 취약점을 활용해 취약점이 존재하는 시스템이나 서비스를 해킹하고 안보를 위협하는 정보를 찾아내거나 범죄자의 흔적을 찾기 위한 시도가 된다. 어떤 사람이나 조직이 범죄를 목적으로 취약점을 구매할 수도 있다. 이처럼 참여자들의 목적과 의도에 따라 취약점 시장의 성격이 정해진다. 보안취약점을 드러내고 공개하고 최대한 많은 전문가들의 접근을 보장해야 보안성을 가장 잘 높일 수 있다는 점을 고려하면 양지의 거래행위는 허용할 여지가 있다. 다만 음지에 해당하는 블랙마켓은 제한하고 그레이마켓에서는 투명성을 강화하는 등의 조치가 필요할 수 있다.

2. 보안취약점 거래의 규제 필요성

이와 연계하여 취약점의 거래를 허용할 수 있더라도 일부 취약점 거래를 규제할 수 있어야 하는 이유는 크게 두 가지로 구분된다. 첫째, 불법한 거래는 차단할 수 있어야 한다. 불법하게 사용될 수 있는 취약점 거래를 규제하는 것은 정부의 마땅한 의무 중 하나다. 불법한 거래 등 범죄수익에 쓰이는 암호화폐 또한 규제 대상이 된다.[149] 「범죄수익은닉의 규제 및 처벌 등에 관한 법률」에 따르면 범죄수익이란 중대범죄나 특정범죄의 범죄행위에 의해 생긴 재산 또는 그러한 범죄행위의 보수로 얻은 재산을 말한다. 관련하여 음란물을 유포하거나 도박을 개장하는 등의 방식으로 취득한 비트코인은 재산적 가치가 있는 무형의 재산으로서 몰수의 대상이 된다고 할 수 있다.[150] 미국, EU, 영국 등 주요국들이 사제폭발물의 제조 등에 사용될 수 있는 화학물질을 국내반입하는 경우 이를 신고하고 환경부와 관세청이 검사하도록 하며 개인 취급을 제한하는 등의 경우도 유사한 사례다.[151] 우리나라는 「화학무기·생물무기의 금지와 특정화학물질·생물작용제 등의 제조·수출입 규제 등에 관한 법률」을 통해 특정 위험물질들을 지정하고 수출입을 규제하며 제조 신고의무 등을 부여하고 있다.

오늘날 보안취약점의 이중성과 다양한 활용 가능성을 고려할 때 취약점을 찾으면 어떤 형태로든 발견자가 보유하고 활용하는 것을 방지하고 그러한 정보의 불법거래를 규제, 차단할 수 있는 방식이 필요하다. 보안을 위한 목적으로 거래된다면 이는 허용하거나 지원체계를 마련하는 등 오히려 적극적으로 합법적 거래가 이루어질 수 있도록 해야 할 필요성도 있다. 블랙마켓의 영역을 줄일 수 있어야 하기 때문이다. 아울러 그레이마켓은 정부의 개입으로 형성된 영역으로서 합법과 불법의 경계에 있는 시장이라고 할 수 있다.[152] 이러한 그레이마켓은 각국 정부들이 적극적으로 취약점을 구입·거래하고 있다는 점을 보여준다. 즉, 취약점을 보안강화를 위해 사용하는지, 정보수집이나 감시를 위해 사용하는지, 수사목적의 증거수집을 위해 사용하는지 불명확한 상태에서 취약점이 가치를 갖고 거래되고 있는 셈이다. 또한 정부가 취약점을 구매한다는 뜻은 국민의 세금을 통해 취약점을 확보하고 있다는 점을 의미한다. 결국 구매한 취약점을 정보수집이나 수사 등을 위해 활용하려는 경우, 특히 그 대상이 내국인인 때에는 반드시 합법성을 확보하기 위한 절차가 필요하다. 무엇보다 취약점을 어떤 목적에서 구매하고 활용할 것인지 우선순위를 설정할 수 있어야 한다. 즉, 방어를 우선으로 할 것인가, 활용을 목적으로 할 것인가의 문제다. 다시 말하자면 방어를 위해 자국 기업의 취약점을 구매해 해당 기업들에게 알려주는 것이 우선되어야 할 수 있다는 의미다. 실제로 전문가들은 그레이마켓이 취약점 시장의 가격을 왜곡하고 취약점을 방어보다는 공격에 활용하도록 영향을 미친다고 보고 있다.[153] 따라서 블랙마켓에서의 취약점 구매를 중단하고 장기적으로는 암시장을 억제하기 위해 그레이마켓의 영역도 줄이면서 정부가 보안을 강화하기 위

해 취약점을 관리하고 제공하는 형태의 정책들이 필요할 것으로 보인다.[154]

둘째, 시장 가격의 불균형은 보안에도 영향을 미친다. 새로운 기술이 기존의 지형을 바꿀 때에는 일종의 분열 내지 단절이 동반된다. 보안취약점 시장은 끊임없이 새로운 기술적 요소들이 등장하는 장이다. 알고 있던 정보의 흐름이 뒤바뀌고 정보의 구매자와 정보의 판매자, 정보의 작성자와 정보의 독자 간의 관계에 혼선이 발생할 수밖에 없다. 시장구조도 마찬가지다. 어떤 정보는 너무 비싸게 인식되기도 하고 어떤 정보는 너무 값싸게 거래되기도 한다.[155] 이러한 가격의 불균형으로 인해 보안연구자들이 보안취약점 정보를 찾아도 해당 업체나 조직에게 알려주지 않고 블랙마켓이나 그레이마켓으로 진입하는 흐름이 형성될 수 있다. 똑같은 노력을 기울여도 더 많은 값을 받을 수 있는 장이 있다면 해당 시장을 특별히 규제하고 있거나 참여자 내면의 윤리적 의식이 작용하지 않는 이상 자연스럽게 참여자들이 늘어나게 될 것이기 때문이다. 따라서 추후에는 보안취약점 거래시장을 양성화할 수 있도록 규제할 필요가 있다. 반드시 법으로 규제할 필요는 없다. 가장 좋은 방법은 시장에서 자율적으로 양지의 시장을 형성하고 구매 목적을 확인하며 절차를 마련하는 등 거래체계도 만들고 적정가격을 형성하는 방식이다. 보안취약점을 관리 대상으로 인식하기 시작하였다면 시장규제도 공정과 형평에 따라 이루어질 수 있어야 한다. 시장의 자율적 기능이 공익을 훼손하는 등 정부의 개입이 필요한 영역이 있다면 법률로 규제할 필요도 있을 것이다.

아울러 국제적 차원에서 바라볼 때 보안취약점은 그 이중성으로 인해 바세나르 협약에 따른 이중용도품목으로 규제될 수 있다. 다양한 국가들의 정부와 보안연구자, 범죄자들이 거래체계를 형성하고 있다는 점에서 국제환경을 고려한 대응방안이 필요하다.

3. 보안취약점 거래의 제재 관련 논의

보안취약점 시장의 규제에 관하여 구체적인 입법 작업이 이루어지고 있는 사례는 없다. 다만, 제로데이 취약점 거래의 규제와 관련하여 논의되는 바는 다음과 같다. 형사처벌의 관점에서 제로데이 취약점 거래를 사이버범죄의 예비행위로 볼 수 있는가의 문제다. 관련 법제도를 살펴보자.

유럽사이버범죄방지협약(Convention on Cybercrime) 제6조는 장치의 오남용 행위를 규제하고 있다. 이에 따르면 가입국은 범죄를 저지르기 위한 목적으로 설계되거나 개조된 컴퓨터 프로그램 등의 기기, 컴퓨터의 암호나 접근코드 또는 시스템 전체나 그 부분에 접근할 수 있는 유사한 데이터 등을 생산, 판매, 사용, 수입, 배포, 소유하는 행위를 처벌하여야 한다. 단, 동조 제2항에 따르면 이러한 처벌규정은 협약에서 정하는 범죄를 목적으로 생산, 판매, 사용, 수입, 유통, 소유하는 경우가 아닌 시스템을 보호하거나 시험하기 위해 허용된 행위에는 적용되지 않는다.

독일에서는 이러한 사이버범죄방지협약 제6조를 국내법으로 수용한 후 해당 규정을 통해 제로데이 취약점을 공유, 배포하는 행위도 처벌할 수 있는지에 관한 논의가 진행된 바 있다.[156] 당시 보안업계는 그러한 규제로 인해 취약점 연구가 위축될 수 있다는 이유로 반대하였다. 현재 관련 문제는 독일 형법 제202c조에서 다루고 있다. 동 규정은 기술적 수단을 통해 프라이버시를 침해하거나 접근권한 없이 데이터에 접근하는 행위를 가능하게 하는 프로그램이나 암호 또는 기타 보안 코드를 생산, 인수, 판매, 공급, 유포, 제공 등의 행위를 준비하는 자를 2년 이하의 징역 또는 벌금형에 처하고 있다.

영국은 컴퓨터 오남용법(Computer Misuse Act of 1990)을 통해 관련 문제를 규율하고 있다. 동법 제3A조는 컴퓨터 범죄의 수행 및 지원에 관한 프로그램이나 전자적 형태의 데이터를 제작, 반입, 공급, 제공하는 행위를 처벌하고 있다.

우리나라는 「정보통신망법」 제48조 제2항을 통해 정당한 사유없이 정보통신시스템, 데이터 또는 프로그램 등을 훼손, 멸실, 변경, 위조하거나 그 운용을 방해할 수 있는 악성프로그램을 전달 또는 유포하는 행위를 처벌하고 있다. 제70조의2에 따라 이를 위반하여 악성프로그램을 전달 또는 유포하는 경우 7년 이하의 징역 또는 7천만 원 이하의 벌금에 처할 수 있다. 따라서 해당 위반죄는 악성프로그램이 정보통신시스템, 데이터 또는 프로그램 등에 미치는 영향을 고려해 이를 전달 또는 유포하는 행위만으로 구성요건이 성립된다고 할 수 있고 이로 인해 시스템이 훼손, 멸실, 변경, 위조되거나 운용을 방해하는 결과가 발생할 것을 요하지는 않는다.[157] 실제로 법원은 IP 변경 기능, 보안문자 우회 기능, 랜덤 딜레이 설정 기능 등을 통해 카페나 블로그, 밴드 등에 자동으로 게시글, 댓글 등을 등록하고 쪽지와 초대장을 발송하는 등의 여러 작업을 반복적으로 수행하는 프로그램을 악성프로그램으로 보고 있다.[158] 또한 다른 사건에서 법원은 웹사이트를 통해 무료 프로그램을 다운로드 받을 경우 eWeb.exe라는 악성프로그램이 숨겨진 ActiveX를 설치하도록 유도하고 이를 통해 이용자들이 특정 검색어를 검색하거나 특정 검색결과에 따른 스폰서 링크를 클릭하지 않아도 그렇게 된 것처럼 허위의 신호를 발송한 것은 본래 목적과 다른 기능을 수행하도록 하여 정보처리의 장애를 발생하게 한 행위라고 보면서도, 이는 「정보통신망법」 제48조 제3항에 따라 안정적 운영을 방해할 목적으로 대량의 신호 또는 데이터를 보내거나 부정한 명령을 처리하도록 하는 등의 방법으로 정보통신망에 장애가 발생하게 한 것으로 볼 수는 없고, 다만 네이버의 검색어 서비스 업무와 스폰서링크 광고주들의 광고 업무를 방해한 것에는 해당한다고 보았다.[159] 아울러 싸이월드 방문자 추적서비스를 신청한 회원들에게 프로그램을 판매하고 이를 통해 자신의 싸이월드 미니홈피 방문자가 누구인지 알려주는 서비스를 제공한 사안에 대해서는 이 프로그램으로 인해 싸이월드 서버의 접속이 지연되는 등 정보통신시스템의 운용이 방해되었다고 볼 만한 증거가 없고 미니홈피의 운용이나 이용도 정상적으로 이루어졌으므로 정보통신시스템의 운용을 방해할 수 있는 악성프로그램이라고 볼 수 없다고 판단하였다.[160] 이와 같은 내용들을 종합해 볼 때 악성프로그램의 여부를 판단하려면 운용을 실질적으로 방해하는 기능뿐만 아니라 제작자나 사용자의 의도, 사용자의 의사에 반하여 설치되었는지 여부, 프로그램을 쉽게 삭제할 수 있는지 여부 등을 종합적으로 고려할 필요가 있다.[161]

따라서 보안취약점은 그 자체로는 정보통신시스템, 데이터 또는 프로그램 등을 훼손, 멸실, 변경, 위조하거나 운용을 방해할 수 없고, 이를 이용한 익스플로잇이나 해킹툴을 제작하고 배포하기에 이르러야 「정보통신망법」 제48조 제2항에 따른 악성프로그램의 전달 또는 유포 행위에 해당한다고 볼 수 있다. 우리 판례는 실제 영향을 미쳤다는 점이 확인되지 않는 단순한 매크로 수준의 프로그램은 악성프로그램으로 보고 있지 않기 때문이다. 물론 그러한 매크로가 실제로 대량의 신호를 보내 시스템에 장애가 생겼음이 증명된다면 악성프로그램에 해당될 수 있다. 그러나 취약점 그 자체만으로는 어떠한 장애도 발생하지 않기 때문에 취약점 배포 및 거래행위는 위와 같은 금지행위에 해당하지 않는다. 관련하여 보안취약점은 오히려 동법 제44조의7에 따라 범죄를 목적으로 하거나 교사 또는 방조하는 불법정보에 해당할 여지가 있다.

다만, 제로데이 취약점의 거래행위만으로는 형사처벌을 가하기 어렵다는 의미이지 이를 규제하지 않아도 된다는 의미는 아니다. 즉, 보안취약점은 앞서 규제의 필요성에서 제기한 바와 같이 유해정보, 범죄수익, 규제 대상 화학물질 등과 같이 불법행위로 이어질 가능성이 높은 불법정보이기 때문이다. 따라서 형사법적 접근은 보안취약점을 활용해 익스플로잇을 만들고 그러한 익스플로잇을 거래하는 행위에 이르러서 수사를 통해 판단해 볼 때에야 비로소 가능하다고 할 것이다. 그전까지는 취약점 거래시장을 전반적으로 양성화하고 연구 목적의 선의의 거래 및 공유 등이 이루어지도록 만드는 행정적 규제가 선행되어야 할 것으로 보인다.

제6절 정부의 수사 및 안보 목적 활용

그림 9 정부의 수사 및 안보 목적 활용 행위

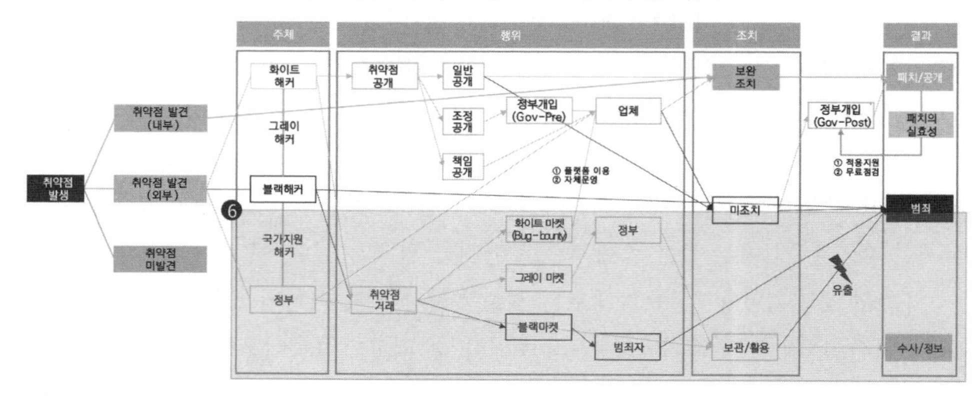

각국 정부도 보안취약점을 수집하고 축적, 활용하고 있다. 정보기관이 정보를 수집하고 안보위협을 감시하기 위한 목적으로 활용하기도 하고, 앞서 본 바와 같이 수사기관이 은밀한 범죄 및 고도의 기술을 활용한 범죄를 수사하기 위해 활용하기도 한다. 안보를 목적으로 하는 전자의 경우와 수사를 목적으로 하는 후자의 경우는 구분하여 분석할 수 있다. 안보 위협에 대한 정보활동과 전통적인 형사법상의 수사 절차는 정보활동이나 수사를 개시하기 위해 필요한 절차와 증명의 수준에 차이가 있기 때문이다. 특히 오늘날 보안취약점을 활용해 해외를 경유하는 은밀한 간첩통신, 테러나 범죄 논의 활동 등을 고려하면 변화에 대응할 수 있는 체계가 요구된다.[162] 아울러 권한을 부여하는 내국인과 그렇지 않은 외국인을 대상으로 하는 경우에도 정도의 차이가 인정된다. 우리 「통신비밀보호법」이 안보위해 등의 혐의가 있는 외국인을 대상으로 감청을 수행하려는 때에는 대통령의 승인을 받도록 하고, 통신의 일방이나 쌍방이 내국인인 때에는 고등법원 수석판사의 허가를 받도록 하는 방식을 고려해 보면 국민을 대상으로 정보나 수사활동을 개시하려는 때에는 법원의 감독과 통제가 반드시 필요하다.[163]

1. 보안조치 훼손의 의미

암호화는 디지털의 신뢰를 확보하는 아주 기초적이고 핵심적인 수단이다. 디지털 통신이 있기 전의 통신을 생각해보면 이해가 쉽다. 개인 간의 은밀한 대화나 밀봉된 서신은 사생활의 보호에 관한 요청을 의미한다. 실제로 통신과 우편 시스템을 국가가 독점하였던 역사로부터 통신의 비밀을 보호하기 위한 법리가 형성된 점을 상기할 필요가 있다.[164] 그러나 오늘날 모든 원거리 대화와 서신 교류들이 디지털 형태로 이루어지면서 통신내용의 보안을 확보하지 않을 수 없게 되었다. 보안 조치 없이는 온라인을 신뢰할 수 없게 된 것이다. 따라서 보안취약점을 활용해 보안 조치를 뚫거나 우회하는 행위는 근본적으로 인터넷의 근간을 무너뜨리는 시도라고 할 수 있다.[165] 그 주체가 정부라고 하더라도 예외는 없다. 오늘날 근대국가 성립의 기틀이라고 할 수 있는 사회계약론의 관점에서도 그러하다. 사회계약론에서 동일하게 관철되는 원리는 구성원들이 합의해서 국가를 구성하였다는 점이다. 즉, 권력은 신이나 자연이 아닌 구성원의 의지와 지지에 따라 정통성을 갖게 되는 것이다.[166] 따라서 모든 인간으로서의 구성원들은 기본적으로 독립적이고 자유로우며 평등하다. 그러나 독립적이라고 해서 각각의 개인을 고립된 존재로 이해할 수는 없고, 오히려 사회적 관계를 형성하며 교류하는 존재라고 이해해야 한다. 각자의 자유를 지키기 위해 공동체를 형성하고 합의에 따라 정한 규칙과 이를 통해 부여한 권력에 스스로가 구속되는 것이다.[167] 서로 간의 자유도 보장해야 하기 때문에 사적인 관계에서 개인의 자유가 무한히 보장될 수 없는 점도 당연하다. 또한 공공의 안전과 질서유지, 복리를 위해 필요한 경우 개인의 자유는 법률에 따라 제한될 수 있다. 이러한 관점에서 권력은 반드시 공동체의 합의를 통해 정해진 규칙, 즉 법률이 부여하는 의무와 책임을 다해야 한다. 따라서 보안을 훼손하는 조치는 공동체가 요구하고 합의한 사항에 따라 이루어져야 할 것이다.

2. 안보 및 수사 목적의 보안취약점 활용

가. 전략 자원으로서의 보안취약점

보안취약점을 활용하는 가장 큰 손은 다름 아닌 정부다. 컴퓨터 기술과 인터넷이 자리잡던 때부터 정부는 보안취약점을 바라보고 있었다. 특히 미국이 테러 위협을 미리 탐지하고 예방하기 위해 보안취약점을 활발히 활용하면서 취약점 논의도 급증하였다. 위험의 사전 예방은 마땅한 국가의 의무이기도 하지만 위험을 미리 식별하려면 은밀하게 접근해야 한다. 결국 해킹이나 패킷감청과 같은 기술적 수단들을 활용할 수밖에 없다. 따라서 사이버안보의 문제에서 정부는 국민의 안전을 보장하기 위해 국민의 정보를 확인하고 감시해야 하는 문제를 마주하게 되는 것이다.[168] 오늘날 컴퓨터 및 네트워크와 관련된 기술적 정보, 비밀첩보나 보안대책 등도 국가정보로 이해할 수 있는 점[169]을 고려하면, 보안취약점 또한 디지털 시대의 첩보 내지는 보안대책으로서 그 용도에 따라 국가정보라고 볼 수 있다.

국가정보학의 관점에서 정보(intelligence)란 데이터(data)를 특정한 목적을 달성하거나 문제를 해결하기 위해 가공, 처리한 것으로 관찰이나 측정을 통하여 수집한 자료를 실제 문제에 도움이 될 수 있도록 정리한 지식이나 자료를 말한다. 정보활동(intelligence activities)에서 정보의 개념은 첩보와 구분해야 한다. 즉, 첩보는 의도적으로 수집된 데이터로 처리, 가공의 과정을 거치지 않은 상태이며 정보는 분석 과정을 통해 체계화된 지식이라고 할 수 있다. 따라서 정보활동은 수집, 분석, 비밀공작 및 방첩활동 등으로 구성되며 이를 통해 정책결정자가 정책을 수행하기 위해 필요한 사전 지식으로서의 정보를 지원하는 행위를 의미한다. 정책의사결정자에게 정책의 입안, 계획, 집행, 실행 결과에 대한 예측 등 정책결정의 제반과정에 필요한 정보를 제공해 주는 것이다. 이를 위해 공개적이거나 은밀한 수단을 활용하여 입수하기 어려운 자료나 첩보를 수집하고 정보분석의 과정을 통해 그 진위와 타당성 여부를 면밀히 검증하여 지식으로서의 정보를 생산하는 것이다.[170]

아울러 「국가정보원법」에 따르면 국가기밀이란 "국가의 안전에 대한 중대한 불이익을 피하기 위하여 한정된 인원만이 알 수 있도록 허용되고 다른 국가 또는 집단에 대하여 비밀로 할 사실·물건 또는 지식으로서 국가기밀로 분류된 사항"을 의미한다. 「군사기밀보호법」에 따르면 군사기밀이란 "일반인에게 알려지지 않은 것으로서 그 내용이 누설되면 국가안전보장에 명백한 위험을 초래할 우려가 있는 군 관련 문서, 도화, 전자기록 등 특수매체기록 또는 물건으로서 군사기밀이라는 뜻이 표시 또는 고지되거나 보호에 필요한 조치가 이루어진 것과 그 내용"을 의미한다. 기밀의 의미에 관하여 우리 판례는 "정치, 경제, 사회, 문화 등 각 방면에 관하여 반국가단체에 대해 비밀로 하거나 확인되지 아니함이 대한민국의 이익이 되는 모든 사실, 물건 또는 지식으로서, 그것들이 국내에서의 적법한 절차 등을 거쳐 이미 일반인에게 널리 알려진 공지의 사실, 물건 또는 지식에 속하지 아니한 것이어야 하고, 또 그 내용이 누설되는 경우 국가의 안전에 위험을 초래할 우려가 있어 기밀로 보호할 실질가치를 갖춘 것"이라고 판시한 바 있다.[171]

이러한 개념들을 고려할 때 오늘날 보안취약점은 정부나 공공기관, 주요기반시설 등에서 사용하는 소프트웨어나 시스템, IoT 기기, 웹과 서버 등에 침입할 수 있는 핵심 정보로서 국가적 차원에서 보호해야 하는 기밀 내지는 비밀의 속성을 갖는 것으로 보인다. 취약점은 목적에 따라 정보수집활동에 사용하거나 방첩활동에 사용할 수도 있다. 핵심기반시설이나 정부기관의 시스템을 보호하는 데 쓰일 수도 있다. 국민과 기업을 보호하기 위해 사용할 수도 있다. 따라서 상호 연결된 시스템이 사회기반의 대부분을 이루고 있고 통신 내용 또한 패킷에 담겨 데이터로 존재하고 있는 취약한 현실[172]을 고려할 때 보안취약점은 기반시설의 보안, 방어, 방첩, 정보활동 등의 목적에 따라 중요한 국가정보라고 봐야 한다. 이러한 관점에서 각국 정보기관은 보안취약점을 구매하거나 직접 찾아 축적해 둘 수밖에 없다.

보안취약점 수집 및 보관 기능과 연계하여 수사기관이 보안취약점을 활용해 증거를 수집하고 수사를 진행하는 경우도 있다. 더 정확히 말하면 보안취약점을 활용해 수사를 진행할 수밖에 없는 경우라고 해야겠다. 즉, 수사 관점에서의 보안취약점은 대상으로서 판단해 볼 때에는 사이버범죄를 용이하게 하는 것이면서도 은밀하고 조직적으로 수행되는 범죄를 수사하기 위해 사용할 수밖에 없는 보충적 속성을 갖는 수단이라고 이해할 수 있다.

나. 보안취약점 활용의 법적 분석

1) 국가안보 목적

국가의 정보활동은 국가의 안보와 이익을 위해 수행되어야 한다.[173] 안보는 안전보장의 줄임말로서 위험과 손해로부터 보호되는 상태를 의미한다.[174] 안전에 대한 개념은 시대에 따라 달라질 수 있다. 현대 사회에서의 안전은 전통적인 범주인 생명과 신체에 대한 안전뿐만 아니라 사회적인 안전 및 생태계적 안전도 포함한다. 따라서 국가의 안전보장은 국가의 존립, 헌법의 기본질서 유지 등을 포함하는 개념으로서 국가의 독립과 영토의 보전, 헌법과 법률의 기능 보장, 헌법에 의하여 설치된 국가기관의 유지 등으로 이해할 수 있다.[175] 또한 안전의 개념이 가변적인 만큼 안보의 의미도 변화하는 개념이라고 할 수 있다. 국가의 이익을 위한 것으로서 무엇이 국가의 이익인가 하는 문제는 절대적인 범주를 갖는 것이 아니고 당대의 시대적인 상황과 환경 및 사회적 합의에 따라 다를 수밖에 없기 때문이다.[176] 게다가 오늘날의 안보는 단순한 외적 위협으로부터 국가를 수호하는 전통적인 대외 및 군사 안보의 개념을 탈피하여 경제, 환경, 문화, 사이버 등을 포괄하게 되었다.[177] 안보의 개념이 확장되면서 오늘날에는 비군사적 위협도 포함하게 된 것이다. 그러나 본질은 그 대상을 막론하고 국내외 각종 군사 및 비군사적 위협으로부터 국가의 목표를 달성하기 위하여 정치, 외교, 경제, 사회, 문화, 군사, 과학기술 등의 수단들을 종합적으로 운용해 다양한 위협을 효과적으로 배제하고 위협이 발생하지 않도록 이를 사전에 방지하며 불의의 사태에 적절히 대처하는 것이라고 이해할 수 있다.[178]

안보의 위협에 대한 정의도 마찬가지다. 일반적으로는 국가의 주권, 정치, 경제, 사회, 문화 체계 등 국가를 구성하는 핵심 요소나 가치에 중대한 위해가 가해질 수 있거나 가해지고 있는 상태를 의미한다.[179] 따라서 국가위기는 국가를 구성하는 핵심요소와 국가 운영에 필수적인 요소에 대한 현대적 위험의 발생이나 발생 가능성을 포함하는 것이다.[180] 판례 또한 국가의 안전보장을 국가의 존립, 헌법의 기본질서 유지 등을 포함하는 개념으로서 국가의 독립, 영토의 보전, 헌법과 법률의 기능 및 헌법에 의하여 설치된 국가기관의 유지 등으로 이해하고 있다.[181] 특히 현대 사회에 들어 본질적으로 불확실한 요소들의 위험을 규제하기 위한 방안으로서 사전 예방의 원칙(the precautionary principle)이 도입되고 있다.[182] 사전 예방의 원칙은 본래 공중보건이나 환경 등 고도의 전문성을 요구하면서 예측하기 어렵고 대규모의 피해가 발생할 우려가 있는 영역에서 유래하였다.[183] 오늘날에는 국제원자력기구(IAEA: International Atomic Energy Agency)의 원격 핵감시 기능이나 테러 등 안보 위협이 큰 분야에 한하여 사전 정보수집 기능이 주로 요구되고 있다. 우리나라는 2016년 「국민보호와 공공안전을 위한 테러방지법」을 제정해 국가정보원장으로 하여금 테러위험인물에 대한 출입국, 금융거래 및 통신이용 등의 정보를 수집하도록 하고 있다. 또한 2013년 서상기 의원의 「국가사이버테러방지에 관한 법률안」, 2015년 이노근 의원의 「사이버테러방지 및 대응에 관한 법률안」, 2016년 정부의 「국가사이버안보기본법 제정안」 등에 관한 논의들이 함께 이루어졌다. 그러나 국가정보원의 권한확대 등 거버넌스의 문제, 중복규제, 감시 우려 등으로 국회의 문턱을 넘지는 못하였다.[184] 현재 우리나라에서 보안취약점을 활용해 정보활동이나 수사를 진행할 수 있는 명확한 법률적 근거는 없다. 다만, 포괄적으로 규정된 권한 근거에 따라 법관의 영장으로 통제되고 있을 뿐이다.

만약 사전 예방의 원칙에 따라 불가피한 경우에 한하여 보안취약점의 활용 필요성이 인정되더라도 자국민을 대상으로 정보활동을 수행하려는 경우에는 엄밀한 검토가 필요하다. 정보활동을 통해 경감하려는 위험의 수준을 사회에서 어느 정도로 인식하느냐에 따라 달라지므로 이는 결국 수학적 현실보다는 정치적으로 더 중요한 의미를 갖기 때문이다. 예를 들어 대규모의 사회적 공포는 과도한 위험 반응으로 이어져 시민들이 더 중요한 시민권이나 자유를 양도하게끔 만든다. 이는 국가권력의 남용이라는 위협으로 이어지기 쉽다.[185] 9 · 11 테러 이후 구체적인 검토없이 통과된 애국법(Patriot Act)이 대표적인 사례다. 실제로 애국법을 통과시킬 때 프라이버시나 시민 자유에 대한 우려가 없었던 것은 아니지만 대부분은 이보다 당장 미국이 마주하고 있던 테러리스트와의 전쟁을 위해 즉각적인 변화가 필요하다고 인식하고 있었다.[186] 결국 애국법은 제정 이후 시민들을 대상으로 무차별적인 전화감청을 시행한 NSA의 활동, 2013년 스노든 사태 등 자유권 침해문제가 불거지면서 2015년 NSA의 권한을 줄이는 형태로 수정되어 자유법(USA Freedom Act)으로 개편되었다.[187]

보안취약점을 활용하는 문제도 이와 다르지 않다. 사이버위험에 대응하려면 의사결정자는 그러한 위험을 최소화하고 제거하기 위해 가장 효율적인 대책을 선별해야 한다.[188] 위험원, 위험에 책임이 있는 자, 위험을 제거하기 위해 동원할 수 있는 수단 등을 식별할 수 있어야 하는데, 이를 위해서는 반드시 위험과 관련된 주요 정보들을 우선 수집, 취득하고 분석해야 한다.189 따라서 사이버상의 각종 취약점 정보와 위협정보, 대응조치들을 수집, 제공하고 공유할 수 있는 최선의 방법은 정보망을 최대한 넓게 펼치는 방식이라고 할 수 있다.190 그러나 보안취약점은 근본적으로 보안을 침해할 수 있는 수단이고 이는 디지털이 일반화된 일상에서의 소통과 활동에 관한 신뢰를 저해할 수 있으므로 예외적인 상황에서만 허용될 수 있다고 봐야 한다. 아울러 디지털 경제지형이 변화하면서 개인정보나 데이터가 시장에서 거래될 수 있는 재화가 되었다.191 사이버안보가 하나의 거대한 군수시장을 형성하고 있는 등 사이버안보 이슈도 끊임없이 융합하고 변화하고 있다.192 이러한 점에서 국가[illegible] 국민의 세금으로 보안취약점을 구입하고 있다는 사실도 중요한 법적 고려사항[illegible]다. 자국민을 대상으로 그러한 보안취약점을 활용하려면 반드시 영장과 통제, 사[illegible] 사후 검증이 필요하다. 다만, 안보 목적으로 정보를 수집하고 수사를 진행하고[illegible] 보안 취약점을 활용하는 경우에는 그 기준이 완화될 수 있다고 본다. 안보사건의 경[illegible] 일반 형사사건과 달리 조직적이고 계획적이며 은밀한 방식으로 이루어져 정보수집[illegible] 수사를 위해 그에 비례하는 효과적인 방법이나 입증절차가 필요하기 때문이다.193

2) 범죄수사 목적

아울러 수사의 관점에서 보안취약점은 특정 경우에 한하여 예외적으로 활용할 수밖에 없는 불가피한 수사기법이기도 하다. 범죄수사 목적으로 보안취약점을 활용하기 위해서는 외부의 감독 및 통제장치와 함께 요건들을 정할 수 있어야 한다. 수사는 공소의 제기 및 유지 여부를 결정하기 위해 범죄혐의의 유무를 명확히 하고 범인과 증거를 찾아 확보하는 수사기관의 활동을 의미한다.194 수사기관은 「형사소송법」 제199조에 따라 수사의 목적을 달성하기 위해 필요한 조사를 할 수 있다. 강제처분은 법률에 특별한 규정이 있는 경우에 한하여 필요 최소한도의 범위에서만 이루어져야 한다. 또한 동법 제215조에 따르면 수사기관은 범죄수사에 필요한 때에는 피의자가 죄를 범하였다고 의심할 만한 정황이 있고 해당 사건과 관계가 있다고 인정할 수 있는 것에 한하여 압수, 수색, 검증을 할 수 있다. 따라서 수사는 범죄수사를 위해 필요성이 인정되고 그러한 수사의 목적을 달성하기 위해 필요한 범위 내에서 법률의 규정과 절차에 따라 관련된 것에 한하여 이루어져야 한다. 즉, 일반적으로 협의의 존재, 필요성, 관련성, 비례성이 요구된다.[195] 특히 감청 또한 물리적 강제력을 사용하지는 않지만 통신의 비밀뿐만 아니라 사생활의 자유, 행복추구권과 같은 기본권을 당사자의 동의 없이 제한한다는 점에서 강제수사로 보는 것이 일반적인 견해이다.[196] 따라서 보안취약점 또한 강제수사의 일환으로 활용되는 수단이라고 할 것이다.

특히 고도의 전문성을 활용해 제로데이 취약점을 찾아 활용하는 경우 은폐 및 증거인멸의 가능성 또한 높아지므로 수사기관의 전문성 확보가 필요하며 증거수집과 범인검거 등도 더욱 어려워진다는 점[197]을 고려하면 불가피한 경우 보안취약점을 활용한 강제수사 방법도 허용할 수 있어야 한다. 이에 따른 가장 큰 쟁점은 적법절차의 원칙을 준수하면서 수사를 어떻게 더 효율적이고 실질적으로 할 것인지에 관한 문제라고 할 수 있다. 가장 대표적인 경우가 최근 크게 논의되고 있는 다크웹 수사와 함정수사라고 할 수 있다. 일반적으로 함정수사는 은밀하고 교묘하며 조직적으로 진행되는 범죄들에 대하여 일반적인 방법으로는 수사의 실효성을 확보하기 어려워 보다 적극적이고 사전에 대응할 필요가 있는 경우에 쓰이는 수사방법이다. 수사기관이 신분을 숨기고 범인이 범죄를 실행하도록 한 다음 체포하고 증거를 수집하는 방식이기 때문이다.[198] 우리나라는 2020년 암호화 메신저인 텔레그램을 통해 성착취물을 공유하는 등 심각한 디지털성범죄의 민낯이 드러나면서 「아동 · 청소년의 성보호에 관한 법률」을 개정해 신분비공개수사와 신분위장수사의 법적 근거를 마련하였다. 이에 따라 2021년 9월 시행된 「아동 · 청소년의 성보호에 관한 법률」 제25조의2에 근거하여 수사기관은 신분을 비공개하고 정보통신망 등을 포함하는 범죄현장 또는 범인으로 추정되는 자들에게 접근하여 범죄행위의 증거 및 자료 등을 수집하는 신분비공개수사, 디지털 성범죄를 계획 또는 실행하고 있거나 실행하였다고 의심할 만한 충분한 이유가 있고, 다른 방법으로는 그 범죄의 실행을 저지하거나 범인의 체포 또는 증거의 수집이 어려운 경우에 한정하여 수사 목적을 달성하기 위하여 부득이한 때에는 신분위장수사를 할 수 있다. 이러한 함정수사는 그 필요성에도 불구하고 국가가 범죄를 권유하고 이에 따라 저지른 행위를 처벌한다는 점에서 자기모순의 성격을 가지며 적법절차의 원칙을 반하는 것이라고 할 수 있다.[199] 따라서 함정수사가 허용되려면 특정한 요건과 절차들을 충족하여야 한다.

대법원은 본래 "범의를 갖지 않은 자에 대하여 수사기관이 사술이나 계략 등을 써서 범의를 유발하여 범죄인을 검거하는 함정수사는 위법함을 면할 수 없고, 이러한 함정수사에 기한 공소제기는 그 절차가 법률의 규정에 위반하여 무효인 때에 해당한다고 봐야 하지만 범의를 가진 자에 대하여 범행의 기회를 주거나 범행을 용이하게 한 것에 불과한 경우에는 함정수사라고 할 수 없다"라고 판시200하여 기회제공형 함정수사를 제한적으로 인정하고 있다. 그러나 이후 마약범죄 함정수사에 관한 판례를 통해 어떤 사건이 위법한 함정수사에 해당하는지 여부는 해당 범죄의 종류와 성질, 유인자의 지위와 역할, 유인의 경위와 방법, 유인에 따른 피유인자의 반응, 피유인자의 처벌 전력 및 유인행위 자체의 위법성 등을 종합하여 판단하여야 한다고 봤다.201 또한 특정인이 수사기관의 사술이나 계략에 의해 유인되어 범죄의 기회를 제공하더라도 해당 유인자가 수사기관과 직접적인 관련을 맺지 아니한 상태에서 피유인자를 상대로 단순히 수차례 반복적으로 범행을 교사하였을 뿐 수사기관이 사술이나 계략 등을 사용하다고 볼 수 없는 경우는 설령 그로 인하여 피유인자의 범의가 유발되었다 하더라도 위법한 함정수사에 해당하지 않는다고 판시하기도 하였다.202 따라서 판례는 원칙적으로 함정수사를 허용하지 않지만 본래 범의유발형과 기회제공형으로 함정수사의 유형을 나누고 기회제공형 함정수사는 허용될 수 있다고 보면서도 이후 함정수사의 위법성 여부를 판단할 때에는 종합적으로 판단해야 한다는 입장을 취하고 있는 것으로 보인다.203

보안취약점을 활용한 수사라 함은 결국 해킹수사라고 할 수 있다. 직접적으로 기술적 조치를 우회하거나 변경하여 수사를 진행하는 경우가 될 수도 있고 함정수사와 같이 피싱메일을 보내거나 가짜 웹사이트를 개설하는 경우가 될 수도 있다. 피의자가 자주 방문하는 웹사이트의 취약점을 활용해 워터링홀 공격을 수행할 수도 있고 아예 허니팟이나 허니넷을 구성해 피의자의 정보를 추적, 수집할 수도 있다. 아울러 백도어를 설치하거나 악성코드를 활용하는 등의 해킹수사는 온라인수색이라는 용어로 이해되고 있다.204 이러한 온라인수색의 허용 여부에 대하여는 「형사소송법」 제120조 제1항이 압수수색의 영장 집행을 위해 건정을 열거나 개봉 기타 필요한 처분을 할 수 있도록 규정하고 있다는 점에서 '기타 필요한 처분'에 근거하여 허용된다고 보는 견해205가 있다. 그러나 해킹수사를 부수 처분으로 보기에는 어려움이 있다고 판단된다.206 위 견해에 따르면 우편물 배달원을 가장해 문을 열게 한 경우, 도주하면서 소지한 물건을 버리려는 피의자의 손을 비틀어 물건을 확인한 경우, 영장집행 당시 증거물의 상황보전 및 압수절차의 적법성을 담보하기 위한 사진촬영, 혈액이나 소변을 압수하기 위해 채혈이나 채뇨를 하는 경우들을 예시로 들고 있으나, 이는 오히려 압수수색의 목적을 달성하기 위해 본처분에 필요한 행위들로 볼 수 있기 때문이다. 또한 「형사소송법」 제199조 제1항에 따르면 강제처분은 법률에 따라 필요한 최소한도의 범위에서만 이루어져야 한다. 따라서 부수되는 처분이더라도 그것이 본처분에 비해 더 큰 권리침해의 가능성을 가져서는 안 된다. 해킹을 통해 수사를 진행하는 경우에는 수사기관이 대상 정보시스템 내에 저장된 정보를 사실상 모두 확인할 수 있다는 점에서 사생활 침해의 우려가 매우 크다. 특정 정보를 압수하기 위해 필요한 처분이라고 하기에는 오히려 배보다 배꼽이 더 큰 셈이다. 이 외에 「경찰관직무집행법」, 「통신비밀보호법」 등의 경우에도 전자는 경찰의 직무로서 국민의 생명, 신체 및 재산의 보호, 범죄의 예방, 진압 및 수사, 대간첩 작전수행, 치안정보의 수집, 작성 및 배포 등을 허용하고 있으나 해킹의 근거가 되는 구체적인 수권규정은 두고 있지 않으며, 후자의 경우 수동적인 정보수집 행위인 감청을 허용할 뿐 적극적으로 시스템에 침입하는 행위를 의미하고 있는 것이 아니므로 현행법상 해킹수사의 법률적 근거는 없다고 할 수 있다.[207]

이러한 점에서 해킹수사를 진행하려면 반드시 명문의 법률규정을 마련하고 영장에 따라 적법한 절차로 진행해야 하며 더욱 엄격한 사전, 사후 통제절차도 설계해야 한다. 마찬가지로 허니팟이나 허니넷을 구성하는 경우에는 수사기관이 영장을 받고 예산을 활용해 직접 시스템이나 네트워크를 구축해야 하며 적절한 통제장치들이 동반되어야 한다. 다만, 워터링홀의 경우에는 조금 다르다. 워터링홀 공격은 피의자가 방문하는 민간 웹사이트의 취약점을 활용해야 한다는 점에서 「정보통신망법」 제48조 제1항에 따른 망 침입 및 동조 제2항에 따른 악성프로그램 유포 행위를 구성하게 된다. 따라서 이 경우에는 함정수사의 여부를 판단하기 전에 영장을 받아 해당 웹사이트를 운영하는 민간 사업자의 허가를 받는 등의 절차가 필요하다.

문제는 이러한 수사방식들이 알려지면 보안 전체에 영향을 미친다는 점이다. 즉, 소프트웨어에 취약점을 삽입하거나 정부가 해킹을 통해 수사를 진행한다거나 업데이트 절차를 통해 백도어를 심는 등의 활동이 알려지면 민간에서는 자동 업데이트 기능을 끌 수밖에 없다. 정부의 모든 요청을 수용하는 기업은 신뢰를 잃고 영업에 차질을 빚게 된다. 따라서 필요한 경우 정부는 합법적이고 효율적인 범죄수사를 위해 보안취약점을 활용할 수 있어야겠지만 이를 위해서는 반드시 법률에 의한 적절한 절차적 통제와 보호조치들이 동반되어야 하고 감독을 통해 실무와 근거규정을 언제든 개선할 수 있는 환류체계가 마련되어야 한다.[208]

다. 국외 법제 사례

1) 미국

미국의 해외 정보수집은 기본적으로 1981년 로널드 레이건 대통령이 발표한 행정명령 제12333호를 통해 이루어진다. 1972년부터 1974년까지 벌어진 워터게이트 사건[209]을 통해 처치 위원회와 파이크 위원회가 구성되었고 의회는 정보기관의 권한 남용을 제한하기 위해 1978년 해외정보감시법(FISA: Foreign Intelligence Surveillance Act of 1978)을 제정하였다. 본래 동법은 미국 내의 외국인을 감시하기 위한 법이었다. 그러나 이후 냉전을 겪으며 해외 정보수집의 필요성이 증가함에 따라 해외정보감시법이 다루지 못하는 정보활동의 근거를 마련해야 하였던 것이다.[210] 이에 따라 동 행정명령 2.4조에 근거하여 NSA, CIA, DIA 등의 정보기관은 법무부장관이 승인한 절차에 따라 당사자의 동의없이 전자적 수단을 활용해 비공개 통신을 획득하는 전자감시를 수행할 수 있다. 이를 근거로 보안취약점을 활용한 해킹 등이 이루어지고 있다.[211]

이러한 취약점 활용 문제와 관련하여 2017년 미 하원은 사이버 취약점 공개 보고법안(Cyber Vulnerability Disclosure Reporting Act)을 발의하였으나 제정하지는 못하였다. 동일한 내용으로 2019년 3월 법안이 다시 발의되었으나 진척사항은 없는 상태이다. 동 법안은 국토안보부에게 연방기관의 보안취약점 공개 관련 조정 절차와 정책 등을 의회에 보고하도록 요구하고 있다. 즉, 정부가 국민에게 취약점 관련 정책을 보고하도록 해 그 신뢰성과 투명성을 확보하기 위함이다. 보고서에는 전년도에 이루어진 보안취약점의 공개 정책과 그 결과에 관한 내용이 포함되어야 하나 일부 필요한 부분은 기밀로 할 수 있다. 관련하여 국토안보부는 업계와 협력해 취약점을 공개하기 위한 기준, 절차와 정책을 개발하여야 한다. 국토안보부가 컴퓨터나 소프트웨어의 취약점을 어떻게 확보하고 어떤 기준으로 공개할 것인지 보고하도록 하는 것이다. 이는 기본적으로 미국이 2008년부터 시행하고 있는 취약점 공개검토

절차(VEP: Vulnerability Equities Process)를 보다 실질화하기 위한 것으로 미국 내에서 정부의 보안취약점 정책이 더 투명해야 한다는 요구를 반영한 것이었다.[212] 동 절차는 2008년 제정된 이후 2016년 정보자유법(FOIA: Freedom of Information Act)에 따라 이를 수정하면서 일반화되었다. 이후 NSA 유출사건 등을 겪으며 비판이 늘어나자 트럼프 행정부는 2017년 VEP 헌장을 개정하여 그 안에 의회 보고에 관한 사항을 담도록 하였다.[213] 그러나 이는 정책에 불과하여 그 실질성을 담보할 수 없으므로 의회에서 취약점 공개보고법을 통해 강제성을 부여하려고 한 것이었다.

관련하여 미국은 정보수집 능력을 유지해야 할 필요성을 인식하고 취약점의 활용을 허용하면서 이를 통제할 수 있는 기준을 마련하기 위한 정책을 제시하고 있다.[214] VEP 정책을 자세히 살펴보면 이는 NSA 등 정부 기관이 보안취약점을 발견한 경우 이를 사용할 것인지, 공개할 것인지 등 민간 업체에 알려야 하는 기준, 첩보활동 등을 위해 활용할 수 있는 기준들을 마련한 문서임을 알 수 있다.

이에 따르면 먼저, 미국은 취약점공개검토위원회(ERB: Equity Review Board)를 구성해 취약점 공개 여부에 관하여 범부처 논의와 결정을 진행하도록 하였다. 동 위원회는 관리예산처(OMB: Office of Management and Budget), 재무부(DOT: Department of Treasury), 국무부(DOS: Department of State), 국가정보국장실(ODNI: Office of the Director of National Intelligence), 법무부(DOJ: Department of Justice), 국토안보부(DOHS: Department of Homeland Security), 에너지부(DOE: Department of Energy), NSA, 사이버사령부 등을 포함하는 국방부(DOD: Department of Defense), 상무부(DOC: Department of Commerce), 중앙정보국(CIA: Central Intelligence Agency)의 장이 정한 대표부로 구성된다. 동 위원회는 매월 정기적으로 소집된다. 또한 NSA의 정보보증국장(Information Assurance Directorate)이 VEP 담당관으로 기능하면서 취약점 공개 및 보유 절차를 지원하고 관련 기록을 보존하며 의회 제출을 위한 연간보고서를 작성하도록 하였다.[215] 연간보고서는 가장 낮은 비밀분류 수준으로 작성된다. 검토의 대상이 되는 취약점은 새롭게 발견하였고 공개적으로 알려지지 않은 것이어야 한다.[216]

구체적인 절차를 살펴보면 먼저 부처 또는 기관이 취약점 검토 소요(vulnerability meeting threshold)를 제기하고, VEP 담당관이 ERB 위원회의 각 담당자에게 이를 통지한다. 위원회가 소집되면 각 부처별 검토의견을 공유하고 해당 취약점을 공개할 것인지 제한할 것인지 논의한다. 합의가 이루어지면 위원회는 권고안을 비준하고,

합의가 이루어지지 않으면 투표를 통해 의견을 전달하며 해당 부서 및 기관은 NSC에 판단을 요청할 수 있다.

2) 영국

2018년 11월 영국 정부통신본부(GCHQ: Government Communications Head Quarters)는 공개검토절차(The Equities Process)를 마련하고 발표하였다. 이에 따라 영국은 보안취약점을 발견한 경우 이를 공개하는 것이 원칙적으로 국익에 부합한다고 보고 있다. 다만 테러공격, 아동 성착취물, 기반시설 등에 대한 공격, 적성국에 의한 위협행위 등으로부터 영국을 보호하기 위해 영국의 정보공동체에서 취약점을 활용해야 하는 경우 이를 판단하기 위한 절차로서 공개검토절차를 운영하고 있다.[217] 특히 'Equities'의 의미에 관하여 GCHQ는 해당 용어가 일반적으로 지분 내지는 소유권 등을 뜻할 수 있지만, 본 정책에서는 정보 관점에서 위험과 이익을 형량하고 영국의 사이버안보를 공정하게 확보하기 위함이라고 설명하고 있다.

해당 검토절차에 따르면 영국은 정보기관의 분야별 전문가로 구성된 공개검토실무진(ETP: Equities Technical Penal), 충분한 경험과 지식을 갖춘 공무원을 위원장으로 하고 정부 부처 및 기관의 대표자들로 구성되는 정부통신본부공개검토위원회(GCHQ Equity Board), 국가사이버보안센터(NCSC)의 장을 위원장으로 하는 공개검토감독위원회(Equities Oversight Committee)를 통해 취약점 공개 여부에 관한 의사결정을 내린다. 이러한 검토기준을 판단하기 위한 과정에서 취약점의 위험성에 관한 요소는 국제침해사고대응협의회(FIRST: Forum of Incident Response and Security Teams)의 CVSS 체계를 준용한다. 취약점의 공개검토가 종료되고 이를 공개하기로 한 경우에는 취약점을 패치하고 난 후에 공개한다. 특히 담당기관인 정부통신본부(GCHQ)는 사업자들이 취약점을 완화하고 제거하기 위해 시간이 필요하다는 점을 강조하며 특별히 기한을 정해 취약점을 패치하도록 요구하지는 않고 사업자와 협의하여 진행할 것임을 명시하고 있다. 만약 사업자가 취약점을 자체적으로 보완할 역량이 없거나 그러한 의지가 없는 경우에는 사업자와 협의하여 위험을 완화하기 위해 관련 서비스제공자와 이용자 등에게 세부사항을 적절히 공유할 수 있다고 밝히고 있다.

취약점공개검토절차를 살펴보자. 먼저 취약점을 발견한 경우 이를 공개검토실무진에게 제출하고 해당 실무진에서 합의하여 취약점 보유가 필요하지 않다고 판

그림 10 영국 취약점 공개검토 절차

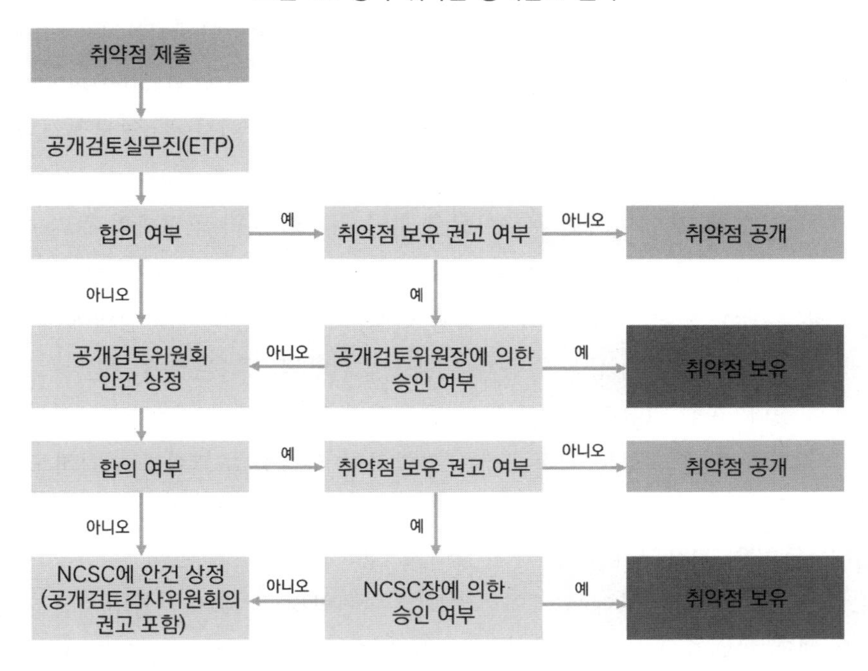

단하면 취약점을 공개한다. 그러나 보유를 권고한 경우 그 자체로 보유를 결정하지 않고 공개검토위원장에게 인가를 요청한다. 인가된 경우 취약점을 보유할 수 있지만 그렇지 않으면 이를 공개검토위원회에 상정하여야 한다. 동 위원회에서 합의를 통해 취약점 보유를 결정하지 않으면 취약점을 공개한다. 그러나 취약점 보유를 결정할 경우 이 단계에서도 마찬가지로 그 자체로 보유 여부를 확정하지 않고 NCSC장의 승인을 받아야 한다. 이를 통해 정보기관은 비로소 취약점을 보유할 수 있다. NCSC장에 의해 취약점 보유가 승인되지 않은 경우에는 NCSC에 안건으로 상정하여 공개 여부를 판단하도록 하고 있다.

3) 독일

독일은 현재 보안취약점 공개 또는 보관 여부를 검토할 수 있는 절차를 두고 있지는 않지만 개발 중인 것으로 확인된다.[218] 대부분의 경우에는 취약점을 공개하도록 할 것으로 보이며, 정부 관계자들은 학계와 민간 업계 및 시민사회와 지속적으로 소통하며 협력하고 있다. 특히 카네기국제평화재단(Carnegie Endowment for International

Peace)에서 2018년에 개최한 정부 취약점 관리에 관한 국제정책콘퍼런스(International Policy Conference on Government Vulnerability Management)에 참석하는 등 동향과 아이디어를 모으고 있으며, 독일의 비영리 씽크탱크인 Stiftung Neue Verantwortung(SNV)와 정보를 교환하고 있다. 관련하여 2018년 8월, SNV의 국제사이버안보정책과에서 운영하는 프로젝트인 대륙 간 사이버 포럼(TCF: Transatlantic Cyber Forum)은 독일과 미국의 학계, 업계 및 시민사회 전문가들을 모아 정부의 취약점 평가와 관리 절차에 관한 권고 모델을 발표하였다.[219] 관련하여 동 보고서는 정부기관이 보안취약점을 보관하려는 경우 그 필요성을 엄격하게 증명하도록 하고 해당 취약점의 영향, 심각성, 관계자 간의 이해관계 등을 형량하여 별도의 취약점 검토분석 조직을 두고 판단하도록 하였다. 또한 보유하는 취약점이 유출되지 않도록 최고 수준의 보안성을 확보하고 의회의 전문성 있는 감독체계를 강화하며 투명성 보고서를 발간하도록 권고하였다.[220]

한편 독일은 2021년 4월 23일 IT 보안법 2.0(IT－Sicherheitsgesetz 2.0)을 제정하였다. 2019년 3월 내무부에서 제안한 이 법은 연방정보기술보안청(BSI)의 기능과 권한을 대폭 확대하였다. 동법 제4b조에 따라 BIS는 보안취약점을 접수받을 수 있는 기능을 수행할 수 있으며 보안취약점 등 위협정보를 수집하고 이를 평가할 수 있다. 동조 제3항에 따라 BIS는 접수 또는 신고받은 취약점 정보를 제3자에게 알리거나 경고하기 위해 활용할 수 있다. 제7a조에 따라 BIS는 각종 IT 기기, 제품 및 시스템 등을 검사할 수 있고 필요한 정보를 제출하도록 요구할 수 있다. 동조 제5항에 따라 업체 등이 데이터를 제공하지 않는 경우 BIS는 해당 업체를 공표할 수 있다. 제7b조에 따라 포트스캔을 활용해 보안이 취약한 지점을 탐색할 수도 있다. 또한 허니팟을 구성하는 등 적극적인 조치를 마련해 위협원을 색출할 수 있다.

아울러 독일은 2017년 형사소송법을 개정하여 제100b조를 통해 비공개 원격수색(Covert remote search of information technology systems)의 근거를 마련하였다. 제1항에 따르면 수사기관은 기술적 수단을 활용해 대상자가 알 수 없는 상태에서 대상자가 사용하는 정보기술시스템에 침입해 데이터를 수집할 수 있다. 즉, 보안취약점을 활용한 해킹수사가 가능하다. 우리나라에서는 일반적으로 온라인수색으로 알려져 있다.[221] 제1항 각호는 온라인수색의 요건을 정하고 있다. 이에 따라 온라인수색이 허용되려면 대상자는 제2항에 따른 범죄를 행한 범죄자 본인, 공범 또는 미수범

이어야 한다. 제2항은 온라인수색이 적용될 수 있는 범죄의 유형을 나열하고 있다. 이에 따르면 고도의 반역행위, 법치주의에 따른 민주주의 국가의 기반 위협, 대외적 안보 위협, 화폐나 공문서를 위변조하는 등 질서를 해하는 행위, 성적 자기결정권에 반하는 행위, 아동포르노의 배포, 조달 및 보유 등의 범죄를 대상으로 온라인수색이 허용될 수 있다. 또한 제2호에 따라 특별히 중대한 사안이어야 하며, 제3호에 따라 사실관계의 파악이 곤란하거나 피의자가 해외에 소재하고 있는 등의 문제로 인해 기존의 방식으로는 수사 진행이 사실상 어려운 경우여야 한다.

제7절 보안취약점 대응의 개선과제

1. 보안취약점의 일반화 대응

오늘날 보안취약점은 불안정하게 설계된 인터넷 구조에 더 많은 사람들과 조직, 시스템들이 엮이면서 급격히 증가하고 있다.[222] 앞으로의 디지털 환경에서는 기술 시스템의 복잡성과 상호의존성의 높아지면서 보안취약점의 발생도 증가할 수밖에 없다. 특히 IoT와 클라우드 컴퓨팅 기술을 중심으로 데이터가 복잡하게 수집·저장되고 있는 점을 고려해야 한다. 내 데이터와 우리나라의 데이터를 멀리 떨어진 타인의 컴퓨터나 다른 국적 기업의 컴퓨터에 넣어 둔다는 의미를 알아야 한다. 신뢰와 안전이 보장되지 않으면 내 데이터가 언제든 위험에 처할 수 있다. 심지어 이제는 전기와 가스, 수도, 가족들의 모습과 목소리, 자동차의 운행 정보, 심장박동기의 통제 신호 등이 모두 '내 데이터'로 수렴하고 있다. 새로운 디지털 기술과 구조가 편의를 가져온다면, 그리고 디지털 경제와 인류 공영의 발전에 기여하는 길이라면 반드시 신뢰를 보장할 수 있어야 한다. 이를 위해 보안이 필요하다.

그러나 보안 문제는 여전히 보안을 전공하거나 관련 업계에서 근무하는 사람들의 영역을 넘어서지 못하고 있다. 정작 서비스나 시스템을 이용하면서 보안취약점 문제의 영향을 받는 대다수의 정당한 권리자들은 취약점 문제를 충분히 인식하지 못하고 있다. 우리나라의 경우 소프트웨어 백신 설치 및 주기적 업데이트를 수행하는 비율이 35.9%, 강력한 비밀번호를 사용하는 경우가 35.3%, 주기적으로 비밀번호를 변경하는 비율이 27.6%, 외부 장치 및 서버에 안전하게 백업하는 경우가 13%로 조사되었으나 아무런 조치를 하지 않는 비율 또한 35.1%로 확인되었다. 특히 50대는 46.2%, 60대는 66.3%, 70세 이상은 81.6%가 아무런 조치를 하지 않음으로써 핵심적인 보안취약계층을 형성하고 있다.[223] 따라서 보안 문제가 매우 일반화되고 있는 현상을 사회에서 수용하고 적극적으로 대응할 수 있도록 지원할 수 있는 체계가 필요하다. 상호의존성과 연결성이 높은 디지털 환경에서 재난은 불가피하지만 이를 줄이기 위한 가장 좋은 방법은 개방성이다. 관련된 기관과 기업, 조직과 단체들의 네트워크는 분야 전체의 이해관계자와 함께 기술의 신뢰성을 높일 수 있다.[224] 보안취약점의 문제도 사회적으로 공개되고 인식될 수 있어야 한다.

일반화에 맞춰서 보다 큰 관점에서 보안을 다루는 정책적 논의들이 이루어져야 한다. 디지털이 물이나 공기와 같이 된 앞으로의 환경에서 보안은 환경이나 공해, 공중보건 문제와 같다고 볼 수 있다.[225] 사이버공간에서의 악의적 행위를 추적, 예방, 차단, 제재하고 소프트웨어의 결함을 찾아 보완해야 하며 취약점을 관리하고 개선할 수 있어야 한다. 이미 현장의 문제들을 중심으로 그간 규제 영역 밖에 있던 문제들을 포괄하려는 작업이 분야별로 이루어지고 있다. 예를 들어, 우리가 앞에서 본 바와 같이 미국 캘리포니아주나 오레곤주의 IoT 보안법, EU의 사이버보안법 등 분야별 문제들을 제도적으로 규율하려는 움직임들이 이루어지고 있다. 인공지능의 보안에 관한 문제도 마찬가지다. EU 집행위원회는 2021년 4월 21일 인공지능 규정 초안을 발표하였다. 해당 규정안의 제15조에 따르면 EU는 고위험 AI 시스템을 설계할 때 정확성, 견고성 및 사이버보안을 고려하여 설계, 개발하도록 하고 에러나 결함 등의 발생에 대응할 수 있는 회복성을 갖추도록 하였다.[226] 이처럼 앞으로는 디지털이 엮이는 모든 분야별 규정에 보안 요구사항들이 적용될 것이다. 우리 정부는 분야별 정보보호 법제를 체계화하는 「정보보호기본법」을 마련하겠다는 계획을 발표하기도 했다.[227] 그간 보안사고와 이슈를 중심으로 대응해 오면서 정보보호 관계 법령이 복잡하게 산재해 있는 현상[228]을 정비하기 위한 작업을 추진하겠다는 의미다. 「국가사이버안보기본법」 논의도 다시 떠오르고 있다. 이를 통해 취약점 문제들도 함께 다룰 수 있어야 할 것으로 보인다.

2. 보안취약점의 합법적 활용영역 확보

신뢰를 회복하기 위한 조치들과 함께 보안취약점을 합리적이고 합법적으로 활용할 수 있도록 해야 한다. 보안취약점의 연구를 허용할 수도 있어야 하고 정부가 수사나 안보 목적으로 취약점을 적법하게 활용할 수 있는 틀을 만들어줄 수도 있어야 한다.

가. 보안취약점 연구 및 공개의 허용

기본적으로 보안취약점이 일단 발견되었다면 이것을 어떻게든 활용할 수 있도록 해야 위험을 줄일 수 있다는 점을 인식해야 한다. 취약점을 찾았다고 해서 다른 누군가가 취약점을 찾지는 않았는지, 이미 찾아서 제로데이 취약점으로 활용하고 있지는 않은지 알 방법이 없기 때문이다. 일단 취약점이 발견되면 이는 대응조치가 없는 무방비의 상태와 같다. 그러한 상황에서 누군가 해당 취약점을 활용하고 있는지 알 수 없다는 점은 우리의 제품이나 서비스가 침해당하고 있는지 인지조차 할 수 없다는 것과 같다. 물론 발견되지 않았을 수도 있지만 발견되었는지도 알 수 없으니 제로데이 취약점이 있다는 것을 알릴 수 있는 확률을 가장 높이는 방안이 보안의 플러스 요인인 셈이다. 그렇지 않으면 어떤 제로데이 취약점은 영원히 개선되지 않는 취약점(Forever-day vulnerability)이 될 수 있다. 반대로 취약점의 활용을 허용하고 연구와 공개를 통해 어떤 방식으로든 취약점이 알려질 수 있다면 이는 제로데이 취약점을 N-day 취약점으로 만들 수 있는 가능성을 높인다. 일단 공개되고 나면 패치가 개발되기 전까지 위험은 존재하나 N일 후에는 취약점이 제거되고 이후 패치가 확산되며 전반적인 위험이 제거되거나 낮아질 수 있다.[229] 따라서 보안취약점을 공개하고 활용하는 것은 궁극적으로 보안을 개선하게 된다.[230] 이와 같은 관계를 OECD의 자료를 응용해 표현하면 [그림 11]과 같다.

그림 11 보안취약점의 활용 필요성

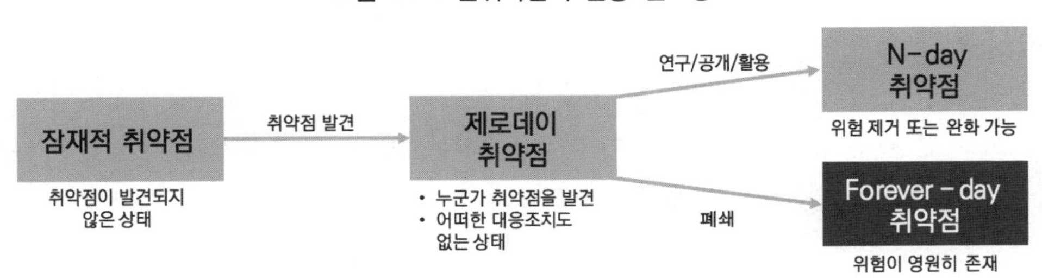

이미 해외에서는 취약점 공개정책이나 버그바운티 제도 등 보안취약점 연구가 활발하게 이루어지고 있는 반면, 우리나라에서는 아직 취약점 연구가 활성화되어 있지 못하다. 또한 개발자나 기업들이 취약점 공개행위를 민감하게 받아들이고 있기 때문에 사회적 논의의 진전이 필요한 상황이다.[231] 실제로 2017년 11월 숙박예약 앱 'A'의 보안취약점을 한국인터넷진흥원이 제보받아 이를 업체에게 알렸으나 취약점을 보완하는 데 1달이 걸리고 웹사이트를 제외한 채 앱의 취약점만 해결하는 등 형식적인 조치에 그친 바 있다. 결국 SQL 인젝션이라는 아주 고전적인 기법에 서버가 뚫리면서 회원 약 91만 명의 정보와 숙박 이용 데이터 323만 건이 유출되었다. 보안카메라 업체에 취약점을 알려줘도 당장 문제가 없다는 이유로 개선을 거부하거나 비용 문제로 개선을 미루는 경우들도 있다.[232] 물론 취약점이 공개되면 기업의 이미지와 주가가 하락할 수 있다는 우려들도 고려하여야 한다. 그러나 최근 연구에 따르면 취약점이 발견되는 경우, 나아가 심지어 보안사고가 터지더라도 주가가 크게 하락하지는 않는 것으로 나타났다. 하락하더라도 빠른 속도로 회복되는 모습을 보였다.[233] 예를 들어 취약점이 공개되어 언론에 보도된 경우 평균 4% 수준의 주가 하락이 나타났다. 취약점을 공개한 기업의 40%는 아무런 영향도 받지 않았다. 데이터가 유출된 경우에는 평균 5%의 주가가 하락하였다. 다만 국가지원해커들의 공격으로 인한 경우에는 주가 하락에 큰 타격이 있었다. 예를 들어 솔라윈즈(SolarWinds) 사건에서는 약 17~20% 수준의 주가 하락이 있었다. 특히 2015년 이전에 발생한 여러 보안사고들의 경우 주가가 하락하지 않았거나 영향이 거의 없었다. 기업과 소비자들이 보안의 문제를 더 중요하게 받아들이게 되면 주가 변동 현상도 커질 우려가 높다. 그러나 더욱 중요한 것은 보안위협이 주가 문제를 넘어서 더욱 현실적인 피해로 이어지게 될 것이라는 점이다.

아울러 보안취약점 연구와 공개에 관한 법적 문제들을 해소하지 않으면 제대로 된 보안을 구현하기 어렵다. 예를 들어 취약점 연구는 침입 자체를 허용하고 있지 않은 「정보통신망법」 제48조 제1항의 규정에 따라 사이버범죄에 해당할 수 있다. 저작권이나 특허 침해, 연구 과정에서 예상하지 못한 개인정보나 영업비밀 정보에의 접근으로 인한 문제, 바세나르 협약에 따른 「대외무역법」상 수출통제 금지에 관한 문제, 버그바운티나 취약점 공개정책의 절차를 오해하거나 실수하는 경우, 취약점 연구결과를 논문이나 컨퍼런스를 통해 공개적으로 발표하는 경우 등의 문제들[234]은 충분히 논의되지 못한 상황이다. 이처럼 선의의 내면을 제한하거나 보장하지 못하고 있는 문제는 자칫 보안취약점에 관한 연구의 자유, 학문의 자유, 진리탐구의 자유를 제한하는 것으로서 보안연구가 불법일 수 있다는 인식으로 이어져 내면적 사고 영역에 영향을 미치는 결과를 낳을 수 있다. 이러한 흐름은 법리상 본질적 내용을 침해하는 것으로서 헌법적 가치를 중대하게 해하는 것이라고 볼 여지도 있다.[235]

따라서 보안취약점 연구 및 공개가 이루어지는 형태를 고려해 제도개선이 필요한 부분을 식별할 수 있어야 할 것이다. 기본적으로 보안업체나 보안연구자가 제조사 등 사업자와 직접 계약을 맺고 보안연구를 수행하는 경우는 아무런 문제가 없다. 사적 계약의 영역으로서 업체가 보안취약점을 찾아 조치하기 위한 노력의 일환으로 전문성을 가진 자에게 모의해킹을 의뢰하는 것이기 때문이다. 이를 통해 서비스 업체는 우수 보안업체의 검증을 받았다고 홍보할 수 있고 보안업체는 자사 보안진단 기술의 우수성을 홍보할 수도 있다. 아울러 취약점을 공개적으로 찾고 연구할 수 있는 범위와 신고 절차, 유의사항 등을 명확히 기재하여 취약점 공개정책을 수행하는 유형이 있을 수 있다. 이와 더불어 포상금을 지급하는 버그바운티도 이 유형에 해당한다. 이러한 유형들은 기본적으로 사업자들이 자발적으로 참여하여 규칙을 정하고 취약점 연구 및 공개를 허용하는 것이므로 이를 위반하지 않는 이상 별도의 법적 문제가 발생할 여지는 없다고 할 수 있다. 그러나 어떠한 참여나 공표, 규칙, 절차도 없는 상황에서 선의의 보안연구자는 언제나 법적 분쟁에 휘말릴 입장에 있는 것과 같다. 이러한 문제를 개선할 수 있는 원칙과 정책들을 수립할 수 있어야 한다.

나. 수사 및 정보활동

보안취약점을 활용한 수사나 정보활동은 무기의 평등을 위해 허용되어야 한다. 먼저 범죄수사를 위해 필요함에도 불구하고 수사기관이 제대로 된 수사활동을 하기 어려운 경우들이 있다. 겹겹의 암호화 조치나 여러 국가들을 경유하는 IP우회 및 국제공조가 불가한 상황 등 기존의 수단들을 활용해도 수사가 어렵다면 취약점을 활용한 수사도 법의 영역에 두고 허용할 수 있어야 한다. 이미 우리나라의 많은 법률 또한 국가안보나 안전, 공공질서 유지 등을 위한 경우의 특수성을 인정해 예외를 허용하고 있다. 기본적으로 「헌법」 제37조 제2항이 정하는 기본권의 제한 규정으로부터 개별법이 개별 분야에 따른 조문을 두고 있다. 「헌법」은 국민의 모든 자유와 권리는 국가안전보장, 질서유지 또는 공공복리를 위하여 필요한 경우에 한하여 법률로써 제한할 수 있으며 제한하는 경우에도 자유와 권리의 본질적인 내용을 침해할 수 없다고 명시하고 있다. 이러한 헌법적 원칙에 관하여 우리 「개인정보보호법」 제58조 제1항 제2호는 국가안전보장과 관련된 정보 분석을 목적으로 수집 또는 제공 요청되는 개인정보에 관하여는 개인정보의 처리, 안전한 관리, 정보주체의 권리, 분쟁조정에 관한 절차를 적용하지 않는다고 명시하고 있다. 다만 동조 제4항을 통해 국가안보 등의 목적으로 개인정보를 처리하는 경우에도 그 목적을 위해 필요한 범위 내에서 최소한의 기간에 최소한의 개인정보만을 처리하여야 하며 개인정보를 안전하게 관리하기 위해 필요한 기술적·관리적·물리적 보호조치, 개인정보 처리에 관한 고충처리, 기타 개인정보의 적절한 처리를 위해 필요한 조치를 마련하여야 한다고 규정하여 비례의 원칙을 구현하고 있다. 「공공기관의 정보공개에 관한 법률」 제9조는 비공개 대상 정보에 관한 규정을 통해 공공기관이 보유, 관리하는 정보는 공개 대상이 됨을 원칙으로 천명하면서도 제2호를 통해 국가안전보장, 국방, 통일, 외교관계 등에 관한 사항으로서 공개될 경우 국가의 중대한 이익을 현저히 해칠 우려가 있다고 인정되는 정보는 공개하지 아니할 수 있다고 규정한다. 「개인정보보호법」과 마찬가지로 동법 제18조는 청구인으로 하여금 정보공개와 관련하여 공공기관의 비공개 결정 또는 부분 공개 결정에 대하여 불복하는 경우 등에는 이의를 신청할 수 있도록 규정하고 있다. 나아가서는 행정심판을 청구하거나 행정소송을 제기할 수 있도록 하고 있다. 「전기통신사업법」은 제83조 제3항을 통해 법원, 검사, 수사기관, 정보기관 등이 형의 집행·재판·수사 또는 국가안전보장에 대한 위해를 방지하기 위해 정보수집이 필요한 경우 이용자의 성명, 주민등록번호, 주소, 전화번호, 아이디, 가입일 또는 해지일을 요구할 수 있도록 하고 전기통신사업자가 이에 따르도록 규정하고 있다. 이 경우 동법에 따라 자료제공요청과 사실 등을 기록한 자료를 갖춰 두고 그러한 현황을 연 2회 과학기술정보통신부장관에게 보고하여야 한다. 감사위원회의 운영 등에 관한 규칙에 따르면 감사위원회의 회의는 공개하지 않지만 의결 결과는 공개하고 다만 제2항 제1호를 통해 국가안전보장, 국방, 통일, 외교관계 등에 관한 사항으로서 공개될 경우 국가의 중대한 이익을 현저히 해칠 우려가 있다고 인정되는 사항은 공개하지 않을 수 있다고 정하고 있다. 이처럼 국가안보 목적의 정보수집이나 처리, 특히 정보의 공개 등에 관한 사항에서는 많은 특례를 인정해 주고 있다.

주요국은 이미 합법적으로 위협에 대응할 수 있도록 법체계를 형성해 두고 있다. EU 사이버범죄협약이나 독일 등의 형사소송절차도 중요하지만 보안취약점과 관련해서는 미국과 영국, 그리고 독일의 보안취약점 공개검토절차(Equities Process)가 가장 선진적이고 대표적인 사례라고 할 수 있다. 정보기관은 굳이 특정한 위협주체를 꼽지 않더라도 다른 국가들이 사이버공간에서 벌이고 있는 다양한 정보활동, 국가뿐만 아니라 테러조직이나 경제범죄, 마약범죄 등에 관한 첩보를 빠르게 수집함으로써 국가의 안위와 이익을 보장할 수 있어야 한다. 아울러 우리나라를 대상으로 하는 사이버 정보활동에 대응하려면 그에 맞는 방첩활동도 수행할 수 있어야 한다. 이 때문에 무기의 평등이 요구되는 것이다.

정부는 취약점을 직접 찾고 활용하거나 구매하기도 하며 활용 절차와 내용을 비밀에 부치는 경우가 많다. 의도적으로 백도어를 설계하기도 하며 필요한 경우 해킹을 통해 악성코드를 직접 설치하기도 한다.[236] 정부 수준에서 동원할 수 있는 고도의 기술을 활용한 해킹툴들이 유출되면서 사이버범죄자나 권위주의 정부, 테러단체 등에 의해 악용되기도 한다. 아울러 국가지원해커의 역할이 늘어나면서 국가의 행위와 사이버범죄자의 행위가 섞이고 있다. 2021년 5월 미 하원 군사위원회에서 열린 청문회를 통해 국방부는 러시아 등의 국가들이 사이버범죄자의 활동을 허용하면서 이들이 기소되지 않도록 보호하고 있다는 점을 언급하였다. 사이버공격의 주체가 외국 정부인지, 사이버 범죄자인지 결정하기 어려워지고 있다는 것이다.[237] 이러한 정부의 보안취약점 활용 문제는 감시의 우려로 이어진다. 이에 대한 견제가 반드시 필요하다. 다만 오늘날 디지털 기기와 서비스는 이미 일상 곳곳과 기반시설 전반에 확산되어 있는 점, 그리고 이러한 상황에서 특정 기기나 서비스의 잠재적 취약점이 갖는 위협은 국가의 감시나 수사에 의한 위협보다 더 크다는 점을 수용해야 한다. 무조건적인 반대보다는 합법적 틀을 제공하고 견제장치를 마련할 수 있어야 하는 이유다.[238] 이러한 점에서 정부의 역할을 어떻게 확립할 것인지의 문제가 보안취약점 정책의 또 다른 개선과제라고 할 수 있다. 따라서 법률을 통해 규제하여 합법의 영역 아래 보안취약점을 활용할 수 있도록 해야 한다.[239]

3. 보안취약점의 관리 및 점검

소비자 보호 및 제품안전의 관점에서 사업자의 보안조치 의무 등이 인정된다. 관련하여 미국 캘리포니아주나 오레곤주는 IoT 보안법을 통해 기기 제조 시 보안 요구사항을 정하고 있으며, EU는 사이버보안인증체제를 시행하고 있다. 영국은 소비자 IoT 보안을 위한 실무지침을 통해 IoT 기기 제조업자, 판매업자 등이 준수해야 하는 사항들을 정해 두고 있다. 독일은 연방정보기술보안청(BSI) 차원에서 정보기술, 시스템 및 서비스의 보안 관행을 감독하고 있다. 따라서 보안취약점을 찾아 위험성을 평가하고 관리하고 점검을 통해 개선하는 형태의 전반적인 절차들을 마련해야 한다. 그러한 절차들에는 개발 단계에서부터 생태계 관점에서 보안을 고려하고, 취약점 공개와 이를 통한 취약점 패치의 실효성을 확보하는 등의 내용들이 포함되어야 한다.

우리나라는 2012년 「정보시스템 구축·운영 지침」을 개정해 전자정부 소프트웨어 개발보안을 의무화하였다.[240] 이를 통해 소프트웨어 결함, 오류 등으로 해킹 등 사이버공격을 유발할 가능성이 있는 잠재적인 보안취약점을 의미하는 '소프트웨어 보안약점' 개념이 도입되었고 소프트웨어 개발보안의 원칙, 개발절차와 방법, 소프트웨어 개발 보안가이드의 발간, 진단기준과 절차, 진단원 자격에 관한 사항들이 규정되었다. 다만 상용소프트웨어는 해당 지침의 대상에서 제외된다. 민간 분야에서는 오히려 비용이나 시간, 인력, 하도급 구조 등의 문제로 인해 중소기업에서 보안을 제대로 고려하기 어렵다는 과제도 있다. 현재 민간 분야의 소프트웨어 개발 보안을 의무화하는 법률은 없다. 「소프트웨어 진흥법」은 소프트웨어 개발보안의 개념을 두고 있지만 관련 기술 연구나 인력 양성 등 기반을 조성하고 중소기업들의 소프트웨어 개발보안 활성화를 지원할 수 있는 권한규정에 불과하다. 이러한 규정을 실질화하고 민간 부문의 소프트웨어 보안을 강화할 수 있는 방법이 필요하다.

보안취약점의 공개와 패치 문제도 현실의 사례들을 고려하여 체계적으로 접근할 수 있어야 한다. 이른바 원데이(1-day) 공격이 대표적인 문제다. 일반적으로 패치 없이 보안취약점이 알려지면 악용될 가능성은 당연히 높다. 그런데 패치가 배포되어도 공격 횟수가 급증한다. 이는 공격자들이 패치가 배포되더라도 이용자들이 이를 빨리 설치하지 않는다는 점을 이용하기 때문이다. 실제로 취약점이 발견되고 나면 익스플로잇이 개발되기까지 그리 오랜 시간이 걸리지 않는다. 약 71%의 익스플로잇이 1달 이내에 개발되며, 31.44%의 익스플로잇이 일주일 이내에 개발된다. 익스플로잇이 나오는 데 3달 이상 걸리는 경우는 10%밖에 되지 않는다. 대체로 6일에서 37일 정도면 완전한 익스플로잇이 개발된다.[241] 따라서 사업자와 이용자 모두 보안취약점 패치 작업을 효율적으로 관리할 수 있어야 한다.[242] 이와 같은 전반적인 보안 관행들을 점검하고 점검결과를 기존의 절차나 표준, 규정 등에 반영하여 실질적인 개선조치들이 이루어지도록 하는 환류체계도 필요하다.

보안취약점 정보를 체계적으로 수집, 관리하고 보안 공동체 차원에서 규제 당국, 사업자, 보안업계, 소비자, 학계 등의 모든 이해관계자들이 위협정보를 실시간으로 인식하고 활용하며 대응할 수 있는 기반도 필요하다.

4. 보안취약점의 거래규제

취약점은 누가 발견하느냐에 따라 그 결과가 달라진다. 만약 보안연구자나 화이트해커, 또는 내부 점검을 통해 제로데이 취약점을 발견하였다면 해당 취약점이 공격받기 전에 시스템을 보호할 수 있는 기회를 얻을 수 있다. 반대로 블랙해커나 다른 공격자들이 취약점을 먼저 찾거나 취약점이 공개되었음에도 불구하고 패치나 다른 대응조치가 없다면 시스템은 위험할 수밖에 없다. 따라서 취약점을 발견하고 공개하고 교류하고 패치하는 일련의 과정들은 공격자와 보안전문가 간의 경주라고 할 수 있다.[243] 문제는 공격자들이 취약점을 활용하거나 블랙마켓에 판매함으로써 높은 이익을 취하는 반면, 보안연구자나 전문가들은 이보다 낮은 이익을 얻는다는 점이다. 인센티브와 같은 수익문제는 보안을 강화하는 데 상당히 중요한 요소로 작용한다.[244] 기본적으로 선의의 영리 목적 해킹이 악의적인 해킹보다 수익성이 높으면 보안취약점의 양면성으로 인한 균형 문제를 해소할 수 있다. 즉, 보안업체나 보안연구를 통해 얻는 이익이 블랙마켓이나 그레이마켓에서 취약점을 구매하고 범죄를 통해 원하는 데이터를 넘겨주는 등의 행위로 얻는 이익보다 커야 한다.[245]

그러나 보안취약점 거래시장은 일반적인 시장과 달리 시장 논리만으로 운영되지 않는다. 정확히는 일반적인 시장보다 더 왜곡된 구조를 보인다. 독과점이 형성될 경우 해당 플랫폼에서만 취약점 정보를 얻을 수 있게 되고, 이는 해당 사업자의 취약점 가격조정, 제한 없는 취약점 공개, 공개 시점이나 취약점 거래 등에서의 공정하지 못한 조건 제시 등과 같은 문제로 이어질 수 있기 때문이다. 나아가 자발적인 취약점 제보와 공개, 대응 등이 이루어지지 않는 경우 정부가 개입하는 등 공적 규제가 조합된 시장 기반 체계가 더 효율적일 수 있다.[246] 블랙마켓에서는 사실상 거래의 상대방을 신뢰할 수 없고 거래의 대상인 제로데이 보안취약점이나 익스플로잇 키트, 해킹툴 등은 대부분 불법 목적으로 거래되기 때문에 시장을 유지하거나 시장의 구조를 존중할 필요가 없다. 이러한 시장구조에서는 아무리 시장을 형성하는 주체들의 자율을 존중하더라도 자발적인 가격조정이 일어나지 못한다. 이렇게 되면 화이트마켓과 블랙마켓, 즉 보안을 강화하는 진영과 보안을 침해하는 영역 간에 근본적인 불균형이 존재하게 된다. 예를 들면, 어떤 기업은 그 기업의 허용된 역량 내에서만 화이트해커들이 알려주는 취약점에 대한 포상금을 지급할 수 있지만, 블랙마켓이나 그레이마켓에서 거래되는 취약점은 그야말로 부르는 게 값이다.

그렇다면 여기에서 고려할 수 있는 방안은 3가지다. 먼저, 정부는 블랙마켓이나 그레이마켓을 규제할 수 있다. 둘째, 양지의 시장을 형성하기 위해 기업을 지원하고 포상금을 확대하여 해커들이 유입되도록 할 수 있다. 마지막으로 해커들이 금전적 유인만으로 불법한 해킹과 취약점 거래를 하지 않도록 미리 교육하고 포상과 제재 수단을 병행할 수 있다. 이러한 과제를 중심으로 구체적인 정책을 설계할 수 있어야 할 것으로 보인다.

5. 국제환경의 고려

오늘날 웹서비스는 인터넷을 통해 실시간으로 전 세계에서 접속할 수 있다. 다양한 기능을 수행하는 소프트웨어도 전 세계에서 활용하고 있다. 데이터는 국경의 구분 없이 다른 국적 기업의 서버에 저장되고 있으며 패킷은 수시로 대륙을 횡단하고 있다. IoT 기기는 현실 공간을 네트워크에 연결하고 있으며, CPS 기반의 관념은 우리 삶을 지탱하는 전력, 수도, 교통 등의 기반시설을 네트워크 구조에 밀어 넣고 있다. 이러한 상황에서 아직 소프트웨어나 IoT 기기, 웹서비스 등의 취약점은 정부와 기업, 범죄자들에 의해 무방비 상태로 쓰이고 있다. 정부가 그레이마켓에 참여하면서 불법과 합법의 경계를 모호하게 하고 있으며, 국가지원해커들에게 법적 책임을 묻지 않음으로써 그레이마켓과 사이버범죄의 영역을 넓히고 있다.[247] 그러한 국가지원해커들이 암호화폐를 탈취하고 사이버범죄를 저지르는 오늘날의 현상들은 국제적 차원에서 규제해야 할 일이다. 디지털은 일상과 산업에 녹아들고 있지만 기업들은 의무를 회피하려 한다. 아무런 규제도 없는 국가에 소프트웨어나 IoT 기기들은 똑같은 사양, 똑같은 버전으로 배포되고 있다. 하나의 취약점은 모든 버전의 모든 제품을 위험에 빠트린다. IoT 기기는 최근 봇넷이나 웹캠 유출 등의 문제로 규제의 영역에 들어서기 시작하였다.

이러한 점들을 고려해 국제적 차원에서 보안취약점 문제에 대응할 수 있어야 한다. 국제환경에서 보안취약점을 공동으로 관리하고 실시간으로 취약점 정보를 공유하며 유기적으로 협업해야 한다. 전 세계의 보안연구자들이나 해커 공동체들이 모두 취약점을 찾아 보완할 수 있는 아군임을 인식해야 한다. 악의적인 접근은 배제하고 전 세계의 보안연구자들이 벤더들과 소통하고 협업해 정보를 공유할 수 있도록 해야 한다. 또한 정책을 통해 국가 간 협력을 장려하고 조정된 취약점 공개정책을 통해 위험한 취약점들을 다룰 수 있도록 해야 한다. 여전히 해결되지 못하고 있는 사이버범죄 수사 공조 및 협력 문제도 중요한 과제다. 보안을 약화시키는 국가들은 국제 공동체 차원에서 제재해야 한다.

제 3 장

보안취약점 대응전략 구상

보안취약점 대응전략 구상

제1절 원 칙

표 13 보안취약점 대응과제별 원칙

연번	개선과제	대응원칙
1	보안취약점의 일반화 대응	보안취약점 문제의 사회적 수용
2	보안취약점의 합법적 활용영역 확보	자주적 보안과 신뢰 보장
3	보안취약점의 관리 및 점검	보안취약점의 관리체계 마련 및 지원
4	보안취약점의 거래규제	보안취약점의 거래 양성화 및 불법거래 제재
5	국제환경의 고려	보안취약점 대응의 국제협력

먼저, 보안취약점의 일반화 현상에 대응하려면 보안취약점 문제를 사회에서 온전히 수용할 수 있어야 한다. 둘째, 취약점의 문제를 사회적으로 인식하게 되었다면 보안 문제를 개개인이 알고 통제할 수 있도록 해야 한다. 정책적으로도 취약점을 정당하게 연구하고 공개하며 활용할 수 있는 기반을 마련해 주어야 한다. 특히 보안취약점을 합법적으로 활용하기 위한 논의를 추진하려면 객관적 사실들을 중심으로 자주성과 신뢰성을 보장하고 사회적 합의를 끌어내는 것이 중요하다. 셋째, 보안취약점의 관리 및 점검을 위해 취약점을 평가하고 관리할 수 있는 체계를 정립하고 관련 역량이나 자원을 지원할 수 있는 정책들이 필요하다. 넷째, 보안취약점을 관리하고 완화할 수 있는 체계들을 마련하였다면 이를 정당하게 사고파는 거래의 문제도 다룰 수 있어야 한다. 합법적 거래를 장려해 취약점 문제를 공식적으로 양성화하고 불법한 거래는 제재하는 형태의 정책들이 설계될 필요가 있다. 마지막으로 위와

같은 정책들은 국제환경을 고려해 국가 간 종합적인 협력이 이루어지도록 하여야 한다. 국제적 차원에서도 취약점 악용이나 거래 문제를 규제하고 데이터를 적시에 공유하는 등 함께 대응할 수 있어야 한다. 각각의 내용들을 자세히 살펴보자.

1. 보안취약점 문제의 사회적 수용

보안취약점이 일반화되는 만큼 취약점의 문제 또한 사회에서도 아주 일반화된 형태로 인식하고 다룰 수 있어야 한다. 보안취약점의 25%는 1.5년 이내에 사라진다. 또 다른 25%는 9.5년 이상 유지되기도 한다. 특히 익스플로잇은 발견 이후 평균적으로 2,521일, 즉 6.9년 정도 유효하다. 취약점이 평균적으로 6.9년 이상 유효하다는 점은 대부분의 제로데이 취약점이 상당히 오래되었을 수 있다는 점을 의미한다. 사실상 모든 제품이나 서비스의 코드에 취약점이 깊게 내재되어 있다고 봐야 한다.[1] 이러한 점에서 우리는 보안취약점이 발생할 수밖에 없다는 점을 받아들여야 한다. 오늘날 디지털 기술이 사회를 구성하는 거대 시스템이 된 이상 위험은 항상 존재할 수밖에 없다.[2] 따라서 기업이나 조직들이 근본적이고 불가피한 결함이 있음을 인정하고 취약점을 공개하며 함께 대응하는 문화와 인식이 필요하다. 완벽한 보안이라는 개념은 무의미하다. 제품이나 서비스의 결함이 제조자나 설계자, 공급자들의 신뢰를 저해하는 요소임을 인정하고 보안취약점을 발견, 처리하고 공개하려는 관행이 필요하다.[3] 게다가 기술적 결함의 발생도 불가피하다. 100% 완전히 안전한 기술을 구현하는 것이 불가능하기 때문이다. 보안의 문제는 기술을 지속적으로 관찰, 감시하고 조사하면서 결함과 취약점을 찾아 제거하거나 완화하는 방식으로 접근해야 한다.[4]

그 출발점은 보안의 문제를 내 문제로 인식하게끔 하는 것이다. 이를 위해 취약점 문제는 감출 것이 아니라 공개하고 드러내 공동체 차원에서 대응할 수 있도록 해야 한다. 이용자들도 내가 사용하는 제품이나 서비스에 어떤 문제점이 있는지 쉽게 알 수 있어야 한다. 디지털 요소가 확산하고 융합함에 따라 취약점은 언제 어디서든 더 많이 발생할 수밖에 없다. 근본적으로 불안정한 설계, 인간 프로그래머의 한계, 경제 및 경영 논리, 인력과 자원의 한계 등 현실적 문제와의 충돌, 사회 전반의 보안인식, 신기술에 대한 규제의 미비, 국가 단위에서 이루어지는 만연한 보안취약점 활용 행태 등의 요인이 복합적으로 작용하고 있기 때문이다. 그러한 상황에서 OECD가 디지털 경제 번영의 필수 기반으로 보안취약점 대응 및 관리 필요성을 언급하고, 미국이나 유럽 등에서 취약점 공개정책이 확산하는 현상 등은 보안취약점의 문제를 표면으로 드러내고자 하는 사회적 인식의 흐름을 표현한다고 할 수 있다. 우리나라 또한 최근 K－사이버방역 전략을 통해 취약점 대응 문제를 언급하고 있다. 아울러 2021년 5월 20일「정보통신망법」개정안이 통과되었다. 김영식 의원이 대표발의한 동 법안은 정보보호최고책임자(CISO: Chief Information Security Officer) 지정·신고제도를 정비하고, CISO와 한국인터넷진흥원의 업무를 명확히 하고 있다. 특히 후자를 살펴보면 CISO의 총괄 업무를 구체화하면서 종래 '침해사고의 예방 및 대응'에 해당하던 내용을 '정보보호 취약점과 위험의 식별, 평가 및 정보보호대책 마련'으로 구체화하여 담당업무의 내용을 명확히 하였다.[5]

이처럼 보안취약점에 관한 사회적 인식이 형성된다면 조정이 필요한 부분은 사회적 합의를 통해 규제의 영역으로 편입시킬 수도 있어야 한다. 규제는 단순히 어떤 행위를 금지하는 것이 아니라 어떤 행위를 증진하는 형태로 이루어질 수도 있다. 오늘날의 공법관계는 단순히 규제자와 피규제자가 아니라 규제를 통해 수익을 얻는 수익자도 함께 고려할 수 있어야 하기 때문이다. 따라서 균형을 조정해야 하는 영역에서는 지원정책이 이루어질 수도 있고 제재정책이 이루어질 수도 있다. 핵심은 우리 사회 전반의 공익에 부합하도록 규제하여 주체들이 긴장관계와 협력관계를 유지할 수 있도록 해야 한다는 점이다.[6] 이와 같은 견지에서 보안취약점 문제를 수용하게 되면 취약점을 연구하거나 활용할 수 있는 정책, 취약점 미보완시 제재하는 정책, 취약점을 공개하는 경우 인센티브를 제공하는 정책, 취약점 보완역량을 갖추지 못한 기업이나 개인을 지원하는 정책, 취약점을 악용하는 경우 그러한 행위에 비례한 조치로서 취약점을 활용해 범죄를 예방하거나 제재, 처벌할 수 있는 정책 등을 종합적으로 고려할 수 있을 것이다. 아울러 공동체 차원에서 보안취약점을 데이터처럼 체계적으로 관리할 수도 있어야 한다. 그간 해커공동체나 보안업계에서는 보안취약점을 데이터베이스 형태로 관리하고 수시로 공유하기 위한 시도들을 해 왔다. 구글의 0－day "In the Wild", Seclists.org의 Full Disclosure Mailing List, 미국의 NVD(National Vulnerability Database), 일본의 JVN(Japan Vulnerability Notes) 등이 그러하다. NIST에 따르면 취약점 데이터베이스, 취약점 및 익스플로잇에 관한 기술적 사항 통지, 취약점 관련 기술자문, 취약점 공개 게시물 등은 보안 경보(security alerts)로서 위협정보(threat information)에 해당한다.[7] 이러한 위협정보를 공유함으로써 조직과 개인 등 공동체 구성원들은 관련 지식과 경험을 축적하고 분석역량과 우수사례를 공유하며 대응 및 방어 역량을 향상하고 전반적인 보안을 개선, 강화할 수 있다.[8] 보안취약점의 문제를 드러내고 공유하여 일반의 인식을 확산하고 문제점을 공론화하여 규율이 필요한 영역에 대한 합의와 관련 규범을 형성하여야 한다. 이를 가능하게 하는 공유체계와 데이터베이스들도 필요할 것이다. 이러한 공유 및 협업체계는 화이트해커나 보안연구자, 보안 및 제조, 서비스 업계 및 기타 이해관계자 등 전반적인 생태계의 개방성과 투명성을 보장한다.[9] 그러한 정보공유와 협업 등을 위해서는 신뢰관계가 형성되어야 한다.

보안취약점 문제를 사회에서 수용하게 된 상태는 그 문제의 유형과 속성에 따라 여러 형태로 나타날 수 있다. 기본적인 단계는 취약점 문제를 사회에서 공론 이슈로 인식하는 상태라고 할 수 있다. 이는 곧 취약점과 관련된 위험의 현상을 얼마나 많은 공동체 구성원이 인식하는가의 문제다. 사회에서 보안취약점의 위험을 인식하기 시작하면 위험을 예방하고 완화하기 위한 논의와 시도들이 나타난다. 학계에서의 세미나나 연구로 나타날 수도 있고 국회에서의 토론회로 나타날 수도 있다. 국가 차원에서의 전략이나 정책으로 구현될 수도 있다. 가장 강력한 형태로서 법률이 제정될 수도 있다. 지금의 단계는 아주 분절적인 형태로 특정 분야의 특정 이슈들이 산발적으로 다뤄지고 있는 상황이라고 볼 수 있다. 이를 종합하고자 하는 시도가 「사이버안보 기본법」 논의나 「정보보호 기본법」 제정 작업, 'K-사이버방역 추진전략' 등이다. 제도적 모습과 더불어 아주 일반적인 형태로 보안취약점 문제가 수용된다면 이는 시민의 일상과 연관된 사례로 나타날 것이라고 본다. 즉, 개인정보처리 상황을 정보주체가 쉽게 알 수 있고 자기정보를 직접 통제할 수 있는 환경을 정립하고자 하는 현상처럼 어떤 제품이나 서비스를 사용하는 이용자나 소비자들이 자신이 사용하는 제품이나 서비스의 위험 문제를 구입 및 계약 단계에서부터 알 수 있고 이용 및 폐기 단계에 이르기까지 모든 과정에서 새로운 위험을 지속적으로 쉽게 인지하고 대응할 수 있어야 한다. 디지털 기술이 일반화된 만큼 그 위험도 아주 기본적이고 일상적인 형태로 인식하고 다룰 수 있어야 하기 때문이다.

2. 자주적 보안과 신뢰 보장

가. 보안 문제의 인식과 자주적 통제

보안취약점의 문제를 사회적으로 인식하게 되면 구성원들이 이를 보다 구체적으로 논의할 수 있도록 공론의 장을 지속적으로 마련할 수 있어야 한다. 이를 위해 전문가들의 주체적인 역할이 요구된다. 핵심은 일반 이용자들과 소비자들, 즉 시민이 자신이 사용하는 제품과 서비스, 소프트웨어에 어떤 문제가 있는지 알고 스스로 통제할 수 있는 권리를 보장하며 그러한 역량을 지원해야 한다는 점이다. 이를 위해 먼저 보안취약점에 관한 객관적인 정보들을 공개하고 관계자들과 소통할 수 있어야 하는 것이다.

새로운 기술적 형태에 대한 탐색은 이와 관련된 사람들의 직접적인 참여를 통해 진행되어야 한다. 근대 기술의 한 가지 주요한 결함은 기술의 영향을 받는 사람들이 그 설계나 운용에 관해 거의 또는 아무런 통제력을 갖고 있지 못하다는 점이다. 그렇다면 가능한 한 최대한도로 기술의 계획, 구성 및 통제 과정들이 그 최종적인 산물과 사회적 결과의 모든 측면을 경험하게 될 사람들에게 개방되어야 한다. 기술은 비전문가들에 의해서도 즉시 이해될 수 있는 종류의 규모와 구조를 갖추어야 할 것이다. 그러한 기술체계는 영향을 받는 사람들에게 물리적으로는 물론 지적으로도 접근 가능한 것이어야 한다.[10] 특히 기술이 이해관계자들의 권리에 위험을 미칠 수 있다면 더욱 객관적인 정보들을 공개하고 알 수 있도록 해야 한다. 위험이 어떤 수준이고 그러한 위험을 예방하거나 저지하기 위해 필요한 조치들이 수용할 만한 것인지 혹은 금지되어야 하는지, 어떤 문제가 유해하고 무해한지에 관한 기준이나 경계는 절대적으로 존재하는 것이 아니다. 그 기준을 어떻게 정하느냐의 문제는 당시 사회 공동체가 마주하고 있는 상황이나 임박한 위험, 체제의 정신이나 관행 등에 의해 결정되기 때문이다. 따라서 공동체가 직면한 위험의 구체적인 상황을 사회 전반에 전달할 수 있어야 한다.[11] 보안취약점의 문제를 공동체와 이해관계자들이 인식하게 하고 관련 문제를 표면에 드러내 어떤 관계와 위험이 존재하며 위험원은 어디에 있는지 논의할 수 있어야 한다. OECD 또한 디지털 경제의 관점에서 제품의 디지털 보안을 개선하기 위한 원칙으로 핵심 이해관계자인 최종 사용자와 소비자의 보안

인식 및 권한을 확대해야 한다는 점을 명시하고 있다. 또한 이를 위해 소비자가 합리적인 의사결정을 할 수 있도록 정보 비대칭을 해소하고 투명성을 확보하며 정보 공유를 활성화해야 한다고 언급하고 있다.[12] 자신에 관한 정보가 언제 어떤 방식으로 어느 범위까지 누구에게 전달되는지 확인하고 이를 자율적으로 승인하고 정지하고 철회하는 등의 자기정보통제권[13]뿐만 아니라 보안에 관한 정확한 수준과 관행도 알 수 있고 이에 기반하여 보안위협에 대응할 수 있는 권리도 중요하다.

일반화된 디지털 환경에서 자신이 사용하는 기술을 온전히 통제하고 이에 관한 위험을 관리하며 보호받을 수 있어야 한다는 자주적 보안의 원칙은 독일의 IT 기본권 논의나 우리나라의 안전권 신설 논의로부터 그 이론적 근거를 도출해 볼 수 있다. 독일 연방헌법재판소는 2008년 정보기술 시스템의 기밀성 및 무결성 보장에 관한 기본권, 즉 IT 기본권 개념을 창안하였다.[14] IT 기본권은 기본적으로 국가의 해킹 수사로부터 개인을 보호하기 위해 도입되었다. 연방헌법재판소는 노르트라인 베스트팔렌주 헌법수호청의 온라인수색이 이루어진 사안에서 그 근거가 된 헌법수호법 규정을 무효로 선언하면서 온라인수색은 예외적으로 급박성, 비례성, 보충성 등의 엄격한 요건이 충족되는 경우에만 허용된다는 점을 강조하는 데서 나아가 일반적 인격권에 기초하여 정보기술시스템의 기밀성과 무결성 보장도 기본권이라는 점을 천명하였다. 이는 개인정보자기결정권과는 구별되는 것으로서 정보기술시스템의 기밀성과 무결성을 보장함으로써 인격권이 보장된다는 논리다. 자신의 시스템을 독자적으로 이용함으로써 시스템의 기밀성과 무결성을 보장받을 권리를 가지며 특히 이는 데이터와 함께 시스템의 보안 등을 포함하는 위험방지 및 예방의 요구로 설명된다는 것이다.[15] 따라서 이때의 위험은 데이터의 신뢰성 문제와 더불어 시스템의 성능이나 기능 등이 타인에 의해 탐지, 감시되거나 조작됨으로써 침해되는 경우도 포함한다고 할 수 있다. 아울러 위험이 내재된 오늘날의 기술중심 사회에서 발생하는 재난과 재해는 개인의 문제만이 아니고 사회구조나 복합적인 요인으로부터 발생하는 것으로서 국가가 최종적인 책임과 의무를 부담해야 한다는 안전권 논의도 고려할 수 있다.[16] 이에 따라 위험이 발생하기 전부터 사전예방을 위한 모니터링과 분석, 계획 등을 수행해야 하며 발생한 경우에도 위험을 감소하고 완화해야 한다. 사후에도 신속히 회복할 수 있도록 하며 법률에 따라 구조하고 보호하고 안전을 보장할 수 있는 조치들이 취해져야 한다. 이 논의는 2018년 개헌 관련 작업을 통해 대통령 발의 헌법 개정안에도 포함되었으며 한국헌법학회에서도 병행하여 제안한 개정안에도 포함된 바 있다. 모든 사람이 위험으로부터 안전할 권리가 있음을 천명하고 국가에게 재난이나 재해 및 모든 형태의 폭력 등으로 인한 위험을 제어하고 피해를 최소화하며 그 위험으로부터 사람을 보호할 의무와 책임을 부여하는 내용이었다.[17] 이 외에도 유럽연합 기본권 헌장 제6조는 모든 사람의 자유와 안전에 대한 권리를 보장하고 있으며 프랑스 인권선언 제2조 또한 인간의 천부적이고 불가침한 권리로서 자유, 재산, 안전 등을 언급하고 있다. 이러한 점에서 살펴볼 때 오늘날 디지털 기술이 스마트폰, IPTV, IP 카메라 등으로 개인화되고 개인에 관한 정보를 더욱 더 많이 수집, 처리, 저장하게 되는 현상, 나아가 기반시설이나 교통체계, 신체보조기구 등과 결합해 생명 및 신체에도 영향을 미칠 수 있게 된 점들을 고려할 수 있어야 한다. 결국 보안의 문제는 그 심각성에 따라 재난경보체계와 같은 형태로 알려질 수 있어야 하며 그만한 수준이 아니라면 국가와 기업이 이용자와 소비자를 보호하기 위해 조치를 취하고 그러한 조치가 이루어졌음을 알릴 수 있어야 한다. 기술은 그 이용에 관한 문제뿐만 아니라 안전에 관한 문제도 최대한 이용자가 알고 통제할 수 있도록 설계되어야 한다.

따라서 이 원칙은 비단 이용자뿐만 아니라 의무와 책임의 형태로 기업에게도 적용된다. 제조사나 설계사 등은 프라이버시에 대한 규제가 정착되고 개인정보를 안전하게 활용할 수 있도록 하되 책임이 강화되는 상황에서 각종 보안 요구사항들을 준수해야 한다. 그러한 보안 요구사항들이 애매하거나 지나치다면 업계 차원에서 협회 등 대표 자율기구를 형성하고 자체 표준을 설립 · 제안할 수도 있다. 이를 통해 보안을 향상하기 위해 필요한 합리적인 규제와 지원을 먼저 고안하고 협의할 수 있어야 한다. 정부는 그러한 제안을 업계와 함께 논의하고 전문가의 의견을 거쳐 객관적이고 과학적인 규제를 형성할 수 있어야 한다. 사회적 논쟁에 관한 다양한 공론과 여러 학문 분야별 협업을 통해 사회적 요구로서의 쟁점과 객관적인 검증으로서의 과학적 결과들이 공동의 검증과정을 거쳐 영향력을 행사할 수 있어야 한다.[18]

아울러 오늘날과 같이 사이버공간이 현실에 영향을 미치는 상황에서는 더더욱 현장과 지역을 중심으로 영향받는 이해관계자들에 의한 자율규제가 이루어져야 한다. 반드시 자율규제의 형태로 나타나지 않더라도 최소한 이해관계자들이 스스로의 문제에 관한 정책과정에 참여하여 논의하고 의견을 반영할 수 있는 방식이 더 타당하다는 의미다.[19] 특히 이러한 방식이 필요한 또 하나의 이유는 이해관계자들이 자율적으로 통제하면서 필요한 책임을 나눠 부담할 수 있기 때문이다. 보안 문제는 특정 분야의 기술적인 문제뿐만 아니라 여러 요인에 의해 발생할 수 있는 종합적인 문제라는 점을 인식하는 조치다. 예를 들어, 보안 패치를 개발하고 이를 배포하더라도 끝단의 단말기를 사용하는 이용자들이 패치를 설치하지 않으면 아무런 의미가 없다. 어떤 경우에는 의심스러운 메일이나 링크를 클릭하기도 한다. 정부나 기업의 노력만으로는 보안정책이 온전할 수 없다. 정부, 기업과 함께 이용자도 필요한 의무를 다해야 한다.[20]

이러한 자주적 통제를 통해 디지털에 대한 신뢰를 높일 수 있다. 신뢰는 디지털 시대의 전제 요소다. 신뢰는 보안의 목적이면서 보안을 확보하기 위한 프로세스 전반에 걸쳐 적용되어야 하는 요소이기도 하다.[21] 스스로가 보안을 편하게 관리하면서 자신의 시스템과 정보를 통제하고 보호할 수 있는 환경, 그리고 이를 위해 위협정보들을 공개하고 부족한 역량과 자원을 지원하며 함께 대응하는 수단들은 신뢰를 두텁게 하는 기초 정책이다. 그러한 정책들은 설계 단계에서부터 함께 논의되어야 한다. 기술의 위험을 다루는 데 기술적, 정치적 전문성이 필요한 것은 당연하지만 그렇다고 과도하게 통제되거나 공유되지 않는 형태는 바람직하지 못하다. 중앙집중화된 제도적 통제에 의한 과학과 기술, 의사결정의 독점은 전체주의 사회에서나 나타나는 것이기 때문이다.[22] 과정과 결과를 공개하고 나아가서는 일반 대중과 다른 여러 분야의 관계자들도 사회적 위험을 줄이는데 관심이 있는 집단이라면 논의 과정에 참여할 수 있어야 한다. 기술의 위험에 대한 대중의 논쟁과 공론은 민주적 정치의 씨앗과 같다.[23] 시민사회에 의해 위험이 사회적으로 드러나고 인식되면서 공론의 대상이 되고 이는 다시 정치적 의제로서 제도를 개선하고 위험을 줄이는 결과로 이어지기 때문이다.

나. 신뢰의 회복: 보안 우선 정책의 수립과 협력

오늘날 보안취약점 구조에서 신뢰관계는 그리 두텁지 않다. 근본적으로 보안취약점의 수가 계속 증가하고 있으며 보고되지 않은 취약점은 더 많은 것으로 추정된다. 그러한 취약점은 어떻게 활용되느냐에 따라 보안을 침해할 수도 있고 강화할 수도 있기 때문에 단순히 취약점의 수가 많다고 보안의 위협이 커진다고 보기도 어렵다.[24] 이처럼 취약점이 얼마나 존재하고 어떻게 활용되는지 알 수 없는 환경에서 국가지원해커가 만연하는 상황은 보안을 저해하고 신뢰를 더욱 크게 떨어뜨린다. 이탈리아 해킹팀 사건 등이 드러나면서 Facebook 등 글로벌 IT 기업들은 국가지원해커의 접근이 있었다고 판단되면 이용자들에게 그러한 사실을 알려주고 있다.[25] 이는 기업들이 고객을 유지하고 데이터를 쥐고 있으려는 속성으로 이해할 수도 있겠으나 어떻든 간에 국가지원해커들의 활동이 보안에 대한 우려와 의심을 키우는 핵심 요인임은 틀림없다. 블랙마켓에서의 거래나 보안취약점을 악용한 사이버범죄도 마찬가지다. 따라서 보안취약점에 관한 접근 중 보안을 침해하는 영역보다 보안을 강화하기 위한 관행을 늘리고 관련된 정책을 수립하면 신뢰를 높일 수 있다.

먼저, 공격 우선의 사이버 정책에서 벗어나 방어의 관점에서 보안을 강화하기 위한 정책을 우선해야 한다. 외부로부터의 위협에서 국민을 보호하는 게 우선이지 있을지 모를 위협을 앞서 막겠다고 국민의 권리를 침해하는 관행은 더 큰 문제다. 그러나 오늘날 각국 정부는 사이버공간에서 방어보다 공격을 추구하고 있다. 공격이 더 쉽고 효율적이며 공격과 방어를 구분하기 쉽지 않고 선제적 방어라는 관점에서 상대의 컴퓨터 네트워크에 잠입해 위협을 미리 탐지하고 예방하는 것이 당연하게 여겨졌기 때문이다.[26] 사이버의 본질적 속성상 방어적 개념이나 사후 대응과 같은 개념이 필연적인 한계를 갖는 것도 사실이다.[27] 특정 기기나 서비스의 잠재적 취약점이 갖는 위협이 국가의 감시, 수사 등에 의한 위협보다 더 크기 때문에 예외적으로 보안취약점에 대한 조사와 정보 활용을 허용하고 관련 가이드라인이 필요하다는 의견도 있다.[28] 각국은 이미 공식적으로 사이버전 및 사이버안보 위협에 대비하고 있다. 전 세계 70여 개의 국가가 사이버안보전략을 수립하였으며,[29] 2010년을 기점으로 주요국은 사이버전을 전담하는 사이버사령부를 창설하고 있다.[30] 우리나라도 2019년 국가사이버안보전략을 발표하며 사이버안보 확립에 관한 국가적 의지를 보인 바 있다. 특히 동 전략을 통해 우리나라는 사이버공격 억지력을 확보하기 위해 취약점을 효율적으로 수집하고 관리하고 제거할 수 있는 체계를 구축하여 예방능력을 강화하겠다고 천명하고 있다.[31] 분명히 필요한 전략이다. 그러나 보편적 관점에서 이러한 접근은 사이버 무기경쟁을 심화하고 사이버공간의 긴장을 강화하며 디지털 보안을 저해하는 일등공신이다. 이미 각국 정보기관이나 국가지원해커들에 의한 보안침해 사례들이 다수 드러났지만 여전히 드러나지 않은 사례도 많다. 공개되지 않은 사이버작전들이 수시로 기획, 수행되고 있으며 그러한 흐름은 멈출 기미를 보이지 않는다. 사이버공간에서 정해진 경계나 윤곽도 없기 때문에 국가들은 최대한의 이익을 얻기 위해 끝없이 서로를 해킹하고 있다.[32] 이러한 가운데 피해를 받는 것은 어떠한 위협이나 취약점에 관한 정보도 알 길이 없는 시민들이다. 따라서 보안취약점은 공격을 우선하기보다는 우리 기업, 우리 국민을 보호하기 위한 목적으로 빠르게 패치하여 보안을 강화하는 데 먼저 쓰여야 한다.

아울러 보안역량을 확보하는 방안도 중요하지만 국민의 신뢰를 확보할 수 있는 방안을 우선 논의할 수 있어야 한다. 이는 거시적 관점에서 반드시 해결하고 가야 하는 디지털 사회 유지의 전제 요소라고 할 수 있다. 그러한 신뢰의 핵심은 정보다. 보안취약점 정보를 공개하고 이를 둘러싼 문제를 함께 논의할 수 있어야 한다. 기술의 결함과 보안취약점 정보의 비대칭을 해소하고 투명하게 검증할 수 있는 정책이 필요하다. 보안취약점과 보안위협의 문제들은 일반 국민들도 알 수 있는 수준으로 공개하여야 한다. 제품이든 서비스든 그러한 공개를 통해 신뢰를 확보하면서 IoT 환경들을 고려해 개별 이용자들이 쉽게 보안을 조율하고 설정할 수 있는 방식들이 도입되어야 한다.

특히 공공과 민간의 협력이 중요하며 기반시설과 같이 국가와 사회의 유지 및 운영에 중대한 영향을 미치는 요소들은 각종 보안정책이나 프레임워크에의 참여를 의무화하고 협력과 협의를 거쳐 규칙을 마련해 세부적인 기준은 유연하게 채택할 수 있도록 하는 방안이 효과적일 수 있다.[33] 협력적 관점에서 이용자들의 책임도 중요하다. 모든 것이 연결된 환경에서 나의 보안이 취약하면 나와 통신하는 상대방의 보안도 취약하다는 점을 인식할 수 있도록 해야 한다. 연결된 기술시스템 내에서 자기 방어권은 타인에 대한 의무로도 여겨질 수 있기 때문이다. 즉, 어떤 네트워크의 구성원이 되었다면 그 네트워크의 한 접점으로서 외부로부터의 침입을 막을 수 있는 합리적인 수준의 보안 조치를 취해야 할 의무가 있는 것이다. 디지털 시대의 보안을 환경이나 공중보건의 문제로 이해해 보면 이러한 보안조치는 공공의 안전을 위한 구성원의 의무라고 설명될 수 있다. 언젠가는 보안 조치를 소홀히 하여 피해를 야기한 이용자들에게 벌금이 부과될지도 모른다.[34] 유사한 형태로서 우리나라는 「대기환경보전법」 제57조의2를 통해 배출가스 관련 부품의 탈거를 금지하고 있다. 이에 따르면 누구든지 환경부령으로 정하는 자동차의 배출가스 관련 부품을 탈거,

훼손, 해체, 변경, 임의설정하거나 촉매제를 사용하지 않거나 적게 사용해 그 기능이나 성능을 저해하는 행위를 하거나 요구하지 못하도록 하고 있다. 다만 자동차의 점검이나 정비, 폐차, 교육이나 연구의 목적으로 활용하는 등의 경우에는 예외로 허용하고 있다. 도입 당시 검토 내용을 살펴보면 해당 규정은 배출가스 관련 부품을 탈거하거나 조작해 자동차 출력을 높이거나 운행차 검사 합격 등을 도모하고 수리비를 줄이는 등의 행위로 환경이 저해되는 문제를 제재하고자 하였다.[35] 그러나 이와 같은 제재를 보안에 적용하기에는 아직 시기상조라고 판단된다. 개인에게 책임을 지울 만큼 전반적인 규제 수준이 정착되지도 않았고 더 큰 전문성과 권한을 가진 기업과 정부도 충분히 역할하지 못하고 때문이다. 오히려 책임을 지우기보다는 취약점 및 보안 문제를 공유하고 인식을 확산하며 캠페인이나 공모전, 기타 지원이나 장려책을 활용할 때라고 판단된다. 추후 정부와 기업에 관한 충분한 규율이 이루어지고 사회에 보안인식이 정착되었음에도 개인이 의무를 해태하여 피해가 발생한 때에는 검토의 여지가 있다.

아울러 정부의 역할도 필요할 수 있다. 악의적인 접근이 있는 경우 또는 균형을 조정할 필요가 있는 경우에는 정부 차원에서, 민간과의 협력을 통해 그리고 국제적 협력을 동원해서 대응할 수 있어야 하기 때문이다. 따라서 정부와 기업은 프라이버시 보호를 위한 기술과 툴을 개발해 악의적인 접근으로부터 이용자들을 보호할 수 있어야 한다.[36] 블랙마켓에서 이루어지는 불법한 취약점 거래 등을 차단할 수 있어야 하며 취약점 패치가 어렵거나 이루어지지 않는 경우에는 지원하거나 강제할 수도 있어야 한다. 보안을 강화하고 자발적인 패치들이 이루어질 수 있도록 바탕을 만들어 줘야 하며 기금 등을 활용해 지원하는 등의 협력방식도 동원할 수 있다. 아울러 사이버범죄에 대응하고 국가안보를 위해 필요한 경우 보안취약점을 합법적으로 활용할 수 있는 방안도 필요하다. 이는 위에서 언급한 방어와 보안 우선 정책에 대치되는 개념이지만 예외적으로 공동체의 안전을 위해 필요하다면 고려할 수 있는 사항이다. 다만 그러한 능동적 방어의 관점에서 취약점을 활용하려면 반드시 법률에 따라 권한을 부여받아야 하며 계약을 체결하는 등 필요한 정책들을 수립해야 한다.[37]

다. 균형: 보안취약점 활용의 법제화

보안취약점을 합법적으로 연구 · 조사하고 신고 · 공유하며 활용할 수 있는 체계가 필요하다. 특히 법률을 통해 규율해야 하는 영역을 식별하고 필요한 제도와 정책을 설계할 수 있어야 한다.[38] 이에 따라 제도화하여 강제하거나 조정하거나 지원해야 하는 영역들을 식별할 수 있어야 한다.

누군가 보안취약점을 발견하게 되면 공격 또는 방어에 활용할 수 있다. 공격이란 취약점을 활용해 타인을 공격하는 것을 말한다. 사업자나 이용자는 공격이 종료되는 순간까지도 취약점의 존재 사실을 알 수 없다. 정보기관이나 범죄단체 등이 취약점을 찾으면 이를 비밀로 유지하고 은밀하게 사용한다. 방어란 발견한 보안취약점을 개발사 또는 제조사에게 알려 패치를 배포할 수 있도록 하는 행위를 말한다. 패치를 배포하는 것만으로 끝나지 않는다. 최종적으로 이용자가 업데이트를 통해 패치를 적용해야 한다.[39] 악의를 갖고 공격하는 행위는 국가적 차원에서 제재해야 한다. 취약점 정보를 종합적으로 관리하고 이를 위협정보로서 공유해야 하는 경우나 벤더들이 고의로 취약점을 패치하지 않는 경우에는 국가의 개입이 필요할 수 있다. 취약점의 연구나 신고, 공개를 허용하기 위해 장려책이 필요할 수 있으며 이를 위해 예산이나 자원을 동원하려면 마찬가지로 법률 근거가 필요하다. 다만, 무작정 취약점을 공개하는 행위는 허용될 수 없다. 이는 침입과 공격을 오히려 유인하고 제3의 피해를 확산할 수 있기 때문이다.[40] 따라서 취약점 공개도 합법적으로 이루어질 수 있는 영역을 마련할 수 있어야 한다. 아울러 방어를 위해 제재하거나 지원하는 역할뿐만 아니라 정부 차원에서도 안보나 수사 등을 위해 불가피한 경우 보안취약점을 활용할 수 있어야 한다. 적성국의 정보기관이나 군사기관, 사이버범죄자 등이 은밀하게 활동하고 우리 정부, 기업 및 시민의 시스템에 침입하여 데이터를 탈취, 조작하거나 시스템을 포섭하는 행위를 가만히 두고 볼 일은 아니기 때문이다.[41] 다만 취약점은 보안을 강화하기 위해 우선적으로 쓰여야 한다는 점에서 예외적으로 정부가 보안취약점을 활용하도록 하려면 기술적·법적 요소들을 사전, 사후에 평가할 수 있는 체계를 도입하고 별도의 적법한 절차를 마련해야 한다. 즉, 기술적으로 보안취약점의 활용이 필요한 것인지, 어떤 영향을 미칠 것인지 등의 영향평가를 수행하도록 하고 사후에는 그러한 조치들이 정당하고 합법적으로 이루어졌는지 여부를 검토하도록 하는 방식들을 고려할 수 있다. 외부에 직접적인 영향을 미치고 강제력이 동원되는 경우에는 법률적 권한과 함께 영장을 통한 법적 시스템도 작동해야 한다.[42] 특히 정부의 오남용 문제는 면밀한 검토와 견제가 요구된다. 잘못된 의도들이 제도화를 거쳐 절차나 권력에 의해 정당화된다면 이는 민주주의와 사회의 병폐로 이어지기 때문이다. 따라서 침해적이고 파괴적인 목적으로 제도적 정당성을 확보하거나 권한을 남용하지 못하도록 필요한 효과적인 조치를 마련하여야 한다.[43]

어디까지나 중요한 것은 정부의 오남용이든 범죄자들의 악용이든 보안취약점을 악의적으로 활용하지 못하도록 하고 그 영역을 좁혀 나갈 수 있어야 한다는 점이다. 장기적으로는 신뢰와 선의, 자발적인 제한에 바탕한 디지털 환경을 목표로 해야겠지만 상호 합의된 상태에 이르기 전까지는 우리 국민과 사회를 보호하기 위해 필요한 역량과 권한을 갖출 수 있어야 한다.[44] 보안취약점의 문제는 결국 이상적인 방식으로는 이루어질 수 없는 훨씬 더 깊은 정치적·현실적 이해관계를 담고 있기 때문이다. 취약점의 독점과 디지털 권력, 산업구조 및 경제논리와 불균형의 문제가 엮여 있다는 점을 고려해야 한다. 공급망 공격 등 보안의 문제로 미국과 영국 등이 화웨이 제품 사용을 금지하는 등 무역장벽[45]이 생기고 제품이 차별화되는 문제들을 돌아보면 이해가 쉽다. 따라서 보안취약점 대응전략은 기술 및 제도적 관점과 함께 경제학이나 심리학 등의 관점에서도 종합적으로 검토될 수 있어야 한다.[46]

공공과 민간의 경계가 모호해지고 국가와 기업이 데이터 문제에서 상호 협력하고 의존하는 현상에서 개인으로서의 시민은 언제나 불리한 위치에 있을 수밖에 없다. 보안취약점의 문제도 동일하다. 시민을 제외한 모든 주체가 보안취약점을 활용하고 있다. 정보기관과 보안업체가 엮이고 민간업체로부터 데이터를 요구하며 해커는 국가지원해커가 되기도 한다. 보안취약점 문제에 접근하려는 일반 화이트해커나 보안연구자들은 법적 책임의 문제를 우려한다. 공개와 투명성, 방어의 관점에서 기울어진 균형을 해소할 수 있어야 한다. 결국 시민들이 일방적으로 배제되고 통제의 객체가 되어 가고 있는 영역에서는 새로운 해석과 꾸준한 판례 축적, 새로운 법률과 제도의 설계가 요구된다.[47]

3. 보안취약점의 관리체계 마련 및 지원

보안취약점을 공개하고 취약점 연구를 활성화해 공동체 차원에서 취약점 문제를 드러낼 수 있게 된다면 이를 체계적으로 관리하는 일도 필요하다. 취약점을 감추려는 집단보다 빠르게 취약점을 찾아 완화하고 패치를 배포해 적시에 적용할 수 있는 환경을 마련할 수 있어야 한다.[48] 특히 보안의 문제는 기술적 요소에서부터 인적 요소, 관리적 요소들을 포함하는 광범위한 속성을 갖는다. 이 때문에 보안 조치들은 상호 의존하지 않으면 목적하는 효과를 달성하기 어렵다.[49]

따라서 특정 제품이나 서비스의 설계 단계에서부터 보안취약점을 식별하고 제거하며 이후 운용, 개선 단계에 이르기까지 지속적으로 관리할 수 있는 체계가 요구된다. 또한 어떤 영역에서 취약점이 발생할지 예측하기 어렵고 완벽한 방어가 어렵다는 속성으로 인해 회복탄력성(resilience)과 같은 개념도 전반적인 관리체계에 수용되어야 한다. 모든 위협을 억제하고 모든 자원을 보호하는 이상적인 상황은 불가하다는 점을 인지하고, 현실성을 고려하여 부분적 효율성(partially effective)을 확보하여 중요한 것을 더 강하게 보호하고, 더 위험한 것은 더 강하게 억제하자는 것이다.[50] 나아가 관리체계의 관점에서 위험의 핵심 요인은 비가시성(invisibility)이다. 디지털 기술을 설계하는 과정에서 설계자나 개발자도 알 수 없는 기술적 결함이 발생할 수 있다. 이는 설계 과정에서 당장 드러나지 않더라도 잠재적인 취약점으로 이어지게 될 위험이 있다. 또한 계산이나 처리, 작동 과정이 눈에 보이지 않고 통신의 상대방을 알 수 없다는 익명성 등의 속성으로 인해 행위 주체인 사람의 윤리적 문제가 얽히게 되고, 이로부터 발생하는 문제들이 기술과 기술의 처리 과정에 내재하는 속성으로 인해 증폭될 수 있다. 행위자의 악의는 차치하더라도 그러한 문제의 사실관계를 확인하고 해결하기 위해 접근하려 해도 복잡한 기술적 처리 과정들을 다시 살피고 발신자의 위치를 찾는 일도 쉽지 않다. 보이지 않는 위협이 상존하는 것이다. 따라서 프로그래밍이나 설계 과정에서 사전에 오류의 가능성을 최소화하고 이미 존재하는 문제점들을 식별해 보완할 수 있는 종합적 정책이 요구된다.[51]

사후적으로는 버그바운티나 취약점 공개정책 등을 통해 보안취약점을 접수받고 이를 분석하여 보안을 강화할 수 있어야 한다. 이때 조직은 어떤 취약점이 위험하고 어떤 취약점은 덜 위험한지 앞서 본 회복탄력성의 관점에서 평가하고 대응할 수 있어야 한다. 이와 관련하여 특정 조직 차원에서 모든 문제를 다룰 수 없기 때문에 보안취약점을 평가하고 위험성을 제시해 줄 수 있는 공적 시스템이 필요할 수 있다. 아울러 IT 제품이나 소프트웨어 개발업계 등의 속성도 고려해야 한다. 원가와 인건비가 낮은 중국이나 베트남, 태국, 필리핀 등의 지역에서 하드웨어가 제조되고 소프트웨어가 설계되고 있다. 통제비용의 문제, 인건비 문제, 이와 연계되어 나타나는 설계 과정에서의 오류나 과실, 정보기관의 개입 등을 통한 백도어나 스파이칩 문제들은 공급망 자체의 취약점이 모든 곳에 존재한다는 사실을 방증한다.[52] 그러한 공급망의 위험요소는 결국 불확실성과 복잡성으로서 영업이나 제조 등의 현지화, 다양한 소비자의 수요, 국제 상거래 환경의 개선, 상호 간의 투자, 운송수단의 종류, 부품의 조달, 제품의 기능이나 수명주기 등 여러 요인들로 인해 나타난다.[53] 따라서 IT 제품의 보안인증과 검증체계가 필요하며 검증결과에 따라 보안상 안전한 기업이라고 인증하는 제도를 고려할 수도 있다. 이러한 체계는 국제적으로 이루어져 복잡하게 얽혀 있는 공급망 문제를 해소할 수 있어야 한다. 아울러 중소기업 등이 자체적으로 보안취약점을 관리하기 어려운 경우들을 고려해 예산이나 인력, 전문성 등을 지원할 수 있는 방안도 모색할 수 있어야 한다.

4. 보안취약점의 거래 양성화 및 불법거래 제재

2000년대 중반부터 해커 공동체가 꾸준히 증가하고 진화하면서 시장을 형성하였다. 오늘날 보안취약점은 완전한 수익 상품으로 자리잡았다. 제로데이 취약점을 구입하고 판매하는 플랫폼도 늘어났다.[54] 일반적으로 그레이마켓으로 불리는 업체들은 취약점을 해커들로부터 구입하고 이를 정보기관 등 고객에게 판매하는 비즈니스 모델을 갖추고 있다. 뿐만 아니라 아예 익스플로잇이나 취약점 목록을 공개하고 판매하는 0day.today나 Inj3t0r Exploits Market 등도 있다. 특히 블랙마켓의 수익률은 매우 높다. 수사기관이 끊임없이 추적하고 제지해도 블랙마켓은 꾸준히 성장하고 있으며 더 창의적이고 혁신적인 방법으로 추적을 따돌리거나 방어하면서 규모를 키우고 있다. 나아가 기존의 마약 카르텔이나 마피아, 테러리스트, 권위주의 국가 등과 연계되면서 더 조직적이고 은밀한 형태로 거래가 이루어지고 있다. 취약점 지하시장이 계속해서 커질 수밖에 없는 이유다.[55] 이러한 시장은 매우 불안정하다. 거래의 신뢰가 보장되지 않기 때문이다. 구매하려는 취약점이나 익스플로잇이 유효한지도 확인할 수 없고 다른 누군가에게 중복 판매하고 있는지도 알 수 없다.[56] 경제적 유인 등을 고려할 때 취약점 거래 자체는 구매한 취약점을 어떻게 활용하느냐에 따라 긍정적 효과를 낳을 수도 있다. 따라서 보안을 강화하기 위해서도 취약점을 구매할 수 있어야 한다.[57] 취약점을 악용하려는 입장들은 줄여 나가고 보안 개선을 목적으로 취약점을 구매하는 영역을 늘려야 한다. 이러한 관점에서 그레이마켓과 블랙마켓은 전략적으로 제재될 필요가 있다.

이와는 반대로 버그바운티와 같은 화이트마켓은 장려하여야 한다. 화이트마켓에 더 많은 보안연구자들이 참여하도록 해야 한다. 블랙마켓을 제재함으로써 물량이 화이트마켓으로 유인되는 효과도 있을 수 있겠지만 가장 효과적인 방식은 거래의 신뢰성과 가격 경쟁력을 확보하는 것이라고 할 수 있다. 특히 현재 보안취약점의 가격은 버그바운티를 통해 제시되는 금액 또는 그레이마켓에서 책정하고 있는 금액을 통해서만 확인할 수 있는 상황이다. 또한 객관적으로 취약점은 교환할 수 있는 상품이 아니고 직접 비교할 수도 없기 때문에 가격을 산정하기 어렵다.[58] 따라서 양성화 전략과 제재 전략을 병행하고 취약점 거래의 허가제도를 도입하는 방안들을 고려할 수 있을 것이다. 초기 규제 이후 중장기적으로는 시장의 자율을 통해 적정 가격이 형성되도록 해야 한다.

5. 보안취약점 대응의 국제협력

사이버공간은 본질적으로 국제적이다.[59] 어떤 방식으로든 연결되어 있기만 하면 전 세계 곳곳에 위치한 서버, 컴퓨터, 기기 등에 접근할 수 있기 때문이다. 특히 국제협력이 필요한 분야로는 크게 3가지를 들 수 있다. 첫째, 보안취약점 정보를 국제적 차원에서 모아 관리하고 실시간으로 공유하는 등의 관리가 필요하다. 이를 위해 국제적으로 취약점을 공동관리할 수 있는 협력체계 및 그 실무를 지원하는 기구와 센터 설립을 고려할 수 있다. 둘째, 보안취약점을 악용하는 등 사이버범죄를 추적하고 수사하기 위해 국가 간 협력이 필요하다. 특히 다크웹에서 보안취약점과 해킹툴 등이 거래되고 있는 현상을 고려하면 국제적 차원에서의 대응도 고려할 수 있어야 한다. 이는 거래규제의 차원에서 다크웹의 불법거래 영역을 줄여 나가고 합법적인 거래가 이루어지는 영역을 확대할 수 있어야 하는 시장규제적 관점과 함께 그러한 거래행위를 직접 제재하는 수사의 관점으로 분류될 수 있다. 딥웹이나 다크웹을 이용한 통신은 추적하기도 쉽지 않다. 일반적인 브라우저로 검색되지 않는 웹의 영역은 일반 웹의 영역보다 약 500배 정도 큰 것으로 확인된 바 있다.[60] 그러한 딥웹에서 각종 불법정보를 제공하는 구체적인 링크들을 알아내 다크웹에 접근하게 되면 각종 유해한 정보들을 접할 수 있다. 무엇보다 기술적 속성상 다크웹을 통한 거래는 익명성을 강화하기 위해 암호화를 병행하는 3차례의 IP주소 우회 절차를 거치므로 원점과의 인과관계를 식별하려면 반드시 국제공조가 필요할 수 있다. 실제로 한국, 미국, 영국 등 32개국 수사기관이 공조해 다크웹상 아동음란물 사이트 이용자들을 검거한 바 있다. 이를 통해 운영자는 1년 6개월의 징역형을 선고받았고 해당 사이트는 폐쇄되기도 하였다.61 마지막으로, 각국 정부가 보안취약점을 공격적인 활동에 쓰기보다는 보안 등 방어적인 활동에 사용하고 취약점을 찾아내면 해당 업체에게 알려주는 등 선순환 구조를 형성하기 위한 협력과 협약이 필요하다. 특히 보안취약점의 대응이나 책임 문제는 정치적 입장을 고려해 드러나지 않는 면도 있다는 점을 기억해야 한다. 예를 들어, 책임이나 귀속의 문제가 공개적으로 드러나지 않는다고 해서 없는 것은 아니다. 실질적으로 누구의 문제인지 밝혀지더라도 이에 비례하는 조치를 취하지 않으면 정치적인 약점으로 기능할 수 있기 때문에 효과적인 보복을 할 수 있는 상황이 아니라면 굳이 공격의 실체를 밝히지 않는 경우도 많다.62 이러한 점에서 국제정치의 문제가 상당한 영역을 차지하고 있기도 하다.

각각의 원칙별 주요 내용들을 정리하면 다음 <표 14>와 같다.

표 14 보안취약점 대응전략 원칙의 내용과 전략적 고려사항

연번	원칙	내용
1	보안취약점 문제의 사회적 수용	• 보안취약점 문제의 공개 및 공동체 차원의 인식 확산 • 보안취약점 발생의 인정 및 취약점 공개와 협력 대응환경의 조성 • 사회적 합의를 통한 제재 또는 지원 등 합리적 규제영역의 식별 • 보안취약점 데이터베이스 구축 및 공유
2	자주적 보안과 생태계 신뢰 보장	• 이용자의 자주적 보안통제 필요 및 업계의 자율적 보안취약점 대응 노력 • 모든 이해관계자가 참여하는 정책수립 및 평가 구조 • 보안 우선 전략의 수립 및 예외적 보안취약점 활용의 근거와 기준 마련 • 보안취약점 연구, 신고, 공개의 허용
3	보안취약점의 관리체계 마련 및 지원	• 제품 및 서비스 생명주기별 보안취약점 관리체계 마련 • 보안취약점 접수, 분석, 평가 및 인증 • 중소기업 및 스타트업 지원제도 수립

4	보안취약점의 거래 양성화 및 불법거래 제재	• 합법적 보안취약점 거래시장 확장 • 블랙마켓 등 불법거래의 제재
5	보안취약점 대응의 국제협력	• 국제적 차원에서의 보안취약점 데이터 관리 및 공유 • 보안 우선 전략의 국제규범화

제2절 자주적 보안과 생태계 신뢰 보장

1. 이용자 중심 보안

위험을 인식하고 관리하려면 실질적인 이용자의 통제권과 방어권이 보장되어야 한다. 어떤 위험에 관한 진정한 자기통제권은 자신이 이용하는 정보나 서비스, 시스템에 관한 정보, 이와 관련된 위험, 위험의 빈도나 속성, 영향력, 위험 완화를 위한 방법 등을 종합적으로 인식함으로써 구현될 수 있다.63 따라서 이용자 중심 보안은 이용자가 초기 제품이나 서비스의 인증수단을 직접 결정하고 신뢰할 수 있는 접근을 선택해 허용할 수 있도록 하며 이상패턴이나 위험요소들을 실시간으로 알 수 있어야 한다는 개념을 핵심으로 한다. 무엇보다 그러한 요소들은 이용자도 쉽게 알고 쉽게 설정할 수 있도록 구현되어야 한다. 보안취약점의 문제를 최종 이용자 관점에서 인식하고 쉽게 대응하도록 함으로써 자주적 보안의 원칙을 실현하기 위함이다.

먼저, 사용자 친화적 보안을 구현할 수 있어야 한다. 이는 자주적 보안을 실천하기 위한 기본 전제다. 그렇지 않으면 복잡한 비밀번호 규칙을 요구하는 것처럼 보안과 사용성(usability)은 충돌할 수밖에 없기 때문이다.64 따라서 사용자 친화적 보안을 구현하려면 시스템의 가용성이나 성능 등을 고려해 설계 단계에서부터 상호작용이 이루어질 수 있도록 초기부터 보안요소를 반영해야 한다.65 또한 사용 과정에서 명확하고 충분하며 유용하지만 너무 기술적이거나 전문적이지 않은 피드백을 제공할 수 있어야 한다.66 보안위협이나 이상접근이 있는 경우에는 그러한 사실을 이용자가 알기 쉽고 명확한 형태로 표현하고 어떤 위험이 있을 수 있으며 이를 완화하기 위한 조치는 무엇인지 간략하고 명확하게 제공해야 한다.67

둘째, 모든 제품이나 서비스의 보안은 이용자에 관한 정보나 속성을 중심으로 유연하게 설계되어야 한다. 관련하여 이용자는 초기 설정을 통해 인증수단을 결정할 수 있어야 한다. 오늘날 인증은 ID와 패스워드를 떠나 다른 방법론으로 이어지고 있다. OTP(One Time Password)나 지문, 홍채 등을 활용하기도 하고 이용자 편의를 고려해 모바일로도 2차 인증을 할 수 있게 되었다. 특히 최근 미래지향적인 방식으로 시장에서 논의되고 있는 방식은 위험 기반 인증(Risk Based Authentication) 방식이다.[68] 이는 이용자의 입력 패턴, 이용 시간, 자주 사용하는 기능과 그렇지 않은 기능 등 다양한 이용자의 패턴을 종합 분석해 위험평가를 수행한다.

그림 12 위험 기반 인증 개념도

이용자 및 기기 유사성 분석 → 행동 기반 생체행위 분석 → 가중치 부여 → 이용 패턴 분석 → 위험 요소 평가

이러한 개념은 오늘날 모바일기기와 클라우드 컴퓨팅 등을 통해서 개인의 이용 방식이나 고유의 행태 등을 데이터로 모아 분석할 수 있게 되면서 등장하였다. 즉, 맥락이나 흐름을 도출해 이용자 중심의 맞춤형 보안시스템을 도입함으로써 보호의 수준도 강화하고 이용자의 사용성 및 편의성도 보장하는 것이다.[69]

특히 IoT 기기가 일반화되는 경우를 대비해 개별 클라이언트 단위에서의 보안 조치를 강화해야 한다. 관련하여 영국 글래스고 대학 연구팀은 IoT 기기 관련 연구와 미디어 노출 내용으로부터 프라이버시 관련 데이터를 추출하여 각종 프라이버시 보호 방법들이 프라이버시 원칙을 얼마나 준수하는지 분석하였다. 그 결과 위치 추적, 데이터 공유, 프로파일링이 가장 큰 위협으로 나타났고 최종 사용자 단계에서 프라이버시를 보호할 수 있는 방안이 필요하다고 주장한 바 있다.[70] IoT 기기의 설치 및 유지보수는 최소한의 단계를 적용하여야 하며, 사용성에 대한 보안 모범지침을 따라야 한다. 예를 들어 일본 총무성과 경제산업성 및 IoT 추진 컨소시엄은 IoT 보안 가이드라인을 발표하면서 <표 15>와 같이 IoT 기기의 설치, 구축, 접속 시 필요한 초기설정을 권고하고 있다.[71]

표 15 IoT 기기 초기설정 권고사항

1) 적절한 비밀번호의 설정 및 관리: 관리자 권한 이용을 위한 암호를 적절히 설정하고 관리하여 악의적 제3자의 무단 접근을 방지
   - 초기 설정 비밀번호는 문자 수와 종류 등을 종합해 적절히 변경하고 제3자에게 노출되지 않도록 엄격히 관리
   - 비밀번호를 권한 없는 사용자와 공유하지 말 것
   - 비밀번호를 다른 시스템이나 서비스에 재사용하지 말 것
2) 접근제어
   - 방화벽 등을 통해 접근제어 조치를 취하고 외부의 부적절한 접근을 방지
3) 소프트웨어 업데이트: 시스템이나 서비스를 배포하는 시점에서 소프트웨어의 업데이트가 있는지 확인하고 이를 적용하여 배포하여야 함. 아울러 업데이트는 반드시 제조업체 등 신뢰할 수 있는 소스에서 다운로드하고 전자서명 등을 이용해 조작 등이 없도록 검증할 수 있어야 함
4) 불필요한 포트의 차단: TELNET 등 불필요한 네트워크 포트를 중지하여 외부의 무단 접근을 방지
   - 불필요한 네트워크 서비스를 확인, 점검 후 해당 서비스를 중지
   - 서비스의 제공과 관계 없는 포트가 작동하고 있는지 확인하고 이를 차단

아울러 보안취약점 위험을 가시화하는 정책은 보안의 인식을 높이는 데 기여할 수 있다. 오늘날 다양한 보안사고가 발생하고 정부 차원에서 정책을 수립하는 등 사이버보안의 중요성이 강조되고 있음에도 여전히 해결되지 않는 문제는 일반의 인식이 높아지지 않는다는 점이다. 이는 기본적으로 보안 문제를 나의 문제로 인식하지 않기 때문에 그렇다. 즉, 보안의 문제가 여전히 보안전문가나 보안부서의 문제라고 보는 것이다. 그러나 이는 우리가 기술을 사용하면서 기술의 안전성을 생각하지 않는 것과 같다. 이를 해결할 수 있는 가장 현실적인 방안은 위험이 실재한다는 사실을 아주 명확하고 설득력 있게 보여주는 것이라고 할 수 있다.[72] 2021년 말 월패드 해킹 논란이 대표적인 사례다.

이러한 관점에서 이용자 및 소비자가 보안문제를 쉽게 접할 수 있도록 해야 한다. 관련하여 소비자에게도 기기를 안전하게 설정하는 방법에 대한 지침을 제공하여야 한다. 이용 과정 전반에 걸쳐서 보안을 위해 수행해야 하는 알림과 권고를 제공해야 한다. 그러한 알림과 권고 및 이용자가 수행해야 하는 지침은 이용자가 쉽게

알 수 있는 용어로 설명되어야 한다.[73] 아울러 이용자는 자신이 사용하는 디지털 요소의 보안상태를 쉽게 알 수 있어야 한다.[74] HTTPS에 대해 브라우저 창에서 자물쇠 모양을 보여주고 있는 것과 같이 디지털이 적용되는 모든 기기, 시스템, 소프트웨어, 파일과 데이터에서도 보안이 확보되었는지(secured) 아이콘이나 표시 등을 활용해 보여줄 수 있어야 한다. 이를 위해 모든 기기와 서비스는 이용자들이 보안 문제를 쉽게 볼 수 있고 쉽게 설정할 수 있도록 설계, 제작해야 한다. 예를 들어 현재 스마트 기기에서는 여러 가지 메뉴를 거쳐 들어가야 보안을 설정할 수 있도록 하고 있지만 일반적인 애플리케이션과 같은 형태로 메인화면에서 설정하게끔 한다든지 시간, 날씨, 일정 등을 바로 확인할 수 있는 간편 기능처럼 보안 문제를 확인할 수 있도록 해야 한다. 거대한 서버나 데이터 플랫폼을 만들 것도 없이 유저 인터페이스(UI: User Interface)와 디자인을 바꾸면 되는 일이지만 그 자체만으로도 이용자의 인식을 높일 수 있다. 접근성도 향상함으로써 보안이 어려운 영역이 아니게끔 해야 한다. 관련 기술 요소들을 반영해 업계에서 자율적으로 IoT 보안 등급제도를 도입할 수도 있다. 보안전문가들, 업계 및 소비자단체로 구성된 자율평가그룹을 구성하고 그 활동을 정부가 지원하면서 업계가 스스로 보안관행을 확산할 수 있도록 하는 것이다.[75]

IoT 기기의 인증제도를 수립하는 방안도 고려할 수 있어야 한다. 일반적으로 인증은 어떤 제품이나 서비스의 품질, 요건 등이 특정 기준을 충족하였음을 보장하기 위해 객관적인 제3의 외부 전문기관이 이를 확인해 주는 형식을 말한다. 정부의 인증제도는 적합성을 평가함으로써 안정성과 신뢰성을 확보하며 기업의 신뢰와 국민의 안전을 보장하기 위한 제도라고 할 수 있다.[76] IoT 기기의 인증문제는 국회에서도 지적된 바 있다. 이에 우리나라는 IoT 보안인증을 활성화하기 위해 인증절차를 마련하고 인증시험기관을 지정할 예정이다.[77] 특히 중소기업 등 영세업체의 경우에도 보안인증을 받을 수 있도록 지원하는 정책들이 필요하다.[78] 아울러 IoT 기기 및 서비스에서 원격측정 데이터를 수집할 경우 보안 이상 여부를 모니터링 해야 한다. 로그 데이터를 포함한 원격 측정은 보안 평가 시 유용하게 사용될 수 있으며, 비정상적인 상황을 조기에 파악해 처리할 수 있도록 하여 보안위험을 최소화하고 문제를 신속하게 완화할 수 있다. 또한 IoT 애플리케이션에 적합한 경량암호화기술을 적용해야 한다. 그러나 경량암호화 체계를 설계하고 시행하는 경우에도 암호화 키

사이즈와 보안의 강도는 유지되어야 한다.79 대표적으로 우리나라에서 2013년에 개발한 LEA(Lightweight Encryption Algorithm)는 경량환경에서 기밀성을 제공할 수 있는 블록암호 알고리즘으로서 128비트, 192비트, 256비트의 보안 강도를 보장하며 IoT 제품 및 서비스 환경에 사용하기 적합하다.80 메모리 주소를 임의화해 공격자가 메모리상의 주소를 추측하기 어렵게 하는 ASLR(Address Space Layout Randomization) 기법도 적용할 수 있다.81

마지막으로 제로트러스트(zero trust) 보안을 구현할 수 있어야 한다. 제로트러스트란 조직이 경계의 내부 또는 외부 어떤 것도 자동으로 신뢰하지 않고 접근권한을 부여하기 전에 시스템에 연결하려는 모든 접근을 확인해야 한다는 원칙을 중심으로 하는 보안 개념이다.82 제로트러스트 개념은 2015년 미국 인사관리처(OPM: Office of Personnel Management) 해킹사건 이후 본격적으로 확산되기 시작하였다. 하원 정부 감사 및 개혁 위원장인 Jason Chaffetz가 관리예산처(OMB)로 하여금 연방기관이 준수해야 하는 제로트러스트 기반 IT 보안 모델을 수립, 배포하고 연방기관들이 제로트러스트 모델을 채택하도록 요구하였기 때문이다. 이러한 제로트러스트 모델은 기본적으로 관리자가 허가하기 전까지 모든 접근을 위협으로 간주하고 이용자의 접근을 엄격하게 통제하는 방식이다. 이를 위해 기술적으로는 모든 네트워크 트래픽을 가시화하고 기록해야 하며, 접근을 요구하는 트래픽에 대해서는 엄격한 인증절차를 제시해야 한다.83 네트워크 단에서는 모든 포트를 열지 말고 기본적으로 포트를 닫되 필요한 포트만 보안을 강화하여 열어야 한다.84 이러한 제로트러스트는 보안조치를 끝단에서 하도록 함으로써 자주적 보안의 원칙을 구현할 수 있는 보안 지침이라고 할 수 있다. 외부의 신뢰 자체를 취약점으로 보고 외부의 개입을 원천 차단함으로써 보안취약점의 발생을 궁극적으로 줄이는 전략인 셈이다.85

이를 위해서는 기업이나 조직의 보안 관리자에서부터 가정용 IoT 기기의 개인 소유자에 이르기까지 외부로부터의 모든 초기 접근을 검증, 통제하여 직접 허가하거나 차단하도록 하는 설정이 요구된다. 특히 이때 네트워크 경계 밖의 모든 접근을 차단한다고 봐서는 안 된다. 이는 개별 데이터 단위로 이해해야 한다. 즉, 의미 있는 데이터, 보호할 가치가 있는 데이터를 중심으로 접근을 엄격히 통제하고 그렇지 않은 부분에서는 사용성을 보장하는 등 유연한 방식으로 구현되어야 한다. 매체 개념이 아닌 데이터 중심 보안이다. 또한 중요한 데이터를 중심으로 제로트러스트를 구현한다는 점에서 보안 정책을 이용자가 결정하는 자주적 보안의 실현 방안이기도 하다. 이러한 자주적 보안 개념을 구현함으로써 디지털 시민 개개인은 자신의 기본적 권리를 위협하는 흐름으로부터 스스로를 보호하고 주인된 권리를 행사할 수 있다.

2. 디지털 생태계 관점의 보안취약점 대응체계 확립

디지털과 함께 더욱 일상이 된 위험에 대응하기 위한 가장 좋은 방법은 모든 것이 연결되어 있다는 관점 아래 종합적이고 통합적인 접근법을 취하는 것이다.[86] 무엇보다 취약점은 어떤 단계에서 발생한 오류로 인해 나타날지 알 수 없기 때문에 제품이나 서비스의 설계단계에서 배포 및 보완 단계에 이르기까지 생태계 주기의 관점에서 바라봐야 한다. 특히 배포 이후에도 취약점이 계속 존재할 수 있다는 점을 인지하고 지속적인 점검을 수행해야 한다. 패치도 마찬가지다. 보안 관리의 허술함으로 인해 패치가 배포되더라도 많은 시스템의 보안취약점이 몇 달 또는 수년간 방치되는 경우들이 있기 때문이다.[87] 따라서 제조사의 개발 및 제조 단계, 통신 연결 구축 단계, 서비스 운영 단계 등에서의 보안취약점을 종합적으로 고려하고 신뢰할 수 있는 체계를 구축할 수 있어야 한다.[88]

이는 결국 소프트웨어 개발의 설계 단계에서부터 보안취약점에 대응할 수 있도록 하는 SDL(Secure Develop Lifecycle) 정책을 채택함으로써 구현할 수 있을 것으로 보인다. 시스템을 설계하는 과정은 매우 복잡하다. 설계팀뿐만 아니라 시스템의 생태계 전반에 걸친 다양한 단계에서 관계자들과 긴밀히 협조해야 하기 때문이다. 예를 들면 개념 분석, 솔루션 분석, 시스템 설계 및 개발, 제조, 생산 및 배분, 운영 및 지원, 폐기나 사후처리 등의 광범위하고 때로는 장기적인 요소들을 고려할 수 있어야 한다.[89] 생태계 주기 관점의 대응체계가 필요한 또 다른 이유는 IoT 문제에 대응해야 하기 때문이다. IoT 기술로 인해 다양한 기능을 수행하던 현실의 도구들이 네트워크에 연결되고 있다. IoT의 문제는 크게 3가지로 구분할 수 있다. 먼저, 컴퓨터 기술을 다루는 업체가 아니라 기존의 전통적인 제품을 제작하는 업체에서 IoT 기기를 제작한다는 점이다. 따라서 제조자나 설계자들이 디지털의 속성이나 보안 문제, 프라이버시 이슈들을 고려하지 않거나 상대적으로 전문성이 떨어지는 인력들이 IoT 기기를 제조하게 된다.[90] 또한 IoT 기기들이 시장에 공개, 배포되고 나면 이를 보완하기 어렵다.[91] 즉, 운영체제나 소프트웨어의 버전을 업데이트하는 것처럼 다양한 사물인터넷 기기에 포함된 소프트웨어 또한 업데이트되어야 하는데 종종 그렇지 못한 경우가 발생할 수 있다. 처음부터 보안을 고려하지 않고 IoT 기기를 만들거나, 소비자들이 패치를 하지 않는 경우들이 있기 때문이다.

가. 사전 단계

먼저 사전 단계로서 소프트웨어 개발보안의 단계별 요구사항을 설정하고 수행할 수 있어야 한다. 대표적으로 Microsoft의 SDL 방법론을 살펴보자.[92] 이는 크게 교육(Training), 계획 및 분석(Requirements), 설계(Design), 구현(Implementation), 시험 및 검증(Verification), 배포 및 운영(Release), 대응(Response)의 7단계로 구분된다.

그림 13 Microsoft SDL 방법론

교육	계획 및 분석	설계	구현	시험 및 검증	배포 및 운영	대응
• 소프트웨어 개발보안 교육	• 소프트웨어의 품질과 버그 경계 정의 • 보안 및 프라이버시 위험 분석	• 공격 영역 분석 • 위협 모델링	• 도구 구체화 • 금지된 함수 제한 • 정적 분석 수행	• 동적 분석 및 퍼징 테스트 • 공격 영역 및 위협 모델 검증	• 사고 대응 계획 수립 • 최종 보안검토 • 데이터 및 기록 보관	• 대응 수행

이에 따르면 교육 단계에서는 매년 1회 이상 안전 설계, 위협 모델링, 시큐어 코딩, 보안 검증, 프라이버시 보호 등 보안 기초 및 최신 동향을 학습해야 한다. 계획 및 분석 단계에서는 안전한 소프트웨어를 설계하기 위해 필요한 기본 요구사항과 프라이버시 요구사항을 정의한다. 이에 따라 SDL 방법론을 적용할 것인지의 여부, 보안책임자 및 보안팀 선정, 버그 경계 정의, 보안 위험평가 등을 수행한다. 설계 단계에서는 실제 구현부터 배포하기까지 필요한 작업 계획을 수립한다. 이에 따라 보안설계 검토, 방화벽 정책 준수, 위협 모델링, 위협모델의 품질보증, 위협모델의 검토 및 승인 등을 수행하고 소스코드의 보안검토, 안전하지 않은 함수나 코딩 패턴의 경고 및 제한, 위협모델링을 통해 발견한 취약점 해결 목록 작성 등을 수행한다. 구현 단계에서는 보안 및 프라이버시 문제점을 식별하고 제거하기 위해 금지된 API 사용 제한, 안전한 SQL 사용, 이용자 정보 식별 등을 수행한다. 시험 및 검증 단계에서는 전체에 걸쳐 위협모델을 갱신하고 코드 검토, 퍼징 테스트, 객체 테스트, 인

증된 사이트 크로스 도메인 스크립팅 테스트, 침투테스트 수행 등이 포함된다. 배포 및 운영 단계에서는 긴급 담당자를 식별하고 모든 보안활동을 검토하며 보안서비스 계획을 수립한다. 또한 모든 데이터와 기록을 보관한다. 이후 사고대응계획을 구현하여 보안취약점이나 위협에 대응한다.

따라서 개발 단계에서부터 보안취약점을 유발하는 비정상적 데이터를 입력해 지속적으로 코드 실행이나 메모리 유출 등의 취약점을 탐지할 수 있어야 한다.[93] 이 경우 비용의 증가가 불가피하겠지만 단계별로 한 기능을 완성할 때마다 코드를 검증하고 랜덤으로 비정상 데이터를 입력해 퍼징 테스트[94]를 수행하는 것이 보안취약점을 최소화할 수 있는 방법이라고 할 수 있다. 개발 이후 완성된 소프트웨어에 대해서도 퍼징 테스트를 수행해야 함은 물론이다. 퍼징 기법은 입출력 데이터만을 관찰하는 블랙박스 기법과 세부 정보를 보면서 진행하는 화이트박스 기법으로 구분된다. 아울러 각각의 기법이 과탐이나 오탐, 미탐과 같은 문제를 벗어나지 못하는 점을 고려해 화이트박스 기법과 블랙박스 기법을 혼합해 개별 탐지 결과를 상호 분석하고 이를 이용해 점검의 정확성을 높이는 기법도 제안된 바 있다.[95] 나아가 최근 인공지능 기술의 발달에 따라 머신러닝 기법을 활용해 퍼징 테스트의 정확성과 효율성을 높이는 방법들도 개발되고 있다. 실제로 한 연구는 딥러닝 기법을 활용해 취약점이 발생할 가능성이 높은 경로를 찾아 우선 순위를 정하도록 하고 높은 순위의 경로에 더 많은 비정상 데이터를 입력하는 형태로 취약점 탐색을 개선하기도 하였다.[96] 이를 통해 고안된 솔루션은 [그림 14]의 진한 그래프에서 볼 수 있듯 기존의 퍼징툴보다 짧은 시간 안에 더 많은 취약점을 찾아냈으며, 실증 결과 28개의 새로운 취약점을 찾아 CVE에 등록하기도 하였다.[97]

취약점 데이터베이스를 활용한 빅데이터 기반의 취약점 분석 모델도 적용할 수 있다. 이 경우 기초 분석기준이 되는 데이터가 다양하고 많아야 하므로 미국이 제공하는 NVD뿐만 아니라 다른 취약점 데이터베이스들을 종합적으로 활용할 수 있어야 하며 이를 위한 데이터 표준화 및 동기화도 필요하다.[98] 아울러 비용 문제를 따질 때에는 코브라 효과(cobra effect)[99]도 고려할 수 있어야 한다. 업체들이 비용 문제를 고려해 내부에서 전문가를 고용하고 취약점을 집중적으로 찾는 등의 전략보다는 코드를 완성시킨 후 버그바운티 등을 통해 사후적으로 보안을 점검하는 형태가 늘어나고 있기 때문이다.[100] 따라서 앞서 제안한 인증체계 및 세제지원 혜택 등

그림 14 딥러닝 기법을 활용한 Neuzz 퍼징 테스트 결과(Wang et al., 2019)

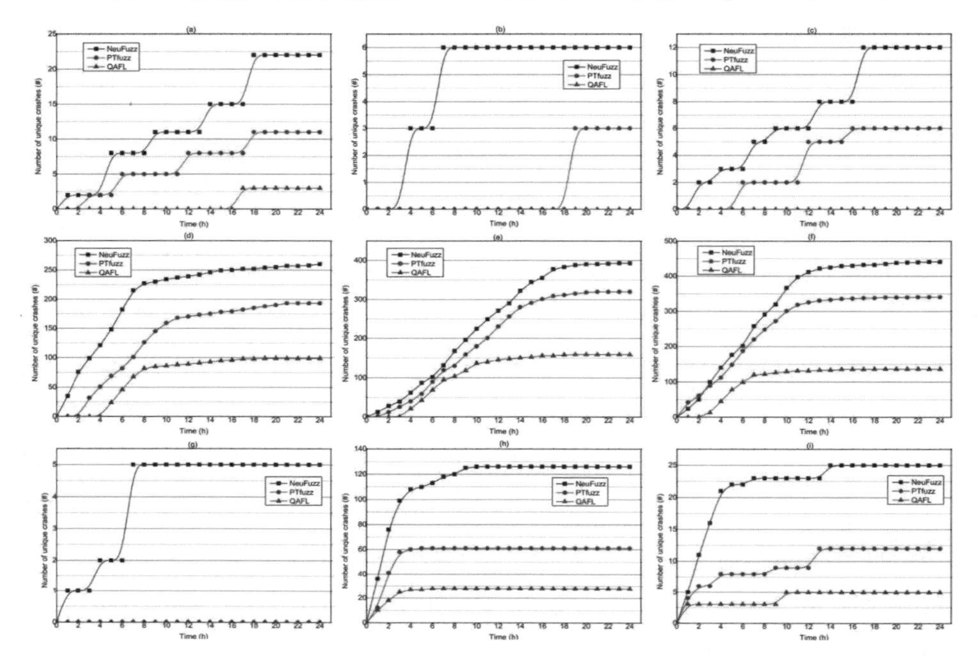

을 종합해 기금제도를 운영하여 개발과정에서 지속적으로 퍼징 테스트를 수행하는 등 유인효과를 끌어낼 수 있어야 한다.

나. 사후 단계

배포 이후의 사후 단계에서 보안취약점 문제에 대응할 수 있는 방안으로는 버그바운티나 취약점 공개정책, 개별적인 보안취약점 점검 등을 들 수 있다. 이미 취약점이 없다고 누군가에 의해 확인된 제품이나 서비스라고 하더라도 새로운 보안연구자들을 통해 다시 확인할 수 있도록 하는 등 지속적인 취약점 탐색 조치들이 이루어져야 한다.[101] 이와 함께 전반적인 보안 환경을 고려해야 한다. 예를 들어 외부의 감독이나 강제에 따른 압박 또는 표준 준수, 조직 전반의 보안인식 수준과 문화, 보안사고의 경험 등 보안문제의 인식 여부, 가능한 기술, 인력, 예산 등 자원 가용성 등은 보안취약점 대응 및 관리 관행에 중요한 영향을 미칠 수 있다.[102]

K－사이버방역 추진전략에 따르면 우리 정부는 실시간으로 보안취약점 정보와 악성코드 감염 여부를 알려주는 '사이버 알림 서비스'를 2022년까지 도입할 예정이

다.**103** 이에 따르면 한국인터넷진흥원이 침해사고를 조사하면서 확보한 공격정보나 사이버보안 얼라이언스, 지능정보 보안플랫폼 등의 협의체와 플랫폼으로부터 확보한 모든 정보를 활용해 악성코드에 감염된 컴퓨터나 IoT 기기를 파악한다. 이후 통신사를 통해 해당 기기를 이용하는 이용자의 연락처를 확보하고 모바일 전자고지 형태로 알림 서비스를 제공하는 것이다. 또한 단순히 알림 서비스를 제공하는 것에서 나아가 내 PC 돌보미 서비스와 연계하여 악성코드를 치료하고 보안패치를 설치하는 등의 사후 조치도 지원할 예정이다. 대규모 침해사고의 징후가 발견되는 등 심각한 사이버위협이 예상되거나 발생한 경우에는 V3, 알약 등 주요 백신 프로그램을 통해 전 국민을 대상으로 긴급알림 서비스를 제공한다고 한다. 다만 백신 프로그램이 설치되지 않은 경우에는 긴급알림 서비스를 받을 수 없는 문제가 발생한다. 따라서 이용자가 보유하고 있는 IoT 기기나 서비스 등을 종합적으로 관리할 수 있는 플랫폼을 제공하고 이를 통해 이용자에게 위험한 보안취약점 정보를 알려주는 형태가 더 효율적일 수 있다. 아울러 앱스토어 등에서 다운로드가 많은 모바일앱의 보안취약점을 진단하고 보안이 취약한 모바일앱 운영자와 이용자에게 신속히 해당 사실을 안내해 이를 개선하도록 하고 조치를 지원할 예정이다.

나아가 시스템 관리자들과 이용자들 또한 보안을 고려해야 하는 의무를 진다.**104** 내가 구매한 제품의 위험이 나에게만 영향을 미치는 시대가 지나고 있다. 네트워크에 연결되어 있다면 나의 낮은 보안의식과 취약성을 유발하는 행동들이 옆집이나 타인에게도 영향을 미칠 수 있다는 점을 인식해야 한다. 사업용 제품이나 서비스를 구매한 시스템 관리자들은 소비자를 대상으로 하는 제품이나 서비스를 제공하는 과정에서 보안을 고려해 취약점 패치 등을 신속히 반영할 수 있어야 한다.**105** 다만 일반 이용자들은 전문성이 없고 정보의 약자 위치에 있기 때문에 이용자들이 어려움 없이 보안조치를 취할 수 있는 방법들을 제공해야 한다. 초기 비밀번호를 일정 규칙에 따라 직접 설정하도록 하고 보안 유의사항을 반드시 확인하도록 해야 한다. 이 제품이나 서비스를 이용할 때 어떤 보안 위험이 있는지 명확하고 쉽게 알려줘야 한다. 이러한 영역에서는 공공 부문에서 전문기관의 역할이 필요할 수 있을 것이다.

특히 취약점 관리 조직과 기존의 비즈니스 부서 간의 원활한 소통이 이루어져야 한다.**106** 일반 사업부서에서도 보안정책이나 취약점 패치 및 관리정책의 개요와 절차, 지침과 역할 및 책임 등을 이해하고 수용할 수 있어야 하기 때문이다. 반대로 보안부서에서도 비즈니스 부서의 통상 업무절차와 연계하여 그 특성을 반영한 보안 정책을 마련할 수 있어야 한다. 외부와의 소통 관점에서는 시민이나 이용자의 참여를 활성화하여 보안을 적용·조정하고 개선하기 위해 필요한 맥락이나 정보들을 얻을 수도 있다.[107] 따라서 일단의 초기 대책으로서 제조사들은 언제든 이용자의 보안 위험이나 취약점을 신고받을 수 있는 창구와 절차를 마련해 둬야 한다.

제3절 보안취약점 공개정책의 도입과 실효성 확보

1. 보안취약점 공개정책의 도입방안

가. 선의의 보안취약점 활용 허가 및 면책규정 명시

보는 눈이 많을수록 버그는 약해진다.[108] 보안취약점을 찾는 행위를 무조건 범죄로 취급하고 처벌하려는 의식은 사회적 맥락을 고려하지 못한 것이라고 할 수 있다.[109] 보안취약점 연구에 관한 지금의 사회적 인식은 보안취약점 연구가 윤리적인지, 그리고 허용되어야 하는지에 머무르고 있다. 그러나 이러한 인식은 바뀌어야 한다. 오히려 취약점 연구를 허용하지 않는 것이야말로 비윤리적인 것은 아닌지 반문할 수 있어야 한다.

오늘날 보안위협은 눈에 보이지 않고 예측하기 어렵다는 것이 특징이다. 이러한 불확실성에 대처하기 위한 가장 좋은 방법은 정부나 공공 부문의 기관에 한정된 접근이 아니라 관계된 수많은 행위자들에 의한 광범위한 활동들을 강화하는 것이라고 할 수 있다.[110] 사이버공간을 구성하는 각각의 주체들이 보안을 강화하면 공격자를 효과적으로 억제할 수 있다. 이용자들, 민간의 보안연구자들과 정부, 보안업계 등이 함께 협력하는 적극적인 방식을 통해 보안의 이익을 극대화할 수 있다.[111] 예를 들어, 1995년 사이버범죄의 피해자들을 돕기 위해 결성된 Cyber Angels의 활동은 매우 선진적인 사례라고 할 수 있다. Cyber Angels는 경찰, 판사, 변호사, 민간 전문가 등 각계각층의 자원자들로 구성된 단체로 사이버범죄 피해자를 지원하고 보안 지식을 확산하며 피해자를 대신해 사법기관과 협력하여 문제를 해결하기도 하였다.

정부는 그러한 민간 공동체의 자발적 노력들이 이루어지도록 장려하고 적극적으로 협력해야 한다.[112]

기본적으로 화이트해커들이 더 많이 참여하고 다양한 접근 방법을 찾아냄으로써 취약점 발견 및 분석 절차의 효과와 효율이 높아질 수 있다.[113] 즉, 보안취약점을 탐지하고 보완하는 가장 쉬운 방법은 더 많은 보안전문가들이 보안취약점을 찾아내도록 하는 것이다. 취약점 공개정책이나 버그바운티 등의 정책에 더 많은 보안연구자들이 참여할수록 발견되는 버그나 보안취약점의 수도 증가할 수 있기 때문이다.[114] 결국 보안취약점을 빠르게 탐지, 식별하고 보완할 수 있는 가장 좋은 방법은 다수에 의한 검증이라고 할 수 있다.[115] 이러한 점에서 화이트해커들은 우리 사회가 적극적으로 받아들이고 지원해야 하는 든든한 아군인 셈이다. 이미 미국이나 영국, 네덜란드, 일본 등 주요국은 취약점 연구의 필요성을 인정하고 취약점 공개정책을 시행하고 있다. OECD는 디지털 경제의 관점에서 취약점을 바라보고 경제의 필수 기반으로서 보안을 확보하기 위해 다양한 화이트해커들의 연구와 취약점 보고를 허용하는 취약점 공개정책을 장려하고 있다.

아울러 취약점을 합법적으로 연구할 수 있도록 하려면 저작권 침해나 컴퓨터범죄 등의 문제로부터 보안연구자를 보호하고 취약점 연구 및 신고를 허용할 수 있는 방법을 모색해야 한다. 실제로 보안연구자들의 4%는 법정 싸움에 휘말리지 않기 위해 취약점을 찾더라도 이를 남에게 알리지 않고 혼자 간직하는 것으로 조사되었다.[116] 또한 연구를 통해 찾아낸 보안취약점을 알리게 되면 좋은 의도로 시작하였음에도 자칫 범죄자가 될 우려가 있어 두렵다는 의견이 60%에 달한다.[117] 보안 전문가들이 취약점을 자유롭게 찾아낼 수 있도록 보장해 주는 정책이 필요한 것이다. 따라서 취약점 연구를 허용하고 법적 책임의 문제에서 연구자들의 우려를 해소하기 위해 계약서에 면책조항을 삽입하고 취약점 연구 및 신고를 할 수 있도록 권한을 부여하는 방안, 제도를 통해 면책 규정 등을 추가하는 방안 등을 고려할 수 있다.[118] 앞서 본 바와 같이 보안취약점 연구는 「저작권법」상 기술적 보호조치 문제, 「정보통신망법」상 망침입 문제 등에 부딪힐 수 있기 때문이다. 「저작권법」은 제104조의 2를 통해 기술적 보호조치의 무력화를 금지하면서 권리자로부터 허락을 받기 위해 상당한 노력을 하였으나 허락을 받지 못한 경우에 한하여 결함이나 취약점을 연구하려는 때, 정당한 권한을 가지고 컴퓨터 또는 정보통신망의 보안성을 검사, 조사,

보정하려는 때 등을 예외로 정해 두고 있다. 게다가 동법 제136조에 따르면 그러한 기술적 보호조치의 해제를 업으로 또는 영리를 목적으로 수행하는 경우 5년 이하의 징역 또는 5천만 원 이하의 벌금에 처하거나 이를 병과할 수 있도록 하고 있다. 그렇다면 사실상 권리자의 허락을 받고 대상 프로그램을 합법적으로 취득해 금전적 이득의 목적 없이 보안을 위한 목적으로 취약점을 연구하는 경우에만 활동이 허용된다고 할 수 있다. 게다가 저작권자가 보안연구를 허락하지 않거나 연구행위의 결과에 대해 일방적으로 법적 문제를 제기할 수도 있다. 「정보통신망법」 또한 제48조 제1항을 통해 의도와 관계없이 망에 침입하는 행위 자체를 금지하고 있다. 결국 보안연구자들은 항상 법적 분쟁에 휘말릴 위험을 부담하고 있는 상황인 셈이다. 따라서 선의의 보안연구자들을 보호할 수 있는 조치가 필요하다.

본래 해커들은 윤리강령과 기술 이해에 대한 동력으로 연합해 왔다. 스스로를 높은 행위기준에 맞추고 자율적으로 규범을 준수하며 악의적으로 해킹하는 자를 경멸하기도 한다. 이러한 해커윤리는 컴퓨터에 대한 접근이 제한되지 않아야 하고 누구든지 접근할 수 있어야 한다는 원칙을 포함한다. 모든 정보는 자유여야 했고 모든 시스템에 의도적으로 손해를 입혀서는 안 되었다. 따라서 해커들은 악의적 의도가 없다면 비인가 접근도 윤리적이라고 생각하였다. 사실 많은 해커들은 오히려 해킹이 보안 결함과 취약점을 찾아냄으로써 유용한 목적에 기여한다고 믿는다.[119] 명예나 금전적 이익 등 해커들의 동기에 따라 구분하지 않고 악의가 없었음에도 일괄하여 규율하는 것은 바람직하지 않다.[120] 영국 더비대학교 로스쿨의 Oriola박사 또한 컴퓨터 사기 및 남용 방지법(CFAA)과 감청 법제를 개선해 취약점 조사 및 연구를 보장할 수 있어야 한다고 봤다.[121] 소프트웨어나 프로그램 등 저작물의 경우에도 기술적 보호조치를 법으로 보호하고 있는 만큼 연구나 보안검사 등 공정이용을 위한 규정을 확대하고 저작권자 또한 기술적 보호조치를 들어 공정이용을 저해하지 못하도록 해야 한다. 오히려 저작권자가 보안연구자에게 정당한 이용권리를 부여하고 이를 적극적으로 보장할 수 있는 방안을 도입할 수 있어야 한다.[122] 예를 들면, 소프트웨어나 프로그램을 판매하면서 연구를 위해 코드에 접근하거나 기술적 보호조치를 해제하고자 하는 경우 준수사항을 명시하거나 사전에 연락을 하도록 요청하고 관련 절차를 수립할 수 있을 것이다. 다만 정보통신망의 경우 침입행위가 선의였는지 악의였는지 여부를 판단하기 쉽지 않다는 점을 고려해야 한다. 공격자가 먼저 일단 침입하여 행위에 착수하였다면 침입하였다는 사실 자체를 알기도 쉽지 않다.

따라서 위 「정보통신망법」 규정은 현재와 같은 형태로 두되 선의의 취약점 연구 등을 허용할 수 있는 방안을 별도로 마련하는 것이 필요하다고 생각된다. 우리 사회 전반의 보안의식과 보안 현실을 고려하더라도 강력하게 규율하는 것이 아직은 타당하다고 할 것이다. 「저작권법」상 기술적 보호조치 규정 또한 장기적으로는 균형을 조정해야겠지만 우선 현행과 같이 두되 연구 등 공정이용을 실질적으로 보장할 수 있는 형태로 개선되어야 한다. 관련하여 취약점 연구의 법적 속성과 국외 동향들을 살펴보면 선의의 취약점 연구를 명시적으로 허용할 수 있어야 할 것으로 보인다. IT 기업이나 글로벌 대형 제조사, 유통사 등이 취약점 연구를 허용하는 절차를 수립·공개하고 있는 것처럼 우리 기업들도 취약점 연구 및 공개정책을 마련할 수 있어야 한다. 제품이나 서비스 등에의 외부 침입을 무조건 막아야만 한다는 다소 단순하고 일방에 치우친 보안 관점을 무너뜨리고 경직된 체계를 벗어나 유연성을 확보해야 한다. 프랑스가 디지털 공화국법을 통해 선의의 보안연구자를 형사소송으로부터 면제하고 있는 것처럼 별도의 정보보호 관계 법률을 통해 명확한 면책규정을 둘 수 있을 것이다.

더욱 자연스러운 방법은 법률로 이를 정해 두지 않더라도 개별 기업이나 조직들이 자발적으로 취약점을 신고받고 법률을 통해서는 정부와 전문기관이 그 자원과 역량을 제공·지원하는 방식이라고 할 수 있다. 즉, 보안취약점 공개정책은 원칙상 자율적으로 설계하고 제도를 통해 필요한 부분을 지원할 수 있어야 한다.

나. 보안취약점 공개정책의 설계

보안취약점 공개정책은 취약점 문제에서 신뢰를 보장하고 보안을 강화하는 가장 좋은 방법이다. 소프트웨어의 신뢰성을 측정하기 위한 연구,[123] 소프트웨어의 신뢰성을 예측하기 위한 접근[124] 등 소프트웨어의 신뢰성을 증진하고 검증하기 위한 다양한 시도들은 이미 오래전부터 있었다. 이 외에도 편의성과 효율성을 고려하여 기술적으로 버그를 찾아내고 수정하기 위한 여러 시도들이 있었지만, 사람이 직접 여러 시나리오를 바탕으로 소프트웨어를 테스트하고 코드를 검증하는 방식보다 효과적인 방법은 없었다.[125] 실제로 미국 정보통신관리청(NTIA)의 조사에 따르면 약 54% 이상의 업체들이 취약점 공개정책을 시행하고 이를 관리함으로써 마케팅 및

소프트웨어 제품과 서비스 개발비용을 절약할 수 있었다.[126]

본래 취약점 공개정책은 취약점 정보의 공유 서비스와 맥을 같이한다. 특별히 누군가 취약점 공유 서비스를 관리하지 않던 때에는 집단지성의 차원에서 찾아낸 취약점을 업로드하고 서로 논의하던 형태의 커뮤니티들이 있었기 때문이다. 1989년 Zardoz로 불리던 Security Digest 서비스는 전 세계의 보안업계에서 새로 발견한 버그를 공유하는 메일링 리스트였다. 그러나 Zardoz에 관하여 보안업계는 상반된 반응을 보였다. 첫째, 사람들이 Zardoz에 취약점 정보들을 포스팅할 때 구체적으로 어떤 식으로 보안약점을 익스플로잇하는지 설명하지 않으면 큰 도움이 되지 않는다는 의견, 둘째, 그러한 Zardoz의 서비스는 악의적 목적을 가진 사람들에 의해 잘못 사용될 수 있다는 의견이었다.[127] Zardoz 서비스는 1991년 마지막 공식 기록 이후 폐지되었다. 1999년엔 해킹 관련 커뮤니티인 Nomad Mobile Research Center(NRMC)에서 처음으로 취약점 공개정책을 시행하였다. 이에 따라 취약점을 찾으면 이를 세부적으로 검증한 후 사업자에게 연락해 기술적 세부사항들을 충분히 안내해 문제를 해결할 수 있도록 조치하였다. 또한 필요하다고 판단되는 경우 익스플로잇 소스코드를 제공하기도 하였다. 만약 심각한 문제라고 판단되면 사업자에게 한 달의 기간을 제공하고 이후 해당 취약점을 공개하였다.[128] 2000년에는 Rain Forest Puppy라는 해커가 Bugtraq mailing list에 취약점 공개정책을 게시하였다. RFPolicy라고 명명한 해당 정책은 각종 취약점을 업체에 알리지 않고 공개하였을 때 업체들이 해당 취약점 문제를 패치할 기회를 얻을 수 있어야 한다는 의견들을 수용해 업체들로 하여금 보고를 받은 후 5일 이내에 취약점 보고자에게 회신하도록 하고 그렇지 않을 경우 보고자가 취약점을 공개할 수 있도록 하였다.[129] 5일 이내에 패치를 개발하라는 무리한 요구가 아니라 최소한 보안연구자와 소통해서 패치 일정을 합리적으로 정해 보완할 수 있도록 한 것이다. 또한 보안연구자인 Marcus Ranum은 보안 컨퍼런스인 Black Hat 기조연설을 통해 보안전문가들이 취약점을 찾고 이를 비밀로 유지하거나 익스플로잇을 만들지 않아야 한다고 주장하였다.[130] 이를 통해 Marcus는 화이트해커와 블랙해커 사이에 존재하는 그레이 영역을 줄이고 화이트 영역으로 해커들을 포섭할 수 있어야 한다고 봤다. 2002년 7월 Insecure.org를 운영하는 Gordon Lyon은 취약점 정보를 제공하는 Full Disclosure Mailing List를 개설하였다. 해당 서비스는 현재까지도 운영 중이다.[131]

그림 15 Full Disclosure Mailing List

Full Disclosure Mailing List
Current Month | RSS Feed | About List | All Lists

A public, vendor-neutral forum for detailed discussion of vulnerabilities and exploitation techniques, as well as tools, papers, news, and events of interest to the community. The relaxed atmosphere of this quirky list provides some comic relief and certain industry gossip. More importantly, fresh vulnerabilities sometimes hit this list many hours or days before they pass through the Bugtraq moderation queue.

SecSearch

List Archives

	Jan	Feb	Mar	Apr	May	Jun	Jul	Aug	Sep	Oct	Nov	Dec
2021	84	93	81	77	10	–	–	–	–	–	–	–
2020	52	36	57	63	60	35	37	24	55	34	45	60
2019	71	54	64	41	52	49	40	37	45	59	34	37
2018	102	84	79	61	73	46	95	53	57	54	69	56
2017	99	103	91	113	108	52	95	58	98	71	51	89
2016	100	128	97	93	75	79	89	139	85	103	162	88
2015	134	101	165	115	133	112	126	86	121	115	111	129
2014	194	273	434	325	213	173	167	89	115	135	103	138
2013	282	162	290	263	227	259	277	303	167	294	222	224
2012	611	477	390	382	323	428	394	393	210	277	236	280
2011	580	887	439	561	572	565	367	393	370	995	466	511
2010	537	502	564	452	408	631	417	445	414	523	342	696
2009	979	380	465	318	282	291	550	455	421	339	386	502
2008	615	496	600	821	681	403	591	557	639	531	739	634
2007	593	629	573	744	555	661	662	530	709	935	582	641
2006	992	740	1865	865	789	1058	770	771	578	878	545	493
2005	927	676	950	654	678	437	766	1078	890	677	1065	1531
2004	1358	1534	1499	1153	1451	1031	1370	1314	1091	1174	1424	731
2003	505	405	296	500	421	890	1251	1942	1763	1806	1123	782
2002	–	–	–	–	–	–	314	835	684	381	454	313

2002년 8월 설립되고 2004년 공개적으로 개방된 OSVDB(Open Source Vulnerability Database)도 보안취약점 정보를 제공하고 있었으나 2006년 지원 문제로 폐지되었다.[132] 이후 2010년 마이크로소프트(Microsoft)가 조정형 취약점 공개정책(CVD)을 발표하였다. 구글과 페이스북 등 주요 IT 기업들도 취약점 공개정책과 버그바운티를 시작하였다. 2014년에는 ISO/IEC가 취약점 공개에 관한 표준(ISO/IEC 29147: 2014)을 제정하였다. 오늘날에는 포브스 선정 2,000개 테크기업 중 47%가 취약점 공개정책을 채택하고 있다. 이 외에도 업종별로 살펴보면 통신사들은 24%, GM, Tesla, American Airlines와 같은 교통·운송 업체들은 5%, GE, Siemens, Philips와 같은 대기업들은 20%, American Express, Citigroup, JP Morgan과 같은 금융 기업들은 4%가 취약점 공개정책을 운용하고 있다.[133]

보안취약점을 공개함으로써 제품이나 서비스의 취약점을 신속하게 제거하도록 할 수 있다.[134] 그러한 취약점 공개의 문제는 패치의 가능 여부를 불문하고 취약점을 찾는 즉시 완전히 공개해야 한다는 입장과 제한적으로 공개하거나 공개하지 않아야 한다는 입장으로 구분된다. 각각 완전히 공개하는 일반공개유형(full disclosure), 제한적으로 취약점이 발견된 제품의 제조업자 등에게만 공개하는 책임공개유형(RDP: Responsible Disclosure Policy), 제3자가 조정자로 개입해 조정자가 취약점을 접수받고 이를 사업자에게 알려주는 조정공개유형(CVD: Coordinated Vulnerability Disclosure)이다. 그러나 일반공개유형을 아무런 제한 없이 허용하는 것은 자칫 관계없는 제3의 피해자를 양산하는 문제로 이어질 수 있다. 해커들이 취약점을 공개해 온 배경을 살펴보면 연구와 지식의 공유 및 확산이라는 목적과 함께 취약점을 보고해도 이를 무시하거나 문제를 제기하거나 패치를 하지 않는 경우 어쩔 수 없이 공개해야 했던 문제들이 있었기 때문이다. 뿐만 아니라 자신의 과시욕이나 반발심 등으로 취약점을 공개하기도 한다. 도전이나 호기심에 의한 해킹 행위는 전통적인 질서 대신 개방성이 더 중요하다고 생각되는 때, 특히 중요하다고 생각하는 가치보다는 싫어하는 현상에 대한 반발심으로 행해지는 경우가 더 많을 수 있다는 연구도 있다.[135]

책임공개유형은 보안연구자가 취약점을 찾은 경우 이를 해당 업체에게만 알려주는 유형이다. 따라서 이 유형에서는 업체와 보안연구자만의 관계가 형성된다. 일반적인 취약점 공개정책(VDP: Vulnerability Disclosure Policy)이라고 할 수 있다. 이에 따르면 업체가 취약점 공개정책을 수립, 준비하여 공표하고 화이트해커가 취약점을 찾아 이를 보고하면 취약점을 분석, 검증하여 유효한 취약점인 때에는 이를 패치해 보안 문제를 제거한 후 취약점을 공개하게 된다. 유사한 형태로서 기업 간 서로 협력이 이루어지기도 한다. 보고자가 보안업체나 다른 기업인 경우다. 실제로 구글 프로젝트제로(Project Zero)는 취약점을 찾아 업체에게 알려준 후 보통 90일의 기간을 부여하고 있다. 다만 2020년 11월 윈도우 운영체제 커널의 암호화 기능 관련 취약

그림 16 보안취약점 책임공개유형의 절차

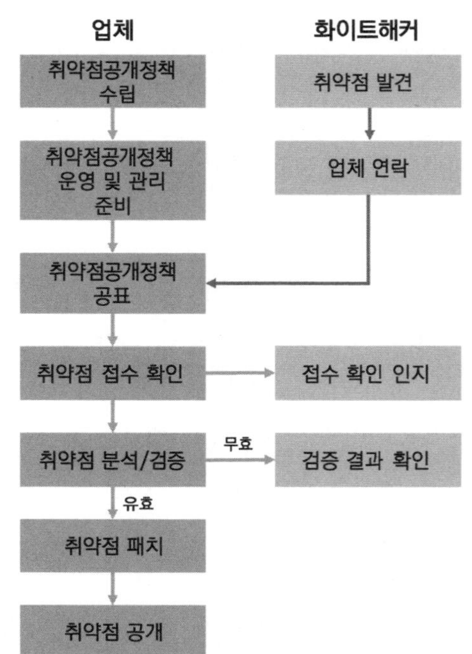

점을 발견하고 해당 취약점이 이미 누군가에 의해 활용되고 있는 정황이 확인되자 7일 이내에 취약점을 패치하도록 요구하고 이를 공개한 바 있다.[136] 책임공개유형의 일반적인 진행절차는 [그림 16]과 같다.[137]

아울러 화이트해커와 기업만의 관계로 보안취약점 문제가 해결되지 않는 경우가 있을 수 있다. 즉, 화이트해커가 보안취약점을 찾아 기업에 알려주더라도 사업자가 이를 무시하거나 패치를 배포하지 않는 등의 경우들이다. 조사에 따르면 50%의 해커들이 찾아낸 취약점을 공개하지 않았는데 그 이유로는 먼저, 찾아낸 취약점을 보고할 창구가 없었다는 응답이 27%, 업체의 반응이 없거나 협조하지 않았다는 응답이 27%, 금전적 보상이 없었기 때문이라는 응답이 19%였다.[138] 따라서 보안연구자들이 취약점을 제보할 수 있는 명확한 연락처와 절차를 자발적으로 수립하고 공개한다면 최선이겠지만 그렇지 못한 경우도 고려할 수 있어야 한다. 이때 신뢰할 수 있는 제3의 조정기관이 개입하면 더욱 효율적인 보안취약점 공개정책을 운용할 수 있게 된다.[139] [그림 17]은 조정공개유형의 진행 절차를 보여준다.

그림 17 보안취약점 조정공개유형의 절차

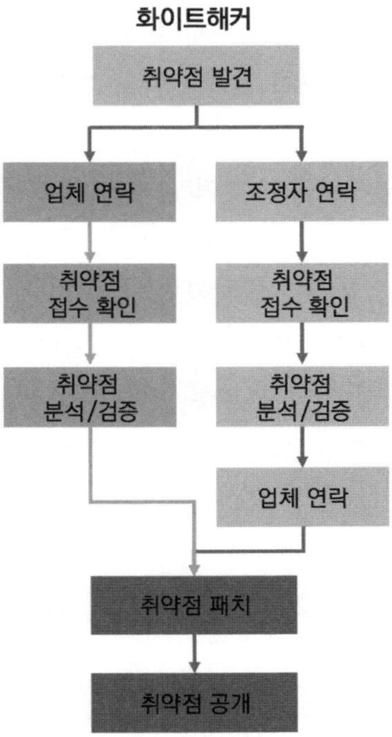

화이트해커
취약점 발견
업체 연락
조정자 연락
취약점 접수 확인
취약점 접수 확인
취약점 분석/검증
취약점 분석/검증
업체 연락
취약점 패치
취약점 공개

조정공개유형은 제3자가 조정자로 개입해 취약점 공개정책을 대신 운영하면서 취약점을 접수받고 검증하여 업체에게 패치하도록 요구하는 방식을 말한다. 이에 따르면 화이트해커는 취약점을 발견한 경우 업체에게 연락할 수도 있고 제3자인 조정자에게 연락할 수도 있다. 다만, 업체가 응답하지 않거나 무시하는 등의 문제가 있는 경우 조정자에게 연락해 취약점을 신고할 수 있다. 조정자는 취약점을 분석, 검증 후 업체에게 연락해 취약점을 패치하도록 하고 패치가 완료되면 취약점을 공개할 수 있다.[140]

화이트해커들의 25%는 취약점을 찾은 경우 CERT나 버그바운티 업체 또는 기타 조정기관 등 제3자에게 보고하고 있다.[141] 이는 벤더들과의 법적 분쟁 소지, 보고에 대한 미응답 및 미조치 등을 우려한 결과라고 이해할 수 있다. 따라서 가장 좋은 형태는 국가가 운영하는 CERT가 개입해 취약점 완화작업에 간접적으로 참여하는 방식이라고 할 수 있다. 이 경우 CERT 등 민간보안 실무를 담당하는 기관이 취약점을 분석하고 관리할 수 있는 역량과 인력, 자원을 갖춰야 함은 물론이다.[142] 특히 이를 통해 사업자들의 패치를 요구하는 등 실효성도 확보할 수 있다. 합법적 취약점 연구와 거래를 가능하게 하며 소요되는 비용도 줄일 수 있다.[143]

취약점 공개정책은 신고자들에게 특별히 보상을 지급하지 않는다. 그럼에도 의미가 있는 이유는 사업자들이 자사의 취약점을 적극적으로 공개하고 보완하겠다는 의지를 표명하는 것이기 때문이며, 먼저 취약점을 연구하고 신고할 수 있는 요건과 절차를 공표함으로써 보안연구자들이 법적 문제에 휘말릴 우려 없이 보안을 강화하는데 기여할 수 있기 때문이다. 조사에 따르면 연구자들의 20%는 취약점 발견에 대해 특별히 보상을 바라지 않는다고 답하기도 하였다.[144]

이러한 취약점 공개정책을 설계할 때에는 미국이나 네덜란드 등 우수한 가이드라인을 제시하고 있는 사례를 참고할 수 있다. 대표적으로 국토안보부 CISA는 취약점 공개정책의 시행 지침을 통해 취약점 공개정책의 표준 양식을 제공하고 있다.[145]

표 16 국토안보부 취약점 공개정책 표준 양식

취약점 공개정책(Vulnerability Disclosure Policy)

기관명 A
연월일 0000.00.00.
개요 A는 미국 국민의 정보를 보호하고 보안을 유지하기 위해 최선을 다하고 있습니다. 이 정책은 보안연구원분들께서 취약점을 찾아 신고할 수 있는 명확한 지침을 제공합니다.

권한 이 정책을 준수하여 보안연구를 수행하는 경우 보고자의 연구가 승인된 것으로 간주합니다. A는 보고자와 협력하여 문제를 신속하게 이해하고 해결하며 법적 조치를 취하지 않습니다. 본 정책에 따라 수행된 활동에 대해 제3자의 법적 조치가 있는 경우 A가 이를 승인하였음을 제3자에게 알립니다.
지침 이 정책에 따른 '연구'란 다음의 활동을 의미합니다.
- 보안 문제를 발견한 즉시 보고하는 행위
- 연구 및 보고 과정에서 프라이버시 침해, 사용자 경험의 저하, 시스템의 중단, 데이터 파괴 또는 조작을 방지하기 위해 가능한 노력을 기울인 경우
- 취약점을 찾기 위해 필요한 범위까지만 익스플로잇을 사용하고, 익스플로잇을 통해 데이터를 손상 · 유출시키거나 지속적인 명령을 주입할 수 있는 액세스를 설정하거나 다른 시스템으로 유도하지 않는 경우
- 취약점을 공개하기 전에 A가 해당 문제를 해결할 수 있도록 합리적인 시간을 제공하는 경우
- 낮은 품질의 보고서를 다수 제출하지 않는 경우
  취약점을 찾거나 개인식별정보, 금융정보, 영업비밀 등의 민감한 데이터를 발견한 경우 테스트를 중지하고 즉시 그러한 사실을 A에게 알려야 하며 데이터를 외부에 공개하지 않아야 합니다.

방법 다음과 같은 테스트 방법은 승인되지 않습니다.
- 서비스 거부(DoS 또는 DDoS) 테스트
- 시스템 또는 데이터에 대한 접근을 손상할 수 있는 테스트
- 물리적 테스트(사무실 접근, 출입문, 벽 등), 사회공학(피싱 등), 기타 비 기술적 취약점 테스트

범위 시스템 또는 서비스를 연구하기 전에 본 정책에 따라 승인되었는지 확인하시기 바랍니다. 예를 들어 관리형 서비스를 제공하는 업체의 서비스나 소프트웨어를 연구 대상으

로 하는 경우 A가 공급업체와 계약하였는지, 공급업체가 취약점 공개정책을 시행하고 있는지 등 명시적 승인 여부를 확인하시기 바랍니다. 그렇지 않은 경우 공급업체와 협력하여 승인을 받아야 하고, 승인을 얻을 수 없는 경우 본 정책의 범위에 해당 시스템이나 서비스는 포함되지 않습니다. 기본적으로 본 정책은 다음 시스템 및 서비스에 적용됩니다.
- *.agency-brand.gov
- agency-form.gov
- agency-service.gov 등
- 이 외 다른 서브도메인 및 모든 응용프로그램은 본 정책에서 제외됩니다.

취약점 보고 이 정책에 따라 제출된 정보는 방어 목적으로만 사용되며 취약점을 완화하거나 수정합니다. 조사 결과 모든 기관 및 사용자에게 영향을 미칠 수 있는 새로운 취약점인 경우 보고서를 CISA와 공유할 수 있습니다. 이 경우 명시적인 허가 없이 보고자의 성명 및 연락처 정보를 공유하지 않습니다.

권고 제출된 취약점 보고서를 분류하고 우선순위를 지정할 수 있도록 다음을 고려해 주시기 바랍니다.
- 취약점이 발견된 위치와 취약점의 잠재적 영향
- 취약점을 구현하기 위해 필요한 구체적인 단계와 개념증명 스크립트 또는 스크린샷 등의 자세한 설명
- 가능한 영어로 작성

소통 보고자의 연락처를 A와 공유하는 경우 A는 가능한 빠른 시일 내에 보고자와 협력할 것을 약속합니다.
- 영업일 기준 3일 이내에 신고가 접수되었음을 통지
- 보고해 주신 취약점을 검증하고 문제를 해결하기 위한 단계를 투명하게 진행
- 관련 문제를 논의하기 위한 열린 소통

문의 본 정책에 대하여 문의가 있으신 경우 security@agency.gov로 보내주세요. 또한 본 정책을 개선하기 위한 제안도 환영합니다.

문서 변경 내역

버전: 1.0

일자: 0000.00.00.

설명: 정책 시행

이 경우에도 항목별로 섬세하게 고려해야 하는 사항들이 있다. 예를 들어, 보안연구자들의 95%는 취약점을 해결하고 보고하였다면 그 사실을 알려줬으면 좋겠다고 응답하였다.[146] 53%는 취약점을 보고할 경우 해당 업체로부터 최소 감사하다는 메시지 정도는 받았으면 좋겠다고 응답한 바 있다.[147] 또한 57%가 취약점 신고 후 제거 및 완화 조치에도 참여하길 희망하였으며, 70%가 신고 후 지속적인 논의와 소통이 이루어져야 한다고 답하였다.[148] 따라서 보안연구자들에게 취약점 신고를 접수한 때, 접수 후 분석 및 검증 결과 취약점이 유효하거나 무효함을 확인한 때, 취약점이 유효한 경우 조치를 취하고 완료한 때에 이를 알려주는 등 전반적인 과정에서 보안연구자와 지속적으로 소통할 수 있어야 한다. 보안취약점 연구를 수행하는 과정은 모두 기록하고 사업자 또한 이를 검증할 수 있어야 한다.[149] 아울러 연구자들은 취약점을 증명할 수 있는 데이터를 찾으면 작업을 중단해야 한다. 취약점을 찾고 난 후 이를 악용하거나 익스플로잇을 만들거나 무단 공개해서는 안 되기 때문이다. 그러한 모든 취약점 탐색 과정은 기록하여 추후 문제가 생길 경우 해당 기록을 제공하여 객관적인 사실을 밝히고 책임의 문제를 명확히 할 수 있어야 한다.[150] 패치 후 취약점을 공개하는 때에도 취약점 공개와 관련된 위험과 이익, 예상되는 결과 또는 부정적 작용들을 고려하여야 한다.[151] 사업자들은 화이트해커들의 취약점 신고 행위에 대한 명확한 요건과 절차 및 제한사항을 알려줘야 한다. 이를 통해 연구 목적으로 공표한 절차를 따라 취약점을 찾는 행위에 대해서는 법적 문제를 제기하지 않을 것임을 언급하고 그러한 행위를 허가한다는 사실을 보장하여야 한다. 아울러 단계별로 구체적인 권한을 설정해줘야 한다. 즉, 시스템이나 서비스에 대해서도 허용 범위가 달라질 수 있으며, 특별히 중요하거나 민감한 영역은 내부에서 계약을 통해 침투테스트를 기획하는 등의 형태로 취약점을 탐색할 수 있다. 이 경우 그러한 제한범위를 명확히 설정해 주고 그렇지 않은 영역에 대해서는 보안연구자들이 적정선에서 자율적으로 연구를 수행할 수 있도록 역할과 책임을 명시해야 한다.[152]

무엇보다 보안 문제가 존재한다는 사실을 시의적절하고 공정하며 정확하게 공개해야 한다는 필요성은 법적 의무와는 별개로 남에게 해를 가하지 않아야 한다는 윤리적 의무로부터 발생한다. 취약점 연구는 법이 적절하게 다루지 못하는 위협정보의 공백을 메우는 것이라고 볼 수 있다.[153] 따라서 취약점 연구 및 공개행위를 허용할 수 있는 합의된 절차가 요구되는 것이다. 자유로운 연구와 공개가 허용되지 않는 이유는 악의와 선의를 사전에 구분하기 어렵고 악의로 침입하게 되었다면 피해를 발생시키기까지 그리 오랜 시간이 걸리지 않기 때문이다. 물론 네트워크상에서 취약점을 스캔하는 행위는 대부분 악의를 목적으로 하지 않는다. 예를 들면 공개적으로 공유된 파일을 찾기 위해 주변의 시스템에 접속할 수도 있고 특정 프린터의 IP 주소를 찾기 위한 목적으로 접근할 수도 있다. 연구를 목적으로 할 수도 있고 민감한 정보를 전달하기 위해 미리 보안성을 검토하기 위한 목적일 수도 있다.[154] 그러나 자신의 서비스나 시스템이 누군가에 의해 훑어지고 그러한 행위들이 공격으로 이어진 사례들이 실제로 벌어지는 상황에서 아무런 제한 없이 이를 허용할 수는 없다. 아울러 필요성이 인정된다고 하여 취약점 공개정책을 법적으로 강제할 수도 없다. 공공 분야의 취약점 공개를 강제할 수는 있겠지만 민간 부문의 취약점 공개가 법적으로 강제될 쯤이면 취약점을 공개하지 않아 돌이킬 수 없는 피해가 발생하였을 때일 것이다.[155]

취약점 공개정책이 민간에서 확산되어야 함은 물론이다. 해커와 협업하고 있는 업계 순위는 인터넷 및 온라인 서비스 사업자들이 59%, 금융업계가 47%, 컴퓨터 소프트웨어 업체들이 43%, 유통 및 전자상거래 업계가 41%, 미디어 및 엔터테인먼트 업계가 37%, 교육기관이 32%, 정부 프로그램이 31%, 통신업계가 25% 등으로 확인된다. 특히 소비자 상품 제조업체는 20%, 의료기술 업체는 16% 등이다.[156] 디지털이 적용되었다면 대부분의 영역에서 취약점을 공개할 수 있어야 하겠지만, 추후 IoT 기기가 확산될 경우를 고려하면 현재 20%에 해당하는 소비자 상품 제조업체들이 더 많이 참여해야 한다. 국제인터넷표준화기구(IETF: Internet Engineering Task Force)는 좀 더 시스템적인 방법으로서 robots.txt를 통해 크롤링 정책을 명시하고 있는 것처럼 개별 웹사이트에서 기계가 판독할 수 있는(machine-readable) security.txt를 운영해 보안취약점을 찾게 되면 연락할 수 있는 곳과 절차 등을 명시하도록 표준을 제정하기 위한 절차를 진행 중이다. 관련하여 현재 security.txt의 표준 문서를 제공해 보안연구자들이 취약점을 더 쉽게 신고할 수 있도록 포맷을 공개하고 있다.[157]

이처럼 공동체 차원의 역할과 대응이 효과적일 수밖에 없는 상황임에도 불구하고 보안의 영역에서는 여전히 분절적 대응체제가 계속되고 있다. 사이버보안 연구자들은 보안연구나 보안성 강화를 위한 보안취약점 연구의 합법적 범위와 절차가 무엇인지, 특정 시스템이나 기기의 심각한 보안취약점을 발견하였더라도 이를 알려 줄 방법은 무엇이 있는지 등을 알기 어렵다.[158] 해당 시스템이나 기기의 보유자 또는 제조사 등이 미리 그러한 절차를 알려주지 않는 한 보안연구는 위축될 수밖에 없다. 조직 내부의 보안팀에서 취약점을 분석하고 평가하는 작업은 한계가 있다. 예를 들어 운영 중인 서버나 시스템 규모 등에 따라 점검항목이 늘어나게 되는데 특히 법령에 취약점 분석평가 항목이 정해져 있는 주요정보통신기반시설과 같은 경우에는 상당한 시간이 소요될 수밖에 없다.[159] 기업들도 사회적 이익을 위해 필요한 역량을 갖추어야 하는 윤리적 의무를 진다.[160] 그러한 기술적 역량을 자체적으로도 키워야겠지만 이를 지원할 수 있는 아군이 상당하다는 사실을 인식할 수 있어야 한다.

따라서 장기적으로 민간업체나 개별 조직들이 자발적으로 취약점 공개정책을 시행할 수 있도록 하되 현재 단계에서는 이를 별도의 신설 보안 전문기관이나 한국인터넷진흥원 차원에서 조정하여 취약점을 접수받고 해당 기업에게 보완을 요청하는 등의 선제 조치들이 필요하다고 할 수 있다.

2. 버그바운티 제도 활성화

보안취약점의 공개정책을 보다 자발적이고 적극적으로 구현한 것이 버그바운티 제도라고 할 수 있다. 그 동인은 '거래'다. 버그바운티 제도는 합법적 영역에 있는 가장 대표적인 취약점 시장, 즉, 화이트 마켓이라고 할 수 있다.[161] 취약점을 빨리 발견할수록 전체 사회의 보안성이 높아진다. 따라서 취약점을 발견하면 적절한 보상을 제공하는 경쟁 환경을 조성함으로써 취약점 문제에 효과적으로 대응할 수 있다.[162] 게다가 오늘날 보안 문제는 보안에 대한 투자가 기업이나 조직, 개인을 보호하는 데 얼마나 실질적인가와 같은 경제학적 관점이나 회계적 관점에 갇혀서는 안 된다. 더 상위의 가치로서 기본권과 민주주의를 보호하고 개인의 재산권 및 정보통제권을 보장할 수 있는 방안으로 보안조치를 이해해야 하며 이를 위해 투자되는 비용이 버려지는 비용으로 이해되어서는 안 된다.[163]

버그바운티(Bug Bounty)란 허가받은 개인, 조직 혹은 회사가 보상을 대가로 버그바운티를 시행하는 주체의 기술적 취약점을 확인하고 보고할 수 있도록 임시로 권한을 부여하는 프로그램이다.[164] 기업들이 자발적으로 지원하는 버그바운티나 해킹대회들은 컴퓨터범죄를 억제하고 합법적으로 해킹의 이익을 극대화하는 방법이라고 할 수 있다. 이에 따라 기업들은 제품을 광고하고 알리기 위해 해커들에게 해킹을 먼저 제안하기도 한다. 이러한 대회들이 정기적으로 정착되어야 한다. 보상을 늘리고 흥미를 부여해 긍정적 기능을 강화하고 보안의 수준을 전반적으로 끌어올릴 수 있다.[165] 본래 최초의 버그바운티 정책은 1995년 넷스케이프(Netscape)사에서 시행한 것으로 알려져 있었다.[166] 그러나 2016년 Alex Rice가 트위터를 통해 1983년 폭스바겐사에서 시행한 "VRTX의 버그를 찾을 시 폭스바겐의 버그를 주겠다"는 광고를 게시하면서 이것이 최초의 버그바운티임을 언급한 바 있다.[167] 2009년 Charlie Miller는 해킹대회인 CanSecWest에서 "공짜 버그는 없다(No More Free Bugs)"는 슬로건을 내세웠다. 해당 토론에서 Charlie는 연구원들이 취약점을 찾는 데 많은 노력이 필요하며 이러한 취약점을 공개하는 데 상당한 부담과 위험을 감수하기도 한다고 밝히며 적정한 보상 지급이 필요하다고 주장하였다.[168] 2012년에는 버그바운티 플랫폼인 해커원(HackerOne)이 서비스를 시작하였다. 오늘날 버그바운티 정책은 꽤 일반화되었다. 2020년 한 해에만 버그바운티 참여자 수가 63% 증가하였다.[169]

버그바운티는 취약점 공개정책과 달리 단기적인 목표를 달성할 때 적합하다. 즉, 취약점 공개정책은 항상 또는 장기적으로 취약점을 제보받을 수 있는 창구를 열어두는 것이며, 버그바운티는 특정 프로그램이나 서비스, 제품 등에 대한 취약점을 집중적으로 검사하고자 할 때에 유리하다. 정부기관이나 대기업에서 추진하는 버그바운티는 특히 해커들의 관심을 끈다. 미국 국방부나 싱가포르 국방부의 사례가 대표적이다. 합법적으로 국방부를 해킹해 볼 수 있는 기회는 다수의 해커들에게 분명히 매력적이다. 실제로 특정 화이트해커 커뮤니티에서 조사를 진행한 결과 취약점 공개에 영향을 미치는 요인으로 목적 웹사이트의 유형, 취약점의 수나 심각도, 취약점의 유형, 취약점의 발견전략 등이 취약점 발견의 생산성을 높이는 것으로 선정된 바 있다.[170] 네덜란드는 조정공개유형의 정책을 가장 잘 시행하고 있는 국가로서 가이드라인을 통해 구체적인 절차들을 권고하고 있다. 동 가이드라인은 일반적인 취약점 공개정책과 유사한 절차를 제시하면서도 취약점의 품질에 따라 보상을 제공할 수도 있어야 한다고 하여 버그바운티 제도를 연계해 설명하고 있다.[171] 해외 주요 기업들도 버그바운티 제도를 자체적으로 시행하고 있다. 구글은 2010년 11월부터 취약점 보상 프로그램(VRP: Vulnerability Reward Program)을 운영 중이다. 동 정책은 크롬 브라우저, 구글 앱스토어, 구글 드라이브, 안드로이드 OS, 기타 하드웨어 제품 등을 포함한다.[172] 2020년 구글은 62개국에서 참여한 662명의 보안연구원들에게 총 670만 달러의 보상을 지급하였으며, 가장 큰 금액은 13만 2,500달러이다.[173] 또한 구글 보안팀은 버그헌터 커뮤니티인 Bughunter University를 개설하여 취약점 탐색, 취약점 보고서의 개선 등에 관하여 다양한 노하우들을 상세히 규정하고 있다.[174] 페이스북은 2011년부터 인스타그램(Instagram), 아틀라스(Atlas), 오큘러스(Oculus), 왓츠앱(WhatsApp) 등 페이스북의 모든 계열 서비스를 대상으로 버그바운티를 시행하고 있다.[175] 이 외에도 마이크로소프트,[176] 러시아의 포털 서비스인 얀덱스(Yandex),[177] 유나이티드 항공 등 여러 기업들이 버그바운티 제도를 운영하고 있다.

버그바운티 또한 취약점 공개정책과 마찬가지로 구체적인 대상과 요건, 범위, 면책사항, 제한사항, 적격 취약점과 부적격 취약점, 취약점 심각성별 예상 지급액, 제출양식과 제출처 등을 명확히 공고해야 한다. 아울러 기업이 버그바운티 제도를 시행하려면 이에 앞서 보안을 고려해 설계하고 자체적으로 보안취약점을 탐색하거나 침투테스트 등을 거치는 등 기본적으로 확인할 수 있는 취약점들을 찾아 제거한 후 시행하는 것이 효율적이다. 그러한 사전 조치 없이 버그바운티 정책을 공표하게 되면 비용효율성이 떨어진다. 예상하지 못한 다수의 취약점이 접수되면 이를 관리하기 위한 비용과 자원이 추가로 소모되기 때문이다.[178] 이와 관련하여 버그바운티 제도를 법률로 의무화해야 한다는 의견도 있다.[179] 그러나 모든 기업들에게 보편적으로 버그바운티 정책을 요구할 수는 없다. 보안을 관리할 역량이 없거나 비용 감당이 불가능한 경우에는 버그바운티 정책을 시행하기 어렵기 때문이다. 나아가 자칫 기업들의 예산에 부담을 주고 영업의 자유를 침해함으로써 위헌의 문제로 이어질 수도 있다. 따라서 필요하다면 중소기업들에 대해서는 기금을 형성하여 지원하는 등의 방안도 고려할 수 있어야 한다.

우리나라의 경우 한국인터넷진흥원이 2012년부터 보안취약점 신고포상제를 운영하고 있다. 2012년부터 2020년까지 보안취약점 포상건수는 꾸준히 증가하고 있다.[180]

표 17 보안취약점 포상건수(한국인터넷진흥원, 2021)

구분	2012	2013	2014	2015	2016	2017	2018	2019	2020	합계
포상건수	14	89	177	215	382	411	581	762	542	3,173

또한 과학기술정보통신부와 한국인터넷진흥원은 이를 확대하여 2020년 11월 "K-사이버 시큐리티 챌린지 2020"을 개최한 바 있다. 동 대회는 인공지능 보안, 빅데이터 보안, 취약점 발굴, 개인정보 비식별 트랙으로 운영되었다. 개최 결과 자동으로 취약점 바이너리를 패치하거나 새로운 탐지모델을 제안하는 등 새로운 기술적 성과들을 얻을 수 있었다. 취약점 발굴 트랙인 '핵 더 챌린지(Hack the Challenge)'를 통해서는 총 700건의 취약점을 발굴하였고 유효한 취약점은 247건으로 집계되었다.[181] 당시 챌린지에 참여한 기업은 KVISION, 네이버, 삼성SDS, 잉카인터넷, 지란지교시큐리티 5곳으로 늘어났으며, 취약점 발굴 분야도 홈페이지뿐만 아니라 IoT 장비, 솔루션 등으로 확대되었다.

따라서 현재 우리나라는 조정공개유형과 버그바운티를 혼합해 운영하고 있으며 공공기관인 한국인터넷진흥원이 이를 담당하고 있다고 할 수 있다. 원칙적으로는 해당 기업이 스스로 정책을 시행하고 자체 예산으로 포상금을 지급할 수 있어야 한다. 그러나 기업도 결국 국민의 생명과 재산이라는 점에서 기업이나 경제 살리기와 같은 진흥 정책을 추진하듯 안전에 관한 문제에서도 지원정책을 시행하는 것은 타당하다고 판단된다. 다만, 대기업과 중소기업은 구분하여 지원하는 것이 필요해 보인다. 추후에는 지원책들을 사용해 기업 등 민간 업계에서 자발적으로 취약점 공개정책과 버그바운티 정책을 시행하도록 하고, 한국인터넷진흥원은 중소기업이나 스타트업 등 자체적으로 취약점 공개정책을 시행하기 어려운 기업들을 지원하는 형태로 정책이 변화되어야 할 것이다. 이 경우 한국인터넷진흥원이 조정자이자 지원자로 기능할 수 있도록 필요한 역량과 자원 및 권한을 제공하여야 한다.[182]

관련하여 우리나라는 2020년 12월『정보통신망법』제47조의4 제1항에 따라 이용자의 정보보호를 위해 동법 시행령을 개정하여 보안취약점을 신고한 자에게 포상금을 지급할 수 있는 규정을 신설하였다(제54조의2). 버그바운티 제도의 활성화를 위한 아주 기초적인 근거를 마련한 것이다. 그러나 그 구체적인 기준은 여전히 모호한 상황이다. 무엇보다 위 시행령을 통해 포상금의 지급기준만을 정하고 있을 뿐 상세한 요건과 절차, 검증방법, 기간, 소통방법, 법적 문제들은 언급하고 있지 못하다. 실제로 보안에 관한 취약점 신고포상금의 지급기준 및 절차를 정하고 있는 시행령 별표 4의2를 보면 지급 대상과 신고대상, 5만 원 이상 1천만 원 이하의 포상금액, 포상급 지급 절차와 취소 기준 등 아주 기초적이고 일방적인 내용만을 두고 있음을 알 수 있다.

3. 보안취약점 공개 후 조정 및 보완조치

화이트해커가 보안취약점을 찾아 제보하더라도 업체가 패치를 개발·적용하지 않으면 아무런 의미가 없다. 취약점 문제에서 패치는 가장 직관적이면서 중요한 대응수단이다. 그러나 현실에서 완벽한 패치의 효과는 기대하기 어렵다. 먼저, 패치가 완전하지 않고 부실한 경우가 많다. 예를 들면, 2020년부터 발견된 제로데이 취약점의 25%는 이미 알려진 취약점의 변종이었다. 또한 일부 취약점은 패치가 된 이후에도 다시 악용할 수 있었다.[183] 이러한 관점에서 실제로 더 큰 문제는 제로데이 취약점보다 n－day 취약점이기도 하다. n－day 취약점은 이미 알려졌지만 대응책이 나오지 않은 취약점이다. 공격자의 입장에서도 취약점을 찾기 위해 노력하는 것보다 이미 알려진 취약점을 악용하기 위한 방법을 찾는 것이 더 효율적이다. n－day 취약점이 발생하는 이유는 기술적인 복잡성과 함께 취약점을 개발하고 배포하고 이를 설치하는 공급망 전반의 보안이 제대로 이루어지고 있지 않기 때문이다.[184] 패치 개발과정에서 근원적 문제를 제거하지 않기도 하고 패치를 적용하지도 않는 것이다.

결국 특정 취약점에 대한 패치를 개발하더라도 방향을 조금 다르게 접근하면 유효한 공격을 할 수 있게 된다. 공격자들이 배포된 패치를 분석하면 또 다른 접근방법을 찾을 수 있기 때문이다.[185] 취약점 공개 및 연구를 허용하는 정책은 제도적으로 강제해야 하는 영역이기보다는 사업자의 자발성을 요구하는 윤리적 영역이다. 기업의 윤리와 법제도가 반드시 융합될 필요는 없다.[186] 그러나 제도적 개입과 조정이 필요한 영역이라면 합리적인 규제가 이루어질 수 있도록 해야 한다. 특히 보안취약점과 같이 복합적인 기술사회적 위험을 내포하고 있는 요소라면 위험을 야기하면서 혜택을 보는 주체들이 그 위험의 비용을 부담할 수 있어야 한다.[187]

관련하여 우리나라는 보안취약점 신고포상제 활성화를 위해 신고포상금 제공의 근거를 정립하며 신고된 취약점을 조치하지 않을 경우 시정명령을, 이후에도 조치가 없을 경우 취약점 공개 및 과태료 부과 등 책임 강화 방안을 마련할 계획이다.[188] 이러한 방식은 정보유출의 통지의무를 부여하는 방식처럼 사업자들을 규율하는 효과적인 수단이 될 수 있다. 사업자의 입장에서는 취약점 패치를 개발하는데 들어가는 비용, 취약점의 공개로 인한 평판 저하에 따른 비용 문제를 고려해야 하기 때문이다.[189] 특히 결함을 시정하지 않는다는 사실은 기업의 이미지와 직결되는 문제이기도 하다.[190] 이때 시정명령은 명확해야 하고 이행 가능한 것이어야 한다. 또한 과거의 위반행위에 대한 중지, 가까운 장래에 반복될 우려가 있는 동일한 유형의 행위 반복 금지를 포함할 수 있다.[191] 그러한 취약점 공개는 공익적 목적을 위한 것으로서 공표의 성격을 가진다. 공표제도는 행정청이 특정 매체나 기타 수단을 통해 어떤 정보를 불특정 다수가 알 수 있게끔 외부에 표시하는 행위를 의미한다.[192] 이러한 공표는 국민의 협조와 참여를 끌어낼 수 있는 정보공유의 기능, 정부 정책에 대한 자기구속의 기능, 특정 사실을 공개한다는 객관성과 공정성의 기능을 갖는다. 아울러 이는 대상이 어떤 행위를 시정하도록 요구하고 행정이 원하는 절차를 실현하도록 하는 실효성 확보의 기능도 수행한다. 그러한 공표로 인해 기업의 영업권을 침해하는 등의 문제가 발생할 수 있겠지만 이는 공익적 목적과 진실 등을 고려할 때 위법성이 조각된다고 할 수 있다. 예를 들어 쓰레기 만두 사건에서 경찰청의 수사발표는 피의사실의 공표에 해당하지만 내용의 공익성과 진실성이 인정되기 때문에 문제로 이어지지 않는다.[193]

아울러 시정명령과 취약점 공개에도 불구하고 패치가 이루어지지 않으면 취약점이 악용될 수 있다. 이 경우 중대한 불법행위에 볼 수 있기 때문에 과태료 등 행정질서벌을 가할 수도 있을 것이다.[194] 또는 이행강제금을 부과하는 방식이 실효성을 확보하기에 더 나을 수 있다. 이행강제금은 기본적으로 전문성을 요하는 비대체적 작위의무의 불이행 행위를 대상으로 불이행자에게 시정명령 후 일정 기간까지 의무를 이행하지 않을 때 상당한 금액을 반복하여 부과할 수 있도록 하는 제도이기 때문이다.[195] 이러한 행정질서벌을 부과하려는 경우 해당 업체의 규모와 역량, 해당 취약점의 영향을 받는 제품의 속성, 해당 제품의 이용자 수, 매출액, 취약점이 공개되어 악용될 경우 회복 불가능성, 급박성 등을 고려할 수 있어야 한다. 조치 후에는 보고의무를 부여하고 필요한 경우 정기적인 현장점검 등의 규정 도입도 고려할 수 있어야 한다. 강력한 보안규제와 법집행을 통해 각종 보고를 의무화하거나 검사를 정기화하는 등의 활동은 취약점을 최소화하고 새로운 보안문제들을 사전에 발견할 수 있도록 한다.[196] 이러한 점에서 취약점 문제는 사업자의 책임에 관한 법적 구조와 깊게 연관된다. 원칙적인 과실책임의 원리에 따르면 외부의 접근을 요하는 취약점의 발생은 온전한 사업자의 책임으로 보기 어렵다. 그러나 제조물책임의 법리에 따라 공공정책은 결함 있는 제품에 내포된 위험을 가장 효과적으로 줄일 수 있는 곳에 책임을 묻는다. 즉, 제품 제조에 소홀함이 없었더라도 이로 인해 위험으로 이어질 수 있는 결함이 생겼다면 그 책임을 제조자에게 지우는 것이 공익에 부합하는 것이다.[197]

이러한 관점에서 오늘날 인터넷서비스제공자나 온라인서비스제공자의 책임이 인정되고 있다. 그러한 디지털의 속성과 결합해 전통적인 제조물, 즉 IoT 기기와 같은 제품의 제조업자들에게도 동일한 법리가 적용됨은 물론이다. 나아가 보안을 강화하기 위해서는 전문성을 갖고 위험을 야기하면서 수익을 누리는 사업자들에게 위험책임을 묻는 것이 필요하지만 궁극적으로는 규제기관과 이용자 등을 포함한 이해관계자들의 의무도 중요하다. 이러한 관점에서 전 세계적으로 사이버 보험시장이 발달하고 그 규모도 커지고 있다.[198] 우리나라도 2015년 「신용정보법」, 2018년 「정보통신망법」을 통해 개인정보 손해배상책임 보험가입 의무화 제도를 도입하였다. 그러나 위험을 분배하는 형태의 제도를 도입할 때에는 신중해야 한다. 비난가능성이 있는 행위에 대한 책임을 분배하면 행위와 결과의 관계를 미약하게 하고 이는 곧 사업자들의 자발적인 통제나 억제 의지를 약하게 할 수 있기 때문이다.[199] 특히 위험을 분배하더라도 이용자들에게 책임을 분배하는 것은 타당하지 않다. 아직 디지털에 대한 안정된 규제체계가 부재하고 보안인식이나 수준이 낮아 기대가능성이 부족하기 때문이다. 만약 추후 충분한 보안설계가 이루어졌음에도 이용자가 그러한 보안조치를 우회하거나 훼손해 편의성을 더욱 강화하는 등의 행위를 함으로써 발생한 피해에 대해서는 사후적으로 이를 고려할 수 있을 것이다. 이때의 책임은 위험책임이라기보다는 전형적인 저작권법상 기술적 보호조치의 무단 해제 또는 안전조치 해제로 인한 고의 내지는 주의의무 위반으로 봐야 한다.

아울러 긴급한 경우에는 정부가 취약점을 제거하거나 예산 또는 인력을 파견하는 등의 방식으로 선조치를 취하고 관련 비용으로 사용된 정부 예산에 대해서는 해당 위반기업에게 구상권을 청구할 수 있도록 하는 방안도 고려하여야 한다. 핵심은 정부의 개입이 무조건적인 규제와 제재로 이어져서는 안 된다는 점이다. 기업이 자율적으로 수행할 수 있도록 하는 것을 원칙으로 하면서 위반행위가 있는 경우 충분한 기회를 제공하고 비례성을 판단해 제재를 가할 수 있어야 한다.

제4절 보안취약점 정보의 관리와 공유

1. 범국가 차원의 보안취약점 데이터베이스 구축 및 운용

위협정보를 관리하고 공유함으로써 보안 문제에 더 빨리 대응할 수 있다. 취약점 정보와 각종 위협정보, 대응조치에 관한 정보를 생성하고 저장·관리하면서 분배할 수 있는 체계를 마련할 수 있어야 한다.[200]

보안취약점을 체계적으로 관리하고 보안위협 수준을 판단하며 각종 위협정보를 공유하려면 국가 차원에서 운영하는 통합된 보안취약점 데이터베이스를 구축할 수 있어야 한다.[201] 소비자안전을 도모하기 위해 공정거래위원회, 경찰서, 보건소, 소방서, 학교, 병원, 소비자단체 등으로부터 위해정보를 수집하고 원인을 분석하여 위해를 제거하고 시정조치를 요구하는 등의 경우와 같다고 볼 수 있다. 그러나 일반적인 위해제품이나 위해정보를 수집하는 가장 좋은 방법은 소비자에게 일어난 사고정보를 수집, 활용하는 것인 반면,[202] 보안취약점에 관한 정보는 기기나 제품 제조사, 다른 취약점 데이터베이스, 해킹포럼 등으로부터 실시간으로 수집하고 관리하는 것이 중요하다. 특히 IoT 환경에서 여러 기기가 연결되는 경우 특정 업체가 관계를 중재·조정하거나 업체들이 제품 취약점에 관한 정보를 상시 공유하지 않기 때문에 특정 제조업체와의 소통이 원활하지 않을 수 있다. 이렇게 되면 한 기기의 취약점이 남아있게 되고 이는 곧 해당 기기를 포함하는 네트워크와 이에 연결된 다른 모든 기기들도 위험하다는 것을 의미한다. 따라서 기기들의 엔드포인트 보안도 중요하지만 근본적으로 사업자의 협력 및 참여와 함께 보안취약점을 공통으로 공유하고 확인할 수 있는 공용 데이터베이스가 필요하다.[203]

또 다른 문제는 분석된 취약점 정보가 취약점데이터베이스에 바로 등록되지 않고 상당한 기간이 지나야 공유된다는 것이다. 보안취약점 정보가 신속하게 공유되지 못하면 위협을 예방하거나 대응하는 데 어려움을 겪을 수밖에 없다. 보안업체의 조사에 따르면 54개의 오픈소스 프로젝트에서 발견한 취약점이 취약점데이터베이스에 등록되는 데 평균 54일이 소요되었다.**204** IT업체와 보안업체들은 NVD를 통해 보안 위협정보를 수집하고 보안 경고를 생성하여 배포한다. 따라서 취약점 정보가 신속하게 등록되지 못하면 문제가 발생할 수 있는 구조라고 할 수 있다. 실제로 PostgreSQL 관련 취약점은 등록이 246일이나 지연되었다.**205** 물론 NVD에 바로 등록되지 않는다고 해서 반드시 위험한 것은 아니다. 예를 들면, Ansible과 OpenStack에 적용될 수 있는 입력값 검증 취약점은 NVD에 등록되는 데 471일이 걸렸다. 그러나 다행히 해당 취약점은 발견 후 17일 만에 패치가 배포되었다.**206** 이렇게 취약점의 보고 및 등록이 늦어지고 공유가 지연되면 악의적인 공격자들이 해당 취약점을 악용해 실제 공격을 수행하여 취약점이 무기화될 수 있다.**207** 2018년 국정감사에서도 IoT 기기의 취약점을 모아 놓은 사이트인 쇼단에서 우리나라의 웹캠이나 CCTV들이 무방비로 검색되고 해커들에게 노출되어 있다는 점을 지적한 바 있다.**208** 그러나 앞으로의 취약점 데이터베이스는 단순히 쇼단에 대응한다는 관점으로는 부족하다. 보다 종합적인 소스로부터 취약점을 수집, 관리할 수 있어야 한다.

보안취약점 정보의 신속한 공유는 보안정책과 전략을 수립하는 데도 필수적이다. 보안의 문제는 보이지 않는 기술의 속성과 더불어 끊임없이 쫓고 쫓기는 해킹기술과 추적 기술의 싸움으로 인해 더욱 어려워지는 특성을 갖는다. 즉, 기본적으로 서버가 공격을 당해도 공격이 어디서부터 어떤 경로로 어떻게 이루어졌으며, 설령 어디서부터 시작되었는지를 찾더라도 실제 그 컴퓨터의 소유자가 공격을 수행하였는지 확신하기 어렵다. 따라서 사이버공간에서 해커와 보안 전문가, 수사기관과 정보기관 간의 치열한 두뇌 싸움이 벌어지고 있는 상황을 고려해 정책을 수립하고 설계해야 하는 정치가들은 정보기관이 제공하는 정보와 분석에 의존할 수밖에 없다.**209** 아울러 정부만의 역량으로는 보안 위협을 모두 추적하고 분석할 수 없다. 보안업체와 민간의 전문가들이 함께 정부의 전문기관들과 위협정보를 공유하면서 이를 설명하고 정책 이슈를 식별하여 제도적 대응이 연계될 수 있도록 하는 역할이 필요하다. 국가정보원이 민간 기업에 사이버위협정보를 공유하기 시작한 사례는 매우 좋은 출발점이라고 할 수 있다. 따라서 보안취약점 정보는 공공과 민간이 합의한 관리체계에 따라 실시간으로 공유되고 현장과 정책 논의의 장에 확산될 수 있어야 한다. 융합의 속성을 고려하여 모범 사례의 공유나 위협정보 공유, 오류 보고 등 신뢰성과 회복력을 강화할 수 있는 조치를 취할 수 있어야 하는 것이다.[210]

취약점 데이터베이스 개념은 1999년 1월 퍼듀대학교 정보보증 교육연구센터(CERIAS: Center for Education and Research in Information Assurance)에서 개최된 보안 취약점의 데이터베이스에 관한 연구 워크숍(Workshop on Research with Security Vulnerability Databases)[211]에서 출발하였다. 해당 워크숍에서 미국 정부의 지원을 받는 비영리단체 MITRE사에 의해 통합 취약점 데이터베이스 구축이 필요하다는 제안이 이뤄졌으며 이를 통해 공통취약점관리체계(CVE: Common Vulnerabilities and Exposures)가 마련되었다.[212] 현재 국토안보부 사이버 · 인프라보안국(CISA)은 MITRE사 및 NIST와 함께 국가취약점 데이터베이스인 NVD(National Vulnerability Database)를 운영하고 있다. 본래 미국은 NIST를 통해 ICAT(Internet Catalog of Attacks Toolkit)라는 취약점 데이터베이스를 운영하고 있었으나 CVE의 개발 이후 효율적으로 취약점 정보를 관리하기 위해 2005년 이를 NVD로 전환해 운영하고 있다.[213] 미국이 운영하는 CVE는 오늘날 대표적인 취약점 관리체계로 특정 조직에 제한되지 않고 업계 표준으로 사용되고 있다. 일본은 2003년부터 JVN(Japan Vulnerability Notes) 및 JVN iPedia를 통해 취약점 데이터베이스를 운영하고 있으며 미국 및 영국과 공조해 국제 환경에서 발빠르게 취약점 문제에 대응하고 있다. JVN은 일본의 자체 취약점 데이터베이스로 평가 및 분류체계도 자체적으로 수립하여 운영하고 있다.[214] JVN iPedia는 이와 달리 미국의 보안약점 관리체계인 CWE, 취약점 관리체계인 CVE, 취약점 위험성 평가체계인 CVSS 등을 활용해 공유하고 있다. 또한 JVN iPedia는 JVN 데이터를 바탕으로 이용자들의 PC에 설치된 소프트웨어의 버전 및 취약점을 체크해 주는 MyJVN 서비스를 제공하고 있다. 중국 또한 정보보안평가센터(CNITSEC, 中国信息安全测评中心) 차원에서 국립취약점데이터베이스(CNNVD, 国家信息安全漏洞库)를 운영하고 있다. 해당 데이터베이스는 2009년 10월 설립되어 취약점 분석 및 위험평가, 취약점 관리, 정부, 업계 및 민간을 위한 정보공유 등을 수행한다. 데이터베이스는 특별 기금을 통해 운영하고 있으며 직접 수집하거나 접수받거나 제출받는 등의 방식으로 취약점을 수집, 분석, 검증하고 이를 조기 경보, 조사 및 제거 지원 등의 업무에 활용하고 있다.[215] 구글의 보안그룹인 프로젝트 제로(Project Zero)는 발견된 제로데이 취약점에 관한 정보를 공개하고 있다. 0day "In the Wild"라는 제목으로 제공되고 있는 이 데이터베이스는 CVE 번호, 벤더, 제품명, 취약점 유형, 구체적 설명, 발견된 날짜, 패치된 날짜, 관련 지원정보, 취약점 분석정보, 취약점 발견자 등을 적어 2014년부터 기록해 일반 대중에게 구글 시트의 형태로 공개하고 있다.216

그림 18 구글 0day "In the Wild" 데이터베이스

0day "In the Wild"
파일 수정 보기 삽입 서식 데이터 도구 부가기능 도움말

CVE	Vendor	Product	Type	Description	Date Discovered	Date Patched	Advisory	Analysis URL	Claimed Attribution	Claimed Attribu	Reported By
CVE-2021-21220	Google	Chrome	Memory Corruption	Use-after-free in Blink	???	2021-04-13	https://chromere	???	???	???	Anonymous
CVE-2021-28310	Microsoft	Windows	Memory Corruption	Out-of-bounds write vulnerability in dwmcore.d	???	2021-03-13	https://msrc.micr	https://securelist	BITTER APT	https://securelist	Boris Larin (OctC
CVE-2021-1879	Apple	iOS	UXSS	Universal cross site scripting in Webkit	???	2021-03-26	https://support.a	???	???	???	Clement Lecigne
CVE-2021-21193	Google	Chrome	Memory Corruption	Use-after-free in Blink	???	2021-03-12	https://chromere	???	???	???	???
CVE-2021-26411	Microsoft	Internet Explorer	Memory Corruption	Use-after-free in MSHTML	???	2021-03-09	https://msrc.micr	https://enki.co.kr	North Korea	https://enki.co.kr	yangkang(@dnp
CVE-2021-21166	Google	Chrome	Memory Corruption	Object lifecycle issue in audio	???	2021-03-02	https://chromere	???	???	???	Alison Huffman,
CVE-2021-27065	Microsoft	Exchange Server	Logic/Design Flaw	Arbitrary file write	???	2021-03-02	https://msrc.micr	https://www.micr	HAFNIUM	https://www.micr	Volexity, Orange
CVE-2021-26858	Microsoft	Exchange Server	Logic/Design Flaw	Arbitrary file write	???	2021-03-02	https://msrc.micr	https://www.micr	HAFNIUM	https://www.micr	Microsoft Threat
CVE-2021-26857	Microsoft	Exchange Server	Logic/Design Flaw	Insecure deserialization in the Unifed Messagi	???	2021-03-02	https://msrc.micr	https://www.micr	HAFNIUM	https://www.micr	Dubex and Micro
CVE-2021-26855	Microsoft	Exchange Server	Logic/Design Flaw	Server-side request forgery (SSRF)	???	2021-03-02	https://msrc.micr	https://www.micr	HAFNIUM	https://www.micr	Volexity, Orange
CVE-2021-1732	Microsoft	Windows	Memory Corruption	Unspecified win32k escalation of privilege	2020-12-10	2021-02-09	https://msrc.micr	https://ti.dbapps	BITTER APT	https://ti.dbapps	JinQuan, MaDor
CVE-2021-21017	Adobe	Reader	Memory Corruption	Heap-based buffer overflow	???	2021-02-09	https://helpx.ado	???	???	???	???
CVE-2021-21148	Google	Chrome	Memory Corruption	Heap buffer overflow in V8	???	2021-02-04	https://chromere	???	???	???	Mattias Buelens
CVE-2021-1871	Apple	iOS	Logic/Design Flaw	Unspecified logic flaw in Webkit	???	2021-01-26	https://support.a	???	???	???	???
CVE-2021-1870	Apple	iOS	Logic/Design Flaw	Unspecified logic flaw in Webkit	???	2021-01-26	https://support.a	???	???	???	???
CVE-2021-1782	Apple	iOS	Memory Corruption	Unspecified kernel race condition	???	2021-01-26	https://support.a	???	???	???	???
CVE-2021-1647	Microsoft	Windows Defender	Memory Corruption	Unspecified remote code execution in Window	???	2021-01-12	https://msrc.micr	???	???	???	???
CVE-2020-11261	Google	Android	Logic/Design Flaw	Memory management logic error in kgsl driver	???	2021-01-04	https://source.an	???	???	???	Man Yue Mo of (
CVE-2020-4006	VMWare	VMware Workspace	Logic/Design Flaw	Command injection	???	2020-12-03	https://www.vmw	???	Russia SVR	https://media.def	National Security
CVE-2020-16017	Google	Chrome	Memory Corruption	Use-after-free in site isolation	???	2020-11-11	https://chromere	???	???	???	???
CVE-2020-16013	Google	Chrome	Memory Corruption	Unspecified memory corruption in v8	???	2020-11-11	https://chromere	???	???	???	???
CVE-2020-27932	Apple	iOS	Memory Corruption	Unspecified type confusion in kernel	???	2020-11-05	https://support.a	???	???	???	Google Project Z
CVE-2020-27950	Apple	iOS	Information Leak	Unspecified memory initialization issue in kern	???	2020-11-05	https://support.a	???	???	???	Google Project Z
CVE-2020-27930	Apple	iOS	Memory Corruption	Unspecified memory corruption in font parsing	???	2020-11-05	https://support.a	???	???	???	Google Project Z
CVE-2020-16010	Google	Chrome	Memory Corruption	Unspecified memory corruption in Chrome on	2020-10-31	2020-11-02	https://chromere	https://bugs.chro	???	???	Google Project Z
CVE-2020-16009	Google	Chrome	Memory Corruption	Type confusion in TurboFan map deprecation	2020-10-29	2020-11-02	https://chromere	https://bugs.chro	???	???	Google Project Z
CVE-2020-17087	Microsoft	Windows	Memory Corruption	Heap buffer overflow in cng.sys IOCTL 0x3904	2020-10-22	2020-11-10	https://msrc.micr	https://bugs.chro	???	???	Google Project Z
CVE-2020-15999	Google	Chrome	Memory Corruption	Heap buffer overflow in typescript Load_SBit_F	2020-10-19	2020-10-20	https://chromere	https://savannah	???	???	Google Project Z
CVE-2020-1380	Microsoft	Internet Explorer	Memory Corruption	Use-after-free in JScript9	???	2020-08-11	https://portal.ms	https://securelist	PowerFall	https://securelist	Boris Larin (OctC
CVE-2020-0986	Microsoft	Windows	Memory Corruption	Unspecified memory corruption in Windows Ke	???	2020-06-09	https://portal.ms	https://securelist	PowerFall	https://securelist	Andy, Anonymou
CVE 2020-12271	Sophos	XG Firewall	Logic/Design Flaw	SQL injection in admin interface/user portal	2020-04-22	2020-04-25	https://communit	https://news.sop	???	???	???
CVE-2020-1027	Microsoft	Windows	Memory Corruption	Unspecified memory corruption in Windows Ke	2020-03-23	2020-04-14	https://portal.ms	???	???	???	Google Project Z
CVE-2020-1020	Microsoft	Windows	Memory Corruption	Unspecified memory corruption in Adobe Type	???	2020-04-14	https://portal.ms	???	???	???	Google Project Z
CVE-2020-0938	Microsoft	Windows	Memory Corruption	Unspecified memory corruption in Adobe Type	???	2020-04-14	https://portal.ms	???	???	???	Liubenjin and Zh
CVE-2020-6820	Mozilla	Firefox	Memory Corruption	Use-after-free when handling a ReadableStrea	???	2020-04-03	https://www.moz	???	???	???	Francisco Alonso
CVE-2020-6819	Mozilla	Firefox	Memory Corruption	Use-after-free while running the nsDocShell de	???	2020-04-03	https://www.moz	???	???	???	Francisco Alonso
CVE-2020-6572	Google	Chrome	Memory Corruption	Use-after-free in media	???	2020-04-07	https://chromere	???	???	???	???
CVE-2020-6453	Google	Chrome	Memory Corruption	Type confusion in v8	???	2020-03-31	https://chromere	???	???	???	???
CVE-2020-8468	TrendMicro	Apex One/OfficeSc	Logic/Design Flaw	Content validation escape in agent client comp	???	2020-03-16	https://success.t	???	???	???	Trend Micro Res
CVE-2020-8467	TrendMicro	Apex One/OfficeSc	Unspecified	Unspecified vulnerability in a migration tool cor	???	2020-03-16	https://success.t	???	???	???	Trend Micro Res
CVE-2020-6418	Google	Chrome	Memory Corruption	Type confusion in v8	???	2020-02-24	https://chromere	???	???	???	Clement Lecigne
CVE-2020-0674	Microsoft	Internet Explorer	Memory Corruption	Unspecified memory corruption in Internet Exp	???	2020-02-11	https://portal.ms	https://blogs.360	Dark Hotel	https://blogs.360	Yi Huang(@C0rk
CVE-2019-17026	Mozilla	Firefox	Memory Corruption	Type confusion in IonMonkey JIT compiler	???	2020-01-08	https://www.moz	???	Dark Hotel	https://blogs.360	Qihoo 360 ATA
CVE-2019-1458	Microsoft	Windows	Memory Corruption	Memory corruption in window switching	???	2019-12-10	https://portal.ms	https://securelist	WizardOpium	https://securelist	Anton Ivanov an
CVE-2019-1429	Microsoft	Internet Explorer	Memory Corruption	Unspecified memory corruption in Internet Exp	???	2019-11-12	https://portal.ms	???	???	???	Clément Lecigne
CVE-2019-13720	Google	Chrome	Memory Corruption	Use-after-free in audio	???	2019-10-31	https://chromere	https://securelist	WizardOpium	https://securelist	Anton Ivanov an
CVE-2019-18187	Trend Micro	OfficeScan	Logic/Design Flaw	Directory traversal in ZIP file extraction	???	2019-10-28	https://success.t	???	Tick	https://www.zdn	Trend Micro Res
CVE-2019-2215	Google	Android	Memory Corruption	Use-after-free in Binder	2019-09-26	2019-10-06	https://source.an	https://bugs.chro	NSO Group	https://bugs.chro	Maddie Stone of
CVE-2019-1367	Microsoft	Internet Explorer	Memory Corruption	Unspecified memory corruption in Internet Exp	???	2019-09-23	https://portal.ms	???	Dark Hotel	https://twitter.co	Clément Lecigne

Introduction All 2021 2020 2019 2018 2017 2016 2015 2014

이 외에도 다양한 취약점 데이터베이스들이 산재하여 운영되고 있다. Vulncode–DB는 NVD의 기능을 확장한 데이터베이스로 NVD가 취약점에 관한 대략적인 정보만을 제공하는 반면, 이는 소스코드를 포함해 취약점 패치정보 등 쇼단과 같은 검색엔진의 형태로 데이터를 제공하고 있다.217

취약점 데이터베이스를 운영하려면 NVD를 포함해 여타 다른 취약점 데이터베이스들도 통합할 수 있어야 한다. 여러 소스들이 있을 수 있다. 미국, 일본, 중국 등

다른 국가들의 취약점 데이터베이스, 맥아피(McAfee) 등 보안업체의 취약점 조사결과, 소셜미디어, 개별 보안연구원의 블로그, Wilders Security Forums, Security Focus, Hack Forums, Reddit, Github와 같이 보안연구원이나 IT 전문가들이 활동하는 커뮤니티 등으로부터 취약점 정보를 수집할 수 있어야 한다. 이러한 데이터들을 종합 분석하여 취약점 정보를 망라하고 관련 표준을 정립해 이를 취합함으로써 더욱 풍부한 통합 데이터베이스를 제공할 수도 있을 것이다.[218] 통합된 보안취약점 데이터베이스는 데이터마이닝 기술과 결합하여 새로운 제로데이 취약점을 예측할 수 있는 기본 데이터셋(data set)으로도 기능할 수 있다.[219]

특히 국가가 데이터베이스를 운영하여 분야별 취약점을 공유하도록 하고 협력을 가능하게 함으로써 보안관행과 절차를 개선하고 제로데이 취약점과 불법거래를 줄이는 데 기여할 수 있다.[220] 따라서 범국가 차원의 취약점 데이터베이스는 이를 관리하고 운용할 수 있는 전문역량을 갖춘 기관에서 담당해야 한다. 현재 가장 근접한 기관으로는 한국인터넷진흥원을 들 수 있다. 우리나라는 2021년 K-사이버방역 추진전략을 통해 국가 보안취약점 관리체계를 구축하겠다고 밝혔다. 구체적으로는 해킹공격이나 악성코드 정보 및 보안취약점을 수집하고 저장하며 공유할 수 있는 이른바 'K-사이버 보안취약점 정보 포털'을 구축, 운영할 예정이다. 또한 개인이나 보안전문가, 기업 등 누구든 보안취약점을 신고할 수 있도록 하고 이를 보안업체들이 패치 개발 및 배포에 활용할 수 있도록 개방할 예정이다. 이러한 방식으로 수집된 보안취약점 정보는 주요 기업과 기관 및 국민에게 실시간으로 공유한다.[221]

그러나 중앙부처 및 다른 공공기관과 민간에도 취약점 정보 등 위협정보를 실시간으로 공유하고 찾거나 제보되는 취약점을 분석, 관리하며 범부처 협력 등 긴급한 대응체계도 활용할 수 있으려면 보안을 전담하는 상위기관이 보안취약점 데이터를 전반적으로 관리할 수 있어야 한다. 필요하다면 보안 기능을 총괄하는 새로운 행정기관을 별도로 둘 수도 있다.[222] 예를 들어 미국 국토안보부가 실질적으로 NVD를 운영하고 있는 점 등을 고려해 사이버보안청과 같은 사이버보안 종합기구를 설립할 수도 있을 것이다. 특히 중장기적으로 ICT 융합을 통해 더욱 복잡해지는 기술시스템에 대응하려면 효율적으로 보안업무를 전담할 수 있도록 미국 국토안보부의 CISA나 독일의 연방정보기술보안청(BSI)과 같은 조직을 참고해 통일된 거버넌스를 형성할 수 있어야 한다.[223]

취약점 데이터는 보안을 담당하는 정부, 보안업계와 제조사 등이 함께 공유하고 실시간으로 대응할 수 있도록 제공되어야 한다. 또한 취약점 정보에 대한 분석은 심각성이나 위험성을 중심으로 하되 어떤 제품에서 어떤 형태의 피해를 야기할 수 있는지에 관한 문제를 일반 국민도 알 수 있도록 제공해야 한다. 이러한 정보는 제조사나 서비스제공자들이 실시간으로 제공받거나 가공하여 일정 수준의 위험이 있어 소비자 및 이용자들에게 알려야 할 필요성이 있는 경우 이용자들이 사용하고 있는 특정 기기나 서비스를 통해 관련 정보를 제공해야 한다. 이를 통해 끝단의 이용자들이 보안취약점 문제를 더 잘 인식할 수 있도록 하고 보안인식을 제고하여 패치를 유도하는 등 전반적인 보안생태계를 강화할 수 있을 것이다. 아울러 현재 보안취약점이 각국 정부들의 정보활동에 활용되고 있는 상황에서 그레이마켓이나 블랙마켓을 통해 거래되는 취약점 정보들을 발빠르게 확인, 대응하려면 국가사이버안전센터와의 기능을 연계할 필요성이 있다. 취약점 정보뿐만 아니라 각종 침해사고의 상세한 분석 결과들도 신뢰할 수 있는 플랫폼을 통해 공개하고 공유하는 정책이 필요하다.[224]

보다 체계적으로 관리하기 위해 보안전문 기관 산하에 가칭 '국가사이버위협정보센터'와 같은 관리조직을 신설하고 국가적 차원의 취약점 및 위협정보 데이터베이스를 운영할 수 있어야 한다.[225] 이러한 취약점 데이터베이스는 현재 산업통상자원부 국가기술표준원에서 운영하는 제품안전정보센터와 같은 기능도 수행할 수 있어야 한다. 즉, 민간 부문도 참여하여 취약점 정보를 제공, 신고, 제보, 공유할 수 있어야 한다. 국제 취약점 정보들도 실시간으로 반영하여 제공하고 위험성이 높은 취약점 정보는 신속하게 공유하고 알릴 수 있어야 한다.

보안취약점을 모아둔다는 것은 마치 병원균과 바이러스 개체를 모아 둔 질병통제센터와 같다고 볼 수 있다. 즉, 강력한 수준의 보안과 통제가 이루어져야 한다. 또한 모든 보안취약점이 심각하거나 위험한 것은 아니다. 취약점의 심각성은 근본적으로 얼마나 민감한 정보를 처리하고 있는지, 사용자의 등급이나 운영 환경은 어떠한지, 네트워크를 설계한 기술적 요소 등에 따라 달라진다.[226] 따라서 그 위험성이나 영향력, 익스플로잇의 용이성 등을 기준으로 분류하고 수준별 통제를 통해 합리적으로 관리해야 한다. 「감염병예방법」에 따라 질병관리본부가 고위험병원체의 분리, 이동, 반입, 인수, 보존, 폐기 등을 허가하고 신고하고 관리하는 제도, 「생화학무

기법」에 따라 산업통상자원부가 생물작용제나 독소의 제조, 관련 제조자와 사업자 관리, 수출입 허가, 인도 및 인수 신고, 보유신고, 정기 및 수시 검사, 기록의무 등의 제도를 운영하고 있는 사례, 「가축전염병예방법」에 따라 농림축산검역본부가 병원체 목록을 관리하고 분리나 분양, 수입허가 등을 관리하는 사례들을 참고할 수 있다. 특히 「대외무역법」 제26조에 따른 「전략물자 수출입 고시」에 근거하여 병원체를 전략물자로 지정하고 수출입을 통제하고 있는 제도들은 이중용도로 활용될 수 있는 보안취약점 관리에도 적용할 수 있을 것이다. 이러한 제도들에 따라 각 부처들은 병원체와 독소들의 그룹을 분류하고 개별 근거법에 따라 신고의무, 수출입통제, 정기 및 수시 검사, 기록의무 등을 부여하며 통제하고 있다.[227]

그림 19 보안취약점 데이터베이스 운영체계

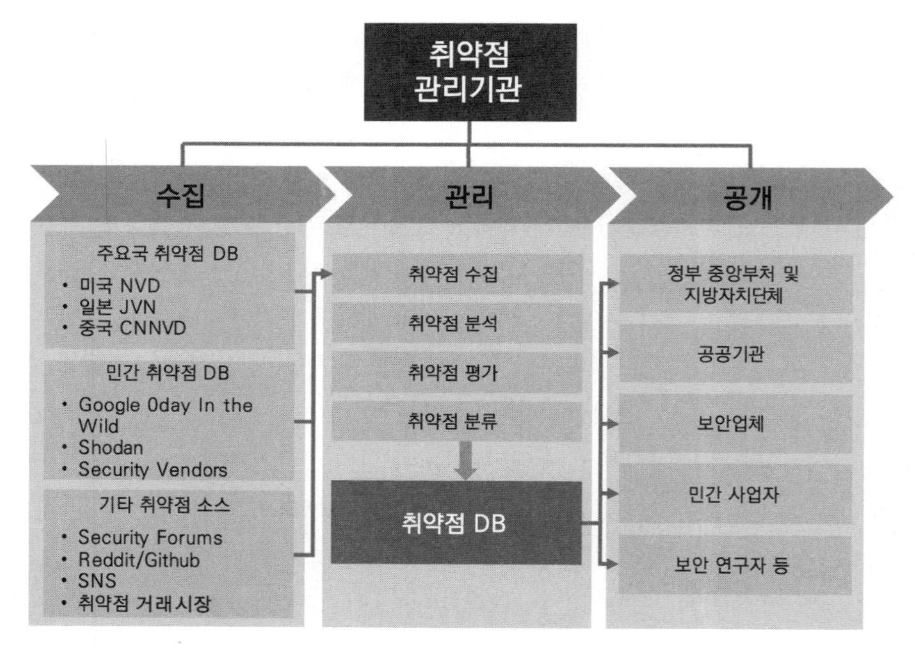

특히 정부가 운영하는 취약점 데이터베이스는 다른 민간 데이터베이스와 차별성을 가져야 한다. 먼저, 최신 취약점 정보를 신속하게 수집하고 공개해야 한다. 이를 위해 앞서 언급한 바와 같이 국내외 보안업계, 주요국 보안담당기관들과 협력체계를 구축하고 국외 취약점 데이터베이스들을 연계해 국경을 가리지 않는 국내외 보안위협정보를 방대하게 수집하고 분석, 공유할 수 있어야 한다.[228] 또한 취약점 데이터베이스에서 제공하는 취약점 정보와 분석 결과의 정확성 및 신뢰성을 높여야 한다. 실제로 NVD 등 개별 데이터베이스에서 데이터 오류가 발견되기도 한다.[229] 결국 역량과 전문성을 강화하기 위해 취약점 데이터베이스를 관리하는 '국가보안위협정보센터(안)'의 충분한 인력과 전문성, 예산, 조직 등이 필요하다. 아울러 해당 데이터베이스를 통해 공개된 취약점을 악용하는 경우 형사처벌의 대상이 될 수 있다는 주의 문구를 두고 보안연구, 패치, 보안강화 등 선의의 목적으로만 활용할 수 있도록 해야 한다.

취약점 공개정책이나 신고포상제, 다른 기관 및 업체와의 MOU 등의 관계로부터 수집한 취약점 정보들도 모두 해당 데이터베이스에 포함하여야 한다. 특히 수집의 방법과 관련하여 정부가 취약점을 구매해 이를 정보수사활동에 활용할 수도 있겠으나 이보다는 보안 우선 원칙에 따라 우리 기업의 취약점을 구매해 해당 업체에게 알려주는 등 자국 기업의 보안을 강화하는 형태의 정책도 효과적일 수 있다. 이를 통해 정부기관들이 방어적 목적으로 취약점을 구매해 악의적인 구매자들과 경쟁하고 정당하며 합법적인 시장 참여자로 활동할 수 있어야 한다. 정부가 어느쪽에 참여하느냐에 따라 취약점 문제에서의 불균형이 조정될 수 있기 때문이다. 반드시 방어적 목적으로 취약점을 수집, 구매, 활용하는 비율이 높아져야 한다.[230]

2. 보안취약점 자체평가 및 공개기준 수립

보안취약점을 다양한 소스로부터 수집하고 나면 이를 분석하고 평가하여 분류할 수 있어야 한다. 이를 위해 미국이나 일본의 사례를 참고해 취약점 평가체계를 운영할 수 있다. 취약점 평가체계를 활용해 현실에서 침해가 이루어질 가능성을 판단할 수 있으며, 이러한 시스템은 위험예측이 필요한 정책에 객관적인 증거와 데이터를 제시해 줄 수 있다.[231] 취약점 평가체계는 자체 기준을 수립하고 운영하는 것이 타당하다. 우리나라 상황을 고려하여 국내 보안산업과도 연계할 수 있어야 하기 때문이다. 또한 외국의 평가체계나 위험도 산정방식이 우리 업계나 국내 환경을 고려하지 못하는 등 적합하지 않을 수 있다는 점도 고려해야 한다. 나아가 자체 관리체계를 운영함으로써 다른 국가의 체계에 종속될 가능성도 배제할 수 있다.[232] 가장 널리 쓰이고 있는 CVE 조차도 보안취약점에 관해 항상 정확하고 완벽한 정보를 제공하지는 못한다.[233]

따라서 취약점을 수집한 후 분석하는 단계에서는 취약점의 위험성을 판단하는 점수를 부여하여 분류의 기준을 제시해야 한다. 현재 CVSS v.3.1은 취약점의 심각성을 평가하기 위해 크게 기초 요소(base), 시간 요소(temporal), 환경 요소(environmental)를 고려하고 있다.[234] 기초 요소는 시간이나 환경에 영향을 받지 않는 항목들로서 공격자가 취약점을 익스플로잇하기 위해 접근해야 하는 범위, 공격자가 사전에 확보해야 하는 권한의 수준, 사용자의 상호작용이 필요한 정도 등으로 구성된다. 시간 요소는 해당 취약점이 현재 악용될 수 있는 상황인지, 혹은 현재 공격에 실제로 활용되었는지, 패치가 개발되었는지, 공식적으로 보완이 이루어지고 있는지 등으로 구성된다. 환경 요소는 조직의 IT 자산의 중요성 등에 따라 영향을 받는 조직이나 개인의 피해 가능성 등을 판단한다. 그러나 이러한 CVSS는 위험성이 아닌 심각성을 평가하는 것으로서 이는 심각하지만 실제로 위험하지는 않은 취약점을 먼저 해결하도록 하는 등 조직의 보안 우선순위에 혼동을 가져오고 있기도 하다.[235] 이에 따라 CVSS 평가척도뿐만 아니라 각 조직 내의 상황이나 환경 등을 유연하게 고려할 수 있어야 한다. 관련하여 CVSS의 위험성 분석기준에 더해 획득 가능한 권한, 공격 코드의 발견 가능성 및 취약점의 침해 범위 등을 고려해 새로운 평가체계를 제안할 수도 있다.[236] 기업의 보안정책이나 조직의 보안수준 등 환경요소를 보완할 수도 있을 것이다.[237] 이러한 형태로 다른 취약점 위험도 평가체계들을 종합해 우리 상황에 걸맞은 취약점 분석 및 평가 기준을 수립할 수 있어야 한다. 따라서 한국형 보안취약점 평가체계를 수립하고 글로벌 표준과의 호환을 위해 일본의 JVN 운영 사례와 같이 CVE, CVSS 및 다른 취약점 평가체계를 연계해 보여줄 수 있어야 한다.

또한 공격보다 방어를 우선해야 하는 원칙에 따라 정보기관이나 보안기관 등이 보안취약점을 접수받거나 직접 찾은 경우 이를 해당 업체 등에 알려줄 수 있어야 한다. 이러한 협력체계는 실제로 많은 긍정적 효과를 가져온다. NSA는 2020년 마이크로소프트의 Windows 10 및 서버 운영체제에서 원격 코드를 실행할 수 있는 중대한 취약점을 찾았다.[238] NSA는 이를 자체적으로 비밀로 유지하면서 활용하지 않고 마이크로소프트에게 취약점을 보고하였다. 이는 공개적으로 확인된 첫 사례로서 해당 협력을 통해 취약점이 패치되었고 아직 이를 악용한 사건이 보고된 바는 없다.[239] 해당 사례에 대하여 언론 또한 긍정적인 의견을 보이고 있다. 전형적으로 정보기관이 취약점을 찾으면 이를 보관, 축적하고 정보활동에 활용한다고 알려져 있었으나 NSA가 찾은 취약점을 벤더사에 알려주고 보안을 강화한 행위는 선진적이라는 것이다.[240] 아울러 이러한 공개기준과 절차를 정책적으로 운영하고 실질적으로 범부처들을 모아 협의를 도출하며 전문가들을 통해 구체적인 기술적 검증과 법적 분석을 수행할 수 있는 실체들이 요구된다. 이에 관한 내용은 정부의 보안취약점 활용 문제와 연관된다.

제5절 보안취약점의 합법적 활용 요건

1. 사전 검증체계 마련

제로데이 취약점을 정보기관이나 수사기관이 활용하는 문제는 법적으로도 매우 첨예한 논쟁거리다. 그러나 적성국이나 테러단체, 적국의 정보기관들이 보안취약점을 활용해 네트워크에 은밀하게 침입함으로써 정보를 탈취하고 관제기능을 마비시키거나 기반시설을 공격하는 등의 안보위협들을 고려하면 예외적으로 보안취약점을 활용할 수 있도록 필요한 절차와 통제방안을 마련할 수 있어야 한다. 물리적 공간과 사이버공간의 연계로 사이버위협의 표면이 증가함에 따라 공공이나 민간, 중요한 기반시설과 일상의 시스템 등을 불문하고 전반적인 기술적 위험이 증가하고 있다. 이러한 상황에서는 국가의 재난관리체계나 위험예방체계와 같은 기능으로서 사이버공간으로부터의 재난을 방지할 수 있는 정부의 역할이 필요할 수 있다.[241]

보안 우선의 원칙에 따르면 정부는 취약점을 찾아 이를 제거하도록 기관 및 기업들과 협조해야 한다. 하지만 예외적인 상황에서 위험을 식별, 제거하는 등 목적을 달성하기 위해 필요한 경우에는 통제된 절차에 따라 제도적으로 이를 보장하고 허가할 수 있어야 한다. 관련하여 위험관리의 기능을 수행하는 상위 결정기관으로서 범부처 및 전문가들이 참여하는 의사결정체계를 통해 검토하고 취약점의 활용을 승인할 수 있도록 하는 방안이 필요하다.[242] 이에 따라 헌법적 타당성과 기술적 전문성을 확보할 수 있어야 한다. 헌법적 타당성을 확보하려면 먼저 형식적으로는 공동체의 실질적 참여와 감독이 이루어져야 한다. 즉, 기본적으로 법률에 따른 권한이 부여되어야 하며 보안취약점 활용을 위한 의사결정 과정에 삼권분립에 따른 견제 기능이 반영되어야 한다. 내용적으로는 비례의 원칙과 본질적 요소 침해금지의 원칙을 검토해 보안취약점을 활용하기 위한 목적과 그러한 활용으로 인해 침해되는 권리 간의 법익을 형량할 수 있어야 한다.[243] 보안취약점의 공개 또는 보유 및 활용 여부를 판단하기 위해 미국과 영국의 취약점공개검토 절차(VEP)를 참고할 수 있다. 다만, 이러한 VEP에 대해서도 실질적인 효력이 있는지 검토가 필요하다는 의견이 있는 점[244]을 고려해 우리가 이를 도입하려는 경우 법률을 통해 권한을 부여하고 필요한 기능과 권한을 행사할 수 있는 조직을 구성할 수 있어야 할 것이다. 앞서 언급한 바와 같이 헌법적 타당성을 확보하기 위해서는 적법한 운영 프로세스와 내용적 전문성을 갖춘 독립 전문기관을 신설하는 방안을 고려할 수 있다.

사전에 전문적인 감독체계를 갖추는 것도 중요하다. 현재 행정부 내에서는 감사원이 독립 감독기관으로 기능하고 있다. 의회에서는 정보위원회가 그 역할을 수행하고 있으며, 법원은 영장과 사후 재판을 통해 역할을 수행하고 있다. 기본적으로는 감사원과 같은 독립적인 감독권한을 가진 기능을 수행하면서 정보기술과 취약점을 활용한 활동을 실질적으로 감독할 수 있는 전문 감독기관이 필요하다. 우선 현재 감사원 내에 정보기술감찰본부장직을 신설하는 방법을 고려할 수 있다. 감사원의 전문성을 확보하는 것이다. 아울러 의회의 감독 기능도 확대해야 한다. 정보위원회 차원에서 취약점 활용과 관련된 내용들을 실질적으로 이해할 수 있어야 하기 때문이다.[245] 관련하여 프랑스의 사례를 참고할 수 있다. 프랑스는 독립행정기관으로 2015년 국가정보기술통제위원회(CNCTR: Commission nationale de contrôle des techniques de renseignement)를 설립하였다. 이는 안보환경의 변화에 따라 정보수집 활동을 개선하고 그에 맞는 감독체제를 갖추고자 하는 시도였다. 2015년 정보법률을 제정하면서 감청의 근거 법률인 '1991년 원거리 통신에 의한 통신비밀법'[246]에 따라 감청 활동을 감독하도록 설립된 국가안보감청통제위원회(Commission nationale de contrôle des interceptions de sécurité)를 국가정보기술통제위원회(CNCTR)로 변경한 것이다.[247] 동 위원회는 상원과 하원 각 2명으로 총 4명의 의원, 국사원(Conseil d'Etat)의 법관 2명, 파기원(Cour de cassation)의 법관 2명, 정보통신 분야에서 적격성을 인정받은 전문가 1명을 포함해 총 9명으로 구성된다. 아울러 위원회는 정보수집 기술 활용의 중단, 수집한 정보의 파기 등을 권고하고 허용 여부를 검토하여 총리에게 의견을 제안한다. CNCTR의 의견은 구속력을 갖지는 않지만 기술의 사용 중단 또는 정보의 파기 권고 등에 대하여 충분한 조치가 취해지지 않거나 조치가 없는 경우 위원 다수의 찬성으로 국사원에 제소하고 조사권을 발동할 수 있다.[248] 이러한 프랑스의 독립행정기관은 엄밀한 행정기관으로서 기능상의 독립성을 가지며 구성에서도 엄격성과 객관성을 보장하고자 국사원, 파기원 등 최고법원의 총회 또는 대통령, 상원의장 및 하원의장에 의한 임명절차를 진행한다.[249] 무엇보다 이러한 독립행정청 제도는 삼권분립을 모호하게 하는 측면도 있으나 행정조직의 유연성 및 전문성을 확보하기 위해 허용되고 있다고 볼 수 있다.[250] 또한 정권의 변경을 고려하지 않고 정책의 계속성과 안정성, 전문성, 통일성을 위한 목적도 갖는다.[251]

이를 종합적으로 고려하면 우리나라도 장기적으로는 감독기능을 내외부에 다양하게 두고 복잡한 행정절차를 늘리는 것보다 독립행정청 제도를 일부 수용해 실질적으로 입법, 사법, 행정상 독립기관에 해당하는 관계자와 민간 전문가로 구성된 별도의 독립형 기관을 설립하는 방안을 고려할 수 있을 것이다. 아울러 민간의 전문가들도 포함하여 운영할 수 있으려면 법률의 권한을 통해 위원회를 설립 · 운영하여야 한다. 따라서 국회 정보위원회의 위원장 및 위원 등 일부, 관련 전문성을 갖춘 법관, 유관 부처 담당관, 민간 학계 및 기술 전문가로 구성된 독립행정기관을 둘 수 있다. 다만, 현재의 상황에서는 대통령 소속으로 최대한 다양성과 공평성, 전문성을 확보할 수 있도록 위원회를 구성하고 프랑스 CNCTR과 같이 의견을 제안하여 대통령이 활동을 승인하도록 하되 내국인을 대상으로 할 때에는 반드시 법관의 영장을 받도록 절차를 마련해야 한다.

또한 통제를 위한 일반적인 절차들을 고려하면 수집한 정보의 보유기간을 제한하고, 취약점의 공개절차를 규정하며, 보안취약점 활용의 내부 승인절차와 기록의무 부여, 프라이버시 침해 여부의 검토 및 침해 최소화를 위한 조치들을 검토할 수 있도록 하여야 한다.[252] 이러한 점을 고려해 동 기관은 먼저 사전에 기술적으로 보안취약점 활용이 가져올 수 있는 영향을 평가할 수 있어야 한다. 관련하여 ① 해당 취약점의 영향을 받는 제품과 제품의 속성, 버전 및 범용성, ② 해당 취약점이 공개되면 악용될 가능성, ③ 해당 취약점의 심각성, ④ 취약점 공개 후 패치의 개발 및 배포 실효성, ⑤ 해당 취약점을 다른 기관이나 단체, 개인이 찾아낼 가능성, ⑥ 해당 취약점의 활용이 정보활동이나 수사 등의 목적에 도움이 되는지 여부 및 ⑦ 이를 대체할 수단이 없는지에 관한 보충성 여부, ⑧ 해당 취약점이 공개될 경우 정보의 출처나 수단, 방법 등이 드러날 가능성, ⑨ 해당 취약점이 공개될 경우 우리나라 정부의 대외 관계 및 산업계 등 외부 관계에 관한 영향, ⑩ 해당 취약점의 활용으로 인해 침해되는 권리 및 이익형량 결과 등을 종합적으로 고려하여야 한다.

아울러 내국인을 대상으로 보안취약점을 활용하려는 경우에는 반드시 법관의 영장을 받도록 하고 모든 당사자에 내국인이 포함될 가능성이 없는 경우에는 동 기관의 검토와 대통령의 승인이라는 절차로 진행할 수 있을 것으로 보인다. 특히 영장을 발부하려면 구체적으로 보안취약점을 활용하는 수사나 정보활동 등의 행위에 문제가 없는지 판단할 수 있어야 하는데 이는 수사기관이나 정보기관이 제출하는 자료 등에 따라 판단되기도 하겠지만 법관 자체도 충분한 전문성을 갖추고 있어야 한다. 따라서 법원은 수사기관이나 정보기관이 보안취약점을 활용하기 위해 사용하는 기법을 이해할 수 있을 정도의 전문성을 갖추거나 이를 지원할 수 있는 전문센터 혹은 상설전문위원 등을 두어야 한다.[253] 필요한 경우 법원이 기술적 세부사항을 이해하고 정부의 입장을 확인하기 위해 비공개로 구체적인 구동 절차와 입장 및 관련 정보를 확인할 수 있어야 하며, 전문적 내용을 이해하고 소통하기 위해 외부 전문가를 섭외할 수도 있을 것이다.[254]

2. 범위, 요건, 절차의 규정

오늘날 공동체의 안전을 확보하고 보호받을 권리를 보장하기 위해서는 제재나 처벌과 같은 사후 조치보다 예방적 조치가 더 효율적이다.[255] 국가안보의 관점에서는 근본적으로 정보를 편하게 많이 수집할 수 있어야 하겠지만 근대국가의 이념과 법치주의 아래 정부의 활동은 국민이 제정한 법률을 준수하고 국제사회의 관계를 고려하는 방식으로 이루어져야 한다. 특히 정보수사기관의 활동은 공개적이든 비공개적이든 개인의 자유를 제한하는 강제력으로 나타나는 경우가 다수이기 때문에 반드시 법률이 부여한 권한에 따라 기능을 행사하여야 한다. 그러나 정보활동의 특성상 법률을 통해 요건과 대상, 절차 등을 과도하게 엄격히 정해 두면 현장에서의 유연한 대응이 어려울 수 있다. 특히 법치주의에 의한 원칙이 자칫 정보활동을 저해한다고 이해할 여지가 있으나 이는 잘못된 접근이다. 법치주의는 공동체에서 합의한 내용을 법률로 정하고 이를 통해 국가기관이 자원을 동원하고 기능을 행사할 수 있도록 하는 것이다. 즉, 핵심은 공동체의 합의이고 그러한 합의로서의 법률은 헌법을 통해 천명하고 있는 기본권의 보장, 국제평화의 유지, 인류공영의 원칙들을 해하지 않는 선에서 인정되는 것이라고 할 수 있다. 정보활동 또한 그러한 합의를 통해 허용된 기준 내에서 수행될 수 있는 것이다. 따라서 먼저 필요한 것은 기본적으로 정보기관이 보안취약점을 활용해 활동할 수 있도록 권한을 부여하는 법률이라고 할 수 있다. 보안취약점을 활용해 우리 정부와 기업, 시민의 데이터와 시스템의 보안취약점을 악용하거나 공격하는 행위들을 감시하고 식별하고 대응할 수 있도록 제도화하고 승인하여 힘을 실어줄 수 있어야 한다.[256] 특히 행정행위의 정당성은 반드시 민주적 시스템에 의한 모든 국민의 동의에만 기반하는 것이 아니다. 오히려 국민의 동의는 삼권분립이라는 시스템에 부여되는 것이고 특정 행정행위나 기관을 운영하는 것의 정당성은 동의에 의해서가 아니라 그러한 기관의 전문성 등 능력과 그러한 능력에 기반한 기능이 우리 사회와 삶의 질을 높이는 데 공헌한다는 점에서 확보되는 것이다. 이와 더불어 그러한 정당성은 해당 정치시스템 내에서 기능을 수행하는 기관의 역량과 그 기능에 대한 법률상 한계를 존중하는 의지를 통해 확보된다.[257] 따라서 구체적인 내용 판단은 전문성을 갖춘 현장에서 부담하며 활동사항들을 면밀히 기록해 둘 수 있어야 한다.

먼저 허용되는 대상 및 활동의 범위는 정보수사기관이 보안취약점을 활용해 얻고자 하는 정보나 목적을 달성하기에 적합해야 하고 너무 넓게 설정되어서는 안 된다. 특히 그 대상과 범위는 명확해야 한다. 보안취약점을 활용한다는 것은 결국 사실상 해킹을 허용하는 것인데 이 과정에서 내국인을 대상으로 하는 대량감시체제는 허용될 수 없다. 미국 FBI의 XKEYSCORE나 NSA의 PRISM과 같은 경우가 대표적이다. 대량감시체제에서는 개인이라는 관념은 없고 전체적인 구조와 그 안의 작은 요소들이라는 대체적 관념만 남게 된다.[258] 이러한 상황에서 이루어지는 대량감시는 특정 위협을 추적하고 탐지하는 데 유용한 정도보다 이와 관계없는 대다수의 권리를 침해하는 정도가 훨씬 크다.[259] 따라서 대상은 스위치나 라우터보다는 특정 위협인물의 노트북, 휴대폰 등에 저장된 데이터로 그 범위를 명확히 하여야 한다.[260]

또한 보안취약점을 활용할 수 있는 요건은 안보에 대한 심각하고 임박한 위협, 즉, 대량 살상, 테러, 핵과 같이 극심한 피해를 야기할 수 있는 경우나 민주주의 및 국가경제에 대한 심각한 위협 등의 경우로 한정하여 정의하여야 한다. 즉, 안보를 위해하거나 범죄를 저지를 수 있는 행위라고 하더라도 폭력적인 환경운동, 동물보호운동, 정치적 입장표명 등 정치운동은 보안취약점을 활용한 정보수집이나 감시, 수사의 대상이 될 수 없다.[261] 넓고 모호한 범위의 행위를 과도하게 규제하거나 처벌하는 방식은 더 많은 일탈과 불균형을 낳을 수 있기 때문이다.[262]

아울러 절차적 요건으로 여러 내용들을 고려할 수 있겠지만 핵심으로서 정부는 적법절차의 원칙과 비례의 원칙을 준수해야 한다. 이에 따라 보안취약점을 활용하려면 근거가 명확한 법률에 따라 적법절차를 준수해야 한다. 또한 목적을 달성하기 위해 다른 방법이 없는 경우에만 취약점을 활용한 활동을 허용할 수 있어야 한다. 그러한 행위를 통해 얻게 되는 이익과 침해되는 이익을 비교형량하여 전자의 이익이 월등한 경우에만 허용되어야 한다. 이러한 활동은 일상적이고 지속적으로 이루어질 수 없고 목적에 한정되어 허용된 범위와 기간 내에서만 이루어져야 한다.[263]

정보수사기관이 취약점 활용을 신청하려면 원칙적으로 법원의 영장을 받아야 한다. 이 경우 위험이나 손해 발생의 충분한 개연성이 있다는 결론을 정당화할 수 있는 단서가 있어야 한다.[264] 다만 내국인을 대상으로 하는 경우에는 엄격히 영장을 발부받아야 하지만 외국인을 대상으로 해외정보를 수집해야 하는 때에 별다른 수단이 없는 경우에는 「통신비밀보호법」의 절차와 같이 앞서 제안한 전문기구를 통해 검토하고 기관장이나 대통령의 승인으로도 진행할 수 있을 것이다.

구체적인 취약점의 활용 요건은 미국과 영국의 취약점공개검토정책(Vulnerability Equities Review)을 참고할 수 있다. 이 정책은 정부기관이 취약점을 확보한 경우 취약점 공개를 원칙으로 하면서 안보나 수사 등 필요한 목적을 달성하기 위해 불가피한 때에는 해당 취약점을 공개하지 않고 활용할 수 있는 기준을 제시하고 있다. 미국의 VEP 정책을 살펴보면 <표 18>과 같다.

표 18 미국 VEP 정책의 내용

구분		내용
거버넌스		취약점공개검토위원회(Equities Review Board)
방어적 고려사항	위협(1A)	• 대상 제품의 사용처와 범용성 • 취약점에 영향을 받는 제품 또는 버전의 범위 • 해당 취약점이 알려질 경우 악용될 가능성

<table>
<tr><td rowspan="3"></td><td>취약점(1B)</td><td>• 해당 취약점을 악용하기 위해 확보해야 하는 접근 루트
• 해당 취약점의 악용만으로 충분히 피해를 발생시킬 수 있는지 여부
• 위협행위자들이 해당 취약점을 발견하거나 획득할 가능성</td></tr>
<tr><td>영향(1C)</td><td>• 해당 제품의 보안에 의존하고 있는 이용자들의 수
• 해당 취약점의 심각성과 활용의 잠재적 결과
• 해당 취약점을 악용함으로써 위협행위자들이 얻을 수 있는 접근 루트나 이익
• 적들이 패치를 역공학하고 취약점을 찾아내 패치되지 않은 시스템에 악용할 가능성
• 정부, 기업 및 소비자들이 해당 보안취약점의 악용으로 인해 발생하는 보안 피해를 상쇄할 수 있는 정도로 패치를 설치할 가능성</td></tr>
<tr><td>완화(1D)</td><td>• 제품이 해당 취약점을 완화할 수 있도록 설계되었는지 여부 및 해당 취약점에 의한 위험을 완화할 수 있는 다른 방법의 존재 가능성
• 기존의 모범 사례, 지침, 표준, 보안 관행을 통해 취약점의 영향을 완화할 수 있는 가능성
• 해당 취약점이 공개될 경우 업체 등이 해당 취약점의 영향을 효과적으로 완화하는 패치와 업데이트를 개발, 배포할 가능성
• 패치와 업데이트가 배포될 경우 취약한 시스템에 얼마나 빠르게 적용될 것인지 여부 및 얼마나 많은 시스템들이 영원히 또는 1년 이상 패치되지 않은 상태로 남아있을 것인지의 비율
• 위협행위자에 의한 취약점 악용이 정부기관 또는 다른 보안 공동체에 의해 탐지될 수 있는 가능성</td></tr>
<tr><td rowspan="2">정보활동/
법집행/
작전 시
고려사항</td><td>작전가치(2A)</td><td>• 해당 취약점의 활용이 정보수집, 사이버작전 또는 법집행 목적의 증거수집에 도움이 되는지 여부
• 정보수집, 사이버작전 또는 법집행 목적의 증거수집에 관한 해당 취약점의 증명된 가치
• 해당 취약점의 잠재적 가치
• 해당 취약점의 작전상 효과성</td></tr>
<tr><td>작전영향(2B)</td><td>• 해당 취약점의 활용이 사이버 위협행위자 및 관련 작전, 국가정보우선순위체계 또는 군사적 표적, 군인 또는 민간인의 보호 등을 위해 우월한 작전적 가치를 제공할 수 있는지 여부
• 해당 취약점을 활용해 얻는 작전상 이익을 실현하기 위해 다른 대체적 수단이 존재하는지 여부
• 해당 취약점을 공개할 경우 정보원, 정보출처나 정보수집의 방법 등이 드러날 가능성</td></tr>
</table>

상업적 고려사항	• 미국 정부가 해당 취약점 정보를 보유하고 있는 사실이 밝혀질 경우 미국 정부와 산업계의 관계에 미칠 수 있는 영향
국제적 고려사항	• 미국 정부가 해당 취약점 정보를 보유하고 있는 사실이 밝혀질 경우 국제관계에서 미국 정부의 지위에 미칠 수 있는 영향

영국 또한 <표 19>와 같이 유사한 기준을 정해 두고 취약점 공개 여부를 판단하는 정책을 시행하고 있다.

표 19 영국 VEP 정책의 내용

구분	내용
복원가능성 (Possible Remediation)	• 취약점의 영향을 완화할 수 있는 방법 • 취약점의 영향을 완화할 수 있는 방법이 배포될 경우 영국의 국가안보에 미칠 수 있는 부정적 영향
운영 필요성 (Operational Necessity)	• 해당 취약점을 보유함으로써 얻을 수 있는 정보 가치 • 해당 취약점 정보를 통해 얻을 수 있는 작전 가치 • 해당 정보를 통해 얻을 수 있는 정보적 기회 • 해당 취약점에 대한 정보력 실현 의존성 • 해당 정보를 공개할 경우 다른 작전 능력이나 협력자에게 미칠 영향
방어적 위험성 (Defensive Risk)	• 해당 취약점을 공개하지 않을 경우 영국 및 동맹국과 기업, 시민에게 발생할 수 있는 영향의 평가 • 해당 취약점이 타인에 의해 발견될 가능성 • 해당 취약점이 타인에 의해 악용될 가능성 • 해당 취약점이 패치되지 않는 경우 노출되는 기술 또는 분야 • 해당 취약점이 악용되는 경우 발생할 수 있는 잠재적 피해 • 취약점 패치가 없는 경우 구성 변경 등 다른 기술적 위험의 완화 가능성 존재 여부

이러한 내용들을 살펴보면 공통적으로 ① 해당 취약점 공개/활용의 영향, ② 공개/활용의 영향을 받는 대상과 범위, ③ 국가안보에의 영향, ④ 악용될 가능성, ⑤ 취약점 공개/활용의 영향을 최소화할 수 있는 가능성, ⑥ 활용할 경우의 효과성, ⑦ 대외 영향력 등을 고려하고 있음을 알 수 있다.

각국 정보기관이 취약점을 공개하지 않고 작전 등에 활용하고 있는 점, 취약점을 공개할 경우 위험도 함께 늘어날 수 있다는 점을 고려하면 취약점을 모두 공개할 수는 없다. 이는 또 다른 의미로 국가가 국민의 권리를 보호하지 않고 침해하는 것과 마찬가지이기 때문이다. 실제로 워너크라이나 낫페트야 사건으로 NSA의 해킹툴이 범죄에 활용되는 사례들이 나타나면서 NSA가 보유한 모든 취약점을 공개하라는 요구들이 증가하였다. NSA는 자체적으로 찾아내는 90%의 취약점을 사업자에게 공개하고 있다고 밝혔으나 모든 취약점을 공개하게 되면 자국의 국력을 스스로, 그리고 일방적으로 줄이는 것과 다름없다.[265] 따라서 보안취약점의 활용을 합법적으로 허용하는 경우 구체적인 취약점의 기술적 속성과 예상되는 영향들을 고려하여 VEP 정책과 같이 필요한 기준과 요건을 수립하고 검토할 수 있어야 한다. 결국 취약점의 생태계를 이해하고 그 속성을 반영하여 대응할 수 있어야 하는 것이다. 취약점을 찾게 되면 이를 악용하거나 무단 공개하지 않고 책임공개유형이나 조정공개유형의 형태로 나아가야 한다. 또한 국가안보를 목적으로 정부가 취약점을 보유하는 경우 취약점이 유출되지 않도록 강력하게 보호해야 한다. 이터널 블루 등의 사례처럼 정보기관이 보유한 고도의 공격 툴들이 유출되어 사이버범죄의 고도화에 기여하고 있기 때문이다.[266] 아울러 취약점을 범죄나 파괴적 목적으로 사용하는 행위자를 식별하고 억제하기 위해 국가적 역량을 결집해야 한다. 정부가 국익을 증진하고 시민을 보호하기 위해 취약점을 찾고 해킹툴을 사용하는 행위는 불가피하다. 비난가능성은 이를 해킹하고 맘대로 유출해 악용하는 자들에게 있다.[267]

안보 목적으로 수집한 정보를 수사나 기소 등 다른 목적을 위해 활용하지 않도록 해야 한다. 위협을 구체화하기 위해 정보를 얻는 과정에서 안보와 무관한 정보들이 범죄수사로 이어질 우려를 해소해야 하기 때문이다. 정보를 애초 목적과 다르게 사용하지 않도록 엄격히 금지하고 위반할 경우 강력하게 처벌해야 한다. 그러나 처벌의 정도가 효과적인 안보활동을 위축시킬 수준에 이르러서는 안 된다. 무엇보다 사생활과 시민의 자유를 침해하는 수준의 행위는 실무자나 중간관리자보다는 행정기관의 최고 의사결정 단위에서 이루어지는 경향이 있다는 점이 오히려 중요하다.[268]

3. 사후 통제체계 운영

사후적으로는 초기 승인 목적에 따라 해당 보안취약점을 활용하였는지에 관한 목적구속성, 오남용의 여부 등을 검토하여 통제할 수 있어야 한다. 이때 감독은 독립적이고 전문적인 기구에 의해 효과적으로 이루어져야 하며, 보안취약점을 보유한 만큼 보안도 강화해 방어체계를 고도화해야 한다. 아울러 효과적인 감독체계가 함께 가동되어야 한다.[269] 따라서 보안취약점 활용 정책은 주기적으로 이해관계가 없는 독립적인 신뢰기관에 의해 평가되고 개선될 수 있어야 한다. 보안취약점 정책에 관한 의제를 설정하고 관련 정책을 분석하여 정책을 결정, 집행하며 이를 평가하고 그 결과를 정책에 반영하는 일련의 환류체계도 도입할 수 있어야 한다.[270] 특히 수집한 취약점 정보에 관해서는 보관 기간을 정하도록 하고 기간이 지난 것은 VEP 정책을 통해 평가 후 공개하도록 하며 주기적으로 그 이행 여부와 현황을 검토하여야 한다. 아울러 보안취약점을 활용하고 이에 대한 사후 감독과 조치사항 등 관련된 모든 내용은 철저히 기록해 관리할 수 있는 기록관리 체계를 마련해야 한다. 특히 이는 보안 분야의 이슈가 기술 발전에 민감하게 반응한다는 점에서 더욱 그러하다. 새로운 기술이나 서비스나 나타날 경우 보안취약점의 잠재적 발생은 필연이기 때문이다. 활용하고 평가·개선하며 기록하는 절차가 제도로 형성되어야 한다.

법원의 역할도 중요하다. 사전에 영장을 발부하기에 앞서 정보수사기관이 사용하고자 하는 기술적 방식이 어떤 수준의 위험성을 가지고 있고, 통제의 가능성은 있는지, 오남용의 우려는 없는지 등을 객관적으로 이해할 수 있는 역량을 갖춰야 하기 때문이다. 사후적으로도 발생한 문제의 사실을 판단하기 위해 법원에 디지털 전문센터를 두는 등 기술적 전문성을 갖출 수 있어야 한다. 혹은 이를 지원할 수 있는 전문심리위원 제도나 기술심리관 제도를 실질화하여야 한다.[271] 이를 통해 정부의 책임성을 강화하고 피고인의 권리를 보호할 수 있다. 정부가 취약점을 적법하게 활용할 수 있도록 오남용 행위를 예방, 제재하고 효과적으로 통제할 수 있는 환경을 조성해야 함은 물론이다.[272]

아울러 정보활동은 필연적으로 감시의 우려를 낳는다. 정보기관이 시민의 감시에 관심이 없고 이로부터 얻을 수 있는 이익이 없더라도 시민의 입장에서는 정보기관이 취약점을 활용해 어떤 활동을 수행하고 있다는 사실을 우려할 수밖에 없다.[273] 따라서 보안취약점을 보유하고 활용하려면 정부는 시민의 승인을 얻기 위해 투명성과 견제를 보장할 수 있는 효과적인 소통방법을 모색해야 한다.[274] 다만, 과도한 투명성은 오히려 취약점을 활용해 얻고자 하는 목적을 저해하고 외교적 마찰이나 책임 문제로 이어질 수 있다. 구체적인 정보의 출처나 취약점의 활용처 및 방법 등은 국가안보의 목적상 공개하지 않는 것이 타당하다. 이러한 점을 고려해 신뢰와 균형을 유지하려면 문제가 발생하였을 때 언제든 대응할 수 있도록 취약점 활용 및 감독 결과 등을 기록할 수 있는 철저한 기록관리체계를 마련해야 한다. 기록은 당해 취약점을 활용한 정보활동이 공개되더라도 문제가 없는 기간까지 기밀을 유지하고 기한이 도래한 때에는 요건을 다시 한번 검토해 기밀을 해제해 공개할 수 있어야 한다.[275] 필요한 경우 심사를 통해 비공개 기간을 연장할 수 있는 조치도 취할 수 있어야 한다. 나아가 오히려 비밀을 과잉되게 다수 생산하고 취약점 활용 문제를 모두 감추게 될 경우 실존하는 디지털 안보위협을 사회 전체가 인지하기 어렵게 된다는 점도 고려해야 한다. 이는 핵심 정보의 공유를 어렵게 하면서 위협에 효과적으로 대응할 수 없는 상황을 야기할 수도 있다.[276] 안보를 위한 목적이라고 해서 모든 정보를 비밀로 할 수는 없다. 오히려 실질적으로 안보를 강화하기 위해 어떤 때에는 정보를 공개하고 사회가 그 사실을 인식하도록 하는 것이 더 효과적일 수 있다.

미국은 1996년 클린턴 대통령이 공포한 행정명령 제12958호에 따라 생산 후 25년이 지난 비밀기록은 원칙적으로 공개하도록 하고 있었다. 그러나 2009년 오바마 대통령이 행정명령 제13526호를 발표하면서 대체되어 국가안보정보의 비밀분류에 관한 사항은 행정명령 제13526호에 따르고 있다. 현재 행정명령에 따르면 안보, 국방, 외교, 대량살상무기, 핵물질과 핵시설 등의 분야에서 생산된 정보들을 비밀로 분류하고 있으며 행정기관의 일반적인 직무를 통해 생산되는 정보는 비밀의 범주로 다루고 있지 않다.[277] 비밀등급의 분류를 살펴보면 먼저, 무단 공개될 경우 국가안보에 중대한 피해를 미칠 것으로 합리적으로 예상되는 정보는 1급 비밀(Top Secret), 무단 공개될 경우 국가안보에 심각한 피해가 발생할 것으로 합리적으로 예상되는 정보는 2급 비밀(Secret), 무단 공개될 경우 국가안보에 피해가 발생할 것으로 합리적으로 예상되는 정보는 3급 비밀(Confidential)로 분류된다.[278] 아울러 1972년 카터 대통령이 서명한 행정명령 제11652호에 따라 국가기록관리청(NARA: National

Archives and Records Administration) 산하에 비밀기록관리를 독립적으로 감독, 관리, 처리하는 정보보안감독국(ISOO: Information Security Oversight Office)이 설치되었다. 비상설 협의기구인 범부처안보비밀재심위원회(ISCAP: Interagency Security Classification Appeals Penal)는 위 행정명령 제12958호[279]에 따라 설치되어 비밀분류에 대한 이의 제기 사항 결정, 자동 비밀 해제의 연장 또는 면제 심사 등을 수행한다.[280] 또한 동 명령 제3.7조에 따라 국가비밀해제센터(National Declassification Center)가 설립되었다. 동 센터는 비밀해제 절차를 간소화하고 품질을 유지하는 등의 기능을 수행하며 국방부, 국토안보부, 에너지부, 국가정보국, 중앙정보국, 정보보안감독국과 협의하여 정보를 분류한다.

우리나라는 「공공기록물 관리에 관한 법률(이하 「공공기록물법」)」과 「보안업무규정」을 통해 관련 업무를 처리하고 있다. 「공공기록물법」 제9조에 따라 중앙기록물관리기관으로서 행정안전부장관 소속으로 국가기록원이 설치되었다. 아울러 제14조는 통일 · 외교 · 안보 · 수사 · 정보 분야의 기관으로 하여금 기록물을 별도로 관리할 수 있는 특수기록관을 둘 수 있도록 하고 있다. 제15조에 따라 국무총리 소속으로 국가기록관리위원회가 설치되어 기록물 관리에 관한 종합적인 정책을 수립하고 비공개 기록물의 이관시기나 비공개 기간 연장 등을 담당하고 있다. 관련하여 제19조에 따르면 특수기록관은 비공개 기록물의 이관시기를 생산연도 종료 후 30년까지 연장할 수 있고 국가정보원은 이를 50년까지 연장할 수 있다. 특별히 공개될 경우 국가안보에 중대한 지장을 줄 것으로 예상되는 정보의 경우 국가기록원의 장과 협의해 따로 정할 수 있다. 제35조에 따르면 비공개 기록물은 생산연도 후 30년이 지나면 모두 공개해야 하지만 제19조에 따라 이관시기가 연장된 기록물은 공개하지 않을 수 있다. 「보안업무규정」은 비밀분류 및 관리에 관한 원칙적 사항들을 다루고 있다. 동 규정 제3조의3에 따라 중앙부처는 보안심사위원회를 두고 비밀 관련 업무를 전담하도록 하고 있다. 제25조에 따라 중앙부처는 국가안전보장을 위해 국민에게 긴급히 알려야 할 필요가 있거나 공개하는 것이 국가안전보장이나 국가이익에 현저한 도움이 된다고 판단하는 때에는 보안심사위원회의 심의를 거쳐 비밀을 공개할 수 있다. 다만, 누설될 경우 우리나라와의 외교관계 단절, 전쟁의 발발, 방위계획, 정보활동 및 국가방위에 반드시 필요한 과학과 기술의 개발을 저해할 우려가 있는 1급 비밀을 공개하려면 국가정보원장과 사전에 협의해야 한다. 이러한 현행 비밀기록 관리체계에 대해 특수기록관의 기록들이 국가기록원으로 이관될 수 있도록 해야 한다는 의견이 존재한다.[281] 기록의 관리가 권력의 수단으로 활용되어 왔으나 우리나라가 민주주의를 선도하는 위치에 오르고 「공공기록물법」을 제정한 이후에도 특수기록은 중앙에서 통제하지 못하고 있다는 것이다.

국가의 모든 기록들은 특정 활동의 목적을 달성하기 위해 필요한 합리적인 기간이 지나면 국가기록으로 이관해 우리나라의 역사로 남아 있게 해야 한다. 따라서 비밀기록 관리에 관한 개별법을 제정하고 취약점의 전문적 문제를 판단하여 기록을 분류, 처리, 해제할 수 있는 기구가 필요하다. 장기적으로는 미국 국가기록관리청의 정보보안감독국과 같은 조직을 신설할 수도 있겠으나 우선 국가안전보장회의 사무처나 국무총리 산하 국가기록관리위원회에 그러한 기능을 부여하고 해당 기능을 상설기구가 전담할 수 있도록 개선해 나가는 방식을 고려할 수 있다.[282] 또한 국가안보의 특성상 비밀 관련 기록을 판단하려면 법학, 공학, 정보, 외교, 국방, 경제 등 다양한 분야의 전문성과 경험이 요구되므로 상설기구는 독임제 기관보다는 합의제 기관으로 두고 여러 전문가와 관계부처의 대표들을 위원으로 하여 관련 비밀기록을 심사하고 관리할 수 있도록 하는 것이 타당하다.[283] 안보와 관련된 정보들을 종합적으로 관리하고 비밀로 분류하거나 해제하는 등의 전문적 기능을 수행할 수 있어야 하기 때문이다.

그러한 보안취약점 보유 및 활용 기록의 확인 및 통제 문제는 원칙적으로 국회의 정보위원회가 담당하도록 할 수 있을 것이지만, 통제의 핵심은 고도의 기술적 문제들을 이해하고 쟁점을 식별하며 예상되는 영향을 도출해 낼 수 있느냐의 문제에 달려 있다는 점을 고려해야 한다. 따라서 전문성을 갖춘 전문기구에 의해 통제되는 것이 필요하고 최종적인 보고는 국민을 대변하는 국회가 받아 볼 수 있어야 한다. 이 경우 단기적으로는 앞서 제시한 보안취약점 관련 독립행정기관이나 개별 전문 의사결정기구가 실무적으로 그러한 보고를 받고 기록을 점검, 관리할 수 있어야 한다. 아울러 해당 기구는 당해 검토사항을 요약해 개괄적 수치 등을 국회에 보고하는 형식이 타당할 것으로 보인다. 이 경우 국회 정보위원회의 정보공개 문제도 고려해야 한다. 정보위원회의 위원들이 보고받은 정보를 사전 협의없이 무단 공개해 버리는 형태는 정보활동에 지대한 지장을 미칠 수 있고 이는 결국 어떤 형태로든 국민의 피해로 돌아오기 때문이다. 「국회법」 제54조의2에서 정보위원회의 회의를 공개하지 않고 정보위원회의 위원과 소속 공무원들이 기밀에 속하는 사항을 공개하거나 누설하지 않도록 의무를 부여하고 있는 것도 이 때문이다. 관련하여 동법은 제155조를 통해 기밀을 무단 공개, 누설하는 경우 윤리특별위원회의 심사를 거쳐 징계할 수 있도록 하고 있다. 그러한 징계나 제재조치들을 통해 실효성을 확보하는 것도 중요하지만 정보위원회의 자발적이고 균형있는 안보의식 또한 필요하다. 법원도 이와 같은 관점에서 정보위원회 정보공개 제한의 타당성을 인정하고 있다. 정보위원회의 회의가 공개되면 국가기밀이나 국가정보원의 조직, 인원 및 활동 등이 노출되어 안보에 위해를 미칠 우려가 있기 때문이다. 그 내용을 자세히 살펴보면 위 「국회법」, 「국가정보원법」 등이 각종 비공개 의무 등을 두고 있는 사항, 아울러 공개해도 되는 내용은 최대한 공개해야 함이 인정되더라도 정보위원회의 회의 내용을 모두 상세히 구분해 국가안보와 관련된 기밀이 아닌 사항을 따로 분리하는 것이 어려운 사정, 「국회법」 제118조 제4항이 비밀유지나 국가안보를 위해 공개하지 않는 회의 내용도 그러한 사유가 소멸되었다고 본회의에서 의결하거나 의장이 결정하는 경우 공표할 수 있도록 하고 있는 점 등을 종합해 볼 때 과잉금지원칙에 위반해 국민의 알 권리를 침해한다고 볼 수 없다고 판시하고 있다.[284] 알 권리와 이에 기한 정보공개청구권 또한 절대적으로 보장되는 것이 아니고 비례의 원칙에 따라 제한될 수 있는 권리이기 때문이다.[285] 따라서 정보위원회에 보고되는 정보는 대외에 공개되어서는 안 된다. 정보기관과 정보위원회의 긴밀하고 실질적인 소통이 필요하다. 정쟁이나 형식보다는 안보와 국익을 위한 실질 논의가 이루어져야 한다. 「국회법」이 정보위원회 활동의 특례를 인정하고 있는 이유도 여기에 있다. 장기적으로는 앞서 언급한 바와 같이 정보위원회의 위원과 함께 사법, 행정, 민간 보안전문가 등이 참여하는 실질 전문기구가 그러한 기능을 통합해서 수행할 수 있어야 한다. 이를 통해 전문성에 바탕한 견제와 감독이 이루어져야 한다. 보안위협 문제에 관한 사회적 인식과 신뢰가 어느 정도 확보되었다면 전문기구의 활동은 연간보고서를 통해 당해 위협과 이에 대한 대응활동을 수치로 제공할 수 있어야 한다.[286]

사후 통제조치들을 통해 구체적인 내용이 드러나는 것은 합리적이지 못하다. 따라서 장기적으로는 통계적인 수준의 정보를 공개하고 내용적 부분은 비밀로 관리하는 것이 타당하다. 물론 취약점을 보유하고 있다는 사실을 인정하는 것만으로도 정부는 분명한 부담을 안게 된다. 그럼에도 불구하고 이러한 투명성 보장 노력은 정부의 의사결정에 대한 신뢰를 높일 수 있다.[287] 정부가 국가와 사회, 국민의 안보 이익을 위해 활동하고 있다는 신뢰를 보장해야 한다. 따라서 취약점을 합법적으로 수집·보관·관리하고 활용할 수 있는 권한과 요건 및 절차를 법률로 제정할 수 있어야 한다. 그러한 권한을 요구하게 되는 기관 등 정책 입안자들은 제안한 법률의 사회적, 정치적, 경제적, 안보적 효과를 예측하기 위한 시도를 해야 할 것이다. 법률의 제정에 따른 합법적 활동을 통해 법안이 명시한 정책 목표를 달성하리라는 점을 합리적으로 증명할 수 없다면 그 법률은 제정되어서는 안 된다.[288] 핵심은 어디까지나 디지털의 신뢰를 강화하기 위해 취약점을 활용해야 한다는 점이다. 그러한 장기적 목표를 달성한다는 관점에서 국가와 국민의 안전을 보장하기 위해 제한적으로 보안취약점의 활용이 허용되는 것이다. 따라서 특정한 위험을 예방하고 완화하기 위해 정부의 적극적인 역할이 요구되는 때에는 그에 맞는 활동에 힘을 실어줄 수 있어야 한다. 추후 위험에 대한 인식이 일반화되면 이해관계자들이 적극적으로 소통에 참여할 수 있도록 보장하고 장기적으로는 그러한 다자간 노력과 참여를 통해 신뢰가 정착되도록 하여 불균형이나 불공정, 사이버범죄나 사이버테러, 사이버첩보활동 등의 위험요소가 최소화된 이른바 사이버평화 상태를 목적해야 한다.[289] 정부는 공익을 대변해 위험에 대비하는 정책을 추진하고 위험에 대한 시민의 인식을 강화해야 한다. 또한 위험에 대응할 수 있는 역량을 기르고 관련 교육 및 지원체계를 조성해 이해당사자의 참여를 유도함으로써 사회의 신뢰를 제고해야 한다. 마지막으로 사회적 신뢰가 높아지고 이해관계자들의 역량과 의식이 성숙되는 단계에 이르면 상호신뢰에 입각해 모든 이해관계자가 각자의 역할로서 위험을 통제할 수 있어야 할 것이다.[290]

제6절 보안취약점 대응역량 강화 및 기반 마련

1. 화이트해커 양성과 전문가 윤리교육 체계화

가. 종합적 관점에서의 화이트해커 양성정책 수립

보안취약점 연구를 허용하고 보안산업을 활성화하면 보안전문가도 늘어나게 된다. 보안전문가가 늘어나고 사회에서의 역할이 증가하게 되면 보안전문가를 체계적으로 양성하고 교육할 수 있는 방안도 모색할 수 있어야 한다. 2018년 조사에 따르면 국가 전반의 차원에서 정보보호 수준 향상을 위해 필요한 우선순위로 38.78%가 정보보호 담당인력 확충이 필요하다고 응답하였다. 아울러 전문부서 확대가 26.54%, 범국가적 추진체계 정비가 11.22%, 보안교육 및 인식제고가 9.18%로 나타났다.[291] 전문부서의 확대가 결국 전문인력 및 시설, 장비와 예산을 포함하게 되므로 약 65%의 응답자가 전문인력, 전문성 확충이 필요하다고 응답한 것이다. 2018년 국정감사에서는 쇼단을 통해 국내의 가스측정 시스템이 노출되어 있던 점, 그러한 문제들에 대하여 한국인터넷진흥원에서 어떤 대응을 하였는지, 한국형 쇼단이라는 시스템이 어떤 역할을 수행하였는지 확인할 수 없다는 점이 지적되었다. 이를 통해 정부가 나서서 화이트해커를 양성할 수 있어야 한다는 이야기가 나오기도 하였다.[292] 미국 NSA의 해킹팀인 TAO는 소속 해커들에게 최고 수준의 교육을 제공한다. 취약점을 찾아내고 익스플로잇하기 위한 성공사례와 경험에 기반한 지식을 체계적으로 제도화하여 제공하고 있다.[293]

게다가 전 세계적으로 약 310만 명에서 400만 명 규모의 사이버보안 인력 충원이 필요한 상황이다.[294] 국가별로 보면 사이버보안 교육 및 인력 양성체계를 비교적 잘 갖추고 있는 미국도 약 36만 명, 영국은 2만 7천여 명, 독일은 6만 1천여 명, 일본은 9만 2천여 명, 우리나라는 약 4만 4천여 명 정도 부족한 것으로 조사되었다.[295] 디지털 의존도가 심화되면서 전 세계적으로 사이버보안 인력 품귀 현상이 나타나고 보안인력 수요가 급격히 증가하고 있는 것이다.[296] 따라서 본격적인 인력 양성 정책이 필요한 상황이다. 그러나 단순히 보안전문성과 기술적 역량을 갖춘 화이트해커를 다수 양성하면 보안을 확보할 수 있다는 단편적 관점에서 벗어나야 한다. 오히려 필요한 것은 사회 전반적으로 해커문화를 이해하고 창의성과 다양성을 존중하여 개개인의 자율과 책임을 강화해 공동체 관점에서 함께 대응할 수 있는 역량을 키우는 것이라고 할 수 있다. 따라서 분야별로 요구되는 역량을 강화하고 이에 필요한 보안인력을 갖춰야 한다. 보안에 관한 기술적 전문성은 물론 고유 업무의 프로세스를 이해하고 그러한 전문성이 사회에 미칠 영향을 이해하는 전문가 윤리적 소양도 요구된다.

이러한 관점에서 해커에 대한 인식을 개선하고 해커문화를 수용하여야 한다. 오늘날 ISO와 IEEE에 따르면 해커란 정교한 기술을 갖춘 컴퓨터 매니아, 자신의 지식과 기술을 사용하여 보호받는 자원에 무단으로 접근할 권한을 얻는 컴퓨터 매니아라고 정의된다.297 HackerOne은 해커의 인구통계학적 속성과 해킹의 동기 등을 조사하여 발표하고 있다. 2021년 조사에 따르면 해커들의 82%가 파트타임이며, 해커들의 55%는 25살 이하로 집계된다.298 해킹을 하는 이유는 85%가 학습을 위해, 76%는 금전적 목적으로, 단순한 흥미인 경우는 65%, 경력관리를 위한 경우는 62%, 기업과 개인을 보호하고 방어하기 위한 경우는 47%로 집계되었다.299 이는 과거의 조사결과와 차이점을 보인다. HackerOne의 2018년 보고서에 따르면 해킹의 동기는 2016년 기준 금전적 목적이 1위였다. 2018년 기준으로는 해킹 관련 기술과 역량의 신장이 1위, 도전과 재미가 2위 및 3위, 금전적 목적이 4위를 차지하고 있었다. 그 뒤로 개인 실적, 시스템의 보호 및 방어, 봉사 및 공헌 등의 이유가 존재한다.300 그렇다면 해킹은 대부분 개인의 역량 신장 및 학습을 위해, 그리고 금전적 목적을 위해 수행된다고 이해할 수 있다. 이는 우리 주변에 보안을 공부하고 보안 전문성을 바탕으로 업을 영위하는 동료들이 많다는 점을 의미한다.

따라서 정부는 사이버보안을 강화하기 위해 화이트해커를 양성할 수 있어야 하며 해커들이 사이버범죄에 연루되지 않도록 필요한 교육 서비스를 제공해야 한다.301 특히 정보보호 전문가로서의 해커를 크래커(cracker)와 같은 예비 범죄자로 인식하는 문제도 개선할 수 있어야 한다. 오늘날 해커는 범죄자 이미지에서 일부 벗어나고 있기도 하다.302 화이트해커와 같은 용어가 일반화되고 보안에 대한 인식이 천천히 확산되면서 그러한 현상이 나타나고 있는 것이다. 실제로 실무와 현장에서는 범사회적 차원의 보안윤리 규범이나 합의가 존재하지 않음에도 윤리적 고려사항들이 준수되고 있다.303 예를 들면 취약점 연구자들 사이에서는 대상 서비스의 가용성을 해치거나 임의로 정보를 탈취하지 않아야 한다거나 제로데이 취약점을 발견한 때에는 사업자나 신뢰할 수 있는 버그바운티 등을 통해 제보하고 90일 등의 기간을 두어 패치가 될 때까지 해당 취약점 정보를 외부에 공개하지 않아야 한다는 불문율들이 존재한다. 이와 같은 긍정적 면들을 극대화할 수 있도록 정부의 정책이 설계되어야 한다. 국가적 차원에서 화이트해커를 양성할 수 있는 교육전략과 세부 정책을 수립해야 한다. 결국 이러한 문제는 보안전문가들의 처우 개선이나 자격제도 정비 등과도 연계될 수 있다.304

아울러 화이트해커들이 혁신 역량과 의지를 잘 발휘할 수 있도록 하는 조직 등 거버넌스 체계와 정책이 필요하다.305 일찍이 해커들은 자체적으로 공동체를 형성하고 윤리를 요구하며 이를 준수해 왔다. 지식과 전문성에 기반한 계층구조를 형성하고 윤리적인 내부 규범을 형성하였다. 규범을 위반한 자는 조직에서 퇴출되기도 하였다. 오늘날에는 해킹 경쟁대회나 버그바운티, 정부기관이나 기업과의 계약을 통한 취약점 점검과 대응이 이루어지고 있다. 그러나 해커문화나 윤리 의식들이 사라진 것은 아니다. 이러한 긍정적 사회규범을 유지하고 해커 공동체가 재구축될 수 있도록 하면서 해커들이 자신의 역량을 잘 발휘할 수 있도록 지원해야 한다.306 양성제도의 관점에서도 보안전문가를 양성해서 바로 실무에 투입해 위험을 탐지·차단하고 취약점을 찾는 데 쓰겠다는 관념을 벗어나 현장의 실무를 빠르게 이해하고 학습한 지식과 노하우를 실무에 적용하며 활용하고 개선할 수 있도록 하는 것이 교육기관의 역할임을 상기해야 한다. 또한 정책적으로는 화이트해커들이 자유로운 연구와 분석을 할 수 있도록 소프트웨어나 제품 등을 구매해 해킹할 수 있는 공간을 제공해 주는 방식도 고려할 수 있다. 일종의 놀이터를 형성해 주고 비용이나 법적 문제의 우려 없이 연구를 수행할 수 있게 해 주는 방식이다. 좀 더 나아가 중소기업이나 스타트업의 서비스, 제품 등과 연계해 비용부담의 문제로 보안을 고려하지 못하는 기업들의 제품이나 서비스를 예비 또는 자원하는 화이트해커들이 분석해 취약점을 찾고 제거해 볼 수 있게 하는 등 발상의 전환도 고려해 볼 수 있다.

장기적으로 이러한 작업은 화이트해커와 같은 보안전문가 집단과 관련된 의사결정 집단이 보안취약점 연구를 더욱 활발하게 추진하고 올바른 지식과 정보를 확산하여 보안 문제의 담론을 사회화하는 전략으로 이어질 수 있어야 한다. 전문가는 지식의 대중화를 통해 민주주의 공동체를 이끌 수 있어야 한다. 이로부터 전문가의 윤리적 의무도 함께 도출된다.307 보안취약점의 문제는 눈에 보이지 않고 원인과 결과를 파악하기 어렵다는 특성을 갖는다. 복잡한 기술시스템을 형성하고 있기 때문이다. 따라서 보안위험은 추상적으로 다뤄지기 쉽고 이는 곧 위험이 사회적으로 정의되거나 이해되는 경우가 많다는 결과로 이어진다. 사회적으로 정의되거나 이해된다 함은 보안전문가와 정치권, 언론과 학계가 위험을 판단하는 데 지배적인 영향력을 행사할 가능성이 크다는 것을 의미한다. 이러한 점에서 전문성은 특권을 소유하는 수단이자 대중이 통제할 수 없는 권력의 요소로 이해되기도 한다.308 따라서 보안전문가들이나 정책의 의사결정자 등은 올바른 보안취약점 정보를 확산하고 관련된 위험 담론을 형성할 수 있어야 하는 것이다.[309] 그러한 전문지식과 현실적 위험의 대중화를 통해 사회 전반의 보안의식을 제고하고 핵심 이해관계자이면서 최종 소비자이자 소유자인 시민의 참여와 행동의 변화를 끌어낼 수 있어야 한다.[310]

나. 보안전문가 윤리교육 체계 마련

오늘날 기술은 공공성, 투명성, 윤리성에 기반하여 개발되고 적용되어야 한다.[311] 이러한 관점에서 기술적 전문성과 함께 정책을 이해하고 윤리 의식을 갖춘 보안전문가를 양성할 수 있어야 한다. 우리나라는 2015년 '초중등학교 교육과정'을 고시해 2018년부터 초중고 단계에서부터 코딩, 프로그래밍 등 소프트웨어교육을 시행하고 있다. 조작이 간단한 해킹 프로그램이나 기술도 늘어나고 있다.[312] 따라서 전문적인 지식이나 윤리의식이 부재한 상황에서도 누구든 쉽게 해킹을 할 수 있다. 중학생이 조선일보 전광판을 해킹한 사례 등이 대표적이다.[313] 이는 아주 단순한 사례이지만 추후 보안교육이 강화되고 지식이 고도화되면 윤리의식 없이는 예상하지 못한 위험이 커질 수밖에 없다. 따라서 전문가로서의 윤리교육도 함께 이루어져야 한다.[314]

컴퓨터 윤리란 컴퓨터 기술의 속성 및 사회적 영향과 그러한 기술을 윤리적으로 사용할 수 있는 정책을 수립하고 분석하는 것을 말한다.[315] 특히 이는 기술과 관련된 사실과 개념, 정책과 가치 등에 관한 학문으로서 복합적인 전문성과 다양한 시각을 요구한다. 계속해서 발전하는 디지털 기술에 따라 변화하는 영향을 분석하고 가치와 정책을 개선할 수 있어야 한다는 점에서 더욱 그러하다.[316] 무엇보다 컴퓨터 윤리라고 하여 단순히 컴퓨터 공학과 윤리학을 이해하면 될 일이 아니다. 보안전문가로서의 기술적 의사결정이 현실의 모든 이해관계자들과 사회 전반에 어떤 복잡한 맥락을 갖고 영향을 미치는지 등을 이해할 수 있어야 하기 때문이다. 따라서 실천윤리이자 응용윤리로서 무엇이 적절한지에 관한 주체적인 인식을 갖춰야 한다. 당면한 상황에서 어떤 수단이 적합한지 분명한 판단을 제시할 수 있지 않으면 보안전문가의 기술적 행위는 자칫 과도함과 위험을 초래할 수 있는 것이다.[317] 그러나 그간 해커들은 스스로 해커윤리를 정립해오고 자율규제를 실천해 오기도 하였다. 정보보안 전문가를 희망하는 학생들이 직업윤리와 인성의 중요성을 충분히 인식하고 있는 것으로 조사되기도 하였다.[318] 이러한 문화를 고려해 실제 해커들이 생각하는 윤리적 문제들과 실천방안, 기술을 다루는 과정에서 마주하는 윤리적 쟁점과 딜레마들을 파악하고 함께 논의하여 윤리교육 체계를 정립할 수 있어야 한다.

보안윤리는 필수과목으로 지정하여야 한다.[319] 전문가로서 자신의 행위가 타인과 사회에 어떤 영향을 미칠 수 있는지 이해하고 윤리적인 의사결정을 내릴 수 있는 힘을 키우도록 해야 한다. 국가적 차원에서도 보안전문가를 양성하면서 보안윤리 교육을 체계적으로 병행하여야 한다. 미국은 2013년부터 국토안보부(DHS) 차원에서 보안교육 온라인 강좌를 제공하는 사이버보안 경력 및 연구를 위한 이니셔티브(NICCS: National Initiative for Cybersecurity Careers and Studies)를 개시하였다. 해당 서비스를 통해 제공되는 교육훈련 카탈로그 중 현재 약 213개의 윤리 관련 교육들이 진행되고 있다. 주요 내용을 살펴보면 윤리적 해킹(ethical hacking), 미국 EC-Council이 주관하는 윤리적 해커 자격증(CEH: Certified Ethical Hacker) 교육, 사이버법률, 가치 중심 감사, 윤리경영, 윤리평가, 사이버 윤리 등에 관한 강좌들이 개설되어 있다.[320] 일본은 2018년 내각부와 문부과학성 등 다수 부처에서 시행하던 정책을 종합적으로 정비해 사이버보안 인재육성 사업을 체계적으로 추진하고자 사이버보안 인력의 육성정책 연계 워킹그룹을 구성하고 보안 인재를 육성, 교육하는 과정에 윤리교육을 반드시 포함하도록 하고 있다.[321] 현재 우리나라는 한국정보기술연구원에서 차세대 보안리더 양성 프로그램(BOB: Best of the Best)을 시행하고 있다. 동 프로그램은 1단계 전공교육을 통해 보안 기본과목으로서 윤리교육을 시행하고 있다. 국가정보원 대전지부는 2021년 대전 국가보안기술연구소에서 대학 학부 및 대학원생을 대상으로 윤리적 해커 양성과정 교육을 시행하였다.[322] 이와 같이 분절적으로 시행되고 있는 윤리교육 체계와 내용들을 종합해 선도 사례를 중심으로 전문성과 함께 윤리적 의사결정 역량을 기르기 위한 교육을 수행할 수 있어야 한다.

그러한 윤리교육의 내용에는 종합적인 요소들이 포함되어야겠지만 첫째로 요구되는 것은 최고 수준의 전문성이라고 할 수 있다. ACM[323]이나 IEEE-CS/ACM,[324] 소프트웨어 공학 윤리[325] 등 전문가 윤리강령들이 지속적인 역량개발이나 교육훈련을 요구하고 있는 것도 그러한 취지로 이해할 수 있다. 이를 통해 보안전문가는 과정을 설명할 수 있고 결과를 통제할 수 있어야 한다. 즉, 최고의 전문성으로부터 설명가능성과 책임성 등이 준수될 수 있는 것이다. 둘째, 전문성을 바탕으로 사회에 기여할 수 있어야 한다. 그러한 요구가 곧 취약점 연구나 합법적인 취약점의 공개, 화이트마켓의 활성화 등으로 이어진다고 할 수 있다. 나아가서는 도덕적 의무로서 취약점을 줄이고 보안을 강화하기 위한 방법론이나 메커니즘, 기술과 서비스를 개발하고 공유할 수도 있어야 할 것이다.[326]

아울러 전문가 윤리교육은 다른 분야의 전문가들과 소통할 수 있는 역량을 핵심으로 한다. 기술이 고도로 발전하고 융합된 사회에서 구성원들은 자신의 삶이나 전문 영역에 속하지 않은 것을 제대로 이해하기 어렵다. 기술중심사회 전반의 융합이 이루어지고 있는데 개별 분야의 전문가 개개인은 그 전체로서의 통합 체계를 알 수 없기 때문이다. 이러한 점에서 전문가 윤리는 다양한 분야의 전문가들이 그저 서로의 무지를 나눌 뿐인 상황[327]을 예방한다. 이와 관련하여 자율적으로 자신들만의 윤리강령을 제정해 보는 형태도 좋은 훈련이라고 할 수 있다. 스스로 실천하고 행위를 규율하기 위한 규범을 교육생들이 함께 전문가들로서 합의를 도출하고 그러한 합의를 문언으로 표현하는 과정은 자발적 규범을 형성하고 준수하기 위한 기초 역량을 제공할 수 있다.[328] 따라서 윤리교육은 이해관계자들이 주체로서 직접 참여할 수 있는 경험적 형태로 이루어져야 한다.[329] 규범을 특정 의사결정 집단이 만들고 다른 구성원들은 준수하기만 하는 구조는 타당하지 않기 때문이다.

2. 중소기업의 지원제도 확대 및 정보보호기금 조성

원칙적으로는 해당 기업이 보안취약점을 자체적으로 보완할 수 있어야겠지만 중소기업의 경우에는 이와 같은 역량을 갖추지 못한 상황인 경우가 많다. 패치 적용 등 기초적인 보안 관행도 인지하지 못하는 경우도 있다. 예를 들면 우리나라 사업장에서 사용하는 POS의 운영체제를 대상으로 수행한 조사에 따르면 지원이 종료되어 업데이트가 지원되지 않는 운영체제를 사용하는 POS들이 약 5천 대에 달한다.[330] 특히 실효성 확보를 위해 시정명령 제도 등을 도입하게 되면 중소기업의 입장에서는 큰 부담이 아닐 수 없다. 이러한 경우 취약점 개선 및 보완을 위해 정부의 지원 역할이 중요하게 작용할 수 있다.

현재 「소프트웨어 진흥법」 제29조 및 동법 시행령 제27조는 기타 소프트웨어개발보안에 관한 사업으로 보안약점 진단 및 기술 지원을 수행할 수 있도록 하고 있다. 또한 한국인터넷진흥원은 IoT 취약점 점검 서비스, 정보보호 사전점검제도, 중소기업 정보보호 컨설팅, 소기업 기술지원제도 등을 시행하고 있다. 이러한 제도들을 활성화하고 보다 실질적으로 참여를 유도할 수 있는 방안을 마련하여야 한다. 특히 이를 구현하기 위해서는 전문기관의 지원역량 또한 강화하여야 하므로 전문인력과 예산 등의 추가 확보도 함께 이루어져야 한다. 중소기업 경영진에 대한 보안교육도 우선적으로 수행될 수 있어야 한다. 결국 조직 차원의 보안은 경영진이 문제를 인식하고 앞장서서 채택하고 자원을 동원해 확인하고 책임져야 하기 때문이다.[331]

아울러 정보보호기금을 조성해 지원 등에 활용하는 방안도 고려할 수 있다. 기금은 「국가재정법」 제5조에 근거하고 있다. 이에 따르면 기금은 국가가 특정한 목적을 위하여 특정 자금을 신축적으로 운용할 필요가 있는 때에 한정해 법률로써 설치할 수 있다. 따라서 기금을 설치하려면 관련 기금의 근거가 되는 법안과 함께 「국가재정법」 제5조에 따른 별표2를 개정하는 개정안을 함께 추진해야 한다. 단, 정부의 출연금 또는 법률에 따른 민간부담금을 재원으로 하는 기금은 별도로 규정하는 법률에 의하지 않고는 설치할 수 없다. 특히 이러한 기금은 세입세출예산에 의하지 않고 운영할 수 있어 일반회계나 특별회계와는 달리 자금을 탄력적이고 효율적으로 활용할 수 있다. 이에 따라 기금은 자원의 배분, 소득의 분배, 경제안정과 성장, 금융 기능 등 다양한 기능을 수행한다.[332] 초기 단계에서부터 보안을 고려해야 하고 사후적으로도 통제할 수 없는 위험으로서 보안 문제를 다뤄야 하므로 정보보호기금을 설치해 사회적 차원에서 관계자들이 함께 위험을 부담하도록 하는 것이다. 정부가 재원을 출연하고 과태료나 과징금을 통해 확보한 재원을 활용하며 금융, 통신, 포털 서비스, 공공기관 등도 함께 부담하도록 할 수 있다. 방사성폐기물관리기금이나 교통사고 피해지원기금 등의 사례, 개인정보 손해배상 책임보험이 의무화된 현상 등을 고려할 수 있다. 또한 2021년 미국이 5G 기술개발 및 기기 공급망 보안 강화를 위해 다국간 통신 보안 기금을 마련해 미국, 영국, 캐나다, 호주, 뉴질랜드와 일본을 참여시키고자 하는 작업들을 보면 기금을 통해 보안공동체를 형성하고 공동체 구성원의 보안성과 신뢰성을 강화하는 등의 효과를 도모할 수도 있을 것이다.

기금 관련 입법은 「기술보증기금법」, 「범죄피해자보호기금법」 등의 경우처럼 특정 기금의 설치 및 운영에 관한 사항만을 정하는 법률의 형태로 이루어질 수도 있고, 「정보통신산업 진흥법」 제41조에 따른 정보통신진흥기금, 「방송통신발전 기본법」 제24조에 따른 방송통신발전기금처럼 개별 법률의 일부 규정에서 특정 사업의 수행에 필요한 자금을 조성하기 위해 기금 설치를 규정하는 경우도 있다. 따라서 특정 기금을 통해 지원하고자 하는 사업의 근거법률이 다수이거나 기금에 관한 사항만을 정해 기금법을 운영하는 것이 타당한 경우에는 전자를, 동일한 법률에서 특정 사업과 함께 자금의 운용에 관한 사항을 정하는 것이 적합한 경우 후자의 방식으로 진행하게 된다.[333] 이러한 기금은 일반회계나 특별회계를 통해 추진하는 사업과 중복되지 않도록 하고 각 회계와 기금 간 사업의 연계성을 제고하여 기금이 정부기관 재원의 유연성과 안정성을 위해서 활용되거나 낭비되지 않도록 하는 등 실질적인 운용이 이루어지도록 해야 한다.[334]

정보보호기금의 경우 IT를 접목하여 보안이 필요하게 되는 모든 분야의 업종에 필요할 수 있으므로 「정보보호기금법」을 제정하는 방식도 고려할 수 있겠으나, 보안 문제 전반을 포괄하고 산재한 관계 법령을 정비하여 「정보보안기본법」이나 「사이버보안기본법」 등 기본법을 제정하게 된다면 해당 법안 내에 기금의 설치에 관한 조문을 설계해 두는 것이 타당하다고 생각된다.

제7절 보안취약점 거래시장의 양성화

1. 보안취약점 정보의 가치산정 기준 제시

정부는 보안취약점 정보의 가치산정 기준을 제시해 줄 수 있어야 한다. 기본적으로 합법적인 취약점 시장의 취약점 정보 가격이 블랙마켓보다 더 높다면 그레이 영역의 해커들이나 블랙 해커들을 화이트마켓 영역으로 유인할 수 있다. 이를 통해 악의적인 해커들을 화이트해커로 전환해 취약점을 찾아 연구하고 패치를 지원하는 등 보안을 강화하기 위한 활동이 범죄를 목적으로 하는 활동보다 많아지게끔 할 수 있다.[335] 실제로 오늘날의 보안취약점 거래시장은 점점 더 많은 참여와 취약점 구매 수요 증가, 익스플로잇 제조 및 해킹툴 판매 확산 등으로 더욱 커지고 있다. 이러한 시장 기반 활동은 계속 증가하여 공격자의 경제적 유인이 보안에서 더욱 큰 부분을 차지할 것으로 보인다.[336]

문제는 그러한 보안취약점 정보의 구체적인 가치를 판단하기 어렵다는 점이다.

가장 대표적인 이유는 다크웹 등 블랙마켓에서의 거래 가격체계가 불안정하기 때문이다.[337] 실제로 보안취약점 거래자들은 제로데이 취약점의 가격을 공개적으로 논의하지 않는다는 원칙을 유지하고 있기도 하다.[338] 취약점의 가격은 다양한 요인에 따라 달라질 수 있다. 예를 들면, 얼마나 찾기 어려운 취약점인지, 취약점을 악용하기 위해 별도의 이용자 행위가 필요한지, 취약점이 발견된 제품이나 서비스가 얼마나 많이 사용되고 있는지, 그러한 제품 및 서비스가 항상 구동되고 있는지, 서버의 취약점인지 클라이언트의 취약점인지, 운영체제나 프로그램의 버전은 무엇인지, 해당 익스플로잇을 신뢰할 수 있는지, 익스플로잇이 얼마나 많은 버전에서 작동하는지 등에 따라 가격은 천차만별이다. 이러한 탓에 블랙마켓에서의 취약점 거래시장은 참여자들이 정확한 정보를 알기 어렵고 투명성과 신뢰성이 보장되지 않는다. 구매자는 판매자에게 사기나 부당한 착취 또는 강요를 당하더라도 별다른 대응책을 찾기 어렵다. 이러한 탓에 보안취약점 거래시장, 특히 블랙마켓은 품질의 불확실성이 존재하는 레몬시장[339]으로 분류될 수 있다. 따라서 양질의 제품을 판매하는 사람들은 품질이 낮은 제품을 판매하는 판매자와 차별화할 수 없고 저렴한 가격과 경쟁할 수도 없다. 레몬시장에 참여하면 구매자의 노력과 비용이 증가하고 기대 혜택이 감소한다. 취약점 시장에 참여하는 것은 구매자가 제품품질의 불확실성뿐만 아니라 판매자가 배타적인지 포괄적인지 여부와 관련된 불확실성에 직면하기 때문에 더욱 어렵다.[340] 따라서 제로디움과 같은 그레이마켓의 취약점 가격을 통해 유추하는 방안이 현재로서는 가장 정확한 방법이다.[341]

취약점 거래를 양성화하려면 먼저 블랙마켓에서 거래되는 금액을 낮추는 작업들이 필요하다. 보안취약점을 악의적으로 활용하는 자에게 판매하면 수익이 적어지는 형태로 정책이 설계될 수 있어야 한다. 형벌 또는 규제의 성격을 판단하는 이론 중 선호형성(preference shaping) 이론으로부터 그 타당성을 도출해 볼 수 있다. 선호형성이론은 기본적으로 형사처벌을 행위자가 고려해야 하는 비용이면서도 행위자가 사회적으로 수용할 수 없으므로 선택하지 않아야 하는 선호를 형성한 것에 대한 반작용으로 이해한다. 즉, 형벌이나 규제는 범죄행위를 방지하기 위해 범죄자들이 극복하지 못할 정도로 비용을 높이는 것과 동시에 범죄로 인해 발생하는 편익을 상당한 수준으로 낮추는 방식으로 구성된다는 관점이다. 따라서 공동체 차원에서 특정 행위의 가치를 낮추는 작업이 병행될 필요가 있는 것이다.[342] 이와 관련하여 가장 효과적인 방법은 블랙마켓에서 거래되는 취약점 가치들을 조사해 표면으로 드러내는 것이라고 할 수 있다. 상품에 따라 다르겠지만 가격의 투명성을 확보하면 일반적으로 전체적인 가격의 일관성이 확보되고 가격이 저하되는 효과가 있기 때문이다.**343** 이를 통해 블랙마켓 내에 참여하는 주체들이 공개된 자료로부터 적정한 시장가격을 인지하기 시작하고 과도한 값을 요구하는 거래는 점차 줄어들 것이다.

아울러 보다 적극적으로 보안취약점의 양성 시장을 형성하는 작업은 장기적으로 유익할 수 있다. 분절적으로 시행되고 있는 버그바운티만으로는 실질적인 수준의 보안성 향상을 기대하기 어려울 수 있기 때문이다. 기본적으로 특정 조직이 설계한 정책과 요건에 따라 제한된 환경 내에서 참여하게 되므로 보안연구자 각자의 기술과 사고방식들이 다양하게 활용되기 어렵다. 또한 특정 기업이 버그바운티 정책을 거듭 시행할수록 특정 보안연구자만을 선정하거나 초대하는 등 사전 선정절차가 형성됨에 따라 보안취약점을 탐색하고 검증할 수 있는 보안연구자의 범위 자체가 줄어드는 경우도 있다.**344** 이러한 문제들을 고려하면 보안취약점 대응체계 내에 시장구조를 형성하여 흩어진 보안연구자들을 동원하고 최대한 다양한 기술과 방법으로 보안취약점을 찾고 보완할 수 있도록 해야 할 것으로 보인다.**345** 이를 위해 악의적 목적의 해킹에 따르는 비용을 높이고 선의의 해킹을 통해 얻는 이익을 높여야 한다. 예를 들면, 정부는 보안업계나 보안연구계에 세금 감면과 같은 다른 우대조치를 적용하거나 보조금을 지급하는 등 선의의 해킹 산업을 직접 활성화할 수 있다.**346** 환경 문제를 고려해 환경부가 친환경차 보조금을 지급하는 사례들을 생각해 보라. 「대기환경보전법」 제58조의2에 따라 저공해자동차 보급을 확산하고 보조금을 지급하고 있으며, 제58조의4를 통해 자동차판매자에게 연간 저공해자동차 보급 목표를 달성하지 못한 경우 기여금을 부과, 징수하고 있다. 또한 동법 제81조에 따른 대기환경개선을 위해 필요한 사업을 수행하는 지방자치단체나 사업자 등에게 재정적, 기술적 지원을 할 수 있도록 하고 있다. 따라서 「정보보호산업의 진흥에 관한 법률」에 따른 세제 지원, 사업화나 지식재산화 지원 규모를 확대하고 실질화할 수 있어야 한다. 특히 개별법에 따른 정보보호 기능을 강화 및 연계할 수 있도록 기본법을 통해 체계화하고 보안업계와 연구 및 기술개발, 사업화를 지원할 수 있어야 한다. 무엇보다 우리나라는 업계의 특성상 아직 영세 기업이 대부분을 차지하고 자본력 부족이나 근무환경 등의 문제로 이직률이 높기 때문에 정부 차원의

지원이 중요하다.[347]

2. 보안취약점 거래사업의 허가제 도입 및 블랙마켓 거래의 제재

보안취약점 거래시장이 활성화된다면 그러한 거래사업을 합법적인 영역에 두고 관리할 수 있어야 한다. 이는 두 가지 방안으로 구현될 수 있다. 첫째, 보안취약점 거래사업의 허가제를 도입하여 필요한 요건과 절차들을 마련하는 방안이다. 이 경우 「행적작용법」상 허가로 볼 것인지 인가로 볼 것인지의 문제가 존재한다. 그러나 원칙상 보안취약점은 결함이기 때문에 보안취약점에 가치를 부여하고 거래를 하는 행위는 금지된다. 다만 취약점을 공개적으로 드러내고 연구를 활성화하며 참가자를 늘려 보다 많은 취약점을 찾아 제거하기 위한 공익적 목적에 따라 이를 가능하게 하는 것이다. 따라서 취약점 거래는 금지되는 행위이지만 예외적으로 허가할 수 있다고 보는 것이 타당하다.[348] 이때 보안취약점 거래사업을 허가하기 위한 요건으로는 여러 가지가 있겠지만 형식적인 요소들을 제외하고 크게 거래중개자로서 기능할 수 있는 전문성과 역량, 그리고 거래참여자의 행위를 규율할 수 있는 윤리강령이나 자율규제를 요구하여야 한다. 내부적으로 보안취약점의 위험성과 파급효과를 판단해 가격을 적정 수준에 맞게 제시할 수 있어야 하기 때문이다. 아울러 보안취약점 정보를 다수 갖고 있게 되므로 강력한 수준의 보안을 유지할 수 있어야 한다. 또한 취약점 구매자들이 어떤 목적으로 취약점을 구매하는지 구매기록을 저장해야 한다. 취약점 거래자들이 윤리적으로 행동할 수 있도록 자율적인 규제도 형성할 수 있어야 한다.[349] 이는 보안연구자 등 해커들, 취약점을 구매하는 시장 참여자들이 취약점을 불법한 용도로 사용하지 않도록 시장 내에서 자발적이고 자율적인 규칙을 형성하는 형태로서 가장 권고되는 모델이라고 할 수 있다.

둘째, 취약점 정보 자체의 불법정보성을 고려해 블랙마켓 내에서 불법적으로 활용될 것이 명백히 보이는 경우 해당 불법시장에 임시조치 등 제재를 가하거나 수사기관이 개입하는 등의 조치를 취하여 블랙마켓의 영역을 약화시켜야 한다. 즉, 합법적인 취약점 시장을 형성하면서 버그바운티와 취약점 공개를 활성화하고 동시에 취약점 지하경제의 영역을 줄여 나가야 한다.[350] 취약점 시장을 활성화하고 양성화하면서 블랙마켓을 제재하는 방식을 병행하는 것이다. 보안취약점을 찾았음에도 이를 공개하거나 알리지 않고 더 높은 가격에 판매하려는 내면의 유인이 왜곡된 취약점 거래시장의 핵심이기 때문이다. 이용자와 사회에 피해를 미칠 수 있는 정보라면 양지에 드러내고 관리할 수 있어야 한다. 그렇지 않은 경우가 있다면 규제되어야 마땅하다. 특히 블랙마켓이 확장되고 더 심각한 취약점이 고가에 거래되며 유인효과가 늘어나는 경우 정부는 적성 국가나 범죄 및 테러집단 등의 공격을 탐색하기 어렵고 안보위기 상황이 초래될 수도 있다. 이에 따라 각국의 정보수사기관은 그레이마켓뿐만 아니라 블랙마켓에서도 활동하며 지배력과 억지력을 확산하기 위한 활동을 수행하고 있다.[351] 관련하여 블랙마켓 거래를 제재하고 시장을 약화시키기 위한 전략들이 요구된다. 이 경우 블랙마켓의 속성들을 고려해야 한다. 예를 들어, 일부 블랙마켓에서는 특정 판매자 또는 이용자가 시장 매출의 대부분을 차지하는 등 마치 암시장의 지배자와 같은 지위가 존재하기도 한다. 이러한 거래를 추적하고 주요 공급자나 이용자를 식별해 제재하거나 법적 책임을 지우는 등의 방식으로 블랙마켓 거래를 줄이고 취약점 문제가 범죄로 이어지지 않도록 할 수 있다.[352] 또한 2013년 FBI가 다크웹에서 마약과 불법서비스를 판매하던 실크로드(Silk Road)를 폐쇄한 경우처럼[353] 직접 다크웹 시장을 추적하여 폐쇄하거나 통제할 수도 있어야 한다. 특히 정부는 자국 기관이나 기업 등의 제품, 서비스, 시스템, 네트워크 등에 관한 취약점을 판매하는 거래행위를 추적하고 이를 방지, 차단, 제재할 수 있는 방안도 고려해야 한다.[354] 혹은 암시장의 신뢰 시스템을 무너뜨리기 위해 가짜 상품들을 풀어놓는 방안도 고려할 수 있다.[355] 품질이 낮은 취약점 또는 가짜 취약점을 공급하면서 블랙마켓의 거래를 방해하고 표면에서 거래하는 방어자들이 위험한 취약점을 얻을 가능성을 높여 취약점 시장구조를 개선할 수 있도록 하는 것이다.[356] 일부 시장 운영자는 사이버범죄에 활용될 수 있는 제로데이 취약점을 판매하면서 그러한 취약점을 어떻게 활용할 것인지는 구매자에게 달려 있다고 주장하기도 하지만 그러한 이유로 판매자의 책임을 온전히 배제할 수는 없다.[357] 마약으로도 쓰일 수 있는 약물이나 자기방어를 위해 사용될 수 있는 총기를 규제하는 이유와 같다.

아울러 제로데이 취약점을 정부가 구매하고 저장하는 경우도 고려해야 한다. 현재 정부기관들이나 작전을 위탁받아 수행하는 브로커들은 보통의 버그바운티 금액이나 기업들이 자체적으로 시행하는 정책보다 훨씬 많은 금액으로 거래하고 있기 때문이다.[358] 이 경우 오히려 취약점을 구매하여 보안을 강화하는 데 쓸 수 있는 형태로 전환해 나가는 전략이 필요하다. 취약점을 거래하고 구매함으로써 자칫 지하 시장에서 악용될 수 있는 취약점을 범죄자보다 빨리 확보하고 개발과정이나 제품의 사용 과정에서 보안을 강화하기 위해 업체 등에게 제공할 수 있을 것이다.[359] 실제로 미국 정부가 모든 취약점 또는 취약점 시장을 구매하고 이를 보안 목적으로 활용할 수 있도록 해야 한다는 주장이 제기되기도 하였다.[360] 만약 정당한 목적이 있는 경우에는 앞서 정부의 취약점 활용 요건에서 다룬 바와 같이 취약점 평가절차를 거쳐 적법한 절차에 따라 취약점을 활용할 수 있어야 할 것이다. 이처럼 종합적인 전략들을 병용하고 협력하여 정부와 업계는 블랙마켓을 이용하거나 후원하는 행위를 중지하고 악의적인 해킹이나 침입 등을 목적으로 하는 불법한 취약점 거래를 처벌하며 취약점 시장의 혼동을 줄이고 양성화할 수 있어야 한다.[361]

제8절 보안취약점 대응의 국제협력

1. 국제적 차원의 보안취약점 관리 및 공유

국제협력을 통해 산재한 보안취약점들을 체계적으로 관리하고 각종 위협들을 추적할 수 있어야 한다. 보안취약점과 취약점 시장의 핵심 문제 중 하나는 그것이 특정 국가의 범위를 넘어서는 글로벌 차원의 문제라는 점이다.[362] 이러한 문제들을 종합하기 위해 전 세계의 정부와 기관, 기업, 학계, 민간 연구자와 화이트해커 등 더욱 많은 참여자들이 관련 정책의 수립 과정에 참여하게 하고 더 많고 다양한 데이터를 모아야 한다. 그러한 방식은 정보공유집단과 공동체 참여자에게 더 많은 혜택을 가져다준다. 특히 이러한 정보공유 연합으로부터의 이익은 집단이 속한 공동체가 클수록 커지는 경향을 보이기도 한다.[363] 따라서 국가 단위를 넘어서 국제적 차원에서 협력 및 공유체계를 구축하면 보안취약점 문제를 규제함으로써 얻는 이익을 극대화할 수 있을 것이다.

이를 위해 먼저, 국제사회 차원에서 취약점을 등록하고 관리하고 공유할 수 있도록 해야 한다. 즉, CVE나 다른 체계와 모델들을 활용해 국제 보안취약점 등록체계를 정립하고 국가와 지역, 민간 단위에서 자유롭게 취약점 정보를 등록, 공유할 수 있는 포털 또는 데이터베이스를 형성하는 것이 타당하다. 이를 통해 취약점 관리

절차를 더욱 효율적이고 실질적으로 운영할 수 있으며 정보공유를 먼저 함으로써 협업의 장으로 기능할 수도 있을 것이다.[364] 또한 보안취약점의 시장가격들도 모아 글로벌 차원의 합리적 가격 기준을 형성할 수 있어야 한다.[365]

특히 오늘날 국가의 정책들에 미치는 국제사회와 국제기구의 영향력도 무시할 수 없다.[366] 전문성을 요하는 기술적 문제들이 사회의 정의나 공공선, 민주주의와 부합하도록 하려면 전문성을 갖춘 전문가들과 민주적인 시민, 정책을 수립하고 구현할 수 있는 정치가들과 공무원들이 직접 만나 소통할 수 있는 기관을 만들어야 한다.[367] 따라서 공통의 과제를 설정하고 관련 정보를 공유하는 것으로부터 시작해 지역별 협력체계를 구축해 나가면서 중장기적으로는 국제보안취약점관리기구와 같은 국제기구를 설립할 수도 있을 것이다. 추후 각국의 CERT들이 협력해 국제무대에서 취약점을 공동으로 관리하고 문제에 대응할 수 있는 협의체를 형성할 수도 있을 것이다. 이러한 협의체 논의는 정부, 산업계, 학계, 시민단체 등 모든 이해관계자의 참여를 통해 취약점 공개정책 및 관리에 관한 국제표준을 정립하고 개선하며 조정형 취약점 공개정책에서 나아가 국경을 넘어 다자간 협력할 수 있는 취약점 공개정책 등을 형성하기 위한 방향으로 발전해 나갈 수도 있어야 한다.[368]

아울러 취약점 시장의 양성화나 취약점 공동 관리와 대응 문제 등에 취약점 브로커 업체들이나 보안업계, 국가별 보안기관 등의 참여를 끌어낼 수 있어야 한다. 이는 현실적으로 취약점 거래업체들의 수익문제와 직결된다는 점에서 국제적 차원의 명분이 있어야만 실현할 수 있는 전략이라고 할 수 있다. 따라서 중대한 영향이 있는 보안취약점은 국제적으로 협력해 거래를 차단하고 실시간으로 공유하여 함께 대응하는 등의 전략적 접근이 요구된다. 국제적 차원에서의 명분을 제시하지 않고 접근하게 되면 수익이 줄어들 수밖에 없는 업체는 취약점을 절대 내놓지 않고 러시아와 중국 또한 본질적인 문제에 있어서는 협력할 가능성이 없다. 미국과 영국 등 서방 진영을 중심으로 형성되고 있는 사이버공간의 자유민주주의 세력과 협력을 강화하고 그러한 흐름에서 우리가 가진 특성을 활용해 기여할 수 있는 방안을 모색할 수 있어야 한다. 최근 G7 정상회의를 통해 랜섬웨어 급증 현상과 국내외 사이버 공격 실태 및 대응체계를 점검하고 사이버안보 역량을 강화하고자 하는 현상들을 구체적인 정책으로 구현하고 글로벌 논의에 적극적으로 참여해 우리나라의 고유한 지위를 확보해야 한다. 안보적 관점에서 취약점 문제는 현실적이고 전략적으로 접근해야 한다. 러시아는 미국 기반시설 내에 악성코드를 심고 들어가 있다고 봐야 하며 미국도 전 세계의 적대적인 네트워크에 은밀하게 침입해 있다고 봐야 한다.[369] 이러한 상황을 고려해 우리나라의 역할을 고민할 필요가 있다.

2. 보안 우선 전략의 국제규범화

보안취약점을 공격보다는 방어와 보안에 사용하자는 전략을 국제규범화하여 각국이 국내법으로 조치를 구체화하고 전략의 실효성을 확보할 수 있어야 한다. 국가 단위에서 이루어지는 취약점이 타국을 대상으로 사용되거나 무기로 활용될 수 없도록 무기수출통제에 관한 바세나르 협정을 통해 규제하자는 의견도 있다.[370] 2017년 캐나다와 중국은 상호 해킹금지 협약을 체결하고 산업기술이나 지식재산의 해킹 행위를 정부 주도로 시행하지 않거나 묵인하지 않도록 합의하였다.[371] 특히 장기적으로는 각국이 공격을 제한하는 규범을 발전시킬 수 있어야 하는데 현재 상황은 이에 따른 사전 원칙을 정하기 위한 논의를 진행하고 합의점을 찾는 초기 단계라고 할 수 있다.[372]

이와 관련하여 현재 취약점의 공격적 활용 행위를 제한하고자 하는 시도에 가장 가까운 국제규범은 바세나르 협정이라고 할 수 있다. 1996년 체결된 바세나르 협정은 무기와 이중용도 품목 거래의 투명성과 책임성을 확보해 국제환경과 지역의 안보 및 안정성을 보장하는 데 목적을 두고 있다.[373] 이미 바세나르 협정은 위험한 취약점의 악용에 관한 균일한 수출통제 장치를 형성하기 위해 필요한 기반, 절차 및 지침을 두고 있다. 협정에서는 "무형 기술"을 "기술 데이터 또는 기술 지원"을 포함하여 "제품의 '개발', '생산' 또는 '사용'에 필요한 특정 정보"로 정의하고 있다. 이에 따라 소프트웨어의 취약점을 이용하는 방법에 대한 기술이나 지식의 거래는 무형 기술에 해당한다고 볼 수 있다.[374] 따라서 이를 실질화하여 보안취약점 거래행위를 통제하고 국제적으로도 규제할 수 있어야 한다. 취약점 통제에 관한 새로운 국제규범을 형성하려면 오랜 정치적 논의와 이해관계 조정 등이 필요하기 때문이다.[375]

구체적으로는 각국 정부와 관련 국제기구, 전자프론티어재단(EFF: Electronic Frontier Foundation)이나 Privacy International과 같은 비정부기구들의 참여를 통해 상설 공론장을 만들어야 한다. 다양한 이해관계자들이 참여하도록 해 보안취약점을 공격 목적으로 활용하지 말자는 합의를 도출하고 실효적 조치들을 논의할 수 있어야 한다. 이에 앞서 자국 내에서도 합의가 이루어져야 한다. 즉, 정보수사기관이나 인권기관, 보안 전담부처, 보안업계 등이 논의하여 기본적으로 국제무대에 나서기 전의 국가적 입장을 정해야 한다. 아울러 보안취약점 문제를 전담하는 부처나 기관을 통해 공격억제 등 국제규범화 및 수출통제 등의 논의도 진행할 수 있도록 하여 활동역량과 자원을 집중해야 한다. 전반적인 과정에서는 보안업계나 컴퓨터과학 전문가, 학계 등과의 지속적인 협력을 통해 통일된 용어를 사용해야 한다.[376] 따라서 바세나르협정의 기본지침에 따른 정기총회를 통해 보안취약점 대응 실무그룹을 형성하고 취약점의 공격 목적 활용을 줄이기 위한 회원국의 입장을 확인함으로써 효과적인 통제방법을 논의할 수 있도록 해야 한다.

아울러 보안강화를 위해 사이버범죄를 국제적으로 제재할 수 있는 방안도 필요하다. 유럽사이버범죄방지협약(COE: Convention on Cybercrime) 등 법집행기관들 간의 일부 협력이 이루어지고 있다. 그러나 실제로 현행 공조 절차는 신속하게 이루어지지 않는 경우들이 많으며 이에 따라 온라인 위협에 적시 대응하지 못하는 등의 문제들이 발생하고 있다.[377] 실제로 형사사법공조에 따라 우리나라 또한 「국제형사사법공조법」을 두고 있으나 이에 따른 공조는 피요청국의 사법제도나 공조의지 등에 영향을 받을 수밖에 없다. 결국 공조에 소요되는 기간이 짧게는 3개월, 길게는 1년 이상 소요되기도 한다.[378] 따라서 그러한 국가 간 법적 지원체계를 실질화하기 위해 정보제공이나 수사공조를 의무화하고 실질적인 공조가 이루어지도록 필요한 인력과 자원 등의 보강도 필요하다. 이러한 국제규범화는 당사국 간 이익관계나 정치적 환경 등에 따라 정작 필요한 본질을 다루지 못하는 경우도 많다. 대표적인 경우가 무기통제인데 이에 관한 국제규범을 형성하기 어려웠던 이유는 상호 간의 신뢰가 존재하지 않았고 여러 지점에서 합의를 도출할 수 없었기 때문이었다. 이 때문에 의사결정자들은 신뢰구축조치(CBMs: Confidence Building Measures)를 고려해야 했다.[379] 사이버공간에서의 행위나 취약점의 이중성을 고려할 때 보안취약점 통제나 사이버범죄 수사 협력 등도 마찬가지라고 할 수 있다. 이를 위해서는 기본적으로 인식과 지식을 공유하고 민간 부문을 중심으로 협력을 구축해 나가는 연성전략이 필요하다.[380] 국제적으로 합의를 도출하기 쉬운 민감하고 위험한 분야를 중심으로 지역 단위의 협력체계를 구축하는 것도 방법이다. 예를 들어, 2018년 유로폴(Europol)

은 다크웹을 전담 수사할 수 있는 팀을 유로폴 사이버범죄센터(EC3: Europol's European Cybercrime Centre)에 신설하였다. 이에 따라 유로폴은 다크웹 상의 불법거래나 사이버범죄를 수사하고 역내 정보공유, 전문지원, 기술개발, 공조 및 협력 등과 같은 기능을 수행하고 있다.[381]

이와 같은 국제규범화의 초기 단계에서는 기본적으로 상호 간 소통할 수 있는 채널을 구축하고 필요한 정보를 공유하거나 기술교류, 공동 연구, 상호 지원 등을 통해 근본적인 신뢰를 쌓는 작업을 수행하여야 한다. 특히 이러한 작업은 일회성으로 끝나서는 안 되고 정기적으로 다수 반복하여 두 정치집단 간의 상호 지원과 협력, 의존도를 높일 수 있어야 한다. 이러한 토대 아래 공동 연구개발이나 공동 활동을 통해 자연스럽게 국제적 영향력이 확산될 수 있다. 이를 이어 관련 표준을 정립하거나 각종 사고에 공동대응할 수 있는 체계를 마련할 수 있다. 아울러 이러한 과정의 연장선으로 국제 조사와 처벌 등을 통해 취약점 문제나 사이버범죄 등의 위협에 실질적으로 공동대응할 수 있어야 한다. 그러나 공동대응의 핵심은 어디까지나 실제 발생한 사이버 위험을 국제사회 차원에서 조사하여 그 근원을 확인할 수 있어야 한다는 점이다. 이것이 어려운 경우에는 사전에 제재조치를 구상하고 국가로의 책임 전환을 통해 해결할 수 있어야 한다. 결과적으로 공통 협력이 지속되면 신뢰구축이 완료된 단계로서 국제 공동체나 연합을 형성하고 상호 간의 조약이나 협약을 통해 의무와 책임의 실효성을 확보하는 규범화 조치들이 이루어질 수 있을 것이다.

제 4 장

결 론

제4장

결 론

디지털 시스템은 근본적으로 취약하다. 컴퓨터가 개발되고 인터넷이 자리잡던 초기부터 보안이 논의되지 못하였기 때문이다. 특히 디지털은 강대국 정부에 의해 처음부터 전략의 수단으로 쓰여 왔고 이는 오늘날 공격을 우선하는 사이버 전략들로 이어지고 있다. 학계에서는 프로그램의 오류를 줄이고 정확도와 신뢰성을 높이기 위한 연구들을 끊임없이 진행해 왔다. 그러한 소프트웨어 신뢰성 연구의 흐름은 보안취약점을 찾고 예측하기 위한 취약점 발견 모델(Vulnerability Disclosure Model) 연구로 이어졌다. 나아가 취약점을 찾고 이를 패치하게 되면 패치를 어느 시점에 배포하는 것이 효율적인지에 관한 연구들이 나타났다. 특히 조직들은 비용효율성을 확보하기 위한 방안을 모색하기 시작하였고 이를 통해 취약점 문제는 경영학과 경제학의 분야로 확장되었다. 보안과 연계되어 취약점 정보의 공유, 공개와 패치의 관계, 적정 시점, 공개 및 공유의 거부 이유 등에 관한 연구들이 나타났다. 공학 분야에서도 보안위협을 예측하고 취약점을 개별적으로 탐색해 대응하기 위한 연구들이 이어졌다. 이러한 과정들은 오늘날 취약점 공개와 공유, 협력과 규제, 인증제도 등의 논의로 나타나고 있으며 이를 제도화하기 위한 시도들도 늘어나고 있는 상황이다. 이제 보안취약점 문제는 디지털 경제시대로 나아가기 위해 해결해야 하는 필수요소로 인식되고 있다.

디지털의 결함은 인간 프로그래머의 필연적 한계로 인해 발생한다. 복잡한 수십만 줄의 코드, 요구하는 기능을 구현해야 하는 개발자의 숙명, 효율을 요구하는 업계 등의 요인들이 복합적으로 작용한다. 그리고 그러한 결함은 외부의 조작에 의해 보안취약점으로 발현된다. 사실 오류나 결함이 아무리 많다고 가정하더라도 소프트웨어의 목적과 기능 자체에 문제가 없으면 위험하지 않다. 문제는 외부의 누군가가 접근해 결함을 조작하여 보안조치를 우회해 정보통신망에 침입하고 시스템의 접근 권한을 얻어 데이터를 건드릴 수 있는 취약점을 고안해 낸다는 점이다. 이렇게 찾아낸 보안취약점은 어떤 형태로든 활용되거나 패치를 통해 제거될 수 있다. 따라서 취약점 대응의 근원적 문제는 기술의 결함을 고치려면 그 결함을 활용할 수밖에 없다는 점에 있다.

이제는 보안도 특수한 영역이 아니어야 한다. 디지털이 일반 시민의 일상생활을 지탱한다면 보안취약점의 문제를 드러내 일반 시민도 알 수 있도록 해야 한다. 보안취약점이 이중적으로 활용될 수 있다면 선의의 활용은 장려하고 악의의 활용은 억제해야 한다. 보안취약점이 표면에 드러나고 점차 인식되기 시작하면 이를 체계적으로 관리할 수도 있어야 한다. 보안취약점이 가치를 갖고 거래된다면 적어도 악의적 목적으로 금전적 거래가 성행하진 않도록 해야 한다. 디지털이 국경을 무너뜨렸다면 보안취약점 대응도 국제협력을 통해 이루어져야 한다.

이를 위해 지속 가능한 보안취약점 대응체계를 구현할 수 있어야 한다. 일반 시민이 취약점 문제를 인식할 수 있으려면 보안 문제에서 이용자의 역할을 대폭 강화해야 한다. 기술적 인프라의 결함은 기술을 이용하는 사용자들도 알 수 있어야 하는 정보다. 하물며 그러한 결함을 이용해 데이터, 나아가 현실의 일상생활에 영향을 미칠 수 있는 보안 문제라면 이용자들도 반드시 알 수 있어야 한다. 프라이버시뿐만 아니라 보안에 관한 정확한 수준과 관행도 알 수 있어야 한다. 기본적으로 내가 사용하는 기술, 서비스, 또는 기기가 안전하지 않다는 것을 인지하도록 하고, 그러한 안전 문제를 해결하기 위해 필요한 조치가 무엇인지 쉽게 알고 구현할 수 있는 방법을 보장해야 한다. 이러한 관점에서 어떤 형태로든 보안취약점 및 보안위협에 관한 정보를 이해하기 쉬운 방식으로 이용자들에게 제공하고 보안 설정도 쉽게 할 수 있도록 설계해야 한다. 스마트폰의 비밀번호를 걸거나 페이스 ID를 설정하는 행위, 노트북 카메라 렌즈를 포스트잇으로 붙이는 행위 수준으로 보안이 쉽게 다가와야 한다. 보안 설정 기능도 메인화면에서 바로 조작할 수 있도록 해야 한다. 아울러 제로트러스트 개념을 중심으로 이용하지 않는 포트를 닫고 이상 접근이 확인되면 이용자가 알 수 있어야 한다. 제품이나 서비스는 소프트웨어 개발보안의 단계별 요구사항을 중심으로 설계 단계에서부터 보안을 고려해야 한다. 출시 후에도 취약점 공개정책이나 버그바운티를 통해 보안을 지속적으로 강화해야 한다.

그러한 보안취약점 공개정책을 설계할 때에는 기본적으로 선의의 보안취약점 연구 및 공개를 허용할 수 있도록 정책적 방안을 마련해야 한다. 「저작권법」에 따른 기술적 보호조치 무력화 금지 규정이나 「정보통신망법」에 따른 망 침입 금지 규정에 저촉되지 않도록 예외를 허용할 수 있어야 한다. 이러한 예외를 당장 법률로 규정할 필요는 없다. 두 규정 모두 저작권자 또는 정보통신서비스제공자의 허가를 요건으로 하고 있기 때문에 취약점 연구를 허용한다는 그들의 의사표시만 있으면 된다. 특히 우리 사회의 보안인식과 수준이 여전히 낮다는 점을 고려하면 행위를 현재 상황에서 엄격하게 규율하고 있는 위 규정들을 굳이 개정하거나 예외를 만들어 둘 필요는 없다. 법률에 의하지 않고 자율적으로 허용될 수 있는 영역이기 때문이다. 취약점 공개정책은 기본적으로 취약점을 신고할 수 있는 창구를 마련하는 것과 같다. 따라서 기업들이 자발적으로 취약점을 신고받는다는 공고를 내야 한다. 그러한 공고에는 명확한 범위와 절차들을 안내하고 그러한 절차에 따른 취약점 탐색행위에 법적 문제를 제기하지 않을 것임을 명시해 화이트해커들이 자유롭게 참여할 수 있도록 해야 한다. 신고자와는 지속적으로 소통하면서 어떤 조치들이 이루어지고 있는지 공유해야 한다. 패치가 완료된 후에는 신고자에게 포상금을 지급하거나 명예의 전당 등을 통해 감사를 표하는 등 적절한 보상조치들이 따르는 것이 좋다. 다른 국가들의 경우 정부기관과 기업들이 취약점 공개정책을 운용하고 있다. 우리나라는 아직 그러한 문화가 정착되지는 않았다. 다만 한국인터넷진흥원이 몇몇 기업들과 함께 공동으로 버그바운티 제도를 운영하면서 플랫폼의 역할을 수행하고 있다. 금융보안원도 최근 버그바운티를 활발히 운영하고 있다. 이와 같은 정책들이 널리 확산될 수 있도록 하고 자체 역량이 부족한 기업에 대해서는 정부의 재정적, 기술적, 인적 지원이 이루어져야 한다. 취약점을 패치하지 않고 방치함으로써 보안을 악화시키는 기업에 대해서는 패치를 강제하거나 행정질서벌을 부과하는 등의 조치가 따라야 한다. 위험을 낳는 행위를 통해 이익을 얻으면서 위험을 줄이는 노력을 하지 않고 이로 인해 피해가 발생한다면 위험책임의 법리에 따라 책임을 질 수 있어야 한다.

취약점 연구 및 공개 문제와 관련하여 향후에는 서비스와 제품의 속성을 고려해 취약점 대응전략을 제안하는 형태의 후속 연구가 필요할 것으로 보인다. 일상의 제품이라면 일반적인 취약점 분석 등을 수행할 수 있겠지만 기능이 지속되어야 하고 자칫 서비스 장애가 발생할 우려가 있는 경우에는 운영 단계에서 취약점을 공개적으로 분석하기 어려운 상황이 발생할 수 있기 때문이다. 예를 들어 전자의 형태로서 단일 스마트기기나 포탈 홈페이지, 후자의 형태로서 금융서비스나 기반시설 운영서비스 및 시스템 등 구체적인 취약점 분석대상을 세분하고 이에 대한 대응전략을 차별적으로 제시할 수 있어야 할 것이다. 한국인터넷진흥원 또한 가동 중인 서비스를 대상으로 사업자의 동의를 받지 않고 취약점을 발굴하는 행위 등이 처벌될 수 있음을 경고하고 있다. 따라서 취약점 분석과 공개정책에서 가장 중요한 것은 사업자나 운영자가 자기 서비스나 제품의 보안 문제를 인식하고 취약점 대응을 체계적으로 수행할 수 있어야 한다는 점이다. 중요한 기능을 수행하는 영역이나 민감한 데이터 문제 등이 있는 때에는 계약을 통해 의무와 책임을 명확히 해 두고 그 외의 전반적인 보안강화는 외부와의 협력을 지향하면서 어느 영역까지 허용할 것인지 명확히 밝혀 보안이슈를 통제할 수 있어야 한다.

범국가 차원의 보안취약점 데이터베이스를 구축해 취약점을 체계적으로 관리하고 공유해야 한다. 이미 미국과 일본, 중국은 자체 취약점 관리체계 및 취약점 데이터베이스를 운용하고 있다. 구글 프로젝트 제로나 기타 민간 취약점 데이터베이스들도 많다. 보안업계, 해커 커뮤니티나 포럼, 깃헙이나 레딧과 같은 IT 전문가 포럼들도 마찬가지다. 이러한 취약점 데이터들을 종합해 방대한 취약점 데이터베이스를 구축하고 분석, 관리하면서 정부기관, 지방자치단체, 민간 업계와 보안연구자들이 활용할 수 있도록 해야 한다. 아울러 그러한 취약점 데이터베이스 운영 및 관리를 전담할 수 있는 역량을 갖춘 기관도 필요하다.

다른 국가의 정보기관이나 군사기관, 범죄집단 등이 취약점을 활용하고 있다는 점에서 무기의 평등을 위해 필요한 경우 우리 정보수사기관도 취약점을 활용할 수 있어야 한다. 이 경우 합법적 활용영역을 확보해야 한다. 헌법적 타당성과 기술적 전문성에 기반한 견제들이 보장되어야 하는 것이다. 취약점을 활용해 접근하고자 하는 대상과 범위는 명확해야 한다. 예를 들면, 스위치나 라우터보다는 특정 대상이 소유한 노트북이나 스마트폰을 대상으로 해야 한다. 취약점을 활용하기 위한 요건도 대량 살상이나 테러, 심각한 민주주의 체제 및 경제 위협과 같이 중대한 상황으로 제한되어야 한다. 안보를 위해하거나 범죄를 저지를 수 있는 행위라도 시위나 정치적 입장표명, 환경보호운동 등 취약점을 활용하는 것이 정당화될 정도로 비례적이지 않은 경우에는 허용될 수 없다. 절차적으로도 적법절차의 원칙과 비례의 원칙을 준수해야 한다. 명확한 법률규정이 정한 절차에 따라야 하며 목적을 달성하기 위해 다른 방법이 없는 경우에만 취약점 활용이 허용될 수 있다. 그러한 행위를 통해 얻게 되는 이익과 침해되는 이익을 비교형량해 전자의 이익이 월등한 경우에만 취약점을 활용할 수 있다. 이러한 활동은 일상적이고 지속적으로 이루어질 수 없고 목적을 달성하기 위해 합리적으로 필요한 기간 내에서만 수행되어야 한다. 또한 원칙적으로 법원의 영장을 받아야 한다. 이 경우 위험이나 손해 발생의 개연성이 있다는 충분한 증명이 있어야 한다. 내국인을 대상으로 하는 경우 엄격히 영장을 받아야 하지만 외국인을 대상으로 해외정보를 수집하려는 경우에 별다른 수단이 없는 때에는 행정부 차원의 의사결정만으로도 허용될 여지가 있다. 취약점을 활용하려는 경우에는 취약점을 공개하는 것이 타당한지 활용하는 것이 타당한지 판단할 수 있는 절차와 기준을 마련해야 한다. 미국과 영국의 VEP 제도가 대표적인 사례다. 따라서 구체적인 취약점공개검토의 기준으로는 ① 해당 취약점의 영향을 받는 제품과 제품의 속성, 버전 및 범용성, ② 해당 취약점이 공개되면 악용될 가능성, ③ 해당 취약점의 심각성, ④ 취약점 공개 후 패치의 개발 및 배포의 가능성과 실효성, ⑤ 해당 취약점을 다른 기관이나 단체, 개인이 찾아낼 가능성, ⑥ 해당 취약점의 활용이 정보활동이 수사 등의 목적에 도움이 되는지 여부, ⑦ 이를 대체할 수단이 없는지에 관한 보충성 여부, ⑧ 해당 취약점이 공개될 경우 정보의 출처나 수단, 방법 등이 드러날 가능성, ⑨ 해당 취약점이 공개될 경우 우리나라 정부의 대외 관계 및 산업계 등의 외부 관계 영향, ⑩ 해당 취약점의 활용으로 인해 침해되는 권리 및 이익 형량의 결과 등을 고려해 판단할 수 있어야 한다. 특히 독립적이고 전문적인 기구에 의한 효과적인 평가와 감독도 이루어져야 한다. 사전, 사후 통제방안의 일환으로서 법원의 역할도 중요하다. 영장을 발부하거나 추후 문제가 발생해 사실을 판단하려면 행정부가 활용하고자 하는 전문적인 기술들이 어떤 문제를 갖고 있는지 알 수 있어야 한다. 정기 및 수시 감독이 이뤄져야 하며 전문적인 독립기구가 감독을 수행하고 감독 결과는 즉시 법규와 실무를 개선할 수 있도록 환류체계가 구동돼야 한다. 이러한 일련의 취약점 활용, 감독 등의 데이터들은 모두 철저히 기록해 관리하고 기밀해제 기간을 부여하여 기한이 도래하면 대외적 영향 등을 검토해 공개하는 등의 합리적 기록관리체계를 마련해야 한다.

보안취약점이 일반화되는 만큼 이에 대응할 수 있는 역량 기반도 마련해야 한다. 이를 위해 국가적 차원에서 화이트해커를 양성하고 전문가 윤리교육을 체계화해야 한다. 이로써 화이트해커들이 다른 분야의 전문가들과 소통할 수 있도록 하고 자신의 전문적인 행위가 사회에 어떤 영향을 미칠 수 있는지 이해할 수 있도록 해야 한다. 아울러 절차와 결과를 설명하고 책임질 수 있도록 최고 수준의 전문성과 책임의식도 갖춰야 한다. 또 다른 역량 강화방안으로 중소기업을 지원하고 정보보호기금을 조성할 수 있어야 한다. 원칙적으로는 기업이 자신의 보안을 확보해야 함이 타당하지만 위험이 사회 전체에 확산될 수 있다는 점, 중소기업의 경우 그러한 역량을 갖추지 못한 상태임에도 자칫 의무만 강화하는 조치일 수 있다는 점을 고려해야 한다. 어디까지나 이용자를 보호한다는 관점에서 관계자들이 의무와 책임을 다하고 필요하다면 이를 합리적으로 분배할 수도 있어야 할 것이다. 따라서 정보보호기금을 마련해 보안산업, 보안연구, 중소기업 및 스타트업 지원, 보안교육 등에 활용할 수 있어야 한다. 기본적으로는 중소기업이나 스타트업들도 디지털 기술을 활용하려는 경우 보안을 고려할 수 있도록 해야 함은 물론이다.

보안취약점 거래가 이루어지고 있는 현상, 나아가 오늘날 화이트해커들의 보안연구 동기 중 금전적 요인이 큰 비율을 차지하고 있는 점 등을 고려해 보안취약점 거래시장을 확대해야 한다. 이 경우 취약점 거래시장을 양성화하고 블랙마켓 등 불법한 거래는 제재하는 전략이 병행돼야 한다. 그러나 블랙마켓에서의 취약점 거래가격이 양지의 거래가격보다 훨씬 높다는 점을 고려해 먼저 블랙마켓의 취약점 거래를 제재할 수 있어야 한다. 특히 블랙마켓에서의 거래는 거래 당사자 간 신뢰가 보장되지 않고 실제로 허위거래나 사기도 많다. 이러한 점을 고려해 블랙마켓에서의 가격이 부풀려져 있다는 점을 객관적으로 드러낼 수 있어야 한다. 가격의 투명성을 확보함으로써 전체 가격의 일관성을 확보하고 시장의 가격을 낮추는 경제적 접근법이다. 또한 환경을 위해 친환경차 보조금을 지급하는 것처럼 보안취약점 거래시장을 양성화하기 위해 보안업계나 연구계에 지원을 강화하는 방안도 고려할 수 있다. 지원정책을 통해 직접적으로 화이트마켓을 키우는 전략이다. 나아가 거래시장을 점차 활성화하면서 보안취약점 거래사업 허가제를 도입하고 다른 구체적 요건들은 업계에서 자율적으로 형성하도록 해야 한다. 또한 좀 더 공격적으로 불법시장을 제재하거나 수사를 진행해 블랙마켓을 폐쇄하거나 가짜 상품을 풀어 암시장의 신뢰체계를 무너뜨리는 등의 전략을 활용할 수도 있다. 정부는 자국 기업의 취약점이 판매되는 경우 이를 제재하거나 합법적인 경우에는 해당 취약점을 구입해 자국 기업에게 알려줄 수 있어야 한다. 정부가 취약점을 구매하게 되면 원칙적으로는 반드시 보안을 강화하는 데 우선적으로 쓰여야 한다.

국제환경도 고려해야 한다. 관련하여 보안취약점 정보를 국제적 차원에서도 모아 관리하고 공유하는 등의 정책이 필요하다. 각국의 이해관계를 수렴·조율하고 전문적으로 취약점을 관리하며 공론장을 형성할 수 있도록 중장기적으로 국제보안취약점관리기구와 같은 국제기구를 설립할 수도 있을 것이다. 아울러 이중용도 품목을 규제하는 바세나르 협정을 실질화해 취약점 거래행위를 통제하고 취약점을 공격 목적으로 활용하지 못하도록 해야 한다. 사이버범죄를 억제하고 수사하기 위한 공조체제도 강화해야 한다. 이를 국제규범화하려면 초기에는 소통할 수 있는 채널을 구축하고 기술교류나 공동연구, 상호 지원 등을 통해 근본적인 신뢰를 쌓는 신뢰구축조치에서 시작해야 한다. 따라서 공통의 의제를 선정하고 문제를 공유하며 단계별로 상호 협력과 의존도를 강화하면서 공동체나 연합을 구성하고 추후 조약 및 협약을 통해 의무와 책임의 실효성을 확보할 수 있어야 한다. 특히 안보적 관점에서 중국, 러시아 등의 진영은 취약점을 공개하거나 국제규범에 동조할 가능성이 낮다. 취약점 거래를 통해 수익을 얻고 있는 업체들도 쉽게 취약점을 공개하고 포기할 리 만무하다. 결국 국제적 차원의 명분을 제시함으로써 행동을 끌어낼 수 있어야 한다. 미국과 영국을 중심으로 하는 자유주의 진영에서 역할을 공고히 하고 국제적 차원에서 문제되고 있는 랜섬웨어나 공급망 공격 등 사이버보안 및 사이버범죄 문제에 협력 대응이 필요하다는 형태의 공론이 형성되면 국가나 기업들도 어느 정도 움직일 수밖에 없기 때문이다.

기술의 문제는 사회 구성원 모두가 인식함으로써 비로소 드러난다. 전문성을 가진 집단에 의해서만 기술의 위험이 통제되면 균형이 기울게 된다. 특히 취약점은 다양한 외부의 접근으로부터 발현되기 때문에 보는 눈이 많고 접근하는 방법이 다양할수록 보안을 개선할 수 있다. 전문적이지 못하다고 아예 알 기회도 갖지 못하는 구조는 개선되어야 한다. 최소한 모두가 알 수 있는 기회를 가져야 하며 어려운 문제라면 쉽게 알 수 있도록 전문가와 의사결정 집단이 노력해야 한다. 이를 통해 사회적 공론을 거쳐 법으로 규율해야 하는 영역, 자율적으로 준수해야 하는 영역, 장려하고 지원해야 하는 영역들을 식별할 수 있어야 한다. 앞으로의 보안 법제는 취약점을 합리적이고 합법적으로 공개하고 활용할 수 있는 영역들을 제공해야 한다. 본 연구는 그러한 공론 과제들을 드러내 정리하고 여러 대응전략을 제시하였다. 디지털 혁신을 선도하는 우리 사회의 구성원들이 함께 논의하고 구체화해야 하는 과제들이다. 앞으로 디지털이 더 일반화되면 보안도 그만큼 일반화되어야 하며 안정된 디지털 사회를 구축하기 위한 규칙을 만들어 나가야 한다. 보안취약점은 그러한 문제의 가장 근본적인 요소 중 하나일 뿐이다.

미주

— prologue —

1 Ian James, "Tekhne", Oxford Research Encyclopedias, 2019. https://oxfordre.com/view/10.1093/acrefore/9780190201098.001.0001/acrefore-9780190201098-e-121 (접속일: 2021.09.22. 20:23).

2 Eric Schatzberg, ""Technik" Comes to America: Changing Meanings of "Technology" before 1930", *Technology and Culture* 47(3), 2006, p. 489.

3 류장열, "기술의 의미에 관한 역사적 고찰", 『대한공업교육학회지』 제16권 제1호, 대한공업교육학회, 1991, 24면.

4 Langdon Winner, *The Whale and the Reactor: A Search for Limits in an Age of High Technology*, Chicago: The University of Chicago Press, 1986, pp. 3-10.

5 손화철, "기술철학의 제자리 찾기: 랭던 위너의 기술철학", 『과학기술학연구』 제10권 제1호, 한국과학기술학회, 2010, 12-13면.

6 윤진효, "기술위험의 구조와 절차", 『과학기술학연구』 제3권 제1호, 한국과학기술학회, 2003, 85-86면.

7 Jean-Jacques Salomon, "What is technology? The Issue of its origins and definitions", History and Technology 1(2), 1984, p. 142.

8 홍성욱, "과학사", 서울대학교 기술과 법 센터(편), 『과학기술과 법』, 박영사, 2007, 4면.

9 윤혜선, "신흥기술의 규제에 대한 몇 가지 고찰", 『경제규제와 법』 제10권 제1호, 서울대학교 공익산업법센터, 2017, 12-13면.

10 Chauncey Starr, "Social Benefit versus Technological Risk", *Science* 165, 1969, p. 1237.

11 Langdon Winner, "Upon Opening the Black Box and Finding It Empty: Social Constructivism and the Philosophy of Technology", *Science, Technology & Human Values* 18(3), 1993, p. 375.

12 David H. Guston, "Understanding 'anticipatory governance'", *Social Studies of Science* 44(2), 2014, p. 226.

13 문가용, "애플, 페가수스 사태와 연루된 취약점 부랴부랴 패치해", 보안뉴스 2021.09.14. https://www.boannews.com/media/view.asp?idx=100736 (접속일: 2021.09.22.

23:39).

14 Stephanie Kirchgaessner, "Phones of journalist who tracked Viktor Orban's childhood friend infected with spyware", The Guardian 2021.09.21. https://www.theguardian.com/news/2021/sep/21/hungary-journalist-daniel-nemeth-phones-infected-with-nso-pegasus-spyware (접속일: 2021.09.22. 23:49)

15 전유진, "앱 추적 금지로 맞붙은 애플 VS 페이스북, 광고 시장 흐름 변화는?", CCTV News 2021.06.09. https://www.cctvnews.co.kr/news/articleView.html?idxno=227175 (접속일: 2021.09.23. 12:17).

16 Ashish Arora, Ramayya Krishnan, Rahul Telang & Yubao Yang, "Impact of Vulnerability Disclosure and Patch Availability-An Empirical Analysis", in *the 3rd Workshop on the Economics of Information Security*, 2004, p. 19; Karthik Kannan & Rahul Telang, "Market for Software Vulnerabilities? Think Again", *Management Science* 51(5), 2005, pp. 737-738; Hasan Cavusoglu, Huseyin Cavusoglu & Srinivasan Raghunathan, "Efficiency of Vulnerability Disclosure Mechanisms to Disseminate Vulnerability Knowledge", *IEEE Transactions on Software Engineering* 33(3), 2007, pp. 183-184; Ashish Arora, Rahul Telang & Hao Xu, "Optimal Policy for Software Vulnerability Disclosure", *Management Science* 54(4), 2008, p. 655; Bruce Schneier, "Securing Medical Research: A Cybersecurity Point of View", *Science* 336, 2012, p. 1528; Mingyi Zhao, Jens Grossklags & Kai Chen, "An Exploratory Study of White Hat Behaviors in a Web Vulnerability Disclosure Program", in *the Proceedings of the 2014 ACM Workshop on Security Information Workers(SIW '14)*, ACM, 2014, p. 57; Carl Sabottke, Octavian Suciu & Tudor Dumitraş, "Vulnerability Disclosure in the Age of Social Media: Exploiting Twitter for Predicting Real-World Exploits", in *the Proceedings of the 24th USENIX Security Symposium*, 2015, p. 1054; Amy Woszczynski, Andrew Green, Kelly Dodson & Peter Easton, "Zombies, Sirens, and Lady Gaga-Oh My! Developing a Framework for Coordinated Vulnerability Disclosure for U.S. Emergency Alert Systems", *Government Information Quarterly* 37, 2020, pp. 12-13 등 다수.

17 안준선, 창병모, 이은영, "보안취약점 중요도 정량 평가 체계 연구", 『정보보호학회논문지』 제25권 제4호, 한국정보보호학회, 2015, 921-930면; 최재현, 이후진, "취약점 관리시스템을 이용한 주요정보통신기반시설 보안취약점 관리 방안", 『전자공학논문지』 제57권 제6호, 대한전자공학회, 2020, 41-43면 등.

18 박혜성, 권헌영, "한국 버그 바운티 프로그램의 제도적인 문제점과 해결방안", 『한국IT서비스학회지』 제18권 제5호, 2019, 65-67면; 오일석, "미국 정보기관 제로데이 취약성 대응 활동의 법정책적 시사점", 『미국헌법연구』 제30권 제2호, 미국헌법학회, 2019,

173–174면 등.

19 Fortinet, 『글로벌 위협 동향 보고서: FortiGuard Labs 반기 보고서』, 2020.08. 3면.

20 HackerOne, *The 2021 Hacker Report*, 2021, p. 7.

21 2021년 9월 29일 개최된 Aspen 사이버 서밋에서 미국 국가안보국(NSA)의 사이버보안 국장을 맡고 있는 Rob Joyce는 대부분의 모든 국가들이 정보수집 목적으로 취약점을 활용하고 있다고 밝혔다. Tim Starks, "'Almost every nation' now has cyber vulnerability exploitation program, NSA official says", CYBERSCOOP 2021.09.29. https://www.cyberscoop.com/rob-joyce-nsa-cyber-exploitation-program/ (접속일: 2021.10.02. 17:07).

22 Jay P. Kesan & Carol M. Hayes, "Creating a Circle of Trust to Further Digital Privacy and Cybersecurity Goals", *Michigan State Law Review* 2014(5), 2014, pp. 1475–1476.

—제1부—

1 2019년 11월 보안 및 프라이버시 작업반(SPDE: Security and Privacy in the Digital Economy)이 데이터거버넌스 및 프라이버시 작업반(DGP: Data Governance and Privacy)과 보안작업반(SDE: Security in the Digital Economy)으로 분리되었다. DGP는 데이터거버넌스 및 프라이버시 보호에 관한 정책을, SDE는 보안위협을 식별하고 제품과 서비스의 보안을 개선하기 위한 정책을 연구한다. 독립된 연구반으로 기능하는 보안작업반은 DGP 및 다른 OECD 기관들과 긴밀히 협업하여 보안정책을 연구한다. 디지털경제정책을 총괄하는 디지털경제정책위원회의 데이터 기능과 보안 연구기능을 강화한 것으로 이해할 수 있다. 기능에 관한 자세한 내용은 다음 홈페이지의 "Working Party on Security in the Digital Economy"에 관한 설명을 참고: OECD, "Digital Security", https://www.oecd.org/digital/ieconomy/digital-security/ (접속일: 2021.03.31. 01:12).

2 OECD, *Encouraging Vulnerability Treatment: Responsible management, handling and disclosure of vulnerabilities*, DSTI/CDEP/SDE(2020)3/FINAL, 2021.

3 ISO/IEC 29147:2014. 해당 가이드라인은 2018년 개정되었다: ISO/IEC 29147:2018.

4 미국은 국방부 차원에서 "Hack the Pentagon"과 같이 보안취약점 신고자에게 일정 금액을 포상으로 지급하는 버그바운티(bug bounty) 프로그램을 시행하는 등 보안취약점 공개 및 관리정책에 매우 적극적이다. 이는 미국이 NSA를 중심으로 국방부뿐만 아니라 연방정부 전체의 보안 필요성을 인식하고 관련 정책을 수립해 온 배경과 연계된다.

5 The MITRE Corporation, “CVE”, https://cve.mitre.org/ (접속일: 2021.03.31. 15:20).
6 NIST, “National Vulnerability Database”, https://nvd.nist.gov/ (접속일: 2021.03.31. 15:22).
7 Regulation (EU) 2019/881 of the European Parliament and of the Council of 17 April 2019 on ENISA(the European Union Agency for Cybersecurity) and on information and communications technology cybersecurity certification and re-pealing Regulation (EU) No 526/2013 (Cybersecurity Act).
8 Google, “Report a Security Vulnerability”, https://www.google.com/appserve/security-bugs/m2/new (접속일: 2021.03.31. 15:30).
9 Facebook, “Facebook’s Vulnerability Disclosure Policy”, https://www.facebook.com/security/advisories/Vulnerability-Disclosure-Policy (접속일: 2021.03.31. 15:31).
10 가장 큰 버그바운티 플랫폼 중 하나로서 기업이나 기관의 버그바운티를 대신 진행해 주거나 기업과 보안전문가들을 연결해 주고 포상금의 일부를 취하는 사업모델을 갖추고 있다. HackerOne, “About HackerOne”, https://www.hackerone.com/company (접속일: 2021.03.31. 22:06).
11 해커로부터 제로데이 취약점을 구매하고 이를 검증하여 법집행기관 등 수요자에게 판매하고 있다. Crowdfense, https://www.hackerone.com/company (접속일: 2021.03.31. 22:22).
12 특정 보안취약점에 대한 패치가 이루어지지 않은 상황에서 해당 취약점이 공개되어 악용될 가능성이 높은 취약점을 말한다.
13 Zerodium, “Our Exploit Acquisition Program”, https://zerodium.com/program.html (접속일: 2021.04.02. 20:10).
14 Zahoor Ahmed Soomro, Mahmood Hussain Shah & Javed Ahmed, “Information Security Management needs More Holistic Approach: A Literature Review”, *International Journal of Information Management* 36(2), 2016, p. 223.
15 과학기술정보통신부, 『K-사이버방역 추진전략』, 2021, 1-5면.
16 Abdulmalik Humayed, Jingqiang Lin, Fengjun Li & Bo Luopp, “Cyber-Physical Systems Security-A Survey”, *IEEE Internet of Things Journal* 4(6), 2017, pp. 5-6.
17 Sasan Jafarnejad, Lara Codeca, Walter Bronzi, Raphael Frank & Thomas Engel, “A Car Hacking Experiment: When Connectivity meets Vulnerability”, *2015 IEEE Globecom Workshops*, San Diego, CA, USA, 2015. p. 5.
18 우리나라는 2020년 5월 「자율주행자동차 상용화 촉진 및 지원에 관한 법률」을 제정하여 관련 연구와 시범운행 등을 가능하게 하고, 교통 인프라의 관점에서 차세대 지능형 교통체계(C-ITS)의 통신방식으로 V2X(Vehicle to Everything) 기술 도입을 검토하는

등 기술환경의 변화에 선제적으로 대응하고 있다.

19 봇넷(botnet)이란 악성코드에 감염된 기기의 네트워크로서 원격 조종을 통해 서비스거부공격, 악성코드 재배포 등의 공격을 수행한다. 기본적으로 애플리케이션이나 기기 등의 보안취약점을 활용해 트로이목마 바이러스를 심어 이용자가 이를 실행함으로써 권한을 획득하거나 감염된 웹사이트를 방문하도록 하여 사용자의 기기를 자동으로 감염시키는 등의 방식으로 기기를 통제한다. 이후 중앙집중형(C&C) 또는 분산형(P2P) 모델로 명령을 전달하여 표적을 공격할 수 있다. 상세한 내용은 다음의 내용을 참고: Kaspersky, “What is a Botnet?”, https://usa.kaspersky.com/resource-center/threats/botnet-attacks (접속일: 2021.04.02. 21:41).

20 서비스거부공격(Denial of Service)이란 시스템의 속도를 늦추거나 방해하는 것을 최종 목표로 하는 공격을 말한다. Behrouz A. Forouzan(이재광, 신상욱, 임종인, 전태일 옮김), 『암호학과 네트워크 보안』, McGraw-Hill, 한티미디어, 2017, 731면; [Behrouz A. Forouzan Cryptography and Network Security(1st Edition), MeGraw-Hill, 2007] 아울러 분산서비스거부공격(Distributed Denial of Service)이란 공격자가 광범위한 네트워크를 이용해 여러 공격 지점에서 동시에 공격을 수행하는 형태의 서비스거부공격을 의미한다. 양대일, 『정보보안개론: 한 권으로 배우는 보안 이론의 모든 것』, 한빛아카데미, 2013, 71면.

21 Manos Antonakakis et al., “Understanding the Mirai Botnet”, in *the Proceedings of the 26th USENIX Security Symposium*, August 16-18, 2017, Vancouver, BC, Canada, 2017, p. 1105.

22 *Id.* p. 1100.

23 Lily Hay Newman, “EQUIFAX OFFICIALLY HAS NO EXCUSE”, 2017.09.14., WIRED, https://www.wired.com/story/equifax-breach-no-excuse/ (접속일: 2021.04.02. 10:53).

24 NIST, “CVE-2017-5638 Detail”, National Vulnerability Database, https://nvd.nist.gov/vuln/detail/CVE-2017-5638 (접속일: 2021.04.02. 11:02).

25 FTC, “Equifax to Pay $575 Million as Part of Settlement with FTC, CFPB, and States Related to 2017 Data Breach”, 2019.07.22. https://www.ftc.gov/news-events/press-releases/2019/07/equifax-pay-575-million-part-settlement-ftc-cfpb-states-related (접속일: 2021.04.02. 11:13).

26 강기욱, 한상훈, 이호, “Security Problems and Measures for IP Cameras in the environment of IoT”, 『한국컴퓨터정보학회논문지』 제24권 제1호, 한국컴퓨터정보학회, 2019, 108면.

27 인터넷에 연결된 기기를 찾을 수 있는 검색엔진으로 특정 기기의 IP 주소, 위도와 경도 등 위치정보, 포트 정보, 서버의 유형과 버전 등 공개된 정보를 수집할 수 있다.

SHODAN, "What is Shodan?", https://help.shodan.io/the-basics/what-is-shodan (접속일: 2021.04.03. 08:55).

28 제20대 국회 국정감사, "과학기술정보방송통신위원회회의록", 2018.10.10., 27-28면 및 127-128면.

29 제20대 국회 국정감사, "과학기술정보방송통신위원회회의록", 2018.10.15., 14-16면 및 51-52면.

30 Hans de Bruijn & Marjin Janssen, "Building Cybersecurity Awareness: The Need for Evidence-based Framing Strategies", *Government Information Quarterly* 34(1), 2017, p. 2.

31 Alex Hoffman, "Moral Hazards in Cyber Vulnerability Markets", *Computer* 52, 2019, p. 86.

32 Langdon Winner, *Autonomous Technology: Technics-out-of-Control as a Theme in Political Thought*, Cambridge, Massachusetts: The MIT Press, 1978, p. 26.

33 Laura Denardis, *The Global War for Internet Governance*, Yale University Press, 2014, p. 243.

34 Christopher Weare, "The Internet and Democracy: The Causal Links between Technology and Politics", *International Journal of Public Administration* 25(5), 2002, p. 662.

35 Milton Mueller, "Is Cybersecurity eating internet governance? Causes and Consequences of Alternative Framings", *Digital Policy, Regulation and Governance* 19(6), 2017, p. 416.

36 권헌영, "정보통신보안법제의 문제점과 개선방안", 『정보보호학회논문지』 제25권 제5호, 한국정보보호학회, 2015, 1270면.

37 소프트웨어개발보안은 본래 행정안전부의 「행정기관 및 공공기관 정보시스템 구축운영 지침」에 있던 개념을 활용한 것으로 소프트웨어의 내부 오작동이나 안전기능 미비로 인해 발생하는 사고로부터의 안전을 확보하는 소프트웨어 안전과 달리 불법적이고 악의적인 외부의 위협으로부터 시스템을 보호하기 위한 개념이다. 최시억, "소프트웨어산업 진흥법 일부개정법률안 검토보고서", 제20대 국회 과학기술정보방송통신위원회, 2019, 4면.

38 OECD, "Smart Policies for Smart Products: A policy maker's guide to enhancing the digital security of products", *Directorate for Science, Technology and Innovation Policy Note*, 2021, p. 4.

39 특히 당시 정보나 예산의 부족 등의 문제로 Windows XP를 계속 사용하던 정부 부처와 공공기관도 많았다. 김은림, "윈도우XP 지원 종료!…'보호나라' 백신으로 대비", 대한민국 정책브리핑, 2014.04.28. https://www.korea.kr/news/policyNewsView.do?newsId=148777845 (접속일: 2021.04.03. 22:38).

40 위너(Winner)는 사람들이 지속적인 위협과 공포를 인지하면 자발적으로 정치시스템을 설계하고 권위와 책임을 인정한다고 하며, 새로운 기술과 대규모 시스템을 도입할 때 발생하는 사고의 원인을 찾아 사적 또는 공적 조치를 통해 해결해야 기술의 유용성이 인정받는다고 한다. Langdon Winner, *The Whale and the Reactor: A Search for Limits in an Age of High Technology*, Chicago: The University of Chicago Press, 1986, p. 140.

41 Bruce Schneier, "The Process of Security", Schneier on Security, 2000.04. https://www.schneier.com/essays/archives/2000/04/the_process_of_secur.html (접속일: 2021.02.06. 10:52).

42 Johan Eriksson, "Cyberplagues, IT, and Security: Threat Politics in the Information Age", *Journal of Contingencies and Crisis Management* 9(4), 2001, pp. 219-220.

43 Tyler Moore, "The Economics of Cybersecurity: Principles and Policy Options", *International Journal of Critical Infrastructure Protection* 3(3-4), 2010, pp. 103-104.

44 Langdon Winner, *Autonomous Technology: Technics-out-of-Control as a Theme in Political Thought*, Cambridge, Massachusetts: The MIT Press, 1978, p. 139.

45 성봉근, "Cyber 상의 위험과 재난에 대한 제어국가의 법적 규제: 4차 산업혁명 시대의 사이버 보안을 중심으로", 『유럽헌법연구』 제33호, 유럽헌법학회, 2020, 561-562면.

46 Ryan Francis O. Cayubit et al. "A Cyber Phenomenon: A Q-Analysis on the Motivation of Computer Hackers", *Psychological Studies* 62, 2017, pp. 386-394.

47 Ines Von Behr, Anaïs Reding, Charlie Edwards & Luke Gribbon, *Radicalisation in the digital era: The use of the internet in 15 cases of terrorism and extrem-ism*, Rand Corporation, 2013, pp. 17-20.

48 Lawrence Lessig, "The Law of the Horse: What Cyberlaw Might Teach", *Harvard Law Review* 113(2), 1999, pp. 507-508.

49 과학기술정보통신부와 한국지능정보사회진흥원의 통계조사에 따르면 2019년 12월 기준 우리나라 전체 기업체 중 14.3%가 IoT 기기 및 서비스를 이용하고 있는 것으로 나타났다. 운수 및 창고업이 29%, 서비스업이 21.4%, 여가와 스포츠 관련 서비스업이 19.6%로 종사자 규모가 클수록 IoT 활용률이 높은 것으로 나타났다. 과학기술정보통신부, 한국지능정보사회진흥원, 『2020 정보화통계집』, 2021, 106-107면.

50 Rob Shirey, "Internet Security Glossary(RFC 2828)", Internet Engineering Task Force(IETF), Internet Society(ISOC), 2000, pp. 190-191. https://tools.ietf.org/pdf/rfc2828.pdf (접속일: 2021.03.05. 15:17).

51 ISO/IEC, "Vulnerability", ISO/IEC 27000, https://www.iso.org/obp/ui/#iso:std:iso-iec:27000:ed-5:v1:en (접속일: 2021.03.12. 03:22).

52 NIST, "Vulnerability", Computer Security Resource Center, https://csrc.nist.gov/glossary/term/vulnerability (접속일: 2021.03.12. 03:24).
53 OWASP, "What is a Vulnerability?", https://owasp.org/www-community/vulnerabilities/ (접속일: 2021.03.14. 07:14).
54 한국정보통신기술협회, "보안취약점(Security Vulnerability)", TTAK.KO-12.0002/R3(정보보호기술용어), 2013.
55 Carl E. Landwehr, Alan R. Bull, John P. Mcdermott & William S. Choi, "A Taxonomy of Computer Program Security Flaws", *ACM Computing Surveys* 26(3), 1994, p. 211.
56 Ivan Victor Krsul, "Software Vulnerability Analysis", Ph.D Thesis, Purdue University, 1998, p. 10.
57 Bruce Porter & Gary McGraw, "Software Security Testing", *IEEE Security & Privacy* 2(5), 2004, p. 81.
58 Omar H. Alhazmi & Yashwant K. Malaiya, "Quantitative Vulnerability Assessment of Systems Software", in *the Proceedings of the Annual Reliability and Maintainability Symposium*, IEEE, 2005, p. 615.
59 김유경, 도경구, "실행시간 의존성 측정을 통한 SOA 취약성 평가", 『한국전자거래학회지』 제16권 제2호, 한국전자거래학회, 2011, 131면.
60 Lillian Ablon, Martin C. Libicki & Andrea A. Golay, *Markets for Cybercrime Tools and Stolen Data: Hacker's Bazaar*, Rand Corporation, 2014, p. 51.
61 Saender Aren Clark, "The Software Vulnerability Ecosystem: Software Development In The Context Of Adversarial Behavior", Ph.D Thesis, University of Pennsylvania, 2016, p. 167.
62 Andi Wilson, Ross Schulman, Kevin Bankston & Trey Herr, *Bugs in the System: A Primer on the Software Vulnerability Ecosystem and its Policy Implications*, New America, Cybersecurity Initiative, Open Technology Institute, 2016, p. 6.
63 Trey Herr, Bruce Schneier & Christopher Morris, *Taking Stock: Estimating Vulnerability Rediscovery*, Belfer Center for Science and International Affairs, Harvard Kennedy School, 2017, p. 5.
64 김민철, 오세준, 강현재, 김진수, 김휘강, "공개 취약점 정보를 활용한 소프트웨어 취약점 위험도 스코어링 시스템", 『정보보호학회논문지』 제28권 제6호, 한국정보보호학회, 2018, 1450면.
65 IEEE, *IEEE Standard Glossary of Software Engineering Terminology*, IEEE Std 610.12-1990, 1990, p. 31.
66 IEEE, *IEEE Standard Classification for Software Anomalies*, IEEE Std 1044-2009,

2010, p. 5.

67 ISO/IEC/IEEE, *Systems and software engineering–Vocabulary*, ISO/IEC/IEEE 24765, 2017, pp. 179–180.

68 Carl E. Landwehr, Alan R. Bull, John P. Mcdermott & William S. Choi, "A Taxonomy of Computer Program Security Flaws", *ACM Computing Surveys* 26(3), 1994, p. 212.

69 IEEE, *IEEE Standard Classification for Software Anomalies*, IEEE Std 1044–2009, 2010, p. 5.

70 Carl E. Landwehr, Alan R. Bull, John P. Mcdermott & William S. Choi, "A Taxonomy of Computer Program Security Flaws", *ACM Computing Surveys* 26(3), 1994, pp. 214–216.

71 Omar H. Alhazmi, Sung–Whan Woo & Yashwant K. Malaiya, "Security Vulnerability Catagories in Major Software Systems", *Communication, Network and Information Security*, 2006, p. 3.

72 Christian Frühwirth & Tomi Männistö, "Improving CVSS–based vulnerability prioritization and response with context information", in *the Proceedings of the Third International Symposium on Empirical Software Engineering and Measurement*, IEEE, 2009, pp. 535–536.

73 OWASP, *OWASP Top 10: The Ten Most Critical Web Application Security Risks*, 2017, p. 6.

74 MITRE, "2020 CWE Top 25 Most Dangerous Software Weaknesses", https://cwe.mitre.org/top25/archive/2020/2020_cwe_top25.html. (접속일: 2021.04.15. 17:03).

75 Kristen E. Eichensehr, "Public–Private Cybersecurity", *Texas Law Review* 95(3), 2017, p. 525.

76 Deven R. Desai & Josua A. Kroll, "Trust but Verify: A Guide to Algorithms and the Law", *Harvard Journal of Law & Technology* 31(1), 2017, p. 25.

77 *Id.*

78 Anil Bazaz & James D. Arthur, "Towards a Taxonomy of Vulnerabilities", in *the Proceedings of the 40th Hawaii International Conference on System Sciences*, IEEE, 2007, p. 163.

79 Gartner, *Top 10 Strategic Technology Trends for 2020*, 2019.

80 주원, 류승희, "플랫폼화로 새로운 도약이 기대되는 콘텐츠산업", 『경제주평』 21–08, 현대경제연구원, 2021, 8면.

81 조성제, 김동진, "소프트웨어 취약점, 보증 및 보안 테스팅", 『정보과학회지』 제30권 제2호, 한국정보과학회, 2012, 11면.

82 Peter Mell & Miles C. Tracy, "Procedures for Handling Security Patches", *NIST Special Publication* 800－40, NIST, 2002, p. 1.

83 조성제, 김동진, "소프트웨어 취약점, 보증 및 보안 테스팅", 『정보과학회지』 제30권 제2호, 한국정보과학회, 2012, 11면.

84 Cade Metz, "Google is 2 Billion Lines of Code－And It's All in One Place", 2015.09.16. WIRED, https://www.wired.com/2015/09/google－2－billion－lines－codeand－one－place/ (접속일: 2021.04.11. 22:11).

85 Anil Bazaz & James D. Arthur, "Towards a Taxonomy of Vulnerabilities", in *the Proceedings of the 40th Hawaii International Conference on System Sciences*, IEEE, 2007, p. 163.

86 과학기술정보통신부, 소프트웨어정책연구소, 『2019년 SW융합 실태조사』, 2021, 32면.

87 *Id.* 33면.

88 이은섭, 김신령, 김영곤, "정보시스템 구축·운영을 위한 IT 외주용역기반 보안관리 강화에 관한 연구", 『한국인터넷방송통신학회 논문지』 제17권 제4호, 한국인터넷방송통신학회, 2017, 30－33면.

89 소프트웨어 생태계의 하도급 구조로 인해 주말, 야간, 파견 근무 등이 잦고 급여도 낮아 우수 인재들이 이탈하며 국내 소프트웨어 업체들이 충분한 인력을 확보하지 못해 다시 열악한 환경에서 근무를 할 수밖에 없는 등 악순환이 이어지고 있다. 안성원, 유호석, 길현영, 『SW기술자 처우 개선에 대한 새로운 접근』, 소프트웨어정책연구소, 2017, 1면.

90 강송희, "원격지 개발 활성화 정책에 관한 의견과 제도의 개선", 『월간 SW중심사회』 통권 제56호, 소프트웨어정책연구소, 2019, 30면.

91 박지희, 이현진, 이동연, "보안취약점 신고포상제를 통해 알아본 놓치기 쉬운 취약점 사례별 대응방안", 『기술문서』 2021－02, 한국인터넷진흥원, 2021, 4면.

92 Bugcrowd, *2021 Priority One Report: A New Decade in Crowdsourced Cybersecurity*, 2020, p. 6.

93 *Id.* p. 12.

94 Steve Alder, "DHS Warns of Continuing Cyberattacks Exploiting Pulse Secure VPN Vulnerability", HIPPA Journal, 2020.01.14. https://www.hipaajournal.com/dhs－warns－of－continuing－cyberattacks－exploiting－pulse－secure－vpn－vulnerability/ (접속일: 2021.04.16. 23:14).

95 Trend Micro, *Trend Micro Security Predictions for 2021*, 2020, p. 12.

96 Contrast Security, *2020 Application Security Observability Report*, 2020. https://www.contrastsecurity.com/hubfs/2020－Contrast－Labs－Application－Security－Observability_Annual_Report_07152020.pdf?hsLang=en (접속일: 2021.03.01. 22:45).

97 *Id.* p. 9.

98 *Id.* p. 21.

99 Ponemon Institute for ServiceNow, *Costs and Consequences of Gaps in Vulnerability Response*, 2019.

100 360 Netlab, "Mozi, Another Botnet Using DHT", 2019.12.23. https://blog.netlab.360.com/mozi-another-botnet-using-dht/ (접속일: 2021.04.16. 20:08).

101 Bitdefender, *New dark_nexus IoT Botnet Puts Others to Shame*, 2020, p. 3.

102 HackerOne, *The 2021 Hacker Report*, 2021, p. 8.

103 박지희, 이현진, 이동연, "보안취약점 신고포상제를 통해 알아본 놓치기 쉬운 취약점 사례별 대응방안", 『기술문서』 2021-02, 한국인터넷진흥원, 2021, 4면.

104 *Id.* 3면.

105 *Id.* 27면.

106 이러한 기존 기술결함의 속성을 소프트웨어에 반영한 개념이 '소프트웨어 안전'이다. 「소프트웨어 진흥법」은 외부의 침해행위가 없는 상태에서 소프트웨어 자체의 오작동이나 안전기능의 미비로 인해 발생할 수 있는 사고에 대비할 수 있는 상태를 '소프트웨어 안전'이라고 정의하고 있다.

107 김현민, 『윈도우 시스템 해킹 가이드: 버그헌팅과 익스플로잇(개정판)』, SECU BOOK, 2019, 79-80면.

108 대법원 2015. 2. 12. 선고 2013다43994, 44003 판결; 대법원 2018. 1. 25. 선고 2015다24904, 24911, 24928, 24935 판결; 대법원 2018. 12. 28. 선고 2017다256910 판결 등.

109 The Wassenaar Arrangement on Export Controls for Conventional Arms and Dual-Use, "List of Dual-Use Goods and Technologies and Munitions List - Category 5: Part 2 Information Security", 2018, p. 92.

110 협약에 따른 취약점 공개(vulnerability disclosure)란 취약점을 해결하기 위해 치료의 수행 또는 조정에 책임이 있는 개인 또는 조직에 취약점을 확인, 보고, 전달하는 과정이나 취약점을 그 개인 또는 조직과 분석하는 과정을 의미한다(CAT4).

111 브루스 슈나이어는 이를 Class Breaks라고 표현하고 있다. Bruce Schneier, "Class Breaks", Schneier on Security, 2017.01.03. https://www.schneier.com/blog/archives/2017/01/class_breaks.html (접속일: 2021.05.12. 16:39)

112 Thomas J. Misa (소하영 옮김), 『다빈치에서 인터넷까지』, 글램북스, 2015, 315-331면 참조. [*Leonardo to the Internet: Technology and Culture from the Renaissance to the Present*, Baltimore: Johns Hopkins University Press, 2004].

113 *Id.* 330면.

114 Paul Baran, *On Distributed Communications*, The RAND Corporation, 1964.

115 Arther L. Norberg & Judy E. O'Neill, *Transforming Computer Technology: Information*

Processing for the Pentagon, 1962−1986, Baltimore: Johns Hopkins University Press, 1996, pp. 160−161.

116 Leonard Kleinrock, "The First Message Transmission", 2019.10.29. ICANN Blogs, https://www.icann.org/en/blogs/details/the−first−message−trans−mission−29−10−2019−en (접속일: 2021.03.25. 04:14).

117 Willis H. Ware, "Security and Privacy in Computer Systems", in *the Proceedings of the Spring Joint Computer Conference(AFIPS '67(Spring))*, 1967, pp. 279−282.

118 미국이 사이버보안 및 사이버전 역량을 강화해 온 흐름은 다음의 저서에서 상세하게 다루고 있다. Fred Kaplan(김상문 옮김), 『사이버전의 은밀한 역사』, 플래닛미디어, 2021. [*Dark Territory: The Secret History of Cyber War*, New York: Simon & Schuster, 2016]

119 Zohar Manna, "The Correctness of Programs", *Journal of Computer and System Sciences* 3(2), 1969, p. 119; Bernard Elspas, Karl N. Levitt, Richard J. Waldinger & Abraham Waksman, "An Assessment of Techniques for Proving Program Correctness", *Computing Surveys* 4(2), ACM, 1972; Sidney L. Hantler & James C. King, "An Introduction to Proving the Correctness of Programs", *Computing Surveys* 8(3), ACM, 1976 등.

120 Bernard Elspas, Milton W. Green & Karl N. Levitt, "Software Reliability", *Computer* 4(1), IEEE, 1971, pp. 21−27.

121 Omar Alhazmi & Yashwant Malaiya, "Modeling the Vulnerability Discovery Process", in *the Proceedings of the 16th IEEE International Symposium on Software Reliability Engineering (ISSRE '05)*, 2005, p. 1.

122 Pramod Kumar Kapur, Venkata S.S. Yadavalli & Avinash K. Shrivastava, "A Comparative Study of Vulnerability Discovery Modeling and Software Reliability Growth Modeling", in *the Proceedings of the 2015 International Conference on Futuristic Trends on Computational Analysis and Knowledge Management (ABLAZE)*, IEEE, 2015, p. 248.

123 보안취약점 패치의 최적 시점에 관한 최초 연구로서 Steve Beattie, Seth Arnold, Crispin Cowan, Perry Wagle, Chris Wright & Adam Shostack, "Timing the Application of Security Patches for Optimal Uptime", in the *Proceedings of the 16th USENIX conference on System administration (LISA '02)*, 2002; Hiroyuki Okamura, Masataka Tokuzane & Tadashi Dohi, "Optimal Security Patch Release Timing Under Non−Homogeneous Vulnerability−Discovery", in *the Proceedings of the 20th International Symposium on Software Reliability Engineering*, IEEE, 2009; M.H.R. Khouzani, Saswati Sarkar & Eitan Altman, "Optimal Dissemination of Security Patches in Mobile Wireless Networks", *IEEE Transactions on Information Theory* 58(7), 2012 등.

124 Lawrence A. Gordon, Martin P. Loeb & William Lucyshyn, "Sharing Information on Computer Systems Security: An Economic Analysis", *Journal of Accounting and Public Policy* 22(6), 2003, pp. 479-481.

125 Ashish Arora, Ramayya Krishnan, Rahul Telang & Yubao Yang, "Impact of Vulnerability Disclosure and Patch Availability-An Empirical Analysis", in *the 3rd Workshop on the Economics of Information Security*, 2004, p. 19.

126 Ashish Arora, Rahul Telang & Hao Xu, "Optimal Policy for Software Vulnerability Disclosure", *Management Science* 54(4), 2008, p. 655.

127 Steve Lipner, "The Trustworthy Computing Security Development Lifecycle", in *the Proceedings of the 20th Annual Computer Security Applications Conference (ACSAC '04)*, IEEE, 2004, p. 4; Microsoft SDL, https://www.microsoft.com/en-us/securityengineering/sdl (접속일: 2021.04.16. 22:11).

128 Wilhelm Hasselbring & Ralf Reussner, "Toward Trustworthy Software Systems", *Computer* 39(4), IEEE, 2006, pp. 91-92.

129 California Civil Code § 1798.91.04.

130 EU Cybersecurity Act(REGULATION 2019/881 OF THE EUROPEAN PARLIAMENT AND OF THE COUNCIL of 17 April 2019 on ENISA(the European Union Agency for Cybersecurity) and on information and communications technology cybersecurity certification and repealing Regulation No 526/2013), 2019, 제51조.

131 Marietje Schaake, Lorenzo Pupillo, Afonso Ferreira & Gianluca Varisco, *Software Vulnerability Disclosure in Europe: Technology, Policies and Legal Challenges*, Center for European Policy Studies, 2018, p. 13.

132 U.S. DoD, "Fact Sheet: Hack the Pentagon", 2016.

133 Singapore MINDEF, "Factsheet: Ministry of Defence(MINDEF) Bug Bounty Programme 2018 Results", 2018.02.21. https://www.mindef.gov.sg/web/portal/mindef/news-and-events/latest-releases/article-detail/2018/february/21feb18_fs (접속일: 2021.04.17. 14:52).

134 Google, "Vulnerability Reward Program Rules", https://www.google.com/about/appsecurity/reward-program/ (접속일: 2021.04.17. 14:48).

135 김인순, "「2015 글로벌시큐리티서밋」 취약점 알려줬더니 범죄자 취급, 사이버 보안 활동 가치 인정하자", 전자신문, 2015.10.27. https://www.etnews.com/20151027000167 (접속일: 2021.04.17. 14:26).

136 한국인터넷진흥원, 『S/W 신규 취약점 신고포상제 운영 안내서』, 2013, 2면.

137 국가정보원, "사이버공격 신고 안내", https://www.nis.go.kr:4016/CM/1_6_7.do (접속일: 2021.04.17. 14:30).

138 Stephen Levy(박재호, 이해영 옮김), 『해커스: 세상을 바꾼 컴퓨터 천재들』, 한빛미디어, 2013, 36면. [*Hackers: Heroes of the Computer Revolution*, Sebastopol, California: O'Reilly Media, Inc. 2010]

139 *Id.* 57면.

140 *Id.* 59면.

141 실제로 2002년 Lion이라는 닉네임을 사용하던 한국 해커가 마이크로소프트의 MS02-062 취약점을 발견하여 마이크로소프트로부터 공식적으로 인정을 받은 바 있다. 다음은 원문: Microsoft thanks the following people for reporting this issue to us and working with us to protect customers; Li0n of A3 Security Consulting Co., Ltd. (http://www.a3sc.co.kr) for reporting the Out of process privilege elevation vulnerability. Microsoft Security Bulletin MS02-062-Moderate, https://docs.microsoft.com/en-us/security-updates/SecurityBulletins/2002/ms02-062, (접속일: 2021.04.16. 23:45).

142 Bruce Sterling, *The Hacker Crackdown: Law and Disorder on the Electronic Frontier*, New York: Bantam Books, 1992, p. 53.

143 Pekka Himanen, Linus Torvalds & Manuel Castells, *The Hacker Ethic: A Radical Approach to the Philosophy of Business*, New York: Random House, 2001, p. 51.

144 Alison Powell, "Hacking in the public interest: Authority, legitimacy, means, and ends", *New Media & Society* 18(4), 2016, p. 60.

145 Stephen Levy(박재호, 이해영 옮김), 『해커스: 세상을 바꾼 컴퓨터 천재들』, 한빛미디어, 2013, 55-67면.

146 1970년대 해커그룹 이플(YIPL: Youth International Party Line)이 무정부주의적 성격을 결합시키면서 핵티비즘이 더욱 강해졌다. 오늘날에는 어나니머스(Anonymous) 등의 그룹들이 반전, 반핵, 환경, 인권 등의 가치를 중심으로 정부 사이트를 공격하는 등의 활동을 수행하고 있다. 유은재, "핵티비즘(Hacktivism)", 『인터넷 & 시큐리티 이슈』 2월호, 한국인터넷진흥원, 2011, 25-27면.

147 Amanda Chandler, "The Changing Definition and Image of Hackers in Popular Disclosure", *International Journal of the Sociology of Law* 24(2), 1996, p. 230.

148 Maureen Webb, *Coding Democracy: How Hackers are Disrupting Power, Surveillance, and Authoritarianism*, Cambridge. MA: MIT Press, 2020, pp. 16-17.

149 Stephen Levy(박재호, 이해영 옮김), 『해커스: 세상을 바꾼 컴퓨터 천재들』, 한빛미디어, 2013, 590면.

150 Maureen Webb, *Coding Democracy: How Hackers are Disrupting Power, Surveillance, and Authoritarianism*, Cambridge. MA: MIT Press, 2020, p. 4.

151 Stephen Levy(박재호, 이해영 옮김), 『해커스: 세상을 바꾼 컴퓨터 천재들』, 한빛미디어, 2013, 243면.

152 Charlie Miller, "The legitimate vulnerability market: the secretive world of 0-day exploit sales", in *the Proceedings of the 6th Workshop on the Economics of Information Security(WEIS)*, 2007, p. 2.

153 United States v. Morris, 928 F.2d 504, 505(2d Cir. 1991).

154 *Id.* 505, 506.

155 U.S. House of Representatives Committee on Science, Space and Technology, "L. Dain Gary's testimony", 1994.03.22. p. 1.

156 Joseph P. Daly, "The Computer Fraud and Abuse Act-A New Perspective: Let the Punishment Fit the Damage", *The John Marshall Journal of Information Technology & Privacy Law* 12(3), 1993, p. 465.

157 Maureen Webb, *Coding Democracy: How Hackers are Disrupting Power, Surveillance, and Authoritarianism*, Cambridge. MA: MIT Press, 2020, pp. 22-23.

158 신원식, "워싱턴타임즈, 한국 원자력연구소에 해커 침입하였다고 보도", MBC 뉴스 1994.11.04. https://imnews.imbc.com/replay/1994/nwdesk/article/1941808_30690.html (접속일: 2021.04.20. 22:21).

159 대한민국 정책브리핑, "[정부(政府)의 해커대책(對策)] 연구전산망 보안체계 마련: 프로그램보호법 개정(改正) 검토", 국정신문, 1994.11.14. https://www.korea.kr/news/policyNewsView.do?newsId=148741505 (접속일: 2021.04.20. 22:25).

160 조선일보, "구속사태까지 몰고온 과기원-포항공대의 「해킹전쟁」", 조선일보, 1996. 05.16. https://www. hosun.com/site/data/html_dir/1996/05/16/1996051670199.html (접속일: 2021.04.02. 23:12).

161 이상언, "'떼지어 해킹' 동호회 만들어 실력 경쟁", 중앙일보, 2003.11.19. https://news.joins.com/rticle/259505 (접속일: 2021.04.02. 23:31).

162 Gary S. Malkin, "Internet Security Glossary(RFC 1983)", Internet Engineering Task Force(IETF), Internet Society(ISOC), 1996, p. 12, https://web.archive.org/web/20160605204821/https://tools.ietf.org/html/rfc1983 (접속일: 2021.04.24. 15:42).

163 Jean-Loup Richet, "From Young Hackers to Crackers", *International Journal of Technology and Human Interaction* 9(3), 2013, p. 54.

164 1995년 12월 형법에 정보처리장치나 기록의 손괴, 허위의 정보나 명령의 입력, 정보처리의 장애 야기 등을 통해 업무를 방해한 자를 처벌하는 업무방해죄 및 전자기록

관련 위·변작죄, 비밀침해죄, 컴퓨터등사용사기죄 등 컴퓨터범죄 관련 조항이 규정되었다.

165 강동범, "사이버범죄와 형사법적 대책", 『형사정책연구』 제11권 제2호, 한국형사정책연구원, 2000, 41면.

166 안경옥, "사이버범죄의 현황과 대응방안", 『경희법학』 제38권 제1호, 경희법학연구소, 2003, 87면.

167 경찰청, "사이버범죄 발생 및 검거", e-나라지표, https://www.index.go.kr/potal/main/EachDtlPageDetail.do?idx_cd=1608 (접속일: 2021.04.24. 16:46).

168 한국인터넷진흥원, "해킹사고 건수", e-나라지표, https://www.index.go.kr/potal/main/EachDtlPageDetail.do?idx_cd=1363 (접속일: 2021.04.24. 16:57).

169 경찰청, 『2019 사이버위협 분석 보고서』, 2019, 5면.

170 신종환, "국내 주요 인터넷 사고 경험을 통해 본 침해사고 현황", 『Internet & Security Focus』 2013-9, 한국인터넷진흥원, 2013, 38면.

171 *Id.* 43-44면.

172 김태환, "인터넷 대란", 행정안전부 국가기록원, 2014, https://www.archives.go.kr/next/search/list SubjectDescription.do?id=006963&pageFlag=&sitePage=1-2-1 (접속일: 2021.04.24. 17:31).

173 AWS Shield, "Threat Landscape Report - Q1 2020", 2020, pp. 3-4.

174 Alan Young, "Connection-less Lightweight X. 500 Directory Access Protocol(RFC 1798)", Internet Engineering Task Force(IETF), Internet Society(ISOC), 1995, p. 7.

175 개인정보보호위원회, 행정안전부, 『2019 개인정보보호 실태조사』, 2020, 88-89면.

176 SK컴즈의 기술팀 직원이 이스트소프트의 무료 소프트웨어 알집을 사용하고 있었다. 공격자는 무료 알집의 광고 콘텐츠 업데이트 파일을 키로깅 기능을 수행하는 악성코드가 포함된 파일로 대체하였다. 이로 인해 직원의 PC가 감염되었고 ID와 PW가 노출되어 SK컴즈 내부망으로의 침입 경로가 형성되었다. 자세한 내용은 다음을 참고: 전승재, 『해커 출신 변호사가 해부한 해킹판결』, 삼일인포마인, 2020, 63-64면.

177 이 사건으로 방송통신위원회는 1억 원 상당의 과징금과 1,500만 원의 과태료를 부과하였다. 이에 대한 행정소송이 이루어졌으나 모든 청구가 기각되었다. 자세한 내용은 *Id.* 117-119면 참고.

178 경찰청, 『2019 사이버위협 분석 보고서』, 2019, 13면.

179 *Id.* 19면.

180 Cipher Trace, *Cryptocurreny Anti-Money Laundering Report 2019 Q2*, 2019, p. 7.

181 박근모, "국내 암호화폐 거래소, 최근 3년간 해킹으로 1200억원 손실", coindesk korea, 2019.10.02. https://www.coindeskkorea.com/news/articleView.html?idxno=57799 (접속일: 2021.04.25. 17:02).

182 워터링홀 공격이란 사자가 먹잇감을 사냥하기 위해 물웅덩이(watering hole) 근처에 잠복하여 기다리는 것을 응용한 용어다. 특정 공격대상이 접속할 가능성이 있는 웹사이트에 악성코드를 심고 대상자가 사이트에 방문하면 악성코드에 감염되는 방식이다. 이용자가 방문해야 하는 사이트를 사전에 알아야 하므로 대표적인 표적 공격 기법이라고 할 수 있다.

183 김국배, "1년전 빗썸 해킹, 워터링홀 공격에 당하였다", 아이뉴스 24, 2019.04.05. http:// www.inews 24.com/view/1169061 (접속일: 2021.04.25. 17:15).

184 김해광, "랜섬웨어 지피지기", 『Micro Software』 제389호, IT조선, 2017, 155면.

185 Susan Bradley, "4 top vulnerabilities ransomware attackers exploited in 2020", CSO, 2020.09.09. https://www.csoonline.com/article/3572336/4-top-vulner-abilities-ransomware-attackers-exploited-in-2020.html (접속일: 2021.04.25. 17:20).

186 문가용, "독일의 랜섬웨어 사망 사건, 러시아 해커들이 연루돼 있다?", 보안뉴스, 2020.09.23. https://www.boannews.com/media/view.asp?idx=91377 (접속일: 2021. 04.25. 17:28).

187 Europol, *Internet Organised Crime Threat Assessment*, 2018, p. 16.

188 경찰청, 『2019 사이버위협 분석 보고서』, 2019, 20면.

189 Luis Mendieta, "Shedding Some Light on the Dark Web", 2017.04.13. Anomail, https://www.anomali.com/blog/shedding-some-light-on-the-dark-web (접속일: 2021.04.27. 22:24).

190 Keman Huang, Michael Siegel & Stuart Madnick, *Cybercrime-as-a-Service: Identifying Control Points to Disrupt*, Working Paper CISL 2017-17, MIT Sloan School, 2017, p. 26.

191 Derek Manky, "Cybercrime as a Service: a very modern business", *Computer Fraud & Security* 2013(6), 2013, p. 10.

192 Chainanalysis, "Bulletproof Hosting Provider Black Host Linked to North Korea Cryptocurrency Exchange Hackers", Crypto Crime Intelligence Brief, 2020, pp. 1-3.

193 이진기, 정휘운, 윤희용, "기존 해킹 방법과의 비교를 통한 APT 공격의 특징과 해결책", 『한국IT서비스학회 2012 추계학술대회 자료집』, 한국IT서비스학회, 2012, 471면.

194 Gartner, "Gartner Says 5.8 Billion Enterprise and Automotive IoT Endpoints Will Be in Use in 2020", 2019.08.29. https://www.gartner.com/en/newsroom/press-releases/2019-08-29-gartner-says-5-8-billion-enter-prise-and-automotive-io (접속일: 2021.04.25. 18:16).

195 Bruce Schneier, "The Internet of Things is Wildly Insecure-And often Un-

patchable", WIRED, 2014.01.06. https://www.wired.com/2014/01/theres-no-good-way-to-patch-the-internet-of-things-and-thats-a-huge-problem/ (접속일: 2021.04.16. 22:21).

196 Fabio Assolini, "The Tale of One Thousand and One DSL Modems", Kaspersky, 2012.10.01. https://securelist.com/the-tale-of-one-thousand-and-one-dsl-modems/57776/ (접속일: 2021.04.16. 23:42).

197 Symantec, "Linux Worm Targeting Hidden Devices", 2013.11.27. https://community.broadcom.com/symantecenterprise/communities/community-home/librarydocuments/viewdocument?DocumentKey=6cc8a697-5c01-45ba-ad5c-599eee0a4678&CommunityKey=1ecf5f55-9545-44d6-b0f4-4e4a7f5f5e68&tab=librarydocuments (접속일: 2021.04.16. 00:32).

198 Eclipse IoT Working Group, "IoT Developer Survey 2016", 2016, p. 20.

199 고재용, 이상길, 김진우, 이철훈. "IoT 보안 요구사항 및 보안 운영체제 기반 기술 분석", 『한국콘텐츠학회논문지』 제18권 제4호, 한국콘텐츠학회, 2016, 167면.

200 *Id*.

201 U.S. FDA, "Cybersecurity Vulnerabilities Identified in St. Jude Medical's Implantable Cardiac Devices and Merlin@home Transmitter: FDA Safety Communication", 2017.10.18. http://www. ciokorea.com/news/38809?page=0,1 (접속일: 2021.04.25. 19:34).

202 Rachel Weiner, "Romanian hackers took over D.C. surveillance cameras just before presidential inauguration, federal prosecutors say", The Washington Post, 2017.12.28. https://www.washingtonpost.com/local/public-safety/romanian-hackers-took-over-dc-surveillance-cameras-just-before-presidential-inauguration-federal-prosecutors-say/2017/12/28/7a15f894-e749-11e7-833f-155031558ff4_story.html (접속일: 2021.04.25. 19:41).

203 과학기술정보통신부, 한국인터넷진흥원, "7대 사이버 공격 전망", 2019, 6면.

204 Symantec, "2019년 주목해야 할 보안 예측", https://www.symantec.com/connect/blogs/2019-0, (접속일: 2021.04.25. 18:29).

205 OWASP, "Internet of Things Top 10", 2018, https://owasp.org/www-project-internet-of-things/ (접속일: 2021.04.25. 18:25).

206 물론 이를 통해 국가의 의무를 다하거나 이익을 확보하는 등 역할에 충실한 것이지만 사이버공간이 전 세계의 인프라와 같이 기능하는 오늘날에는 수용하기 어렵다. 연결된 무고한 국가와 기업, 조직들에 영향을 미치면서 사이버공간 전반의 신뢰를 저해하는 행위이며, 그 영향이 해당 국가의 국민에도 미친다는 점은 분명하다. 브루스 슈나이어(Bruce Schneier)는 정부와 기업을 포함한 권력의 개입이 보안을 저해하고 있기

때문에 신뢰를 확보할 수 있는 방안에 대한 논의들이 필요함을 언급한 바 있다. Bruce Schneier, "What I've Been Thinking About", Schneier on Security, 2013. 04.01. https://www.schneier.com/tag/trust/page/5/ (접속일: 2021.05.02. 17:01).

207 Barry M. Leiner et al. "The past and future history of the Internet." *Communications of the ACM* 40(2), 1997, pp. 102–103.

208 Daniel Severson, "American Surveillance of Non–U.S. Persons", *Harvard International Law Journal* 56, 2015, p. 468.

209 Joseph Migga Kizza, "Introduction to Computer Network Vulnerabilities", in *Guide to Computer Network Security*, Springer, 2017, pp. 93–94.

210 U.S. Whitehouse, "National Security Decision Directive–145: National Policy on Telecommunications and Automated Information Systems Security", 1984.

211 동 지침이 발효된 1984년은 애플이 최초의 개인용 컴퓨터인 매킨토시를 출시한 해다. 참고로 1993년 클린턴 정부에 이르러서야 최초로 전자정부(e–government)라는 용어가 탄생하고 정보시스템을 활용한 행정개혁과 정부혁신을 추진하기 시작하였다. National Performance Review, *From Red Tape to Results: Creating a Government that Works Better & Costs Less*, 1993, p. 119.

212 박상서, 이진석, 박춘식, "정보전 개념과 대응 기술", 『정보과학회지』 제18권 제12호, 2000, 8면.

213 *Id.* 8–9면.

214 U.S. Joint Chiefs of Staff, *Information Warfare: A Strategy for Peace... The Decisive Edge in War*, 1996, p. 14.

215 *Id.* p. 19.

216 George F. Howe, "The Early History of NSA(declassified)", FOIA Case #7319, 2007, p. 11.

217 전웅, 『현대국가정보학』, 박영사, 2015, 368면.

218 실제로 당시 훈련을 통해 NSA의 해커들은 국방부 네트워크에 손쉽게 침입할 수 있었고 일부는 지휘관 등 관리자의 권한도 획득할 수 있었다. U.S. President's Commission on Critical Infrastructure Protection, *Critical Foundations: Protecting America's Infrastructures*, 1997, p. 8.

219 *Id.* pp. 15–19.

220 *Id.* pp. 21–23.

221 *Id.* p. 42.

222 *Id.* p. 63.

223 William B. Black, Jr. "Thinking Out Loud about Cyberspace", *Cryptolog*, National Security Agency, 1997, p. 1.

224 Fred Kaplan, *Dark Territory: The Secret History of Cyber War*, New York: Simon & Schuster, 2016, p. 133.

225 U.S. NSA/CSS, *Transition 2001(declassified)*, 2000, p. 31.

226 Steve Loleski, "From cold to cyber warriors: the origins and expansion of NSA's Tailored Access Operations(TAO) to Shadow Brokers", *Intelligence and National Security* 34(1), 2019, p. 119.

227 미국 국방부는 2018년 국방부 사이버 전략 요약본을 공개하면서 사이버공간에서 적극적으로 정보를 수집하고 사이버 역량을 갖출 것이며 선제적 방어를 통해 공격의 원천에서 악의적 사이버활동을 억제할 것이라고 천명하였다. U.S. DoD, "2018 DoD Cyber Strategy Summary", 2018, p. 1.

228 U.S. Whitehouse, *National Cyber Strategy of the United States of America*, 2018, p. 21.

229 U.S. ODNI, *Annual Threat Assessment of the US Intelligence Community*, 2021, pp. 20-21.

230 Andi Wilson, Ross Schulman, Kevin Bankston & Trey Herr, *Bugs in the System: A Primer on the Software Vulnerability Ecosystem and its Policy Implications*, New America, Cybersecurity Initiative, Open Technology Institute, 2016, p. 16.

231 CVE-2012-4792.

232 한국인터넷진흥원, "Watering-Hole, 에너지·수력발전 등 국가 주요시설을 타겟으로 공격 기승", 최신동향 2013.10.25. https://www.krcert.or.kr/data/trendView.do?bulletin_writing_sequence=3417 (접속일: 2021.05.03. 12:33).

233 고민석 외, "홈페이지를 통한 악성코드 유포 및 대응방안", Internet & Security Focus, 한국인터넷진흥원, 2014, 43면.

234 어도비 플래시 플레이어의 버퍼 오버플로우 취약점으로 지정되지 않은 벡터를 통해 임의의 코드를 실행할 수 있었다. CVE-2014-0515, https://nvd.nist.gov/vuln/detail/CVE-2014-0515 (접속일: 2021.04.29. 11:51).

235 Dennis Fisher, "Flash Zero Day Used to Target Victims in Syria", Threat Post, 2014.04.28. https://threatpost.com/flash-zero-day-used-to-target-victims-in-syria/105726/ (접속일: 2021.04.29. 12:06).

236 길민권, "국내 안보관련 연구소 4곳 타깃 워터링홀 공격 발견!", 데일리시큐, 2013.05.22. https://www.dailysecu.com/news/articleView.html?idxno=4415, (접속일: 2021.04.16. 19:51).

237 이준서, "WSJ "北, 신종 워터링홀 수법으로 南 웹사이트 해킹", 연합뉴스, 2017.05.31. https://www.yna.co.kr/view/AKR20170531002500072 (접속일: 2021.04.16. 19:52).

238 Laurent Oudot & Thorsten Holz, *Defeating Honeypots: Network Issues, Part 1*,

Symantec Community, 2015.

239 Anthony D. Glosson, *Active Defense: An overview of the debate and a way forward*, Mercatus Working Paper, George Mason University, 2015, p. 5.

240 Tim Stevens, "Web of Intelligence Gets More Complex", The Guardian 2010. 03.27. https://www.theguardian.com/commentisfree/cifamerica/2010/mar/27/web-intelligence-online-jihadists (접속일: 2021.05.03. 14:30).

241 2017년 이집트 대통령 압델 파타 알 시시(Abdel Fattah al-Sisi)는 NGO를 억압하는 민간 협회 및 단체의 설립에 관한 법률 No. 70/2017을 비준하여 국내외 비판을 받았다. Amnesty International, "Egypt: NGO law threatens to annihilate human rights groups", 2017.05.30. https://www.amnesty.org/en/latest/news/2017/05/egypt-ngo-law-threatens-to-annihilate-human-rights-groups/ (접속일: 2021.04.28. 07:29).

242 Amnesty International, "Phishing attacks using third-party applications against Egyptian civil society organizations", 2019.03.06. https://www.amnesty.org/en/latest/research/2019/03/phishing-attacks-using-third-party-applications-against-egyptian-civil-society-organizations/ (접속일: 2021.04.28. 07:33).

243 Ben Buchanan, *The Hacker and the State: Cyber Attacks and the New Normal of Geopolitics*, Cambridge, MA: Harvard University Press, 2020, p. 65.

244 Matt Liebowitz, "'R2D2' Trojan Spies on German Citizens, Hackers Charge", 2011.11.10. NBC News, https://www.nbcnews.com/id/wbna44847209 (접속일: 2021.04.23. 02:10).

245 Von Marcel Rosenbach & Christian Stöcker, "Bayerns Innenminister stoppt Trojaner-Einsatz", 2011.11.10. Spiegel Netzwelt, https://www.spiegel.de/netzwelt/netzpolitik/schnueffel-software-bayerns-innenminister-stoppt-trojaner-einsatz-a-791193.html (접속일: 2021.04.23. 02:14).

246 Christopher Berennan, "CIA 'Weeping Angel' program can hack your smart TV, WikiLeaks says", 2017.05.08. Daily News, https://www.nydailynews.com/news/national/wikileaks-documents-show-alleged-cia-program-hack-smart-tvs-article-1.2991141 (접속일: 2021.04.12. 05:22).

247 John F. Miller, *Supply Chain Attack Framework and Attack Patterns*, MITRE Technical Report, 2013, pp. 6-7.

248 Georg T. Becker, Francesco Regazzoni, Christof Paar & Wayne P. Burleson, "Stealthy Dopant-Level Hardware Trojans", *Journal of Cryptographic Engineering* 4, 2014, pp. 27-30.

249 ENISA, "Cyber Espionage: From January 2019 to April 2020", ENISA Threat

Landscape, 2020, p. 3.

250 U.S. NSA/CISA/FBI, "Russian SVR Targets U.S. and Allied Networks", 2021, p. 1.

251 Greg Miller, "The Intelligence Coup of the Century", The Washington Post 2020.02.11. https://www.washingtonpost.com/graphics/2020/world/national-security/cia-crypto-encryption-machines-espionage/ (접속일: 2021.05.03. 15:56).

252 제16대 국회 제216회 제2차, "법제사법위원회회의록", (2000.12.13.), 22-24면.

253 Alex Hern, "Hacking Team hacked: firm sold spying tools to repressive re-gimes, documents claim", The Guardian 2015.07.06. https://www.theguardian.com/technology/2015/jul/06/hacking-team-hacked-firm-sold-spy-ing-tools-to-repressive-regimes-documents-claim (접속일: 2021.05.03. 14:44).

254 Weimin Wu, "Hacking Team Flash Zero-Day Tied To Attacks In Korea and Japan… on July 1", TrendMicro Security Intelligence Blog, 2015.07.08. https://blog.trendmicro.com/trendlabs-security-intelligence/hacking-team-flash-zero-day-tied-to-attacks-in-korea-and-japan-on-july-1/ (접속일: 2021.05.03. 17:29).

255 Joseph C. Chen, "Hacking Team Flash Attacks Spread: Compromised TV and Government-Related Sites in Hong Kong and Taiwan Lead to PoisonIvy", TrendMicro Security Intelligence Blog 2015.07.28. https://blog.trendmicro.com/trendlabs-security-intelligence/hacking-team-flash-attacks-spread-compromised-tv-and-government-sites-in-hong-kong-and-taiwan-lead-to-poisonivy/ (접속일: 2021.05.03. 17:45).

256 Eduard Kovacs, "China-Linked Hackers Used UEFI Malware in North Korea-Themed Attacks", SecurityWeek 2020.10.05. https://www.securityweek.com/chi-na-linked-hackers-used-uefi-malware-north-korea-themed-attacks (접속일: 2021.05.03. 17:18).

257 Steve Loleski, "From cold to cyber warriors: the origins and expansion of NSA's Tailored Access Operations(TAO) to Shadow Brokers", *Intelligence and National Security* 34(1), 2019, p. 122.

258 Nicole Perlroth & Scott Shane, "In Baltimore and Beyond, a Stolen N.S.A. Tool Wreaks Havoc", The New York Times, 2019.05.25. https://www.nytimes.com/2019/05/25/us/nsa-hacking-tool-baltimore.html (접속일: 2021.05.03. 10:22).

259 Yiftach Keshet, "Eternalblue: The Lethal Nation-State Exploit Tool Gone Wild", Cynet 2020.01.02. https://www.cynet.com/blog/eternalblue-the-lethal-nation-state-exploit-tool-gone-wild/ (접속일: 2021.05.03. 17:56).

260 이글루시큐리티, 『2018 보안 위협·기술 전망 보고서』, 2017, 4면.

261 한국인터넷진흥원, “국가 지원 해킹그룹의 공격 증가와 위협대상 확대 및 다양화”, 『2021년 사이버 위협 전망』, 2021, 13면.

262 CVE－2020－1472, “Netlogon Elevation of Privilege Vulnerability”, https://cve.mitre.org/cgi－bin/cvename.cgi?name＝CVE－2020－1472 (접속일: 2021.04.24. 22:26).

263 U.S. CISA, “NSA－CISA－FBI Joint Advisory on Russian SVR Targeting U.S. and Allied Networks”, 2021.04.16. https://us－cert.cisa.gov/ncas/current－activity/2021/04/15/nsa－cisa－fbi－joint－advisory－russian－svr－targeting－us－and－allied (접속일: 2021.04.24. 23:55).

264 U.S. NSA, “Chinese State－Sponsored Actors Exploit Publicly Known Vulnerabilities”, 2020.10.20.

265 Crowdstrike, *2021 Global Threat Report*, 2021, p. 10.

266 *Id.* pp. 21－22.

267 U.S. DOJ, “Three North Korean Military Hackers Indicted in Wide－Ranging Scheme to Commit Cyberattacks and Financial Crimes Across the Globe”, Justice News, 2021.02.17. https://www.justice.gov/opa/pr/three－north－korean－mili－tary－hackers－indicted－wide－ranging－scheme－commit－cyberattacks－and (접속일: 2021.05.03. 22:53).

268 *Id.*

269 이상호, “한국군 미래 사이버전 능력 강화 방안 연구: 해군 사이버전력 건설을 중심으로”, 『국가정보연구』 제7권 제2호, 한국국가정보학회, 2014, 121－125면.

270 노훈, 독고순, 유지용, 『미래전장』, 한국국방연구원, 2011, 252면.

271 송재익, “한국군 합동 사이버작전 강화방안 연구: 합동작전과 연계를 중심으로”, 한국군사 제2권, 한국군사문제연구원, 2017, 156면.

272 박종재, 『정보전쟁』, 서해문집, 2017, 287면.

273 국회의원 진영, “사이버전 한눈에 보기”, 『2017 국정감사 Fact Book』, 2017, 19면.

274 이상호, “한국군 미래 사이버전 능력 강화 방안 연구: 해군 사이버전력 건설을 중심으로”, 『국가정보연구』 제7권 제2호, 한국국가정보학회, 2014, 144면.

275 Anthony D. Glosson, “Active Defense: An Overview of the Debate and a Way Forward”, Mercatus Working Paper, Mercatus Center at George Mason University, 2015, p. 4.

276 William Banks, “The Role of Counterterrorism Law in Shaping ad Bellum Norms for Cyber Warfare”, *International Law Studies Series* 89, U.S. Naval War College, 2013, pp. 166－167.

277 Robert S. Dewar, “The ‘Triptych of Cyber Security’: A Classification of Active Cyber Defence”, in *the 6th International Conference on Cyber Conflict*, NATO

CCDCOE, 2014, p. 10.

278 Paul Rosenzweig, “International Law and Private Actor Active Cyber Defensive Measures”, *Stanford Journal of International Law* 50(1), 2014, p. 105.

279 Michael N. Schmitt et al., *TALLINN Manual 2.0 on the International Law Applicable to Cyber Operations*, Cambridge University Press, 2017, p. 565.

280 청와대 국가안보실, 『국가사이버안보전략』, 2019, 17면.

281 KnowBe4, “Who is Kevin Mitnick?”, https://www.knowbe4.com/products/who-is-kevin-mitnick/ (접속일: 2021.04.24. 18:22).

282 Toss, “세계 최고 화이트해커가 토스팀에 합류한 까닭은”, 2021.01.25. Toss feed, https://blog.toss.im/2021/01/25/tossteam/people/whitehacker_at_toss/ (접속일 2021.04.24. 18:30).

283 김지혜, “핀테크 업계, 화이트 해커 고용 러시”, 전자신문, 2021.02.03. https://www.etnews.com/20210202000223 (접속일: 2021.04.24. 18:34).

284 Naver Cloud Platform, “해커들의 새로운 장난감, IoT 디바이스의 보안 취약점에 대한 대응”, https://medium.com/naver-cloud-platform/nbp-기술-경험-해커들의-새로운-장난감-iot-디바이스의-보안-취약점에-대한-대응-95bca4aad159 (접속일: 2021.04.24. 19:40).

285 Transport Topics, “GM to Hire Hackers to Find Bugs in Car Computers”, 2018.08.03. https://www.ttnews.com/articles/gm-hire-hackers-find-bugs-car-computers (접속일: 2021.04.24. 18:21).

286 John Snow, “Medicine under fire: how to hack a hospital”, Kaspersky Lab Daily, 2016.02.11. https://www.kaspersky.com/blog/hacked-hospital/11296/ (접속일: 2021.04.24. 18:03).

287 Saleh Soltan, Prateek Mittal & H. Vincent Poor, “BlackIoT: IoT Botnet of High Wattage Devices Can Disrupt the Power Grid”, in *the Proceeding of 27th USENIX Security Symposium*, 2018, USENIX.

288 IBM, *The Dangers of Smart City Hacking*, 2018. p. 3.

289 Ido Naor, “Gas is too expensive? Let’s make it cheap!”, Kaspersky Lab ICS-CERT, https://ics-cert.kaspersky.com/reports/2018/02/07/gas-is-too-expensive-lets-make-it-cheap/ (접속일: 2021.04.24. 18:41).

290 Tencent Keen Security Lab, “New Vehicle Security Research by KeenLab: Experimental Security Assessment of BMW Cars”, Keen Security Lab Blog, 2018.05.22. https://keenlab.tencent.com/en/2018/05/22/New-CarHacking-Research-by-KeenLab-Experimental-Security-Assessment-of-BMW-Cars/ (접속일: 2021.04.26. 09:52).

291 Yoav Alon & Netanel Ben-Simon, "50 CVEs in 50 Days: Fuzzing Adobe Reader", CheckPoint Research, 2018.12.12. https://research.checkpoint.com/2018/50-adobe-cves-in-50-days/ (접속일: 2021.04.26. 09:55).

292 CVE-2018-20250, CVE-2018-20251, CVE-2018-20252, CVE-2018-20253.

293 Nadav Grossman, "Extracting a 19 Year Old Code Execution from WinRAR", Checkpoint Research, 2019.02.20. https://research.checkpoint.com/2019/extracting-code-execution-from-winrar/ (접속일: 2021.04.26. 18:17).

294 Michael Kan, "Hackers Start Exploiting Serious WinRAR Flaw to Spread Malware", PCMag, 2019.02.27. https://www.pcmag.com/news/hackers-start-exploiting-serious-winrar-flaw-to-spread-malware (접속일: 2021.04.26. 18:25).

295 최한종, "우리 회사 뚫어주세요... 모의해킹 수요 급증", 한국경제, 2021.01.03. https://www.hankyung. com/it/article/2021010315291 (접속일: 2021.04.26. 09:47).

296 ISO/IEC, "Information technology — Security techniques — Vulnerability disclosure", ISO/IEC 29147, 2018.

297 Teri Robinson, "Defense Department's vulnerability disclosure program racks up 2,837 security flaws", SCmagazine, 2017.11.13. https://www.scmagazine.com/home/security-news/vulnerabilities/defense-departments-vulnerability-disclosure-program-racks-up-2837-security-flaws/ (접속일: 2021. 04.28. 16:52).

298 Adam Stone, "Software Flaws: To Tell or Not to Tell?", *IEEE Software* 20(1), 2003, p. 70.

299 *Id.* p. 72.

300 Hasan Cavusoglu, Huseyin Cavusoglu & Srinivasan Raghunathan, "Efficiency of Vulnerability Disclosure Mechanisms to Disseminate Vulnerability Knowledge", *IEEE Transactions on Software Engineering*, 33(3), 2007, p. 172.

301 Stephen Shepherd, *How do we define Responsible Disclosure?*, SANS Institute, 2003, pp. 6-7.

302 *Id.* pp. 7-8.

303 Marietje Schaake, Lorenzo Pupillo, Afonso Ferreira & Gianluca Varisco, *Software Vulnerability Disclosure in Europe: Technology, Policies and Legal Challenges*, Center for European Policy Studies, 2018, pp. 5-6.

304 *Id.* p. 5.

305 CVE-2019-0863.

306 원문은 다음과 같다: Uploaded the remaining bugs. I like burning bridges. I just hate this world. ps: that last windows error reporting bug was apparently patched this month. Other 4 bugs on github are still 0days. have fun.

307 Lindsey O'Donnell, "SandboxEscaper Drops Three More Windows Exploits, IE Zero-Day", Threat Post, 2019.09.23. https://threatpost.com/sandboxes-caper-more-exploits-ie-zero-day/145010/ (접속일: 2021.04.26. 22:12).

308 Maureen Webb, *Coding Democracy: How Hackers are Disrupting Power, Surveillance, and Authoritarianism*, Cambridge. MA: MIT Press, 2020, p. 11.

309 리처드 스톨만(Richard Stallman)은 그러한 해커윤리의 붕괴를 안타까워하며 자유 소프트웨어 운동을 주도하였다. 그러나 부적절한 처신 및 시대에 맞지 않는 완고함 등으로 비판을 받고 있기도 하다. 자세한 내용은 다음을 참고: Stephen Levy(박재호, 이해영 옮김), 『해커스: 세상을 바꾼 컴퓨터 천재들』, 한빛미디어, 2013, 563-564면; 김익현, "자유 SW운동의 일그러진 영웅 '리처드 스톨만'", ZDNet Korea, 2021.03.31. https://zdnet.co.kr/view/?no=20210331160451 (접속일: 2021.04.26. 07:21).

310 Dancho Danchev, "Black market for zero day vulnerabilities still thriving", ZDNet, 2008.11.02. https://www.zdnet.com/article/black-market-for-zero-day-vulnerabilities-still-thriving/ (접속일: 2021.04.26. 10:00).

311 CVE-2005-4131, "Brand new Microsoft Excel Vulnerability", https://www.cvedetails.com/cve/CVE-2005-4131/ (접속일: 2021.04.26. 10:45).

312 Ryan Naraine, "Hackers Selling Vista Zero-Day Exploit", eWeek, 2006.12.15. https://www.eweek.com/security/hackers-selling-vista-zero-day-exploit/ (접속일: 2021.04.26. 10:56).

313 Dancho Danchev, "Black market for zero day vulnerabilities still thriving", ZDNet, 2008.11.02. https://www.zdnet.com/article/black-market-for-zero-day-vulnerabilities-still-thriving/ (접속일: 2021.04.26. 10:00).

314 Egelman, Serge, Cormac Herley & Paul C. Van Oorschot. "Markets for zero-day exploits: Ethics and implications", in *the Proceedings of the 2013 New Security Paradigms Workshop*, ACM, 2013, p. 41.

315 해킹팀 사건의 유출로 공개된 이메일이나 첨부파일 등은 위키리크스에서 키워드 형태로 검색하여 확인해 볼 수 있다. 자세한 내용은 다음을 참고: https://wikileaks.org/hackingteam/emails/ (접속일: 2021.04.27. 20:48).

316 2013년 10월 24일 해킹팀과의 이메일 통신기록, WikiLeaks, https://wikileaks.org/hackingteam/emails/emailid/15454 (접속일: 2021.04.27. 21:18).

317 2014년 07월 10일 해킹팀과의 이메일 통신기록, WikiLeaks, https://wikileaks.org/hackingteam/emails/emailid/15426 (접속일: 2021.04.27. 21:23).

318 2013년 10월 09일 해킹팀과의 이메일 통신기록, WikiLeaks, https://wikileaks.org/hackingteam/emails/emailid/514893 (접속일: 2021.04.27. 21:32).

319 HackingTeam, "Remote Control System Price Scheme – Q2 2015 version", 2015.

320 Kim Zetter, "Hacking Team Leak Shows How Secretive Zero – Day Exploit Sales Work", WIRED, 2015.07.24. https://www.wired.com/2015/07/hacking-team-leak-shows-secretive-zero-day-exploit-sales-work/ (접속일: 2021.04.27. 21:11).

321 길민권, "[인터뷰] 글로벌 제로데이 취약점 거래 기업 '크라우드펜스' CEO 안드레아", 데일리시큐, 2018.11.12. https://www.dailysecu.com/news/articleView.html?idxno=40988 (접속일: 2021.04.26. 15:37).

322 Zerodium, "Questions and Answers", https://zerodium.com/faq.html (접속일: 2021.04.27. 22:55).

323 Alex Comninos & Gareth Seneque, "Cyber security, Civil Society and Vulnerability in an Age of Communications Surveillance", Global Information Society Watch, 2014, p. 34.

324 미국 통신정보관리청(NTIA: National Telecommunications and Information Administration)의 조사에 따르면 보안연구자의 32%가 취약점을 제보하였는데도 특별한 응답이 없는 경우 전체 공개한 경험이 있다고 답하였으며, 20%는 제조사가 대응을 늦게 함에 따라 전체 공개 여부를 고민한 경험이 있다고 응답하였다. 자세한 내용은 다음을 참고: U.S. NTIA, *Vulnerability Disclosure Attitudes and Actions*, 2016, p. 5.

325 과학기술정보통신부, 한국정보보호산업협회, 『2020 정보보호 실태조사』, 2021, 79–80면.

326 Alex Hoffman, "Moral Hazards in Cyber Vulnerability Markets", *Computer* 52, 2019, p. 86.

327 김환석, "과학기술 민주화의 이론과 실천: 시민참여를 중심으로", 『경제와 사회』 통권 제85호, 비판사회학회, 2010, 13면.

328 Thorstein Veblen, "The Place of Science in Modern Civilization", *The American Journal of Sociology* 11(5), 1906, pp. 608–609.

329 Lewis Mumford, "Authoritarian and Democratic Technics", *Technology and Culture* 5(1), 1964, p. 5.

330 Sally Wyatt, "Technological Determinism is Dead: Long Live Technological Determinism", in Edward J. Jackett, Olga Amsterdamska, Michael Lynch & Judy Wajcman, *The Handbook of Science and Technology Studies(3rd ed)*, Cambridge: MIT Press, 2008, p. 172.

331 Lynn White Jr. *Medieval Technology and Social Change*, Oxford: Oxford University Press, 1962, p. 31.

332 Peter Hayes Sawyer & Rodney Howard Hilton, "Technical Determinism: The

Stirrup and the Plough", *Past & Present* 24(1), 1963, pp. 95–100.

333 김환석, "과학기술 민주화의 이론과 실천: 시민참여를 중심으로", 『경제와 사회』 통권 제85호, 비판사회학회, 2010, 13–14면.

334 Bruno Latour, "On Actor–Network Theory: A Few Clarifications", *Soziale Welt* 47. Jahrg., H. 4, 1996.

335 송성수, "사회구성주의의 재검토: 기술사와의 논쟁을 중심으로", 『과학기술학연구』 제2권 제2호, 한국과학기술학회, 2002, 57면.

336 Trevor J. Pinch & Wiebe E. Bijker, "The Social Construction of Facts and Artefacts: or How the Sociology of Science and the Sociology of Technology might Benefit Each Other", *Social Studies of Science* 14, 1984, pp. 410–419.

337 송성수, "사회구성주의의 재검토: 기술사와의 논쟁을 중심으로", 『과학기술학연구』 제2권 제2호, 한국과학기술학회, 2002, 60–62면.

338 Thomas P. Hughes, "The Evolution of Large Technological Systems", in Wiebe E. Bijker, Thomas P. Hughes & Trevor J. Pinch, *The Social Construction of Technological Systems*, Cambridge: MIT Press, 1987, pp. 1–8.

339 이장규, 홍성욱, 『공학기술과 사회: 21세기 엔지니어를 위한 기술사회론 입문』, 지호, 2006, 109면.

340 *Id.* 125면.

341 흔히 STS로 이해되는 과학기술사회론적 접근(Science, Technology & Society Approach)이라고도 할 수 있다. 김문조, "기술 시대의 위험에 관한 사회과학적 진단", 『사회와 이론』, 통권 제13집, 한국이론사회학회, 2008, 10면.

342 김환석, "과학기술 민주화의 이론과 실천: 시민참여를 중심으로", 『경제와 사회』 통권 제85호, 비판사회학회, 2010, 13–14면.

343 Lars Fuglsang, *Three Perspectives in Science, Technology and Society Studies in the Policy Context*, Research Paper no. 12/00, Roskilde University, 2001, p. 11.

344 이장규, 홍성욱, 『공학기술과 사회: 21세기 엔지니어를 위한 기술사회론 입문』, 지호, 2006, 127–129면.

345 Charles Perrow, *Normal Accidents: Living with High–Risk Technologies, Princeton*, New Jersey: Princeton University Press, 1999, p. 5.

346 Kai T. Erikson, *A New Species of Trouble: Explorations in Disaster, Trauma, and Community*, New York: W.W. Norton & Company, 1994, p. 142.

347 Charles Perrow, *Normal Accidents: Living with High–Risk Technologies, Princeton*, New Jersey: Princeton University Press, 1999, pp. 11–12.

348 Kenneth A. Bamberger, "Technologies of Compliance: Risk and Regulation in a Digital Age", *Texas Law Review* 88(4), 2010, p. 739.

349 Charles Perrow, *Normal Accidents: Living with High-Risk Technologies, Princeton*, New Jersey: Princeton University Press, 1999, p. 23.

350 Ulrich Beck, "From industrial society to the risk society: Questions of survival, social structure and ecological enlightenment", *Theory, Culture & Society* 9(1), 1992, p. 106.

351 권수현, "과학기술과 목적합리성", 『사회와 철학』 제7권, 사회와 철학 연구회, 2004, 17-18면.

352 *Id.* 18면.

353 위험의 개념에 관하여 독일의 사회학자인 Niklas Luhmann은 리스크(Risk)와 위험(Danger)으로 구분해 이해하고자 하였다. 즉, 리스크는 사회의 의사결정으로 인해 나타나는 결과로, 위험은 외부에 의해 발생한 손실과 연관지어 설명한다. 그렇다면 리스크는 사회체계가 그 책임과 부담을 지고 위험은 외부 환경이나 타인에게 귀속되는 손실이라고 할 수 있다. 그러나 이러한 리스크와 위험은 현실적으로 명확히 구분되지 않는다. 특정 위험 상황에서 그 위험을 감수하겠다는 결정을 내리는 집단에게는 리스크이지만 그 결정으로 인해 피해를 입게 되는 집단에게는 위험 그 자체이기 때문이다. 따라서 이는 결국 위험 문제를 결정할 수 있는 결정권자와 그렇지 못한 자에 의한 문제라고 할 수 있다. 자세한 내용은 다음 연구를 참조: 홍찬숙, "위험과 성찰성: 벡, 기든스, 루만의 사회이론 비교", 『사회와 이론』 제26집, 한국이론사회학회, 2015, 110면 주 1)-111면.

354 아울러 울리히 벡(Ulrich Beck)은 1986년 위험사회론을 제안하면서 마찬가지로 리스크와 위험을 개념적으로 구분하였다. 이에 따르면 리스크는 현대 사회의 위험으로서 자연적으로 발생하고 개인적, 지역적 차원에서 나타나는 위험과 달리 현대 사회의 구조적 발전, 개인과 지역을 넘어서 나타나는 개념으로 설명된다. 이러한 리스크와 위험에 관한 벡의 개념적 구분을 쉽게 설명하고 있는 연구로는 다음을 참조: 양천수, "위험재난 및 안전 개념에 대한 법이론적 고찰", 『공법학연구』 제16권 제2호, 한국비교공법학회, 2015, 191-200면.

355 조홍식, "리스크 법 - 리스크관리체계로서의 환경법-", 『서울대학교 법학』 제43권 제4호, 서울대학교 법학연구소, 2002, 124면.

356 김문조, "기술 시대의 위험에 관한 사회과학적 진단", 『사회와 이론』 통권 제13집, 한국이론사회학회, 2008, 8면.

357 Terje Aven, "Risk Assessment and Risks Management: Review of Recent Advances on their Foundation", *European Journal of Operational Research* 253(1), 2016, p. 5.

358 김문조, "기술 시대의 위험에 관한 사회과학적 진단", 『사회와 이론』 통권 제13집, 한국이론사회학회, 2008, 20-21면.

359 *Id.* 21－22면.

360 Langdon Winner, *The Whale and the Reactor: A Search for Limits in an Age of High Technology*, Chicago: The University of Chicago Press, 1986, p. 24.

361 Charles Perrow, *Normal Accidents: Living with High－Risk Technologies*, Princeton, New Jersey: Princeton University Press, 1999, p. 306.

362 안형기, “위험관리의 사회과학적 당위성: 원자력 기술을 중심으로”, 『한국정책과학학회보』 제4권 제3호, 한국정책과학학회, 2000, 109－110면.

363 국회 가습기살균제 사고 진상규명과 피해구제 및 재발방지 대책마련을 위한 국정조사특별위원회, 『가습기살균제 사고 진상규명과 피해구제 및 재발방지 대책마련을 위한 국정조사결과보고서』, 2016, 439－440면.

364 *Id.* 451－452면.

365 이로 인한 전국적 규모의 건강피해자 규모는 약 95만 명, 사망자는 약 2만 명으로 추산된다. 자세한 내용은 다음을 참고: 변지은 외, “가습기 살균제 노출 실태와 피해규모 추산”, 『한국환경보건학회지』 제46권 제4호, 한국환경보건학회, 2020, 467－468면.

366 Russell P. Boisjoly, Ellen Foster Curtis & Eugene Mellican, “Roger Boisjoly and the Challenger Disaster: The Ethical Dimensions”, *Journal of Business Ethics* 8(4), 1989, p. 217.

367 장순흥 외, 『후쿠시마 원전 사고 분석』, 한국원자력학회 후쿠시마위원회, 2013, 84－87면.

368 허라금, “위험시대 ‘재난’과 정치적 책임”, 『철학연구』 제108권, 철학연구회, 2015, 82면.

369 Michael J. Sandel, “America’s Search for a New Public Philosophy”, *Atlantic Monthly*, 1996, p. 72.

370 우리 헌법 제34조는 모든 국민이 인간다운 생활을 할 권리를 가지며, 국가는 재해를 예방하고 그 위험으로부터 국민을 보호하기 위해 노력하여야 한다고 규정하고 있다.

371 허라금, “위험시대 ‘재난’과 정치적 책임”, 『철학연구』 제108권, 철학연구회, 2015, 85면.

372 Langdon Winner, *The Whale and the Reactor: A Search for Limits in an Age of High Technology*, Chicago: The University of Chicago Press, 1986, p. 140.

373 Langdon Winner, *Autonomous Technology: Technics－out－of－Control as a Theme in Political Thought*, Cambridge, Massachusetts: The MIT Press, 1978, p. 323.

374 윤진효, “기술위험의 구조와 절차”, 『과학기술학연구』 제3권 제1호, 한국과학기술학회, 2003, 85면.

375 Langdon Winner, “Do Artifacts Have Politics?”, *Daedalus* 109(1), The MIT Press, 1980, p. 131.

376 노진철, “불확실성 시대의 제 위험과 국가의 위험관리: 루만의 사회체계이론의 관점에서”, 『법과 사회』 제47권, 법과사회이론학회, 2014, 34면.

377 Vincent T. Covello, Detlof von Winterfeldt & Paul Slovic, "Risk Communication: A Review of the Literature", *Risk Abstracts* 3, 1986, p. 172.

378 Paul van Schaik et al., "Risk perceptions of cyber-security and precautionary behaviour", *Computers in Human Behavior* 75, 2017, p. 548.

379 소영진, "위험 의사소통의 제도화 방안", 『사회과학』 제39권 제2호, 성균관대학교 사회과학연구소, 2000, 31-32면.

380 손형섭, "위험사회에서의 헌법이론: 헌법질서의 확립과 가이드라인 시대의 서언", 『법학연구』 제51집, 한국법학회, 2013, 18-19면.

381 김홍균, "환경법상 사전배려원칙의 적용과 한계", 『저스티스』 통권 제119호, 한국법학원, 2010, 264면.

382 손형섭, "위험사회에서의 헌법이론: 헌법질서의 확립과 가이드라인 시대의 서언", 『법학연구』 제51집, 한국법학회, 2013, 19-20면.

383 Orin S. Kerr, "The Problem of Perspective in Internet Law", *The Georgetown Law Journal* 91, 2003, p. 405.

384 예일대학교 사회학과 명예교수인 Charles Perrow는 복잡한 기술시스템을 설계하는 한 재난은 일반적이고 내재된 것임을 강조하며 이에 대한 위험평가의 필요성을 언급하는 부분에서 위험평가의 정치적 본질을 인식할 수 있어야 한다고 주장한다. 즉, 사회 전반의 위험은 위험을 식별하고 완화하기 위한 위험평가 과정에서 소수의 이익을 위해 다수에게 위험을 부과하는 정치권력에 의해 강화된다는 것이다. Perrow 교수는 이를 "문제는 위험이 아니라 권력이다(the issue is not risk, but power)"라고 표현하고 있다. Charles Perrow, *Normal Accidents: Living with High-Risk Technologies*, Princeton, New Jersey: Princeton University Press, 1999, p. 306; 위험을 완화하기 위한 작용이 권력 집단에 의해 역설적으로 위험을 키운다는 그의 주장은 오늘날 보안을 강화하기 위한 보안기술들이 국가와 시장권력에 의해 도리어 보안을 저해하는 요소로 사용되는 현상을 떠올리게 한다. 오늘날 시장권력에 의한 프라이버시와 보안 침해 문제들은 EU GDPR의 자동화된 의사결정에 관한 규제들이나 Shoshana의 감시 자본주의(Surveillance capitalism) 이론 등을 통해 지적되고 있다. 감시 자본주의에 관한 자세한 내용은 다음을 참고: Shoshana Zuboff, "Big other: surveillance capitalism and the prospects of an information civilization", *Journal of Information Technology* 30(1), 2015.

385 Langdon Winner, *The Whale and the Reactor: A Search for Limits in an Age of High Technology*, Chicago: The University of Chicago Press, 1989, p. 141.

386 손화철, "사회구성주의와 기술의 민주화에 대한 비판적 고찰", 『철학』 제76집, 한국철학회, 2003, 267-270면.

387 좀 더 명확하게 말하자면 사람과 사람이 연결되면서 위험이 구체화되기 시작하였다고

볼 수 있다. 디지털이라는 기술이 너무 일상에 녹아들거나 자동화되어 오감으로 느껴지지 않을 뿐이지 어디까지나 기술의 문제는 이를 만들고 사용하는 사람의 문제이기 때문이다.

388 Richard G. Brody, Harold U. Chang & Erich S. Schoenberg, "Malware at its Worst: Death and Destruction", *International Journal of Accounting & Information Management* 26(4), 2018, pp. 538–539.

389 Mariarosaria Taddeo, "Is Cybersecurity a Public Good?", *Minds and Machines* 29, 2019, p. 349.

390 Rodrigo Roman, Pablo Najera & Javier Lopez, "Securing the internet of things", *Computer* 44(9), IEEE, 2011, pp. 51–58.

391 Safwan Mawlood Hussein, Michael J. Donahoo & Tomas Cerny, "Security Challenges in Smart City Applications", in *the Proceedings of the International Conference of Security and Management(SAM '18)*, 2018, p. 308.

392 Eric Rescorla, "Is Finding Security Holes a Good Idea?", *IEEE Security & Privacy* 3(1), 2005; Andy Ozment & Stuart Schechter, "Milk or Wine: Does Software Security Improve with Age?" in the *Proceedings of the 15th USENIX Security Symposium*, 2006.

393 Andrea M. Matwyshyn, Ang Cui, Angelos D. Keromytis & Salvatore J. Stolfo, "Ethics in Security Vulnerability Research", *IEEE Security & Privacy* 8(2), 2010, p. 67.

394 백욱인, "사이버스페이스의 규제와 자율에 관한 연구", 『규제연구』 제11권 제2호, 한국규제학회, 2002, 184면.

395 William W. Agresti, "The Four Forces Shaping Cybersecurity", *Computer* 43(2), IEEE, 2010, pp. 101–104.

396 Omer Tene & Jules Polonetsky, "Big Data for All: Privacy and User Control in the Age of Analytics", *Northwestern Journal of Technology and Intellectual Property* 1(5), 2013, p. 272.

397 Maureen Webb, *Coding Democracy: How Hackers are Disrupting Power, Surveillance, and Authoritarianism*, Cambridge, MA: MIT Press, 2020, p. 3.

398 최영준, "위험 관리자로서의 복지국가: 사회적 위험에 대한 이론적 이해", 『정부학연구』 제17권 제2호, 고려대학교 정부학연구소, 2011, 50–52면.

399 David R. Johnson & David Post, "Law and Borders: The Rise of Law in Cyberspace", *Stanford Law Review* 48(5), 1996, p. 1375.

400 Daniel Joyce, "Internet Freedom and Human Rights", *The European Journal of International Law* 26(2), 2015, p. 494.

401 Robert O. Keohane & Joseph S. Nye Jr. "Power and Interdependence in the Information Age", *Foreign Affairs* 77(5), 1998, pp. 86–87.

402 Charles Perrow, "Organizing to Reduce the Vulnerabilities of Complexity", *Journal of Contingencies and Crisis Management* 7(3), 1999, p. 150.

403 Michael Geist, "Cyberlaw 2.0", *Boston College Law Review* 44(2), 2003, p. 332.

404 *Id.* p. 357.

405 Langdon Winner, *The Whale and the Reactor: A Search for Limits in an Age of High Technology*, Chicago: The University of Chicago Press, 1986, pp. 106–117.

406 Marcus Michaelsen & Marlies Glasius, "Authoritarian Practices in the Digital Age", *International Journal of Communication* 12, 2018, pp. 3788–3792.

407 Rusell Ackoff, "From Data to Wisdom", *Journal of Applied Systems Analysis* 16, 1989, p. 3.

408 Luciano Floridi, "What is the Philosophy of Information?", *Metaphilosophy* 33(1/2), 2002, p. 141.

409 Arnold S. Weinrib, "Information and Property," *University of Toronto Law Journal* 38(2), 1988, p. 126.

410 Bradley C. Panton, "Strengthening DoD Cyber security with the Vulnerability Market", Graduate Research Project, Air Force Institute of Technology, 2013, pp. 51–52.

411 관계부처 합동, 『국가사이버안보 기본계획』, 2019, 17면.

412 과학기술정보통신부, 『K–사이버방역 추진 전략』, 2021.

—제2부—

1 Andrea M. Matwyshyn, Ang Cui, Angelos D. Keromytis & Salvatore J. Stolfo, "Ethics in Security Vulnerability Research". *IEEE Security & Privacy* 8(2), 2010, p. 67.

2 *Id.*

3 강기봉, "컴퓨터프로그램의 리버스 엔지니어링에 관한 법정책적 소고", 『법제』 2014(1), 법제처, 2014, 97면.

4 손승우 외, 『SW 역분석과 기술적 보호조치: 법적·기술적 재해석』, 저작권연구 2009–01, 한국저작권위원회, 2009, 24–25면.

5 김영산 외, 『저작권법과 컴퓨터프로그램 보호법을 통합한 개정 저작권법 해설』, 문화체육관광부, 한국저작권위원회, 2009, 17면.

6 대법원 2015. 7. 9. 선고 2015도3352 판결.

7 이대희, "기술적 보호조치 무력화 금지의 예외", 『계간 저작권』 제31권 제2호, 한국저

작권위원회, 2018, 165면.

8 17 U.S.C. § 1201(f).

9 *Id.* § 1201(g).

10 *Id.* § 1201(j).

11 *Id.* § 1201(g)(1)(A).

12 *Id.* § 1201(g)(2).

13 *Id.* § 1201(g)(3).

14 *Id.* § 1201(g)(4).

15 *Id.* § 1201(j)(1).

16 *Id.* § 1201(j)(4).

17 탁희성, "저작권 보호를 위한 기술적 보호조치에 관한 소고", 『형사정책연구』 제20권 제1호, 한국형사정책연구원, 2009, 1232–1233면.

18 Candice Hoke et al., "Comment Regarding a Proposed Exemption Under 17 U.S.C. Section 1201 for Software Security Research(Class 25)", Center for Democracy & Technology, 2015, pp. 3–4.

19 Jennifer Stisa Granick, "Legal Risks of Vulnerability Disclosure", *Black Hat Windows Security*, 2004.

20 강신하, "디지털 저작물의 보호와 통제", 『법제』 2013(5), 법제처, 2013, 126면.

21 탁희성, "저작권 보호를 위한 기술적 보호조치에 관한 소고", 『형사정책연구』 제20권 제1호, 한국형사정책연구원, 2009, 1246면.

22 김경곤, 『인터넷 해킹과 보안: 정보보안개론과 실습(개정 3판)』, 한빛아카데미, 2019, 74–85면.

23 RFC에 따르면 포트스캔은 어떤 서비스에서 열린 포트를 찾고 알려진 취약점을 찾아 이용하기 위해 해당 서버의 여러 포트들에 요청을 보내는 공격을 의미한다. Rob Shirey, "Internet Security Glossary(RFC 2828)", Internet Engineering Task Force (IETF), Internet Society(ISOC), 2000, p. 128. https://tools.ietf.org/pdf/rfc2828.pdf (접속일: 2021.05.14. 21:17).

24 실제로 2017년 워너크라이 랜섬웨어 공격에 사용되었다. 자세한 내용은 다음을 참고: FireEye, "파이어아이, SMB 취약점 악용에 사용된 이터널 블루란?", 2017.06.12. https://www.fireeye.kr/company/press-releases/2017/smb-exploited-wannacry-use-of-eternalblue.html (접속일: 2021. 05.14. 21:35).

25 이관희, 김기범, "포트스캔 가벌성에 대한 형사법적 연구", 『경찰학연구』 제20권 제1호, 경찰대학, 2020, 207면.

26 대법원 2005. 11. 25. 선고 2005도870 판결.

27 김용대, "인터넷 스캐닝을 통한 보안 강화", 2015.10.27. 전자신문, https://m.etnews.

com/2015 1027000114?SNS=00004 (접속일: 2021.05.14. 20:09).

28 홍준호, 유현우, "화이트 해커 양성 및 활성화 방안에 대한 연구", 『법학연구』 제17권 제4호, 한국법학회, 2017, 497면.

29 「전기통신사업법」에 따르면 '전기통신설비'란 전기통신을 하기 위한 기계, 기구, 선로 또는 그 밖에 전기통신에 필요한 설비를 의미한다.

30 조성훈, "정보통신망 침입에 대한 연구-정보통신망 이용촉진 및 정보보호 등에 관한 법률 제48조를 중심으로-", 『법조』 제62권 제12호, 법조협회, 2013, 149면.

31 장윤식, 김기범, 이관희, "정보통신망법 상 정보통신망침입죄에 대한 비판적 고찰", 『경찰학연구』 제14권 제4호, 경찰대학, 2014, 59-60면.

32 최호진, "정보통신망침입죄에서 정보통신망 개념과 실행의 착수", 『형사법연구』 제28권 제3호, 한국형사법학회, 2016, 73면.

33 제20대 국회 과학기술방송통신위원회, "정보통신망 이용촉진 및 정보보호 등에 관한 법률 일부개정법률안(대안) 의결안", 2020.05. 3면.

34 대법원 2005. 11. 25. 선고 2005도870 판결; 대법원 2010. 7. 22. 선고 2010도63 판결; 대법원 2013. 3. 14. 선고 2010도410 판결.

35 대법원 1984. 6. 26. 선고 83도685 판결.

36 대법원 1995. 9. 15. 선고 94도2561 판결.

37 대법원 1997. 3. 28. 선고 95도2674 판결.

38 Orin S. Kerr, "Cybercrime's Scope: Interpreting "Access" and "Authorization" in Computer Misuse Statutes", *New York University Law Review* 78(5), 2003, p. 1647.

39 반복적인 패킷을 보내 장애가 발생한다면 별도로 따져 봐야 하지만 일반적인 상황에서는 해당하지 않는다. 같은 의견으로 이관희, 김기범, "포트스캔 가벌성에 대한 형사법적 연구", 『경찰학연구』 제20권 제1호, 경찰대학, 2020, 214면 참고.

40 이원상, "해킹미수 처벌 논의에 대한 고찰", 『비교형사법연구』 제13권 제2호, 한국비교형사법학회, 2011, 217-218면.

41 최호진, "정보통신망침입죄에서 정보통신망 개념과 실행의 착수", 『형사법연구』 제28권 제3호, 한국형사법학회, 2016, 84면.

42 이관희, 김기범, "포트스캔 가벌성에 대한 형사법적 연구", 『경찰학연구』 제20권 제1호, 경찰대학, 2020, 218면.

43 전자, 자기, 광학, 전기화학 및 기타 방식을 통해 논리적, 산술적 계산 또는 저장 기능을 수행하는 고속 데이터 처리 장치 및 그러한 장치와 관련되거나 함께 작동하는 모든 데이터 저장 시설과 통신 시설을 포함한다. 18 U.S.C. § 1030(e)(1).

44 *Id.* § 1030(a)(2).

45 *Id.* § 1030(a)(3).

46 *Id.* § 1030(a)(4).

47 Orin S. Kerr, "Cybercrime's Scope: Interpreting "Access" and "Authorization" in Computer Misuse Statutes", *New York University Law Review* 78(5), 2003, p. 1647.

48 警察庁, "不正アクセス行為の禁止等に関する法律", http://www.npa.go.jp/cyber/legislation/pdf/2_houritsujoubun.pdf (접속일: 2021.05.15. 21:22).

49 네덜란드는 형법 제23조 제4항에서 벌금의 등급을 정하고 있다. 제3호에 따르면 1등급은 335유로, 2등급은 3,350유로, 3등급은 6,700유로, 4등급은 16,750유로, 5등급은 67,000유로, 6등급은 670,000유로이다.

50 최호진, "정보통신망침입죄에서 정보통신망 개념과 실행의 착수", 『형사법연구』 제28권 제3호, 한국형사법학회, 2016, 75-76면.

51 이관희, 김기범, "포트스캔 가벌성에 대한 형사법적 연구", 『경찰학연구』 제20권 제1호, 경찰대학, 2020, 220면.

52 *Id.*

53 대법원 2004. 9. 23. 선고 2002다60610 판결.

54 대법원 2005. 9. 15. 선고 2004도6576 판결.

55 대법원 2008. 7. 10. 선고 2008도3435 판결.

56 이경민, "영업비밀 요건으로서 비밀관리성에 대한 비교법적 고찰-미국과 일본의 법률과 판례를 중심으로-", 『법이론실무연구』 제8권 제1호, 한국법이론실무학회, 2020, 328-329면.

57 *Id.* 329면.

58 이규호, 백승범, "영업비밀의 대상과 비밀관리성 요건에 관한 연구", 『중앙법학』 제22권 제1호, 중앙법학회, 2020, 40-41면.

59 선정원, "공익신고의 개념에 관한 법적 검토", 『공법연구』 제43권 제4호, 한국공법학회, 2015, 162면.

60 *Id.*

61 이호용, "공익신고제도의 법적 과제와 전망", 『법학논총』 제37권 제2호, 단국대학교 법학연구소, 2013, 123-124면.

62 *Id.* 136면.

63 김수갑, 김민우, "공익신고자 보호에 관한 법률(안)의 입법방향에 대한 소고", 『공법학연구』 제10권 제1호, 한국비교공법학회, 2009, 46면.

64 오일석, "미국 정보기관 제로데이 취약성 대응 활동의 법정책적 시사점", 『미국헌법연구』 제30권 제2호, 미국헌법학회, 2019, 150-154면; 이대희, "기술적 보호조치 무력화 금지의 예외", 『계간 저작권』 제31권 제2호, 한국저작권위원회, 2018, 165면.

65 성낙인, 『헌법학(제12판)』, 법문사, 2012, 581-586면.

66 대법원 2009. 9. 10. 선고 2007다71 판결.

67 성낙인, 『헌법학(제12판)』, 법문사, 2012, 535-536면.

68 김명재, “과학기술과 학문의 자유”, 『헌법학연구』 제11권 제4호, 한국헌법학회, 2005, 170면.

69 전경운, “제조물안전법상 위해제조물의 보고의무와 정보공개의무”, 『경희법학』 제51권 제1호, 경희대학교 법학연구소, 2016, 233면.

70 황의관, 지광석, 『IoT 기반 소비자제품 안전강화를 위한 법제 개선방안 연구』, 한국소비자원, 2019, 122－123면.

71 Bruce Schneier, “Full Disclosure”, 2001.11.15. Crypto－Gram, Schneier on Security, https://www.schneier.com/crypto－gram/archives/2001/1115.html#1 (접속일: 2021. 05.16. 17:56).

72 OECD, *Encouraging Vulnerability Treatment: Responsible management, handling and disclosure of vulnerabilities*, DSTI/CDEP/SDE(2020)3/FINAL, 2021, p. 50.

73 Zack Whittaker, “PwC sends ‘cease and desist’ letters to researchers who found critical flaw”, 2016.12.12. ZDNet, https://www.zdnet.com/article/pwc－sends－security－researchers－cease－and－desist－letter－instead－of－fix－ing－security－flaw/ (접속일: 2021.05.16. 18:45).

74 Dissent Doe, “FBI raids dental software researcher who discovered private pa－tient data on public server”, 2016.05.27. Daily Dot, https://www.dailydot.com/debug/justin－shafer－fbi－raid/ (접속일: 2021.05.16. 18:55).

75 Kevin Collier, “FBI investigating if attempted 2018 voting app hack was linked to Michigan college course”, 2019.10.05. CNN Politics, https://edition.cnn.com/2019/10/04/politics/fbi－voting－app－hack－investigation/index.html (접속일: 2021. 05.16. 19:22).

76 U.S. DOD, “Fact Sheet: Hack the Pentagon”, 2016.

77 Christopher Ophardt, “Army Secretary issues challenge with ‘Hack the Army’ program”, U.S. Army, 2016.11.21. https://www.army.mil/article/178473/army_secretary_issues_challenge_with_hack_the_army_program (접속일: 2021.05.09. 23:25).

78 HackerOne, “Hack the Army Results Are In”, 2017.01.19. https://www.hackerone.com/blog/Hack－The－Army－Results－Are－In (접속일: 2021.05.09. 23:36).

79 U.S. DOD, “DoD Vulnerability Disclosure Policy”, HackerOne, https://hackerone.com/deptof defense?type=team (접속일: 2021.05.09. 23:38).

80 U.S. DOD, “DOD Expands Hacker Program to All Publicly Accessible Defense Information Systems”, 2021.05.04. https://www.defense.gov/Explore/News/Article/Article/2595294/dod－expands－hacker－program－to－all－publicly－accessible－defense－information－syste/ (접속일: 2021.05.09. 23:45).

81 U.S. DOJ, “A Framework for a Vulnerability Disclosure Program for Online Systems”,

2017.

82 44 U.S.C. §3553(b)(2).

83 6 U.S.C. §659(n).

84 GitHub, "Comments on the Draft BOD 20-01", https://github.com/cisagov/cyber.dhs.gov/issues?page=1&q=is%3Aissue+is%3Aclosed+label%3A20-01 (접속일: 2021.05.09. 22:12).

85 U.S. CISA, "Develop and Publish a Vulnerability Disclosure Policy", Binding Operational Directive 20-01, 2020.

86 U.S. DOJ, "A Framework for a Vulnerability Disclosure Program for Online Systems", 2017, p. 4.

87 European Commission, "WP5 D5.1 Final Report, Lessons Learned, and Outlook for Continuation", EU-FOSSA2, 2020, p. 23.

88 Marietje Schaake et al. *Software Vulnerability Disclosure in Europe: Technology, Policies and Legal Challenges*, Center for European Policy Studies, 2018, p. 13.

89 Netherlands NCSC, "Coordinated Vulnerability Disclosure", https://www.ncsc.nl/english/security (접속일: 2021.05.16. 12:54).

90 Netherlands NCSC, "Coordinated Vulnerability Disclosure: The Guideline", 2017.

91 U.K. NCSC, "Vulenerability Disclosure Toolkit", 2020, p. 3.

92 *Id.* p. 4.

93 U.K. NCSC, "Vulnerability Reporting", https://www.ncsc.gov.uk/information/vul-nerability-reporting (접속일: 2021.05.16. 01:37).

94 Germany BUNDESWEHR, "Vulnerability Disclosure Policy der Bundeswehr (VDPBW)", https://www.bundeswehr.de/de/security-policy (접속일: 2021.05.15. 23:28).

95 Germany BUNDESWEHR, "Danksagung", https://www.bundeswehr.de/de/se-curity-policy/danksagung (접속일: 2021.05.15. 23:39).

96 France Legifrance, "LOI n° 2016-1321 du 7 octobre 2016 pour une République numérique", https://www.legifrance.gouv.fr/jorf/id/JORFTEXT000033202746/ (접속일: 2021.05.16. 02:01).

97 France ANSSI, "ALERTES AUX VULNÉRABILITÉS ET FAILLES DE SÉCURIT", https://www.ssi.gouv.fr/en-cas-dincident/vous-souhaitez-declarer-une-faille-de-securite-ou-une-vulnerabilite/ (접속일: 2021.05.16. 02:09).

98 Japan IPA, "脆弱性関連情報の届出受付", https://www.ipa.go.jp/security/vuln/re-port/ (접속일: 2021.05.16. 03:22).

99 Japan IPA, "Reporting Status of Vulnerability related Information about SW Products and Websites", 2019, p. 3.

100 Japan IPA, "情報セキュリティ早期警戒パートナーシップガイドライン", 2011, p. 7.

101 Singapore MINDEF, "Fact Sheet: Ministry of Defence (MINDEF) Bug Bounty Programme 2018 Results", 2018.02.21. https://www.mindef.gov.sg/web/portal/mindef/news-and-events/latest-releases/article-detail/2018/february/21feb18_fs (접속일: 2021.05.16. 03:22).

102 John W. Wade, "Strict Tort Liability of Manufacturers", *Southwestern Law Journal* 19(1), 1965, p. 5.

103 Ari Takanen, Petri Vuorijärvi, Marko Laakso & Juha Röning, "Agents of Responsibility in Software Vulnerability Process", *Ethics and Information Technology* 6, 2004, pp. 102-103.

104 김진우, "인공지능: 제조물책임법의 업데이터 여부에 관하여", 『재산법연구』 제37권 제2호, 한국재산법학회, 2020, 33-34면.

105 황의관, 지광석, 『IoT 기반 소비자제품 안전강화를 위한 법제 개선방안 연구』, 한국소비자원, 2019, 36-37면.

106 U.S. CPSC, *Status Report on the Internet of Things (IoT) and Consumer Product Safety*, 2019, p. 7.

107 김기진, "위험책임의 법리에 관한 연구", 『토지공법연구』 제43집 제2호, 한국토지공법학회, 2009, 344면.

108 김상중, "한국의 위험책임 현황과 입법 논의: 유럽의 논의와 경험을 바탕으로", 『민사법학』 제57호, 한국민사법학회, 2011, 164면.

109 Robert Lee Mays, Jr. "Patent No. 6,035,321-Opening the Door to Software Product Liability Exposure", *Stanford Journal of Law, Business & Finance* 6(2), 2001, p. 199.

110 George P. Fletcher, "Fairness and Utility in Tort Theory", *Harvard Law Review* 85(3), 1972, pp. 541-542.

111 소프트웨어의 제조물 여부를 검토하고 제조물책임법리 적용에 관한 논의를 정리한 연구로 주지홍, "소프트웨어하자로 인한 손해의 제조물책임법리 적용여부", 『민사법학』 제25권, 한국민사법학회, 2004, 451-458면 참고.

112 서울중앙지방법원 2006. 11. 3. 선고 2003가합32082 판결.

113 박지흔, "자율주행자동차 사고의 제조물책임법 적용에 관한 연구-소프트웨어의 제조물성 근거규정 도입에 대하여-", 『국제법무』 제12권 제1호, 제주대학교 법과 정책연구원, 2020, 83-86면.

114 홍춘의, "컴퓨터 소프트웨어의 오류와 민사책임", 『기업법연구』 제20권 제1호, 한국기업법학회, 2006, 350-351면.

115 최창열, "소프트웨어(S/W)의 제조물책임", 손상용 외, 『정보사회에 대비한 일반법연구

(II)』, 정보통신정책연구원, 1998, 165면.

116 대법원 2000. 4. 11. 선고 99다41749판결.

117 정완, “사이버공간상 불법정보 유통실태와 법적 대응 방안”, 『형사정책연구』 제16권 제3호, 한국형사정책연구원, 2005, 7-8면.

118 박정난, “사이버 명예훼손죄에 관한 인터넷서비스 제공자의 형사책임”, 『형사정책』 제31권 제3호, 한국형사정책학회, 2019, 216면.

119 대법원 2009. 4. 16. 선고 2008다53812 판결.

120 이규홍, “특수한 유형의 온라인서비스제공자에 부과된 필요한 조치의무 관련 조항의 합헌성(저작권법 제104조 등 위헌소원)”, 『계간저작권』 제94호, 한국저작권위원회, 2011, 160면.

121 서울지방법원 2005. 8. 29. 2004카합3491 판결.

122 대법원 2007. 12. 14. 선고 2005도872 판결.

123 전현욱, “개인정보 침해사고를 막지 못한 자의 형사책임”, 『형사정책연구』 제25권 제4호, 한국형사정책연구원, 2014, 173면.

124 대법원 2018. 1. 25. 선고 2015다24904, 24911, 24928, 24935 판결.

125 Cal. Civ. Code § 1798.91.04-1798.91.06 (2018).

126 *Id.* § 1798.91.05.(b) Any device, or other physical object that is capable of connecting to the Internet, directly or indirectly, and that is assigned an Internet Protocol address or Bluetooth address.

127 Or. Rev, Stat. § 646.607.

128 U.K. DCMS, Code of Practice for Consumer IoT Security, 2018, p. 4.

129 U.K. NCSC, “Password Guidance: Simplifying Your Approach”, 2016.

130 U.K. DCMS, Code of Practice for Consumer IoT Security, 2018, p. 7.

131 *Id.* p. 10.

132 Japan NOTICE, “About NOTICE”, https://notice.go.jp/en (접속일: 2021.05.17. 17:02).

133 中华人民共和国公安部令第151号, 公安机关互联网安全监督检查规定, http://www.gov.cn/gongbao/content/2018/content_5343745.htm (접속일: 2021.05.28. 04:22).

134 熊琳, “第125回 インターネット安全監督検査活動の強化中国公安部が最新の特定項目法規を公布”, JIJI News Bulletin SHANGHAI HUADONG, 2018, p. 7.

135 Joseph S. Nye Jr. “Nuclear Lessons for Cyber Security?”, *Strategic Studies Quarterly* 5(4), 2011, p. 22.

136 이러한 IT 기본권은 IT 시스템을 신뢰하고 이용하는 이용자의 이익을 보호하기 위한 것으로 기밀성과 무결성을 그 대상으로 한다. 자세한 내용은 다음을 참고: 김태오, “사이버안전의 공법적 기초: 독일의 IT 기본권과 사이버안전법을 중심으로”, 『행정법연구』 제45호, 행정법이론실무학회, 2016.

137 정지혜, “사이버범죄 특성에 적합화된 수사 및 처벌을 위한 형사법적 규제방안 연구”, 『입법학연구』 제17집 제2호, 한국입법학회, 2020, 144－145면.

138 *Id.* 145－146면.

139 이원상, “다크넷 수사를 위한 수사제도에 대한 소고”, 『형사법의 신동향』 통권 제69호, 대검찰청, 2020, 357－358면.

140 Beatrice Berton, “The dark side of the web: ISIL’s one－stop shop?”, European Union Institute for Security Studies, 2015, pp. 1－2.

141 이성대, “신종 사이버범죄에 대응하기 위한 법제 정비 방안”, 『형사법의 신동향』 통권 제67호, 대검찰청, 2020, 234－242면.

142 Neal Kumar Katyal, “Criminal Law in Cyberspace”, *University of Pennsylvania Law Review* 149(4), 2001, pp. 1087－1090.

143 성봉근, “Cyber 상의 위험과 재난에 대한 제어국가의 법적 규제-4차산업혁명 시대의 사이버 보안을 중심으로－”, 『유럽헌법연구』 제33호, 유럽헌법학회, 2020, 562－563면.

144 Kenneth Geers, Darien Kindlund, Ned Moran & Rob Rachwald, “WORLD WAR C: Understanding Nation－State Motives Behind Today’s Advanced Cyber Attacks”, FireEye, 2014, p. 5.

145 U.S. FBI, “Update on Sony Investigation”, 2014.12.19. https://www.fbi.gov/news/pressrel/press－releases/update－on－sony－investigation (접속일: 2021.05.13. 12:19).

146 Kaspersky Lab, “Lazarus Under the Hood”, 2017, p. 4.

147 박노형, 박주희, “비국가 행위자의 사이버오퍼레이션에 대한 국가책임법상 귀속: 북한의 사례를 중심으로”, 『고려법학』 제93호, 고려대학교 법학연구원, 2019, 30－31면.

148 Jonathan Clough, “A World of Difference: The Budapest Convention on Cybercrime and the Challenges of Harmonisation”, *Monash University Law Review* 40(3), 2014, p. 719.

149 기노성, “가상자산 거래의 법적 쟁점과 규제 방안 -시장의 신뢰성 확보를 위한 방안을 중심으로－”, 『금융법연구』 제17권 제1호, 한국금융법학회, 2020, 75－76면.

150 대법원 2018. 5. 30. 선고 2018도3619 판결.

151 김희수, 이주영, “사제폭발물 제조가능 화학물질 수입통관 관리방안 연구”, 『관세학회지』 제18권 제1호, 한국관세학회, 2017, 189면.

152 Abdullah M. Algarni & Yashwant K. Malaiya, “Software Vulnerability Markets: Discoverers and Buyers”, *International Journal of Computer, Information Science and Engineering* 8(3), 2014, p. 72.

153 OECD, *Encouraging Vulnerability Treatment: Responsible management, handling and disclosure of vulnerabilities*, DSTI/CDEP/SDE(2020)3/FINAL, 2021, p. 37.

154 Taiwo A. Oriola, "Bugs for Sale: Legal and Ethical Proprieties of the Market in Software Vulnerabilities", *John Marshall Journal of Computer & Information Law* 28(4), 2011, p. 514.

155 James Gleick, *The Information: A History, A Theory, A Flood*, New York: Pantheon Books, 2011, pp. 411–412.

156 Mailyn Fidler, "Regulating the Zero–Day Vulnerability Trade: A Preliminary Analysis", *A Journal of Law and Policy for the Information Society* 11(2), 2015, pp. 424–425.

157 대법원 2019. 12. 12. 선고 2017도16520 판결.

158 대법원 2020. 4. 9. 선고 2018도16938 판결.

159 대법원 2013. 3. 28. 선고 2010도14607 판결.

160 대법원 2012. 1. 12. 선고 2010도2212 판결.

161 정연덕, "악성프로그램의 정의와 해석에 관한 법적 문제", 『동아법학』 제53권, 동아대학교 법학연구소, 2011, 710–711면.

162 임준태, "해외에서 정보수집 목적을 위한 영장주의 예외 적용–Bin Laden 사건에 대한 미국 법집행 및 정보기관의 활동을 중심으로–", 『국가정보연구』 제12권 제1호, 한국국가정보학회, 2019, 272면.

163 전웅, 『현대국가정보학』, 박영사, 2015, 566면.

164 18세기 영국의 우편 시스템에서 통신의 비밀 보호 법리가 유래하였다. 이는 영국 왕실과 정부가 우체국을 운영하면서 정보를 수집해 왔기 때문이며, 실제로 정부들은 우송 업무를 독점하고 감시를 수행해 왔다. 자세한 내용은 다음을 참고: Anuj Desai, "Wiretapping before the Wires: The Post Office and the Rebirth of Communication Privacy", *Stanford Law Review* 60(2), 2007, pp. 559–561.

165 Bruce Schneier, "Why the NSA Makes Us More Vulnerable to Cyberattacks", Foreign Affairs, 2017.05.30. https://www.foreignaffairs.com/articles/2017–05–30/why–nsa–makes–us–more–vulnerable–cyberattacks (접속일: 2021.04.22. 17:09).

166 이호선, "헌정질서 상의 사회계약론", 『법학논총』 제30권 제3호, 국민대학교 법학연구소, 2018, 361면.

167 *Id*. 367–368면.

168 Hans de Bruijn & Marijn Janssen, "Building Cybersecurity Awareness: The need for evidence–based framing strategies", *Government Information Quarterly* 34(1), 2017, p. 2.

169 국가정보포럼, 『국가정보학』, 박영사, 2006, 16면.

170 전웅, 『현대국가정보학』, 박영사, 2015, 343면.

171 대법원 1997. 7. 16. 선고 97도985 전원합의체 판결.

172 Netherlands AIVD, *Analysis of Vulnerability to Espionage: Espionage Risks and National Safety and Security*, 2011, pp. 47－48.

173 한희원, 『국가정보: 법의 지배와 국가정보(제3판)』, 법률출판사, 2011, 1143면.

174 *Id.* 1144면.

175 헌법재판소 1992. 2. 25. 선고 89헌가104 결정.

176 Arnold Wolfers, “National Security as an Ambiguous Symbol”, *Political Science Quarterly* 67(4), 1952, p. 481.

177 김상배, “신흥안보와 메타 거버넌스: 새로운 안보 패러다임의 이론적 이해”, 『한국정치학회보』 제50집 제1호, 한국정치학회, 2016, 77면.

178 채성준, 임석기, 『정보기관 수사권에 대한 연구 - 주요국 사례를 통해서 본 국가정보원 안보수사권 필요성을 중심으로－』, 글로벌정부정책연구원, 2018, 6면.

179 이희훈, “집회시 경찰권 행사의 법적근거와 한계: 객관적 수권조항을 중심으로”, 『경찰학연구』 제8권 제3호, 경찰대학, 2008, 91면.

180 허태희, 이희훈, “위기관리와 국가안전보장회의－법·제도적 고찰”, 『한국위기관리논집』 제9권 제1호, 위기관리 이론과 실천, 2013, 124면.

181 헌법재판소 1992. 2. 25. 선고 89헌가104 결정.

182 김은주, “리스크 규제에 있어 사전예방의 원칙이 가지는 법적 의미”, 『행정법연구』 제20호, 행정법이론실무학회, 2008, 67－68면.

183 David Kirebel et al., “The Precautionary Principle in Environmental Science”, *Environmental Health Perspectives* 109(9), 2001, p. 871.

184 국회정보위원회, 『사이버테러방지법의 주요 쟁점분석을 통한 입법 타당성 평가』, 2016, 16－19면.

185 Frank Bannister, “The Panoptic State: Privacy, surveillance and the balance of risk”, *Information Polity* 10(1, 2), 2005, p. 72.

186 Ron Wyden, “Law and Policy Efforts to Balance Security, Privacy and Civil Liberties in Post－9/11 America”, *Stanford Law & Policy Review* 17(2), 2006, pp. 332－333.

187 신계균, “자유법 입법과정을 통해서 본 미국 의회의 역할”, 『의정연구』 제21권 제3호, 2015, 146－149면.

188 오일석, “보안기관의 사이버 보안 활동 강화에 대한 법적 고찰”, 『과학기술법연구』 제20권 제3호, 한남대학교 과학기술법연구원, 2014, 48면.

189 이상학, “사이버 정보활동의 기본원칙과 한계”, 『법학연구』 제41권, 전북대학교 법학연구소, 2014, 403－405면.

190 Nathan Alexander Sales, “Regulating Cyber－Security”, *Northwestern University Law Review* 107(4), 2013, p. 1546.

191 Paul M. Schwartz, "Property, Privacy, and Personal Data", *Harvard Law Review* 117(7), 2004, p. 2056.

192 유준구, "사이버안보 문제와 국제법의 적용", 『국제법학회논총』 제60권 제3호, 대한국제법학회, 2015, 156면.

193 신의기, 『국제환경 변화에 따른 안보법제 정비방안』, 한국형사정책연구원, 2016, 167면.

194 이재상, 『형사소송법(제9판)』, 박영사, 2012, 185면.

195 김신규, "수사절차상 압수·수색규정에 대한 비판적 검토", 『비교형사법연구』 제17권 제3호, 한국비교형사법학회, 2015, 5면.

196 배종대, 이상돈, 정승환, 이주원, 『형사소송법』, 홍문사, 2015, 103－104면.

197 이성대, "신종 사이버범죄에 대응하기 위한 법제 정비 방안", 『형사법의 신동향』 통권 제67호, 대검찰청, 2020, 233면.

198 신양균, "함정수사의 적법성", 『형사법연구』 제21권 제4호, 한국형사법학회, 2009, 154면.

199 이은모, 『형사소송법』, 박영사, 2018, 174면.

200 대법원 2004. 5. 14. 선고 2004도1066.

201 대법원 2007. 7. 12. 선고 2006도2339.

202 대법원 2008. 3. 13. 선고 2007도10804; 대법원 2008. 7. 24. 선고 2008도2794 판결; 대법원 2013. 3. 28. 선고 2013도1473 판결; 대법원 2020. 1. 30. 선고 2019도15987 판결.

203 방경휘, "함정수사에 관한 형사소송법적 재검토", 『고려법학』 제93호, 고려대학교 법학연구원, 2019, 206면.

204 정대용, "디지털 증거 수집을 위한 온라인 수색의 허용가능성에 관한 연구", 『디지털 포렌식연구』 제12권 제1호, 한국디지털포렌식학회, 2018, 68면.

205 김경종, "온라인수색에 대한 법적 연구", 석사학위 논문, 고려대학교, 2017, 52면.

206 신상미, "온라인수색의 법률적 문제점과 허용가능성", 『경찰학연구』 제20권 제3호, 경찰대학, 2020, 181면.

207 박희영, "예방 및 수사목적의 온라인 비밀 수색의 허용과 한계", 『원광법학』 제28권 제3호, 원광대학교 법학연구소, 2012, 164－168면.

208 Jonathan Mayer, "Government Hacking", *The Yale Law Journal* 127(3), 2017, pp. 659－660.

209 리처드 닉슨 행정부가 베트남전 반대 의사를 펼치던 민주당을 저지하기 위해 당시 민주당 전국위원회 본부가 위치한 워터게이트 빌딩에 불법 침입해 도청 등을 저지른 사건으로 닉슨 대통령의 사임 원인이 되었다. 이 사건으로 정보수사기관의 불법 도청활동을 제한하기 위한 여러 조치들이 이루어졌다.

210 Daniel Severson, "American Surveillance of Non－U.S. Persons", *Harvard International Law Journal* 56, 2015, p. 468.

211 Mark M. Jaycox, "No Oversight, No Limits, No Worries: A Primer on Presidential Spying and Executive Order 12,333", *Harvard National Security Journal* 12(1), 2021, p. 83.

212 Andi Wilson, "OTI Welcomes House Passage of the "Cyber Vulnerability Disclosure Reporting Act"", 2018.01.09. New America, https://www.newamerica.org/oti/press-releases/oti-welcomes-house-passage-cyber-vulnerability-disclosure-reporting-act/ (접속일: 2021.05.19. 21:51).

213 U.S. NSC, "Vulnerabilities Equities Policy and Process for the United States Government", 2017, pp. 4-5.

214 Michael Daniel, "Heartbleed: Understanding When We Disclose Cyber Vul-nerabilities", the Obama White House, https://obamawhitehouse.archives.gov/blog/2014/04/28/heartbleed-under standing-when-we-disclose-cyber-vul-nerabilities (접속일: 2021.05.19. 22:28).

215 U.S. NSC, "Vulnerabilities Equities Policy and Process for the United States Government", 2017, pp. 3-5.

216 *Id.* p. 5.

217 U.K. GCHQ, "The Equities Process", 2018, https://www.gchq.gov.uk/information/equities-process (접속일: 2021.05.20. 16:27).

218 Sven Herpig & Ari Schwartz, "The Future of Vulnerabilities Equities Processes Around the World", 2019.01.04. Lawfare, https://www.lawfareblog.com/fu-ture-vulnerabilities-equities-processes-around-world (접속일: 2021.05.21. 02:26).

219 Sven Herpig, *Governmental Vulnerability Assessment and Management*, Stiftung Neue Verantwortung, 2018.

220 *Id.* pp. 26-27.

221 온라인수색에 관한 독일의 논의과정을 정리한 연구로는 다음을 참고: 이원상, "온라인 수색(Online-Durchsuchung)에 대한 고찰: 독일의 새로운 논의를 중심으로", 『형사법연구』 제20권 제4호, 한국형사법학회, 2008, 341-352면.

222 Julian Jang-Jaccard & Surya Nepal, "A Survey of Emerging Threats in Cybersecurity", *Journal of Computer and System Sciences* 80(5), 2014, p. 988.

223 과학기술정보통신부, 한국지능정보사회진흥원, 『2020 인터넷이용실태조사』, 2020, 119면.

224 Charles Perrow, "Organizing to Reduce the Vulnerabilities of Complexity", *Journal of Contingencies and Crisis Management* 7(3), 1999, p. 155.

225 Jason Healey & Hannah Pitts, "Applying International Environmental Legal Norms to Cyber Statecraft", *A Journal of Law and Policy for the Information*

Society 8(2), 2012, pp. 384-385.

226 European Commission, Proposal for a REGULATION OF THE EUROPEAN PARLIAMENT AND OF THE COUNCIL LAYING DOWN HARMONISED RULES ON ARTIFICIAL INTELLIGENCE (ARTIFICIAL INTELLIGENCE ACT) AND AMENDING CERTAIN UNION LEGISLATIVE ACTS, 2021/0106 (COD), 2021.

227 과학기술정보통신부, 『과학기술정보통신부 2021년도 업무계획』, 2021, 22면.

228 권헌영, "정보통신보안법제의 문제점과 개선방안", 『정보보호학회논문지』 제25권 제5호, 한국정보보호학회, 2015, 1270면.

229 OECD, *Encouraging Vulnerability Treatment: Responsible management, handling and disclosure of vulnerabilities*, DSTI/CDEP/SDE(2020)3/FINAL, 2021, p. 17.

230 Peter P. Swire, "A Model for When Disclosure Helps Security: What is Different about Computer and Network Security?", *Journal on Telecommunications and High Technology Law* 3(1), 2004, p. 206.

231 일찍이 충남대 컴퓨터융합학부 류재철 교수는 2015년 글로벌 시큐리티 서밋에서 이러한 문제를 지적하고 취약점 연구의 활성화와 취약점 공개행위의 수용 등이 이루어져야 한다고 판단한 바 있다. 김인순, "2015 글로벌 시큐리티 서밋 - 취약점 알려줬더니 범죄자 취급, 사이버보안 활동 가치 인정하자", 2015.10.27. 전자신문, https://www.etnews.com/20151027000167 (접속일: 2021.05.08. 23:47).

232 황정환, "화이트해커 홀대하는 한국, 디지털 암시장 부추겨", 2017.04.21. 한국경제, https://www. hankyung.com/society/article/2017042185281 (접속일: 2021.05.08. 23:22).

233 Alejandro Hernández, "A Walk Through Historical Correlations Between Vulnerabilities & Stock Prices", in *the BlackHat Asia 2021*, 2021, p. 80.

234 OECD, *Encouraging Vulnerability Treatment: Responsible management, handling and disclosure of vulnerabilities*, DSTI/CDEP/SDE(2020)3/FINAL, 2021, pp. 50-52.

235 김명재, "과학기술과 학문의 자유", 『헌법학연구』 제11권 제4호, 한국헌법학회, 2005, 176면.

236 EFF, "Government Hacking and Subversion of Digital Security", https://www.eff.org/issues/government-hacking-digital-security (접속일: 2021.05.04. 17:51).

237 C. Todd Lopez, "In Cyber, Differentiating Between State Actors, Criminals is a Blur", 2021.05.14. U.S. DOD Defense News, https://www.defense.gov/Explore/News/Article/Article/2618386/in-cyber-differentiating-between-state-actors-criminals-is-a-blur/source/GovDelivery/ (접속일: 2021.05.15. 13:14).

238 Steven M. Bellovin, Matt Blaze, Sandy Clark & Susan Landau, "Lawful Hacking: Using Existing Vulnerabilities for Wiretapping on the Internet", *Northwestern Journal of Technology and Intellectual Property* 12(1), 2014, p. 64.

239 Andi Wilson, Ross Schulman, Kevin Bankston & Trey Herr, *Bugs in the System: A Primer on the Software Vulnerability Ecosystem and its Policy Implications*, New America, Cybersecurity Initiative, Open Technology Institute, 2016, p. 23.

240 행정안전부 보도자료, "SW 개발단계부터 보안약점 제거(시큐어 코딩) 의무화-정보시스템 구축운영 지침 개정안 행정예고-", 2012.05.17.

241 Lillian Ablon & Andy Bogart, *Zero Days, Thousands of Nights: The Life and Times of Zero-Day Vulnerabilities and Their Exploits*, Rand Corporation, 2017, p. 57.

242 Ashish Arora, Anand Nandkumar & Rahul Telang, "Does Information Security Attack Frequency Increase with Vulnerability Disclosure? An Empirical Analysis", *Information Systems Frontiers* 8(5), 2006. p. 12.

243 Sam Ransbotham, Sabyaschi Mitra & Jon Ramsey, "Are Markets for Vulner-abilities Effective?", *MIS Quarterly* 36(1), 2012, p. 1.

244 Ross Anderson & Tyler Moore, "The Economics of Information Security", *Science* 314, 2006, p. 610.

245 Peter T. Leeson & Christopher J. Coyne, "The Economics of Computer Hacking", *Journal of Law, Economics & Policy* 1(2), 2005, p. 525.

246 Karthik Kannan & Rahul Telang, "Market for Software Vulnerabilities? Think Again", *Management Science* 51(5), 2005, pp. 737-738.

247 Mailyn Fidler, "Regulating the Zero-Day Vulnerability Trade: A Preliminary Analysis", *A Journal of Law and Policy for the Information Society* 11(2), 2015, p. 427.

— 제3부 —

1 Lillian Ablon & Andy Bogart, *Zero Days, Thousands of Nights: The Life and Times of Zero–Day Vulnerabilities and Their Exploits*, Rand Corporation, 2017, p. 52.

2 William D. Eggers, "Government's cyber challenge: Protecting sensitive data for the public good", *Deloitte Review* 19, Deloitte, 2016, p. 153.

3 OECD, "Encouraging Vulnerability Treatment: Overview for Policy Makers", *OECD Digital Economy Papers* 307, 2021, pp. 31–32.

4 Bibi van den Berg & Esther Keymolen, "Regulating Security on the Internet: Control versus Trust", *International Review of Law, Computers & Technology* 31(2), 2017, p. 200.

5 조기열, "정보통신망 이용촉진 및 정보보호 등에 관한 법률 일부개정법률안 검토보고서", 제21대 국회 과학기술정보방송통신위원회, 2021, 9면.

6 이원우, "규제개혁과 규제완화: 올바른 규제정책 실현을 위한 법정책의 모색", 『저스티스』 통권 제106호, 한국법학원, 2008, 361–364면.

7 Chris Johnson et al., "Guide to Cyber Threat Information Sharing", *NIST Special Publication* 800–150, NIST, 2016, p. 2.

8 *Id.* pp. 3–4.

9 Dave McKinney, "New Hurdles for Vulnerability Disclosure", *IEEE Security & Privacy* 6(2), 2008, p. 76.

10 Langdon Winner, *Autonomous Technology: Technics–out–of–Control as a Theme in Political Thought*, Cambridge, Massachusetts: The MIT Press, 1978, p. 326.

11 G.W.F. 헤겔(임석진 옮김), 『법철학』, 한길사, 2008, 419–420면[G.W.F. Hegel, Grundlinien der Philosophie des Rechts order Naturrecht und Staatswissenschaft in Grundrisse, Mil Hegels eigenhändigen Notizen und den mündlichen Zusätzen, 1972].

12 OECD, *Enhancing the Digital Security of Products: A Policy Discussion*, OECD Digital Economy Papers 306, 2021, pp. 18–21.

13 명재진, 이한태, "현대 법학계의 정보인권 연구동향", 『정보화정책』 제18권 제1호, 한국지능정보사회진흥원, 2011, 12–13면.

14 1 BvR 370/07; 1 BvR 595/07. 해당 결정의 번역문은 다음을 참고: 박희영, "정보기술 시스템의 기밀성 및 무결성 보장에 관한 기본권(上)/(下)", 법제처, 2008.

15 박희영, "독일 연방헌법재판소의 '정보기술 시스템의 기밀성 및 무결성 보장에 관한 기본권'", 『선진상사법률연구』 통권 제45호, 법무부, 2009, 105–110면.

16 이한태, 전우석, “한국 헌법상 기본권으로서의 안전권에 관한 연구”, 『홍익법학』 제16권 제4호, 홍익대학교 법학연구소, 2015, 130-133면.

17 허종렬, 엄주희, 박진완, “헌법상 기본권 개정안 논의 동향과 성과 검토-2018 한국헌법학회 헌법개정연구위원회 기본권분과위원회의 활동을 중심으로-”, 『법학논고』 제63집, 경북대학교 법학연구원, 2018, 118-119면.

18 Ulrich Beck(박미애, 이진우 옮김), 『글로벌 위험사회』, 도서출판 길, 2010, 86-87면. [*Weltrisikogesellschaft*, Frankfurt am Main: Suhrkamp Verlag, 2007]

19 David R. Johnson & David Post, “Law and Borders: The Rise of Law in Cyberspace”, *Stanford Law Review* 48(5), 1996, pp. 1390-1391.

20 Hans de Bruijn & Marjin Janssen, “Building Cybersecurity Awareness: The Need for Evidence-based Framing Strategies”, *Government Information Quarterly* 34(1), 2017, p. 4.

21 Bibi van den Berg & Esther Keymolen, “Regulating Security on the Internet: Control versus Trust”, *International Review of Law, Computers & Technology* 31(2), 2017, pp. 199-201.

22 Robert K. Merton, “Science and the Social Order”, *Philosophy of Science* 5(3), 1938, p. 335.

23 김환석, “과학기술 민주화의 이론과 실천: 시민참여를 중심으로”, 『경제와 사회』 통권 제85호, 비판사회학회, 2010, 35-36면.

24 Erik Silfversten, William Phillips, Giacomo Persi Paoli & Cosmin Ciobanu, *Economics of Vulnerability Disclosure*, ENISA, 2018, p. 15.

25 Alex Stamos, “Notifications for targeted attacks”, Facebook Security, 2015.10.17. https://www.facebook.com/notes/facebook-security/notifications-for-targeted-attacks/10153092994615766 (접속일: 2021.05.25. 22:56).

26 Ilai Saltzman, “Cyber Posturing and the Offense-Defense Balance”, *Contemporary Security Policy* 34(1), 2013, pp. 41-42; Rebecca Slayton, “What Is the Cyber Offense-Defense Balance?: Conceptions, Causes, and Assessment”, *International Security* 41(3), 2017, pp. 78-80.

27 Mariarosaria Taddeo, “The Limits of Deterrence Theory in Cyberspace”, *Philosophy & Technology* 31, 2017, p. 32.

28 Steven M. Bellovin, Matt Blaze, Sandy Clark & Susan Landau, “Lawful Hacking: Using Existing Vulnerabilities for Wiretapping on the Internet”, *Northwestern Journal of Technology and Intellectual Property* 12(1), 2014, p. 64.

29 윤봉한, “국가 사이버안보전략 수립의 의미와 과제”, 이슈브리프 통권 제118호, 국가안보전략연구원, 2019, 1면.

30 미국은 2009년 전략사령부 산하에 사이버사령부를 창설한 이후 2018년부터 사이버사령부를 10번째 통합전투사령부로 운영하고 있다. 우리나라도 2011년 국군사이버사령부(현 사이버작전사령부)를, 일본은 2014년 사이버방위대를, 독일은 2017년 국가 사이버 및 정보공간 부대(KdoCIR)를 창설하였다.

31 청와대 국가안보실, 『국가사이버안보전략』, 2019, 16면.

32 Ben Buchanan, *The Hacker and the State: Cyber Attacks and the New Normal of Geopolitics*, Cambridge, MA: Harvard University Press, 2020, p. 317.

33 Jay P. Kesan & Carol M. Hayes, "Creating a Circle of Trust to Further Digital Privacy and Cybersecurity Goals", *Michigan State Law Review* 2014(5), 2014, p. 1558.

34 Douglas A. Barnes, "Deworming the Internet", *Texas Law Review* 83(1), 2004, pp. 328－329.

35 송주아, "대기환경보전법 일부개정법률안 검토보고서", 제20대 국회 환경노동위원회, 2018, 3면.

36 Alex Comninos & Gareth Seneque, "Cyber security, Civil Society and Vulnerability in an Age of Communications Surveillance", Global Information Society Watch, 2014, p. 38.

37 Dorothy E. Denning, "Framework and Principles for Active Cyber Defense", Naval Post graduate School, 2013, p. 6.

38 Mingyi Zhao, Aron Laszka & Jens Grossklags, "Devising Effective Policies for Bug－Bounty Platforms and Security Vulnerability Discovery", *Journal of Information Policy* 7, 2017, p. 414.

39 Bruce Schneier, "Should U.S. Hackers Fix Cybersecurity Holes or Exploit Them?", The Atlantic, 2014.05.20. https://www.theatlantic.com/technology/archive/2014/05/should－hackers－fix－cybersecurity－holes－or－exploit－them/371197/ (접속일: 2021.05.26. 00:50).

40 William A. Arbaugh & William L. Fithen & John McHugh, "Windows of Vulnerability: A Case Study Analysis", *Computer* 33(12), IEEE, 2000, p. 58.

41 Jason Healey, "A Nonstate Strategy for Saving Cyberspace", *Atlantic Council Strategy Papers* No. 8, Atlantic Council, 2017, p. 28.

42 Dorothy E. Denning, "Framework and Principles for Active Cyber Defense", Naval Post－graduate School, 2013, p. 6.

43 Albert Bandura, "Selective Activation and Disengagement of Moral Control", *Journal of Social Issues* 46(1), 1990, p. 43.

44 Robert D. Williams, "(Spy) Game Change: Cyber Networks, Intelligence Collection, and Covert Action", *The George Washington Law Review* 79(4), 2011, p. 1199.

45 Paul Sandle, "UK's Johnson toughens Huawei rhetoric: talks of 'hostile state vendors'", Reuters, 2020.06.30. https://www.reuters.com/article/us-britain-huawei-johnson-idUSKBN2411QT (접속일: 2021.05.26. 14:05).

46 Ross Anderson, "Why Information Security is Hard: An Economic Perspective", in *the Proceedings of Seventeenth Annual Computer Security Applications Conference*, 2001, IEEE, p. 364.

47 Shoshana Zuboff, "Big other: surveillance capitalism and the prospects of an information civilization", *Journal of Information Technology* 30(1), 2015, p. 86.

48 Taiwo A. Oriola, "Bugs for Sale: Legal and Ethical Proprieties of the Market in Software Vulnerabilities", *John Marshall Journal of Computer & Information Law* 28(4), 2011, p. 521.

49 Janne Merete Hagen, Eirik Alberchtsen & Jan Hovden, "Implementation and Effectiveness of Organizational Information Security Measures", *Information Management & Computer Security* 16(4), 2008, p. 394.

50 Tim Stevens, "A Cyberwar of Ideas? Deterrence and Norms in Cyberspace", *Contemporary Security Policy* 33(1), 2012, p. 153.

51 James H. Moor, "What is Computer Ethics?", *Metaphilosophy* 16(4), 1985, pp. 272-275.

52 Arnd Weber et al., *Sovereignty in Information Technology: Security, Safety and Fair Market Access by Openness and Control of the Supply Chain*, White Paper v.1.0, QuattroS Initiative, 2018, p. 49.

53 김수욱, "복잡성 경영 지수 분석", 『경영논집』 제51권, 서울대학교 경영대학 경영연구소, 2017, 2-3면.

54 대표적으로 Zerodium.com이 있으며, 이외에도 Netragard,com, Zeronomi.com, Zerodaytechnology.com, Zerodayinitiative.com, Pwnables.com, Rsp.exodusintel.com 등이 있다.

55 Lillian Ablon, Martin C. Libicki & Andrea A. Golay, *Markets for Cybercrime Tools and Stolen Data: Hacker's Bazaar*, Rand Corporation, 2014, p. 39.

56 Zhen Li & Qi Liao, "Harnessing Uncertainty in Vulnerability Market", in *the Proceeding of the 2018 27th International Conference on Computer Communication and Networks(ICCCN)*, IEEE, 2018. p. 3.

57 *Id.* pp. 8-9.

58 Serge Egelman, Cormac Herley & Paul C. van Oorschot, "Markets for zero-day exploits: ethics and implications", in *the ACM Proceedings of the 2013 New*

Security Paradigms Workshop(NSPW '13), 2013, p. 44.

59 Stephen J. Kobrin, "Territoriality and the Governance of Cyberspace", *Journal of International Business Studies* 32(4), 2001, p. 692.

60 Michael K. Bergman, *The Deep Web: Surfacing Hidden Value*, Bright Planet.com LLC, 2000, p. 18.

61 U.S. DOJ, "South Korean National and Hundreds of Others Charged Worldwide in the Take down of the Largest Darknet Child Pornography Website, Which was Funded by Bitcoin", 2019.10.16. https://www.justice.gov/opa/pr/south-korean-national-and-hundreds-others-charged-worldwide-takedown-largest-darknet-child (접속일: 2021.05.08. 22:21).

62 Benjamin Edwards, Alexander Furnas, Stephanie Forrest & Robert Axelrod, "Strategic Aspects of Cyberattack, Attribution, and Blame", in the *Proceedings of the National Academy of Sciences of the United States of America(PNAS)* 114(11), 2017, pp. 2825-2829.

63 주문호, "정보주체의 자기정보통제권 확보 방안 연구", 박사학위 논문, 고려대학교, 2020, 34-35면.

64 Jason R. C. Nurse, Sadie Creese, Michael Goldsmith & Koen Lamberts, "Guidelines for Usable Cybersecurity: Past and Present", in *the 2011 Third International Workshop on Cyberspace Safety and Security(CSS)*, 2011, p. 21.

65 *Id.* p. 23.

66 *Id.* p. 24.

67 Nur Farhana Samsudin & Zarul Fitri Zaaba, "Security Warning Life Cycle: Challenges and Panacea", *Journal of Telecommunication, Electronic and Computer Engineering* 9(2-5), 2017, p. 56.

68 박형근, 조가원, "'패스워드는 죽었다' 진화하는 디지털 인증과 계정 관리 환경", IDG Korea, IBM, 2019, 4면.

69 Mariusz Sepczuk & Zbigniew Kotulski, "A new risk-based authentication management model oriented on user's experience", *Computers & Security* 73, 2018, pp. 20-21.

70 Noura Aleisa & Karen Renaud, "Privacy of the Internet of Things: a systematic literature review", in *the Proceedings of the 50th Hawaii International Conference on System Sciences*, 2017, p. 5947.

71 Japan IoT Acceleration Consortium, "IoT Security Guidelines Ver. 1.0", 2016, pp. 44-45.

72 Hans de Bruijn & Marjin Janssen, "Building Cybersecurity Awareness: The Need for Evidence－based Framing Strategies", *Government Information Quarterly* 34(1), 2017, p. 2.

73 Audun Jøsang et al., "Security Usability Principles for Vulnerability Analysis and Risk Assessment", in *the Proceedings of the Twenty－Third Annual Computer Security Applications Conference(ACSAC 2007)*, IEEE, 2007, p. 277.

74 Butler Lampson, "Privacy and Security Usable Security: How to Get It", *Commu－nications of the ACM* 52(11), 2009, pp. 26－27.

75 Woodrrow Hartzog, Evan Selinger, "The Internet of Heirlooms and Disposable Things", *North Carolina Journal of Law & Technology* 17(4), 2016, pp. 594－595.

76 하선권, 김성준, "효율적 인증제도 구축을 위한 규제의 특성 및 중복분야 식별과 개선 방안: 법정인증을 중심으로", 『한국정책학회보』 제29권 제3호, 한국정책학회, 2020, 197－198면.

77 과학기술정보통신부, 『K－사이버방역 추진전략』, 2021, 34면.

78 제20대 국회 국정감사, "과학기술정보방송통신위원회회의록", 2018.10.10., 128면.

79 Tejasvi Alladi, Vinay Chamola, Biplab Sikdar & Kim－Kwang Raymond Choo, "Consumer IoT: Security Vulnerability Case Studies and Solutions", *IEEE Consumer Electronics Magazine* 9(2), 2020, p. 24.

80 IoT 보안얼라이언스, 『ICT 융합 제품·서비스의 보안 내재화를 위한 IoT 공통 보안 가이드』, 2016, 30면.

81 Manos Antonakakis et al., "Understanding Mirai botnet", in *the Proceedings of the 26th USENIX Security Symposium*, 2017, p. 1106.

82 Mary K. Pratt, "What is Zero Trust? A model for more effective security", CSO Online, 2020.04.24. https://www.csoonline.com/article/3247848/what－is－zero－trust－a－model－for－more－effective－security.html (접속일: 2021.04.16. 20:25).

83 Jason Chaffetz, Mark Meadows & Will Hurd, *The OPM Data Breach: How the Government Jeopardized Our National Security for More than a Generation*, Majority Staff Report, Committee on Oversight and Government Reform, U.S. House of Representatives, 114th Congress, 2016, pp. 20－21.

84 Manos Antonakakis et al., "Understanding Mirai botnet", in *the Proceedings of the 26th USENIX Security Symposium*, 2017, p. 1106.

85 Mark Campbell, "Beyond Zero Trust: Trust is a Vulnerability", *Computer* 53(10), IEEE, 2020, p. 110.

86 Donald E. Geis, "By Design: The Disaster Resistant and Quality－of－Life Community", *Natural Hazard Review* 1(3), 2000, p. 152.

87 William A. Arbaugh & William L. Fithen & John McHugh, "Windows of Vulnerability: A Case Study Analysis", *Computer* 33(12), IEEE, 2000, p. 58.

88 Ericsson, *5G security: Enabling a trustworthy 5G system*, 2018, p. 10.

89 Ron Ross, Michael McEvilley & Janet Carrier Oren, "Systems Security Engineering: Considerations for a Multidisciplinary Approach in the Engineering of Trustworthy Secure Systems", *NIST Special Publication* 800－160, NIST, 2016, p. 8.

90 Scott R. Peppet, "Regulating the Internet of Things: First Steps Toward Managing Discrimination, Privacy, Security, and Consent", *Texas Law Review* 93(1), 2014, p. 134.

91 *Id.* p. 135.

92 Microsoft, "What are the Microsoft SDL practices?", https://www.microsoft.com/en－us/securityengineering/sdl/practices (접속일: 2021.05.28. 19:07).

93 IoT 보안얼라이언스, 『ICT 융합 제품·서비스의 보안 내재화를 위한 IoT 공통 보안 가이드』, 2016, 56면.

94 Barton P. Miller, Lars Fredrikson & Bryan So, "Study of the Reliability of UNIX Utilities", *Communications of the ACM* 33(12), 1990, p. 34.

95 송준호 외, "정적 및 동적 분석을 이용한 크로스 체크기반 취약점 분석 기법", 『한국산학기술학회 논문지』 제19권 제12호, 한국산학기술학회, 2018, 864면.

96 Dongdong She et al., "NEUZZ: Efficient Fuzzing with Neural Program Smoothing", in *the Proceedings of the 40th IEEE Symposium on Security and Privacy*, 2019.

97 Yunchao Wang, Zehui Wu, Qiang Wei & Qingxian Wang, "NeuFuzz: Efficient Fuzzing With Deep Neural Network", *IEEE Access* 7, 2019, pp. 36349－36351.

98 전인석 외, "SIEM을 이용한 소프트웨어 취약점 탐지 모델 제안", 『정보보호학회논문지』 제25권 제4호, 한국정보보호학회, 2015, 972면.

99 좋은 의도로 시작하였으나 의도하지 않은 결과가 도출되는 경우를 의미한다. 19세기 후반 영국이 인도를 식민지로 두고 있던 때에 코브라를 박멸하기 위해 현상금을 걸었으나 현지인들이 코브라 농장을 운영하면서 수익을 얻고 있던 사실을 적발해 제도를 폐지한 이후 농장도 해제되면서 코브라가 더욱 번식한 사례로부터 고안된 경제학 용어다. David S. Lucas & Caleb S. Fuller, "Bounties, Grants, and Market－Making Entrepreneurship", *The Independent Review* 22(4), 2018, p. 507.

100 Oleg Brodt, "Bug Bounties and the Cobra Effect", DARK Reading, 2021.05.26.

101 Lillian Ablon & Andy Bogart, *Zero Days, Thousands of Nights: The Life and Times of Zero－Day Vulnerabilities and Their Exploits*, Rand Corporation, 2017, p. 53.

102 Hala Assal & Sonia Chiasson, "Security in the Software Development Lifecycle", in *the Proceedings of the Fourteenth Symposium on Usable Privacy and Security*, USENIX, 2018, pp. 291－292.

103 과학기술정보통신부, 『K－사이버방역 추진전략』, 2021, 16－17면.

104 Ari Takanen, Petri Vuorijärvi, Marko Laakso & Juha Röning, "Agents of Responsibility in Software Vulnerability Process", *Ethics and Information Technology* 6, 2004, pp. 103－104.

105 *Id*.

106 Matunda Nyanchama, "Enterprise Vulnerability Management and its Role in Information Security Management", *Information Systems Security* 14(3), 2005, p. 54.

107 Janine L. Spears & Henri Barki, "User Participation in Information Systems Security Risk Management", *MIS Quarterly* 34(3), 2010, p. 519.

108 Eric S. Raymond, *The Cathedral and the Bazaar*, 1997, p. 7.

109 Neal Kumar Katyal, "Deterrence's Difficulty", *Michigan Law Review* 95(8), 1997, p. 2445.

110 David H. Guston, "Understanding 'anticipatory governance'", *Social Studies of Science* 44(2), 2014, p. 226.

111 Michael Edmund O'Neill, "Old Crimes in New Bottles: Sanctioning Cybercrime", *George Mason Law Review* 9(2), 2000, p. 281.

112 *Id*. p. 282.

113 Mingyi Zhao, Jens Grossklags & Kai Chen, "An Exploratory Study of White Hat Behaviors in a Web Vulnerability Disclosure Program", in *the Proceedings of the 2014 ACM Workshop on Security Information Workers(SIW '14)*, ACM, 2014, p. 51.

114 Thomas Maillart, Mingyi Zhao, Jens Grossklags & John Chuang, "Given Enough Eyeballs, All Bugs are Shallow? Revisiting Eric Raymond with Bug Bounty Programs", *Journal of Cybersecurity* 3(2), 2017, p. 87.

115 Eric S. Raymond, "The Cathedral and the Bazaar", 1997, p. 7. http://34.225.211.28/pub/papers/Cathedral－Paper.pdf (접속일: 2021.05.02. 03:21).

116 U.S. NTIA, *Vulnerability Disclosure Attitudes and Actions*, 2016, p. 5.

117 *Id*. p. 6.

118 Ido Kilovaty, "Freedom to Hack", *Ohio State Law Journal* 80(3), 2019, p. 520.

119 Brent Wible, "A Site Where Hackers Are Welcome: Using Hack－in Contests to Shape Preferences and Deter Computer Crime", *Yale Law Journal* 112(6), 2003, p. 1590.

120 Peter T. Leeson & Christopher J. Coyne, "The Economics of Computer Hacking", *Journal of Law, Economics & Policy* 1(2), 2005, p. 530.

121 Taiwo A. Oriola, "Bugs for Sale: Legal and Ethical Proprieties of the Market in Software Vulnerabilities", *John Marshall Journal of Computer & Information Law* 28(4), 2011, p. 522.

122 하영태, "저작권법상 기술적 보호조치의 한계와 합리적 개선방안", 『법과 정책』 제23권 제2호, 제주대학교 법과 정책연구원, 2017, 280－282면.

123 John D. Musa, "A Theory of Software Reliability and its Application", *IEEE Transactions on Software Engineering* SE－1(3), 1975; Willa K. Ehrlich, S. Keith Lee & Rex H. Molisani, "Applying Reliability Measurement: A Case Study", *IEEE Software* 7(2), 1990; Jeff Tian, Peng Lu & Joe Palma, "Test－Execution－Based Reliability Measurement and Modeling for Large Commercial Software", *IEEE Transactions on Software Engineering* 21(5), 1995. 등 다수.

124 Abdalla A. Abdel－Ghaly, P. Y. Chan & Bev Littlewood, "Evaluation of Competing Software Reliability Predictions", *IEEE Transactions on Software Engineering* SE－12(9), 1986; Alan Wood, "Predicting Software Reliability", *Computer* 29(11), IEEE, 1996; Xiaolin Teng & Hoang Pham, "A New Methodology for Predicting Software Reliability in the Random Field Environments", *IEEE Transactions on Reliability* 55(3), 2006. 등 다수.

125 Thomas Maillart, Mingyi Zhao, Jens Grossklags & John Chuang, "Given Enough Eyeballs, All Bugs are Shallow? Revisiting Eric Raymond with Bug Bounty Programs", *Journal of Cybersecurity* 3(2), 2017, p. 82.

126 U.S. NTIA, *Vulnerability Disclosure Attitudes and Actions*, 2016, p. 10.

127 Suelette Dreyfus & Julian Assange, *Underground: Tales of Hacking, Madness and Obsession on the Electronic Frontier*, Mandarin: Australia, 1997, p. 100.

128 Nomad Mobile Research Center, "Announcement", https://www.nmrc.org/pub/advise/policy.txt (접속일: 2021.05.06. 15:43).

129 Rain Forest Puppy, "RFPolicy for vulnerability disclosure", Bugtraq Mailing List Archives, 2000, https://seclists.org/bugtraq/2000/Jun/182 (접속일: 2021.05.07. 02:21).

130 Marcus J. Ranum, "Full Disclosure and Open Source", Keynote Presentation of the Black Hat USA, 2000.

131 Seclist.org, "Full Disclosure Mailing List", https://seclists.org/fulldisclosure /(접속일: 2021.05.06. 16:31).

132 Eduard Kovacs, "OSVDB Shut Down Permanently", SecurityWeek, 2016.04.07. https://www.securityweek.com/osvdb－shut－down－permanently (접속일: 2021.

05.06. 17:34).

133 HackerOne, *The Hacker-Powered Security Report 2018*, 2018. p. 31.

134 Ross Anderson & Tyler Moore, "The Economics of Information Security", *Science* 314, 2006, p. 611.

135 Renushka Madarie, "Hacker's Motivations: Testing Schwartz's Theory of Motivational Types of Values in a Sample of Hackers", *International Journal of Cyber Criminology* 11(1), 2017, p. 93.

136 Google Project Zero, "Issue 2104: Windows Kernel cng.sys pool-based buffer overflow in IOCTL 0x390400", 2020.10.23. https://bugs.chromium.org/p/project-zero/issues/detail?id=2104 (접속일: 2021.05.27. 18:58).

137 Aaron Yi Ding, Gianluca Limon De Jesus & Marjin Janssen, "Ethical Hacking for Boosting IoT Vulnerability Management: A First Look into Bug Bounty Programs and Responsible Disclosure", in *the ACM Proceedings of the Eighth International Conference on Telecommunications and Remote Sensing(ICTRS)*, 2019, p. 54.

138 HackerOne, *The 2021 Hacker Report*, 2021, p. 5.

139 Sam Ransbotham, Sabyaschi Mitra & Jon Ramsey, "Are Markets for Vulnerabilities Effective?", *MIS Quarterly* 36(1), 2012, p. 19.

140 Allen D. Householder, Garret Wassermann, Art Manion & Chris King, *The CERT Guide to Coordinated Vulnerability Disclosure*, Carnegie Mellon University, 2017, pp. 29-30.

141 U.S. NTIA, *Vulnerability Disclosure Attitudes and Actions*, 2016, p. 5.

142 Uldis Ķinis, "From Responsible Disclosure Policy (RDP) towards State Regulated Responsible Vulnerability Disclosure Procedure (hereinafter-RVDP): The Latvian approach", *Computer Law & Security Review* 34(3), 2018, p. 522.

143 Derek E. Bambauer & Oliver Day, "The Hacker's Aegis", *Emory Law Journal* 60(5), 2010, p. 1103.

144 U.S. NTIA, *Vulnerability Disclosure Attitudes and Actions*, 2016, p. 7.

145 U.S. CISA, "Develop and Publish a Vulnerability Disclosure Policy", Binding Operational Directive 20-01, 2020.

146 U.S. NTIA, *Vulnerability Disclosure Attitudes and Actions*, 2016, p. 5.

147 *Id.* p. 7.

148 *Id.*

149 Charles C. Palmer, "Ethical Hacking", *IBM Systems Journal* 40(3), 2001, p. 777.

150 Uldis Ķinis, "From Responsible Disclosure Policy (RDP) towards State Regulated

Responsible Vulnerability Disclosure Procedure (hereinafter–RVDP): The Latvian approach", *Computer Law & Security Review* 34(3), 2018, p. 520.

151 Amy Woszczynski, Andrew Green, Kelly Dodson & Peter Easton, "Zombies, Sirens, and Lady Gaga–Oh My! Developing a Framework for Coordinated Vulnerability Disclosure for U.S. Emergency Alert Systems", *Government Information Quarterly* 37, 2020, p. 5.

152 John Dittmer, "Minimizing Legal Risk When Using Cybersecurity Scanning Tools", SANS Institute, 2017, p. 26.

153 Andrea M. Matwyshyn, Ang Cui, Angelos D. Keromytis & Salvatore J. Stolfo, "Ethics in Security Vulnerability Research", *IEEE Security & Privacy* 8(2), 2010, p. 69.

154 John Dittmer, "Minimizing Legal Risk When Using Cybersecurity Scanning Tools", SANS Institute, 2017, p. 22.

155 Andrea M. Matwyshyn, Ang Cui, Angelos D. Keromytis & Salvatore J. Stolfo, "Ethics in Security Vulnerability Research", *IEEE Security & Privacy* 8(2), 2010, p. 69.

156 HackerOne, *The 2021 Hacker Report*, 2021, p. 6.

157 Edwin Foudil & Yakov Shafranovich, "A File Format to Aid in Security Vulnerability Disclosure draft–foudil–securitytxt–12", Internet Engineering Task Force(IETF), Internet Society(ISOC), 2021.

158 Amy Woszczynski, Andrew Green, Kelly Dodson & Peter Easton, "Zombies, Sirens, and Lady Gaga - Oh My! Developing a Framework for Coordinated Vulnerability Disclosure for U.S. Emergency Alert Systems", *Government Information Quarterly* 37, 2020, p. 2.

159 최재현, 이후진, "취약점 관리시스템을 이용한 주요정보통신기반시설 보안취약점 관리 방안", 『전자공학회논문지』 제57권 제6호, 대한전자공학회, 2020, 41면.

160 Thomas W. Dunfee, "Do Firms with Unique Competences for Rescuing Victims of Human Catastrophes Have Special Obligations?", *Journal of Business Ethics* 38(4), 2002, pp. 381–393.

161 Abdullah M. Algarni & Yashwant K. Malaiya, "Software Vulnerability Markets: Discoverers and Buyers", *International Journal of Computer, Information Science and Engineering* 8(3), 2014, p. 72.

162 Hasan Cavusoglu, Huseyin Cavusoglu & Srinivasan Raghunathan, "Efficiency of Vulnerability Disclosure Mechanisms to Disseminate Vulnerability Knowledge", *IEEE Transactions on Software Engineering* 33(3), 2007, p. 183.

163 성봉근, “Cyber 상의 위험과 재난에 대한 제어국가의 법적 규제-4차산업혁명 시대의 사이버 보안을 중심으로-”, 『유럽헌법연구』 제33호, 유럽헌법학회, 2020, 552-553면.

164 박혜성, 권헌영, “한국 버그 바운티 프로그램의 제도적인 문제점과 해결방안”, 『한국IT서비스학회지』 제18권 제5호, 2019, 55면.

165 Brent Wible, “A Site Where Hackers Are Welcome: Using Hack-in Contests to Shape Preferences and Deter Computer Crime”, *Yale Law Journal* 112(6), 2003, pp. 1593-1594.

166 Netscape, “Netscape Announces Netscape Bug Bounty with Release of Netscape Navigator 2.0 Beta”, 1995.10.10. https://web.archive.org/web/199705 01041756/www101.netscape.com/newsref/pr/newsrelease48.html (접속일 2021.04. 02. 02:14).

167 Alex Rice는 2016년 10월 4일 트위터를 통해 “Get a bug if you find a bug”라는 1983년 Hunter & Ready 사의 광고문을 게시하며 최초의 버그바운티 사례일 수 있음을 제시하였다. https://twitter.com/senorarroz/status/783093421204393985/photo/1 (접속일: 2021.04.02. 05:24).

168 Roger A. Grimes, “Should we pay hackers to find bugs?”, 2009.04.17. CSO, https://www.csoonline.com/article/2632324/should-we-pay-hackers-to-find-bugs-.html (접속일: 2021.05.06. 23:22).

169 HackerOne, *The 2021 Hacker Report*, 2021, p. 2.

170 Mingyi Zhao, Jens Grossklags & Peng Liu, “An empirical study of web vulner-ability discovery ecosystems”, in *the Proceedings of the 22nd ACM SIGSAC Conference on Computer and Communications*, 2015, pp. 1105-1117.

171 Netherland NCSC, “Coordinated Vulnerability Disclosure: The Guideline”, 2018, pp. 13-14.

172 Google, “Vulnerability Reward Program Rules”, https://www.google.com/about/appsecurity/reward-program/ (접속일: 2021.05.27. 22:01).

173 Anna Hupa, “Vulnerability Reward Program: 2020 Year in Review”, Google Security, 2021.02.04. https://security.googleblog.com/2021/02/vulnerability-reward-program-2020-year.html (접속일: 2021.05.27. 22:34).

174 Google Bughunter University, https://sites.google.com/site/bughunteruniver-sity/improve (접속일: 2021.05.27. 22:04).

175 Facebook Whitehat, https://www.facebook.com/whitehat (접속일: 2021.05.27. 22:09).

176 Microsoft Bug Bounty, https://www.microsoft.com/ko-kr/msrc/bounty?rtc=1 (접속일: 2021.05.27. 22:11).

177 The Yandex Bug Bounty, https://yandex.com/bugbounty/ (접속일: 2021.05.27. 22:06).

178 Aaron Yi Ding, Gianluca Limon De Jesus & Marjin Janssen, "Ethical Hacking for Boosting IoT Vulnerability Management: A First Look into Bug Bounty Programs and Responsible Disclosure", in *the ACM Proceedings of the Eighth International Conference on Telecommunications and Remote Sensing(ICTRS)*, 2019, p. 54.

179 Douglas A. Barnes, "Deworming the Internet", *Texas Law Review* 83(1), 2004, pp. 322-325.

180 박지희, 이현진, 이동연, "보안취약점 신고포상제를 통해 알아본 놓치기 쉬운 취약점 사례별 대응방안", 『기술문서』 2021-02, 한국인터넷진흥원, 2021, 2면.

181 길민권, "사이버 보안 경연대회 'K-사이버 시큐리티 챌린지' 36개 팀 수상", 데일리시큐 2021.03.26. https://www.dailysecu.com/news/articleView.html?idxno=117873 (접속일: 2021.04.18. 03:21).

182 Uldis Ķinis, "From Responsible Disclosure Policy (RDP) towards State Regulated Responsible Vulnerability Disclosure Procedure (hereinafter - RVDP): The Latvian approach", *Computer Law & Security Review* 34(3), 2018, p. 522.

183 Maddie Stone, "The State of 0-day In-the-Wild Exploitation: A Year in Review of 0-days used In-the-Wild in 2020", *USENIX Enigma*, 2021.

184 Ang Cui, "The Overlooked Problem of 'N-Day' Vulnerabilities", DARK Reading, 2018.03.26.

185 Catalin Cimpanu, "Google: Proper patching would have prevented 25% of all zero-days found in 2020", 2021.02.03. ZDNet, https://www.zdnet.com/article/google-proper-patching-would-have-prevented-25-of-all-zero-days-found-in-2020/ (접속일: 2021.04.22. 04:52).

186 Thomas W. Dunfee, "The World is Flat in the Twenty-First Century: A Response to Hasnas", *Business Ethics Quarterly* 17(3), 2007, pp. 427-431.

187 조홍식, "리스크 법 - 리스크관리체계로서의 환경법-", 『서울대학교 법학』 제43권 제4호, 서울대학교 법학연구소, 2002, 126면.

188 과학기술정보통신부, 『K-사이버방역 추진전략』, 2021, 34면.

189 Hasan Cavusoglu, Huseyin Cavusoglu & Srinivasan Raghunathan, "Efficiency of Vulnerability Disclosure Mechanisms to Disseminate Vulnerability Knowledge", *IEEE Transactions on Software Engineering* 33(3), 2007, p. 174.

190 Scott R. Peppet, "Regulating the Internet of Things: First Steps Toward Managing Discrimination, Privacy, Security, and Consent", *Texas Law Review* 93(1), 2014, p. 158.

191 대법원 1969. 7. 29. 선고 69마400 결정.

192 김혜성, "행정상 공표의 법적 쟁점: 행정의 실효성 확보수단으로서 위반사실의 공표를 중심으로", 『법제』 2014(5), 법제처, 2014, 104면.

193 의정부지법 고양지원 2006. 2. 10. 선고 2004가합5723 판결.

194 박효근, "행정질서벌의 체계 및 법정책적 개선방안", 『법과 정책연구』 제19권 제1호, 한국법정책학회, 2019, 57면.

195 이동찬, "이행강제금에 관한 연구－일반법제정을 중심으로－", 『토지공법연구』 제69집, 한국토지공법학회, 2015, 76－77면.

196 U.S. DHS, *The Future of Smart Cities: Cyber－Physical Infrastructure Risk*, 2015, p. 42.

197 Escola v. Coca Cola Bottling Co., 24 Cal. 2d 453, 150 P.2d 436 (1944).

198 OECD, *Enhancing the Role of Insurance in Cyber Risk Management*, 2017, pp. 60－62.

199 Albert Bandura, "Selective Activation and Disengagement of Moral Control", *Journal of Social Issues* 46(1), 1990, pp. 36－37.

200 Nathan Alexander Sales, "Regulating Cyber－Security", *Northwestern University Law Review* 107(4), 2013, p. 1546.

201 Yu－qing Zhang, Shu－ping Wu. Qi－xu Liu & Fang－fang Liang, "Design and implementation of national security vulnerability database", *Journal on Communications* 32(6), 2011, pp. 93－100.

202 노영화, "주요 국가의 위해정보수집제도에 관한 연구", 『소비자문제연구』 제30호, 한국소비자원, 2006, 111면.

203 Steve Van Till, *The Five Technological Forces Disrupting Security: How Cloud, Social, Mobile, Big Data and IoT are Transforming Physical Security in the Digital Age*, Butterworth－Heinemann, 2017, p. 106.

204 RiskSense, *The Dark Reality of Open Source: Through the Lens of Threat and Vulnerability Management*, RiskSense Spotlight Report, 2020, p. 10.

205 *Id.* p. 12.

206 *Id.* p. 13.

207 *Id.* p. 18.

208 제20대 국회 국정감사, "과학기술정보방송통신위원회회의록", 2018.10.10., 27－28면.

209 Hans de Bruijn & Marjin Janssen, "Building Cybersecurity Awareness: The Need for Evidence－based Framing Strategies", *Government Information Quarterly* 34(1), 2017, p. 4.

210 Melissa E. Hathaway & John E. Savage, "Stewardship of Cyberspace: Duties for Internet Service Providers", *Cyber Dialogue 2012*, Canada Center for Global

Security Studies, Munk School of Global Affairs, University of Toronto, 2012, p. 6.

211 Mahesh V. Tripunitara, "2nd Workshop on Research with Security Vulnerability Databases", AT&T Labs and CERIAS, Purdue University, 1999.

212 David E. Mann & Steve M. Christey, "Towards a Common Enumeration of Vulnerabilities", The MITRE Corporation, 1999.01.08. https://cve.mitre.org/docs/docs-2000/cerias.html (접속일: 2021.05.28. 11:11).

213 William Jackson, "NIST relaunches database of IT vulnerabilities", 2005.08.19. GCN, https://gcn.com/articles/2005/08/19/nist-relaunches-database-of-it-vulnerabilities.aspx (접속일: 2021.05.28. 04:22).

214 이에 따라 일본은 자체 번호체계로 JVN#0000000의 방식을 활용하고 있다. Japan JPCERT/CC, IPA, "Japan Vulnerability Notes", https://jvn.jp (접속일: 2021.05.28. 23:07).

215 China CNITSEC, "国家信息安全漏洞库", http://www.cnnvd.org.cn/web/xxk/gyCnnvdJs.tag (접속일: 2021.05.28. 23:29).

216 Google Project Zero, "0day In the Wild", https://docs.google.com/spread-sheets/d/1lkNJ0u QwbeC1ZTRrxdtuPLCIl7mlUreoKfSIgajnSyY/view#gid=0 (접속일: 2021.04.27. 23:21).

217 Vulncode-DB, https://www.vulncode-db.com/ (접속일: 2021.05.28. 11:48).

218 Gu Yun-Hua & Li Pei, "Design and Research on Vulnerability Database", in *the Proceedings of 2010 Third International Conference on Information and Computing*, IEEE, 2010, p. 212.

219 Su Zhang, Xinming Ou & Doina Caragea, "Predicting Cyber Risks through National Vulnerability Database", *Information Security journal: A Global Perspective* 24, 2015, p. 195.

220 Mariarosaria Taddeo, "Is Cybersecurity a Public Good?", *Minds and Machines* 29, 2019, p. 352.

221 과학기술정보통신부, 『K-사이버방역 추진전략』, 2021, 9면.

222 Sara Sun Beale & Peter Berris, "Hacking the Internet of Things: Vulnerabilities, Dangers, and Legal Responses", *Duke Law & Technology Review* 16(1), 2018, pp. 201-202.

223 선지원, "디지털 전환 시대 사이버 안보법의 공법적인 의미-독일법의 규율을 중심으로-", 『법학논총』 제36권 제4호, 한양대학교 법학연구소, 2019, 526면.

224 Carl Sabottke, Octavian Suciu & Tudor Dumitraş, "Vulnerability Disclosure in the Age of Social Media: Exploiting Twitter for Predicting Real-World Exploits", in *the Proceedings of the 24th USENIX Security Symposium*, 2015, p. 1054.

225 오일석, "미국 정보기관 제로데이 취약성 대응 활동의 법정책적 시사점", 『미국헌법연구』 제30권 제2호, 미국헌법학회, 2019, 171면.

226 Willis H. Ware, "Security and Privacy in Computer Systems", in *the Proceedings of the Spring Joint Computer Conference(AFIPS '67(Spring))*, 1967, p. 281.

227 산업통상자원부, 한국바이오협회, 『병원체 국가안전관리제도 안내: 생물작용제 및 독소, 고위험병원체, 가축전염병 병원체』, 2019, 4－16면.

228 김동진, 조성제, "국가 DB 기반의 국내외 보안취약점 관리체계 분석", 『Internet and Information Security』 제1권 제2호, 한국인터넷진흥원, 2010, 141면.

229 Su Zhang, Doina Caragea & Xinming Ou, "An Empirical Study on Using the National Vulnerability Database to Predict Software Vulnerabilities", in *the Proceedings of the International Conference on Database and Expert Systems Applications(DEXA 2011: Database and Expert Systems Applications)*, 2011, p. 228.

230 Zhen Li & Qi Liao, "Economic Solutions to Improve Cybersecurity of Governments and Smart Cities via Vulnerability Markets", *Government Information Quarterly* 35, 2018, p. 157.

231 Carl Sabottke, Octavian Suciu & Tudor Dumitraş, "Vulnerability Disclosure in the Age of Social Media: Exploiting Twitter for Predicting Real－World Exploits", in *the Proceedings of the 24th USENIX Security Symposium*, 2015, p. 1054.

232 김동진, 조성제, "국가 DB 기반의 국내외 보안취약점 관리체계 분석", 『Internet and Information Security』 제1권 제2호, 한국인터넷진흥원, 2010, 140면.

233 Lillian Ablon & Andy Bogart, *Zero Days, Thousands of Nights: The Life and Times of Zero－Day Vulnerabilities and Their Exploits*, Rand Corporation, 2017, p. 51.

234 FIRST, "Common Vulnerability Scoring System version 3.1 Specification Document", 2019, pp. 6－19.

235 Jeffrey Martin, "Is CVSS the Right Standard for Prioritization?", 2020.05.06. DARKReading.com. (접속일: 2021.05.18. 16:17).

236 김민철 외, "공개 취약점 정보를 활용한 소프트웨어 취약점 위험도 스코어링 시스템", 『정보보호학회논문지』 제28권 제6호, 한국정보보호학회, 2018, 1453－1456면.

237 Laurent Gallon, "On the Impact of Environmental Metrics on CVSS Scores", in *the Proceedings of the 2010 IEEE Second International Conference on Social Computing*, 2010, p. 992.

238 U.S. NSA, "Patch Critical Cryptographic Vulnerability in Microsoft Windows Clients and Servers", 2020.01.14.

239 KrebsOnSecurity, "Cryptic Rumblings Ahead of First 2020 Patch Tuesday", 2020.01.13. https://krebsonsecurity.com/2020/01/cryptic-rumblings-ahead-of-first-2020-patch-tuesday/ (접속일: 2021.05.18. 16:37).

240 Julian E. Barnes & David E. Sanger, "N.S.A. Takes Step Toward Protecting World's Computers, Not Just Hacking Them", 2020.01.14. The New York Times, https://www.nytimes.com/2020/01/14/us/politics/nsa-microsoft-vulnerability.html (접속일: 2021.05.18. 16:54).

241 Jeff Kosseff, "Defining Cybersecurity Law", *Iowa Law Review* 103(3), 2018, p. 1025.

242 Richard A. Clarke et al. *Liberty and Security in a Changing World*, The President's Review Group on Intelligence and Communications Technologies, 2014, pp. 219-220.

243 사이버안보와 개인정보권의 법익형량 원칙과 방법을 면밀히 검토·제안하고 균형을 확보하기 위해 필요한 구체적인 과제들을 제시한 연구로 다음을 참고: 김법연, "사이버安保法制에 있어 個人情報權 制限의 基準과 限界", 박사학위 논문, 고려대학교, 2020, 214-232면.

244 Ari Schwartz & Rob Knake, *Government's Role in Vulnerability Disclosure: Creating a Permanent and Accountable Vulnerability Equities Process*, Harvard Kennedy School Belfer Center, 2016, p. 13.

245 Ari Schwartz & Rob Knake, *Government's Role in Vulnerability Disclosure: Creating a Permanent and Accountable Vulnerability Equities Process*, Harvard Kennedy School Belfer Center, 2016, pp. 16-17.

246 Loi n° 91-646 du 10 juillet 1991 relative au secret des correspondances émi-ses par la voie des communications électroniques.

247 프랑스 감청법제와 감독체계 변화에 관한 보다 자세한 내용은 여은태, "프랑스의 통신제한 법제와 그 시사점", 『법학논총』 제35권 제1호, 한양대학교 법학연구소, 2018, 56-69면 참조.

248 France CNCTR, "Présentation", https://www.cnctr.fr/2_presentation.html#le-college (접속일: 2021.05.19. 23:43).

249 서보국 외, 『독립행정기관의 설치·관리에 관한 연구』, 2012, 한국법제연구원, 129면.

250 *Id.* 141-142면.

251 *Id.* 173면.

252 정문식, 정호경, "정보기관의 해외통신정보활동에 대한 헌법적 한계-독일연방정보원법(BNDG) 위헌결정에 나타난 위헌심사기준과 내용을 중심으로-", 『공법연구』 제49권 제3호, 한국공법학회, 2021, 152면.

253 Rupinder K. Garcha, "NITs a No-Go: Disclosing Exploits and Technological Vulnerabilities in Criminal Cases", *New York University Law Review* 93(4), 2018, p. 863.

254 *Id.* pp. 857-862.

255 Steven J. Heyman, "The First Duty of Government: Protection, Liberty and the Fourteenth Amendment", *Duke Law Journal* 41, 1991, p. 545.

256 Robert D. Williams, "(Spy) Game Change: Cyber Networks, Intelligence Collection, and Covert Action", *The George Washington Law Review* 79(4), 2011, p. 1200.

257 Owen M. Fiss, "Forward: The Forms of Justice", *Harvard Law Review* 93(1), 1979, p. 38.

258 이러한 현상은 비단 국가와 시민 간의 공적 관계뿐만 아니라 거대 데이터 기업과 이용자의 관계에서도 나타난다. 개인의 신상정보, 행태와 습관 등을 데이터로 체화시켜 이를 관리함으로써 개인을 통제하고 감시하며 나아가 생각이나 행동을 조작할 수도 있게 되는 이른바 감시자본주의(surveillance capitalism)의 탄생이다. 자세한 내용은 다음을 참고: Shoshana Zuboff, "Big other: surveillance capitalism and the prospects of an information civilization", *Journal of Information Technology* 30(1), 2015, pp. 84-85.

259 Richard A. Clarke et al., *Liberty and Security in a Changing World*, The President's Review Group on Intelligence and Communications Technologies, 2014, pp. 108-115.

260 Mark M. Jaycox, "No Oversight, No Limits, No Worries: A Primer on Presidential Spying and Executive Order 12,333", *Harvard National Security Journal* 12(1), 2021, p. 104.

261 Richard A. Posner, "Privacy, Surveillance, and Law", *The University of Chicago Law Review* 75(1), 2008, p. 258.

262 Charles R. Tittle, "Deterrents or Labeling?", *Social Forces* 53(3), 1975, p. 408.

263 Royal United Services Institute, *A Democratic Licence to Operate*, Report of the Independent Surveillance Review, 2015, pp. 104-105.

264 서정범, 김연태, 이기춘, 『경찰법연구』, 세창출판사, 2012, 199면.

265 Rick Ledgett, "No, the U.S. Government Should Not Disclose All Vulnerabilities in Its Possession", Lawfare, 2017.08.07. https://www.lawfareblog.com/no-us-government-should-not-disclose-all-vulnerabilities-its-possession (접속일: 2021.05.03. 12:06).

266 문가용, "NSA와 CIA의 비밀 도구 공개되면서 사이버전 수준 올라갔다", 2019.11.22. 보안뉴스, https://www.boannews.com/media/view.asp?idx=84706 (접속일: 2021.

05.28. 16:47).

267 Rick Ledgett, "No, the U.S. Government Should Not Disclose All Vulnerabilities in Its Possession", Lawfare, 2017.08.07. https://www.lawfareblog.com/no-us-government-should-not-disclose-all-vulnerabilities-its-possession (접속일: 2021.05.03. 12:06).

268 Richard A. Posner, "Privacy, Surveillance, and Law", *The University of Chicago Law Review* 75(1), 2008, p. 258.

269 Royal United Services Institute, *A Democratic Licence to Operate*, Report of the Independent Surveillance Review, 2015, pp. 104-105.

270 백승기, 『정책학원론(제3판)』, 대영문화사, 2010, 119면.

271 윤상필, 한재혁, 권헌영, 이상진, "심층암호 증거물 압수수색의 법적 한계와 개선방안", 『법조』 제69권 제6호, 법조협회, 2020, 215면.

272 Rupinder K. Garcha, "NITs a No-Go: Disclosing Exploits and Technological Vulnerabilities in Criminal Cases", *New York University Law Review* 93(4), 2018, p. 863.

273 William B. Black, Jr. "Thinking Out Loud about Cyberspace", *Cryptolog*, National Security Agency, 1997, p. 2.

274 Christopher G. Reddick, Akemi Takeoka Chatfield & Patricia A. Jaramillo, "Public Opinion on National Security Agency Surveillance Programs: A Multi-Method Approach", *Government Information Quarterly* 32(2), 2015, p. 138.

275 국가안보를 이유로 분류한 기밀이 시대나 관점, 상황 등에 따라 안보를 침해할 우려가 적은 때도 있을 수 있고 일부 기밀성이 인정된다더라도 비밀로 함으로써 얻는 국익보다 국민의 알 권리를 제한해 초래될 수 있는 대내적 손실이 더 크거나 대외적으로 우리나라의 국위 선양을 크게 저해하는 결과를 초래할 수 있다. 이러한 점에서 기록을 관리하고 이에 대한 국민의 알 권리를 보장하는 조치는 헌법상 요구되는 의무이면서도 충분히 합리적인 제도라고 할 수 있다. 위와 같은 결정에 관한 자세한 사항은 헌법재판소 1999. 2. 25. 선고 89헌가104 결정 참고.

276 이상민, "외국의 공공기록정보 공개제도", 『기록보존』 제17호, 국가기록원, 2004, 56면.

277 김근태, "미국의 비밀기록관리제도에 관한 연구: 대통령의 행정명령(EO)을 중심으로", 『기록학연구』 제89권, 한국기록학회, 2019, 175면.

278 U.S. The President Executive Order 13526 §1.2(a).

279 U.S. Information Security Oversight Office, "The President Executive Order 13526", 2009, https://www.archives.gov/isoo/policy-documents/cnsi-eo.html (접속일: 2021.06.18. 11:15).

280 U.S. National Archives, "Interagency Security Classification Appeals Panel", https://www. archives.gov/declassification/iscap (접속일: 2021.06.18. 11:18).

281 곽건홍, "특수기록관 비공개기록의 이관에 관한 연구", 『기록학연구』 제42권, 한국기록학회, 2014, 358－359면.

282 김근태, "미국의 비밀기록관리제도에 관한 연구: 대통령의 행정명령(EO)을 중심으로", 『기록학연구』 제89권, 한국기록학회, 2019, 199－200면.

283 *Id.* 202면.

284 서울행정법원 2020. 7. 24. 선고 2019구합74799 판결.

285 헌법재판소 2009. 9. 24. 선고 2007헌바17 결정.

286 프랑스의 국가정보기술통제위원회는 2015년부터 매년 현상과 전망, 당해 국내 감청 등 기술 활용 요청 수와 목적 및 승인 대상 수, 국외 대상 요청 수와 검토 결과, 사후 감독 등 통제 내역 및 관계기관의 개선 노력 등을 포함한 활동 보고서를 공개하고 있다. 많은 사회적 논의가 필요하겠지만 장기적으로는 우리 공동체의 지지와 신뢰 기반을 확보할 수 있는 형태로 발전해 나갈 수 있어야 할 것이다.

287 Ari Schwartz & Rob Knake, *Government's Role in Vulnerability Disclosure: Creating a Permanent and Accountable Vulnerability Equities Process*, Harvard Kennedy School Belfer Center, 2016, p. 16.

288 Ben Golder & George Williams, "Balancing national security and human rights: Assessing the legal response of common law nations to the threat of terror－ism", *Journal of Comparative Policy Analysis* 8(1), 2006, p. 55.

289 Scott J. Shackelford, "Toward Cyberpeace: Managing Cyberattacks through Polycentric Governance", *American University Law Review* 62(5), 2013, pp. 1360－1364.

290 정근모 외, 『과학기술 위험과 통제시스템』, 과학기술정책연구원, 2001, 29면.

291 국가정보원 외, 『2018 국가정보보호백서』, 2018, 396면.

292 제20대 국회 국정감사, "과학기술정보방송통신위원회회의록", 2018.10.15. 15면.

293 Rob Joyce, "Disrupting Nation State Hackers", *USENIX Enigma* 2016, https://www.usenix.org/conference/enigma2016/conference－program/presentation/joyce (접속일: 2021.05.02. 20:09).

294 $(ISC)^2$, *Cybersecurity Professionals Stand Up to a Pandemic*, $(ISC)^2$ Cybersecurity Workforce Study, 2020, p. 14.

295 *Id.* p. 16.

296 *Id.* p. 42.

297 ISO/IEC/IEEE. *Systems and software engineering－Vocabulary*, ISO/IEC/IEEE 24765, 2017, p. 203.

298 HackerOne, *The 2021 Hacker Report*, 2021, p. 3.

299 *Id.* p. 4.

300 HackerOne, *The 2018 Hacker Report*, 2018, p. 24.

301 Keman Huang, Michael Siegel & Stuart Madnick, *Cybercrime-as-a-Service: Identifying Control Points to Disrupt*, Working Paper CISL 2017-17, MIT Sloan School, 2017.

302 Stephen Levy(박재호, 이해영 옮김), 『해커스: 세상을 바꾼 컴퓨터 천재들』, 한빛미디어, 2013, 593면.

303 Jukka Ruohonen, Sami Hyrynsalmi & Ville Leppănen, "Trading exploits online: A preliminary case study", in *the Proceedings of 2016 IEEE Tenth International Conference on Research Challenges in Information Science (RCIS)*, 2016, p. 11.

304 김동욱, 성욱준, "스마트시대 정보보호정책에 관한 연구", 『정보보호학회논문지』 제22권 제4호, 한국정보보호학회, 2012, 897면.

305 류현숙, 『ICT 융합환경에 적합한 사이버 보안정책 및 거버넌스 연구: 인증제도를 중심으로』, 한국행정연구원, 2015, 81면.

306 Brent Wible, "A Site Where Hackers Are Welcome: Using Hack-in Contests to Shape Preferences and Deter Computer Crime", *Yale Law Journal* 112(6), 2003, pp. 1591-1592.

307 Laura M. Westhoff, "The Popularization of Knowledge: John Dewey on Experts and American Democracy", *History of Education Quarterly* 35(1), 1995, pp. 44-45.

308 Stephen Turner, "What is the Problem with Experts?", *Social Studies of Science* 31(1), 2001, p. 123.

309 김문조, "기술 시대의 위험에 관한 사회과학적 진단", 『사회와 이론』 통권 제13집, 한국이론사회학회, 2008, 38면.

310 *Id.* 38-39면.

311 *Id.* 32면.

312 손경호, "검색만으로도...해킹에 노출된 청소년들", 2013.05.23. ZDNet Korea, https://zdnet.co.kr/view/?no=20130523092037 (접속일: 2021.05.26. 13:08).

313 권준, ""조선일보 전광판 중학생한테 다 털렸죠?" 잡고 보니 역시 중학생이었다", 2020.12.13. 보안뉴스, https://www.boannews.com/media/view.asp?idx=93369 (접속일: 2021.06.26. 13:10).

314 김동우, 채승완, 류재철, "국내 정보보호 교육체계 연구", 『정보보호학회논문지』 제23권 제3호, 한국정보보호학회, 2013, 556면.

315 James H. Moor, "What is Computer Ethics?", *Metaphilosophy* 16(4), 1985, p. 266.

316 *Id.* pp. 267-268.

317 Langdon Winner, *Autonomous Technology: Technics–out–of–Control as a Theme in Political Thought*, Cambridge, Massachusetts: The MIT Press, 1978, p. 327.

318 김태희, "정보보안전공 대학생을 위한 보안 윤리의식 분석 및 교육 방안", 『한국콘텐츠학회논문지』 제17권 제4호, 한국콘텐츠학회, 2017, 600면.

319 *Id.* 603면.

320 U.S. NICCS, "NICCS Education and Training Catalog", https://niccs.cisa.gov/training/search? keyword=ethic&distance%5Bvalue%5D=&distance%5Bsource_configuration%5D%5Borigin_address%5D=&auto_detect=0&items_per_page=20&map–view=1&&page=4 (접속일: 2021.05.26. 21:51).

321 サイバーセキュリティ人材の育成に関する施策間連携ワーキンググループ, 『サイバーセキュリティ人材の育成に関する施策間連携ワーキンググループ報告書~戦略マネジメント層」の育成・定着に向けて~』, 2018, p. 3

322 이재림, "국정원, 지역 대학생 모아 '착한 해커' 키운다", 연합뉴스 2021.03.22. https://www.yna.co.kr/view/AKR20210322010200063 (접속일: 2021.05.26. 21:57).

323 ACM, "ACM Code of Ethics and Professional Conduct", 2018, https://www.acm.org/code–of–ethics (접속일: 2021.05.26. 22:22).

324 IEEE–CS/ACM, "Code of Ethics", 1999, https://www.computer.org/education/code–of–ethics (접속일: 2021.05.26. 22:35).

325 Don Gotterbarn, Keith Miller & Simon Rogerson, "Software engineering code of ethics", *Communications of the ACM* 40(11), 1997.

326 Walter Maner, "Unique Ethical Problems in Information Technology", *Science and Engineering Ethics* 2(2), 1996, pp. 145–146.

327 Langdon Winner, *Autonomous Technology: Technics–out–of–Control as a Theme in Political Thought*, Cambridge, Massachusetts: The MIT Press, 1978, p. 284.

328 Michael Davis, "Thinking Like an Engineer: The Place of a Code of Ethics in the Practice of a Profession", *Philosophy and Public Affairs* 20(2), 1991, p. 153.

329 권헌영, "인터넷규제를 위한 규범형성의 과제", 『토지공법연구』 제46집, 한국토지공법학회, 2009, 229면.

330 보안업체 Fortinet의 조사에 따르면 Windows Embedded POS Ready 2009를 사용하는 POS들이 다수 확인되었다. 해당 운영체제는 원격 데스크톱 보안취약점으로 알려진 CVE 2019–0708을 통해 임의의 코드 실행 등의 공격을 당할 수 있다. 자세한 내용은 다음을 참고: Fortinet, "현직 화이트해커가 밝히는 해커들의 정보 해킹 방법", 포티가드 리포트, 2021, 7면.

331 Melissa E. Hathaway, "Leadership and Responsibility for Cybersecurity", *Georgetown*

Journal of International Affairs, 2012, p. 78.

332 법제처,『법령 입안 심사 기준』, 2020, 307면.

333 *Id*, 309면.

334 황성현, "한국의 기금제도: 현황, 문제점 및 정책방향",『재정논집』 제18권 제1호, 한국재정학회, 2003, 131－132면.

335 Peter T. Leeson & Christopher J. Coyne, "The Economics of Computer Hacking", *Journal of Law, Economics & Policy* 1(2), 2005, p. 527.

336 Luca Allodi, "Economic Factors of Vulnerability Trade and Exploitation", in *the Proceedings of the 2017 ACM SIGSAC Conference on Computer and Communications Security(CCS '17)*, 2017, p. 1495.

337 Yannis Stamatiou et al., *Analysis of Legal and Illegal Vulnerability Markets and Specification of the Data Acquisition Mechanisms*, SAINT Consortium, 2017, p. 27.

338 Charlie Miller, "The Legitimate Vulnerability Market: Inside the Secretive World of 0－day Exploit Sales", Independent Security Evaluators, 2007, p. 3.

339 레몬시장(Market for Lemons)이란 판매자가 우위를 가진 상태에서 구매자가 정보를 제대로 얻을 수 없고 그러한 정보의 비대칭성으로 인해 가치가 낮은 상품을 선택할 수밖에 없는 구조를 의미한다. George A. Akerlof, "The Market for "Lemons": Quality Uncertainty and the Market Mechanism", *The Quarterly Journal of Economics* 84(3), 1970, pp. 489－492.

340 Zhen Li & Qi Liao, "Harnessing Uncertainty in Vulnerability Market", in *the Proceeding of the 2018 27th International Conference on Computer Commu－nication and Networks (ICCCN)*, IEEE, 2018. p. 3.

341 Yannis Stamatiou et al., *Analysis of Legal and Illegal Vulnerability Markets and Specification of the Data Acquisition Mechanisms*, SAINT Consortium, 2017, p. 27.

342 Kenneth G. Dau－Schmidt, "An Economic Analysis of the Criminal Law as a Preference Shaping Policy", *Duke Law Journal* 1990(1), 1990, pp. 14－22.

343 Robert Bloomfield & Maureen O'Hara, "Market Transparency: Who Wins and Who Loses?" *Review of Financial Studies* 12(1), 1999, pp. 5－35.

344 Thomas Maillart, Mingyi Zhao, Jens Grossklags & John Chuang, "Given Enough Eyeballs, All Bugs are Shallow? Revisiting Eric Raymond with Bug Bounty Programs", *Journal of Cybersecurity* 3(2), 2017, p. 88.

345 *Id*. p. 89.

346 Peter T. Leeson & Christopher J. Coyne, "The Economics of Computer Hacking",

Journal of Law, Economics & Policy 1(2), 2005, p. 527.

347 고인석, "정보보호산업의 활성화를 위한 법제도적 개선방안에 관한 연구", 『입법학연구』 제17집 제1호, 한국입법학회, 2020, 94면.

348 정형근, 『행정법(제4판)』, 피앤씨미디어, 2015, 154-155면.

349 Jay P. Kesan & Carol M. Hayes, "Bugs in the Market: Creating a Legitimate, Transparent, and Vendor-focused Market for Software Vulnerabilities", *Arizona Law Review* 58(3), 2016, p. 802.

350 Luca Allodi, "Economic Factors of Vulnerability Trade and Exploitation", *in the CCS '17: Proceedings of the 2017 ACM SIGSAC Conference on Computer and Communications Security*, 2017, p. 1494.

351 오일석, "미국 정보기관 제로데이 취약성 대응 활동의 법정책적 시사점", 『미국헌법연구』 제30권 제2호, 미국헌법학회, 2019, 169-170면.

352 Shehroze Farooqi et al., "Characterizing Key Stakeholders in an Online Black-Hat Marketplace", in *the Proceedings of 12th IEEE/APWG Symposium on Electronic Crime Research (eCrime 2017)*, 2017, p. 11.

353 Donna Leinwand Legar, "How FBI brought down cyber-underworld site Silk Road", 2013.10.21. USA Today, https://www.usatoday.com/story/news/nation/2013/10/21/fbi-cracks-silk-road/2984921/ (접속일: 2021.05.27. 17:15).

354 Paul N. Stockton & Michele Golabek-Goldman, "Curbing the Market for Cyber Weapons", *Yale Law and Policy Review* 32(1), 2013, pp. 265-266.

355 Keman Huang, Michael Siegel & Stuart Madnick, *Cybercrime-as-a-Service: Identifying Control Points to Disrupt*, Working Paper CISL 2017-17, MIT Sloan School, 2017, p. 34.

356 Zhen Li & Qi Liao, "Harnessing Uncertainty in Vulnerability Market", in *the Proceeding of the 2018 27th International Conference on Computer Communication and Networks (ICCCN)*, IEEE, 2018. p. 9.

357 Paul N. Stockton & Michele Golabek-Goldman, "Curbing the Market for Cyber Weapons", *Yale Law and Policy Review* 32(1), 2013, pp. 261-262.

358 Mingyi Zhao, Aron Laszka & Jens Grossklags, "Devising Effective Policies for Bug-Bounty Platforms and Security Vulnerability Discovery", *Journal of Information Policy* 7, 2017, p. 409.

359 Andy Ozment, "Bug Auctions: Vulnerability Markets Reconsidered", in *the Third Workshop on the Economics of Information Security*, 2004, p. 21.

360 Dan Geer, "Keynote: Cybersecurity as Realpolitik", in *the Black Hat 2014*, 2014.

361 Taiwo A. Oriola, "Bugs for Sale: Legal and Ethical Proprieties of the Market in Software Vulnerabilities", *John Marshall Journal of Computer & Information Law* 28(4), 2011, pp. 521–522.

362 Mailyn Fidler, "Regulating the Zero–Day Vulnerability Trade: A Preliminary Analysis", *A Journal of Law and Policy for the Information Society* 11(2), 2015, p. 482.

363 Esther Gal–Or & Anindya Ghose, "The Economic Incentives for Sharing Security Information", *Information Systems Research* 16(2), 2005, p. 186.

364 OECD, *Enhancing the Digital Security of Products: A Policy Discussion*, OECD Digital Economy Papers 306, 2021, p. 80.

365 Jukka Ruohonen, Sami Hyrynsalmi & Ville Leppănen, "Trading exploits online: A preliminary case study", in *the Proceedings of 2016 IEEE Tenth International Conference on Research Challenges in Information Science (RCIS)*, 2016, p. 10.

366 Stephen Haggard & Beth A. Simmons, "Theories of International Regimes", *International Organization* 41(3), 1987, p. 517.

367 Langdon Winner, *The Whale and the Reactor: A Search for Limits in an Age of High Technology*, Chicago: The University of Chicago Press, 1986, p. 56.

368 OECD, *Encouraging Vulnerability Treatment: Responsible management, handling and disclosure of vulnerabilities*, DSTI/CDEP/SDE(2020)3/FINAL, 2021, p. 78.

369 Ben Buchanan, *The Hacker and the State: Cyber Attacks and the New Normal of Geopolitics*, Cambridge, MA: Harvard University Press, 2020, p. 318.

370 Mailyn Fidler, "Regulating the Zero–Day Vulnerability Trade: A Preliminary Analysis", *A Journal of Law and Policy for the Information Society* 11(2), 2015, p. 483.

371 CBC, "Canada and China sign no–hacking agreement to protect trade secrets", 2017.06.26. https://www.cbc.ca/news/politics/canada–china–no–hacking–agreement–1.4178177 (접속일: 2021.04.24. 16:24).

372 Joseph S. Nye, *Normative Restraints on Cyber Conflict*, Harvard Kennedy School Belfer Center, 2016, pp. 25–26.

373 Wassenaar Arrangement on Export Controls for Conventional Arms and Dual–Use Goods and Technologies, PUBLIC DOCUMENTS Volume I Founding Documents, 2019, p. 4.

374 Paul N. Stockton & Michele Golabek–Goldman, "Curbing the Market for Cyber Weapons", *Yale Law and Policy Review* 32(1), 2013, p. 256.

375 *Id.* pp. 255－256.

376 Jukka Ruohonen & Kai K. Kimppa, “Updating the Wassenaar Debate Once Again: Surveillance, Intrusion Software, and Ambiguity”, *Journal of Information Technology & Politics* 16(2), 2019, pp. 15－18.

377 Royal United Services Institute, *A Democratic Licence to Operate*, Report of the Independent Surveillance Review, 2015, p. 116.

378 송규영, “해외 디지털 증거의 확보－관할권의 확정 및 디지털증거 보존제도 필요성을 중심으로－”, 『저스티스』 통권 제173권, 한국법학원, 2019, 197－199면.

379 Erica D. Borghard & Shawn W. Lonergan, “Confidence Building Measures for the Cyber Domain”, *Strategic Studies Quarterly* 12(3), 2018, p. 12.

380 *Id.* pp. 32－34.

381 Europol, “Crime on the Dark Web: Law Enforcement Coordination is the Only Cure”, Europol Press Release, 2018.05.29. https://www.europol.europa.eu/newsroom/news/crime－dark－web－law－enforcement－coordination－only－cure (접속일: 2021.05.20. 16:12).

찾아보기

[ㅍ]

[ㅎ]

[영문]

저자약력

윤상필

2016 광운대학교 법과대학 법학사(IT법)
2018 고려대학교 정보보호대학원 공학석사(정보보호학)
2021 고려대학교 정보보호대학원 공학박사(정보보호학)
2021~ 고려대학교 정보보호대학원 연구교수

사이버보안취약점의 법적 규제

초판발행 2022년 1월 21일

지은이 윤상필
펴낸이 안종만 · 안상준

편 집 윤혜경
기획/마케팅 이영조
표지디자인 이소연
제 작 고철민 · 조영환

펴낸곳 (주) 박영사
서울특별시 금천구 가산디지털2로 53, 210호(가산동, 한라시그마밸리)
등록 1959. 3. 11. 제300-1959-1호(倫)
전 화 02)733-6771
f a x 02)736-4818
e-mail pys@pybook.co.kr
homepage www.pybook.co.kr
ISBN 979-11-303-1416-7 93560

정 가 23,000원